생명,
경계에
서다

생명, 경계에 서다

LIFE ON THE EDGE

양자생물학의 시대가 온다

짐 알칼릴리
존조 맥패든

김정은 옮김

글항아리 **사이언스**

일러두기
· 원서에서 이탤릭체로 강조한 것은 고딕체로 표기했다.
· 본문 하단 주석과 미주는 모두 저자가 단 것이다.

페니, 올리, 줄리, 데이비드, 케이트에게

차례 LIFE ON THE EDGE

1장 들어가는 글 • 009

숨겨진 유령 같은 진실 | 양자생물학 | 양자역학이 정상적인 현상이라면, 우리는 왜 양자생물학에 흥분해야 하는가?

2장 생명이란 무엇인가? • 039

"생명력" | 역학의 승리 | 분자 당구대 | 생명도 카오스? | 생명을 더 자세히 들여다보기 | 유전자 | 생명의 묘한 웃음 | 양자 혁명 | 슈뢰딩거의 파동함수 | 초기의 양자생물학자들 | 질서 | 불화

3장 생명의 엔진 • 085

효소: 산 자와 죽은 자 사이 | 우리에게 효소가 필요한 이유와 올챙이 꼬리가 사라지는 이유 | 경관의 변화 | 좌충우돌 | 전이 상태 이론이 모든 것을 설명할까? | 전자 전달하기 | 양자 터널링 | 생체에서 일어나는 전자의 양자 터널링 | 양성자의 이동 | 동적 동위원소 효과 | 그렇다면 이것이 양자생물학에서 양자를 형성할까?

4장 양자 맥놀이 • 139

양자역학의 핵심적 수수께끼 | 양자 측정 | 광합성의 중심을 향한 여행 | 양자 맥놀이

5장 니모의 집을 찾아서 • 181

향의 물리적 실재 | 드러나고 있는 후각의 비밀 | 양자 코로 냄새 맡기 | 코 전쟁 | 물리학자, 냄새를 맡다

6장 나비, 초파리, 그리고 양자울새 • 223

조류 나침반 | 양자 스핀과 유령 같은 작용 | 유리기에서 방향의 의미

The Coming of Age of Quantum Biology

7장 양자 유전자 • 263

충실도 | 배신 | 기린, 완두콩, 초파리 | 양성자를 이용한 암호 | 양자 도약 유전자?

8장 마음 • 307

의식은 얼마나 기이한가? | 생각의 역학 | 마음은 어떻게 물질을 움직일까? | 큐비트 계산 | 미세소관을 이용한 연산? | 양자 이온 통로?

9장 생명은 어떻게 시작되었는가 • 351

끈끈한 문제 | 곤죽에서 세포로 | RNA 세계 | 그렇다면 양자역학이 도움이 될 수 있을까? | 최초의 자기복제자는 어떤 모습이었을까?

10장 양자생물학: 폭풍의 경계에 선 생명 • 383

굿 바이브레이션(밥-밥) | 생명의 원동력에 대한 고찰 | 고전적 폭풍의 양자 경계에 선 생명 | 상향식 접근법으로 생명 만들기 | 원시적인 양자 원시세포의 첫 출발

에필로그: 양자적 삶 • 427

감사의 글 • 430

주석 • 433
찾아보기 • 443

1장

들어가는 글

—

숨겨진 유령 같은 진실 | 양자생물학

양자역학이 정상적인 현상이라면, 우리는 왜 양자생물학에 흥분해야 하는가?

올해 유럽에는 첫서리가 일찍 내렸다. 저녁 공기에는 매서운 한기가 스며 있다. 한때 작은 울새의 내면 깊이 감춰져 있던 어렴풋한 뭔가는 이제 점점 더 굳은 결의로 자라난다.

지난 몇 주 동안 이 암컷 울새는 평소 먹던 것보다 훨씬 더 많은 곤충과 거미와 지렁이와 나무 열매를 게걸스럽게 먹고 있다. 울새의 몸은 지난 8월 새끼들이 둥지를 떠났을 때에 비해 거의 두 배로 불어났다. 불어난 몸의 대부분은 저장 지방이다. 이제 이 지방은 울새가 곧 떠나게 될 고된 여정에 있어 연료가 되어줄 것이다.

울새에게는 이번이 첫 여행이다. 울새는 스웨덴 중부에 위치한 이 가문비나무 숲에서 짧은 생을 살아왔고, 불과 몇 달 전까지 새끼를 길렀다. 다행히도 지난겨울은 별로 춥지 않았다. 1년 전에는 아직 성장이 끝나지 않아서 이런 긴 여행을 견딜 만큼 충분히 튼튼하지 못했다. 그러나 이제 다음 봄까지 어미의 의무에서 해방된 울새는 오로지 자신만을 생각해야 한다. 울새는 다가올 겨울 추위를 피해서 기후가 더 따뜻한 남쪽으로 떠날 채비를 끝냈다.

　해는 두어 시간 전에 이미 떨어졌다. 어둠이 내리고 있는데 울새는 차분하게 밤잠에 드는 대신, 봄부터 보금자리로 삼아온 큰 나무의 밑동 근처에 있는 나뭇가지 끝으로 뛰어간다. 빠르게 몸을 흔드는 모습은 마치 마라톤 경주에 나서기 전 근육을 풀고 있는 선수의 모습과 흡사하다. 주황색 가슴이 달빛을 받아 반짝인다. 얼마 떨어지지 않은 곳에는 이끼로 뒤덮인 나무껍질 사이에 반쯤 감추어진 울새의 둥지가 있다. 그 둥지를 힘겹게 짓고 보살피던 기억은 이제 희미하게 사그라져간다.

　떠날 채비를 하기는 다른 울새들도 마찬가지다. 암수 할 것 없이 모두 오늘 밤이 남쪽으로의 긴 여행을 시작하기에 적기라고 생각하고 있다. 주위의 나무에서 들려오는 날카로운 소리는 평소 숲에서 들리는 밤동물들의 소리가 묻힐 정도로 시끄럽다. 마치 떠나는 새들이 그들이 없는 사이에 빈 둥지와 영역을 침범하려는 다른 숲속 동물들에게 경고하는 소리처럼 들린다. 이 울새들 대부분은 내년 봄 다시 이곳으로 돌아올 계획이다.

　이리저리 주위를 빠르게 둘러본 울새는 해안이 안전하다는 것을 확인하고 밤하늘로 날아오른다. 겨울이 오면서 밤이 길어지고 있다. 이제 울새는 족히 10시간을 날아야 다시 땅에 내려앉아 쉴 수 있을 것이다.

　울새는 195도(정남쪽에서 서쪽으로 15도) 방향을 향해 날아오른다. 앞으로 며칠 동안은 같은 방향으로 하루 약 300킬로미터씩 계속 날게 될 것이다. 이 여행에서 무엇을 얻을지, 얼마나 긴 여정이 될지 울새는 아무것도 모른다. 가문비나무 숲 주위의 지형은 익숙하지만, 몇 킬로미터를 지나면 울새는 달빛이 비치는 호수와 계곡과 마을이 모두 낯선 풍경 위를 날게 될 것이다.

울새의 도착지는 지중해 근처 어디쯤이 될 것이다. 특별한 목적지를 정하고 여행을 시작한 것은 아니지만, 울새는 마음에 드는 장소에 도착하면 이듬해에 다시 올 수 있도록 주변 풍경을 기억에 새긴다. 울새는 기운만 있으면 북아프리카 해안을 날아서 횡단할 수도 있다. 그러나 이 여행은 이 울새의 첫 번째 여행이고, 지금 바라는 것은 다가올 북유럽의 추위를 벗어나는 것뿐이다.

이 울새 주변의 다른 울새들도 모두 거의 같은 방향을 향할 것이며, 그중에는 여행 경험이 많은 울새도 있을 것이다. 울새는 야간 시력이 매우 뛰어나지만, 우리가 여행할 때처럼 지형지물을 찾지는 않는다. 다른 야행성 새들처럼, 몸속에 들어 있는 자신만의 천문도로부터 도움을 받기 위해 맑은 밤하늘에 떠 있는 별들의 모양을 추적하지도 않는다. 대신 놀라운 기술을 갖고 있다. 수백만 년에 걸친 진화 덕분에 울새는 해마다 3200킬로미터가 넘는 거리를 이동할 수 있는 능력을 얻었다.

동물계에서 이동은 흔한 현상이다. 가령 해마다 겨울이면 연어는 북유럽의 강과 호수에 알을 낳는다. 그 후 알을 깨고 나온 치어는 다시 강을 따라 북대서양 바다로 나와서 성장하고 성숙한다. 3년 후, 어린 연어는 알을 낳기 위해 처음 태어난 그 강과 호수로 되돌아간다. 신대륙의 제왕나비monarch butterfly는 가을이면 미국을 완전히 종단해서 남쪽으로 수천 킬로미터를 이동한다. 그 후 이 나비들, 아니 그 자손들(이동하는 과정에서 번식을 한다)은 다시 북상해서 봄에 번데기 상태로 지냈던 그 나무로 돌아온다. 남대서양의 어센션섬 해안에서 부화하는 푸른바다거북green turtle은 수천 킬로미터 떨어진 곳까지 헤엄쳐 돌아다니다가 3년에 한 번씩 알을 낳기 위해서 자신이 깨고 나온 알이 나뒹구는 바로 그 해안으로 정확히 돌아온다. 이런 동물은 헤아릴 수 없이 많다. 여러 종류의 새, 고래, 순록, 닭새우, 개구리, 도롱뇽, 심지어 꿀벌도 가장 위대한 탐험가들이 도전할 만한 여행을 할 수 있다.

동물이 지구 전체에 걸쳐 어떻게 길을 찾는지에 관한 수수께끼는 수 세기 동안 풀리지 않았다. 이제 우리는 동물이 다양한 방법을 이용해 길을 찾는다는 것을 알고 있다. 어떤 동물은 낮에는 태양, 밤에는 별자리를 이용해 길을 찾는다. 어떤 동물은 지형지물을 기억한다. 심지어 냄새로 이동 경로를 찾는 동물도 있다. 그러나 그중에서도 가장 불가사의한 항법 감각은 지구 자기장의 방향과 세기를 감지하는 유럽울새의 자기 수용 감각magnetoreception이다. 오늘날에는 자기 수용 감각을 지닌 다른 동물이 다수 알려져 있지만, 우리 이야기에서는 유럽울새Erithacus rubecula의 길 찾기 방식이 가장 흥미롭다.

울새가 어느 방향으로 얼마나 많이 날아야 하는지를 알 수 있는 메커니즘은 울새가 부모로부터 물려받은 DNA에 암호화되어 있다. 울새가 경로를 결정하기 위해 이용하는 매우 정교하고 비범한 이 능력은 바로 육감이다. 다른 여러 새와 곤충과 해양생물처럼, 울새도 체내에 내장된 방향 감각을 이용해 미약한 지구 자기장을 감지하고 방향 정보를 끌어내는 능력이 있다. 말하자면 새로운 유형의 화학적 나침반인 셈이다.

자기 수용 감각은 하나의 수수께끼다. 문제는 지구의 자기장이 매

들어가는 글

우 약해서, 지표면에서 30~70마이크로테슬라 정도라는 것이다. 마찰이 거의 없이 섬세하게 균형을 잡고 있는 나침반의 바늘은 충분히 돌릴 수 있지만, 일반적인 냉장고 자석에 비하면 자력이 100분의 1에 불과하다. 여기서 궁금증이 생긴다. 동물이 지구 자기장을 감지한다는 것은 이 자기장이 동물의 몸속 어딘가에 영향을 미쳐 화학 작용을 일으켰다는 뜻이다. 어쨌든 우리를 포함한 모든 생물은 외부 신호를 감지한다. 그러나 생체 세포 속 분자와 지구 자기장의 상호작용을 일으키기 위해 공급되는 에너지의 양은 화학 결합을 만들거나 끊는 데 필요한 에너지의 10억 분의 1에 불과하다. 그렇다면 울새는 어떻게 자기장을 예측할 수 있는 걸까?

아무리 하찮을지라도 수수께끼는 매혹적이다. 세상에 대한 우리의 이해를 근본적으로 바꿔놓을 해결책이 나올지도 모르기 때문이다. 이를테면 16세기에 코페르니쿠스는 프톨레마이오스의 지구 중심적 태양계 모형에 나타난 작은 기하학적 문제를 고심하다가 우주의 중심을 인간으로부터 멀어지게 했다. 다윈은 동물 종의 지질학적 분포에 집착했고, 격리된 섬에 사는 되새와 흉내지빠귀 종이 분화된 이유에 매달렸다. 그 결과 다윈은 진화론을 내놓게 되었다. 독일 물리학자인 막스 플랑크는 따뜻한 물체의 열 발산 방식을 생각하는 과정에서 나온 흑체복사 수수께끼에 대한 해법에서 에너지가 '양자quantum'라는 불연속적인 덩어리로 방출된다고 제안함으로써 1900년 양자 이론의 탄생을 이끌었다. 그렇다면 새가 어떻게 길을 찾는지에 관한 수수께끼의 해답이 생물학의 혁명을 이끌 수 있을까? 조금 이상하게 보일 수도 있겠지만, 이 질문의 답은 '그렇다'이다.

그러나 이런 수수께끼에는 사이비 과학과 신비주의도 자주 출몰

한다. 옥스퍼드 대학의 화학자인 피터 앳킨스가 1976년에 말했듯이 "화학반응에서 자기장의 효과에 관한 연구는 오랫동안 사기꾼들의 놀이터였다".[1] 텔레파시, 고대의 레이선ley line(영적 에너지를 지니고 있다고 여겨지는 여러 고대 유적이나 지리적 위치를 연결한 보이지 않는 선), 문제적 초심리학자인 루퍼트 셸드레이크가 내놓은 '형태 공명morphic resonance' 개념에 이르기까지, 철새가 이동 경로를 찾는 방식에 대해 온갖 기이한 설명이 난무했다. 그런 이유에서 1970년대에 앳킨스가 품었던 의혹도 이해할 만하다. 당시 과학자들은 동물이 지구의 자기장을 감지할 수 있을지도 모른다는 제안에 대해 대체로 회의적이었다. 동물의 자기장 감지를 가능하게 해주는 어떤 분자 메커니즘도 없어 보였다. 적어도 전통 생화학 범주 내에서는 전혀 없었다.

그러나 피터 앳킨스가 회의론에 목소리를 높이던 바로 그해, 프랑크푸르트를 기반으로 연구하던 독일의 조류학자 부부인 볼프강 빌치코와 로스비타 빌치코는 세계 최고의 권위를 자랑하는 학술지인 『사이언스』에 획기적인 논문을 발표했다. 이 논문은 울새가 정말로 지구의 자기장을 감지할 수 있다는 것을 명확하게 규명했다.[2] 그러나 그들의 발견에서 더 놀라운 사실은 새들의 자기장 감지가 일반적인 나침반과는 다른 방식으로 작동하는 것처럼 보인다는 점이었다. 나침반은 자기장의 북극과 남극을 구별하는 데 비해, 울새는 극지방과 적도 지방만 구별할 수 있는 것처럼 보이기 때문이다.

나침반이 어떻게 작동하는지 이해하려면 먼저 자기력선에 관해서 알아야 한다. 자기력선은 자기장의 방향을 정의하는 보이지 않는 선이다. 나침반의 바늘은 자기장의 어디에 놓이든지 자기력선과 나란한 방향이 된다. 우리에게 가장 친숙한 자기력선은 막대자석 위에 놓인

들어가는 글

종이 위에 뿌려진 철가루가 만드는 모양이다. 이제 지구 전체가 거대한 막대자석이라고 상상해보자. 자기력선은 남극에서 방사형으로 분출되어 크게 원을 그리면서 북극으로 들어간다(그림 1.1을 보라). 자기력선의 방향은 양 극지방에서는 거의 수직으로 들어오거나 나가지만, 적도에 가까워질수록 지표면과 점점 더 수평을 이룬다. 따라서 자기력선과 지표면이 이루는 경사의 각도를 측정하는 경사나침반inclination compass은 극지방과 적도 지방에서의 자기력선의 방향을 구별할 수 있지만, 북극과 남극은 구별할 수 없다. 지구의 양 극지방에서는 자기력선과 지면이 이루는 각도가 똑같기 때문이다. 빌치코 부부는 1976년의 연구를 통해, 울새의 자기장 감지가 경사나침반과 같은 방식으로 작동한다는 것을 규명했다. 문제는 이런 생물학적 경사나침반이 어떻

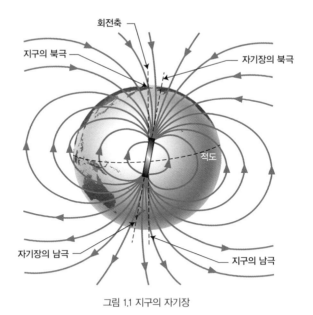

그림 1.1 지구의 자기장

게 작용할지에 대한 단서를 아무도 찾지 못했다는 점이었다. 당시에는 동물의 체내에서 지구 자기장의 경사각을 감지하는 메커니즘이 알려져 있지 않았다. 더 정확히 말하면 상상조차 할 수 없었다. 현대의 가장 놀라운 과학 이론 중 하나가 된 이 해답은 양자역학이라는 기이한 학문과 연관이 있었다.

숨겨진 유령 같은 진실

—

과학자들에게 과학계에서 가장 성공적이고 지대한 영향을 미친 중요한 이론이 무엇이라고 생각하는지 물어보면, 그 대답은 물리학자인지 생명과학자인지에 따라 다를 것이다. 대부분의 생물학자는 다윈의 자연선택에 의한 진화론을 가장 뛰어난 발상이라고 생각한다. 반면 물리학자들은 양자역학이 최고의 자리를 차지해야 한다고 주장할 것이다. 어쨌든 우주 전체의 구성 요소에 대해 놀라울 정도로 완벽한 그림을 우리에게 제공하는 물리학과 화학은 대부분 양자역학의 토대 위에 세워졌다. 양자역학의 설명 능력이 없었다면, 이 세계의 작동 방식을 지금처럼 많이 이해하지는 못했을 것이다.

아마 '양자역학'이라는 말은 많이 들어봤을 것이다. 대중문화에서 생각하는 양자역학은 대단히 똑똑한 소수의 사람만이 이해할 수 있는 아주 어렵고 불가해한 과학 분야이지만, 사실 양자역학은 20세기 초반부터 우리 삶의 일부분을 차지해왔다. 대단히 작은 세계(이른바 미시세계)를 설명하기 위한 역학 이론인 양자역학은 1920년대 중반부터 발전하기 시작했다. 양자역학은 우리 주위의 모든 것을 구성하는 원자의 행동과 그 원자를 구성하는 더 작은 입자들의 특성을 설명한다. 이를테면 원자 내에서 전자가 어떻게 배열되고 어떤 규칙을 따르는지를 묘사함으로써 양자역학은 화학과 물질과학과 심지어 전자공학의 토대가 된다. 그 기이함에도 불구하고, 양자역학의 수학적 규칙은 지난 반세기 동안 발전된 대부분의 기술에서 가장 중요한 위치를 차지한다. 물질에서 전자가 어떻게 움직이는지에 대한 양자역학적 설명이 없었다면, 우리는 오늘날 전자공학의 토대인 반도체의 작동을 이해할 수 없었을 것이다. 그리고 반도체에 대한 이해가 없었다면, 실리콘 트랜지스터와 마이크로칩, 더 나아가 컴퓨터의 개발은 불가능했을 것이다. 여기서 끝이 아니다. 양자역학으로 인한 지식의 발달이 없었다면, 레이저는 물론이고 CD, DVD, 블루레이 플레이어도 없었을 것이다. 양자역학이 없었다면, 스마트폰도 없고 위성을 이용한 길 안내나 MRI 검사도 없었을 것이다. 사실 선진국에서는 국내총생산의 3분의 1 이상을 양자세계의 역학에 대한 이해 없이는 존재할 수 없는 응용 기술에 의존하는 것으로 추정된다.

그리고 이것은 시작에 불과하다. 우리는 양자 미래를 내다볼 수 있으며, 거의 다 우리 생전에 실현될 가능성이 있다. 미래에는 레이저-유도 핵융합을 통해 거의 무한한 전력을 얻게 될지도 모른다. 공학, 생화학, 의학 분야에서 인공 분자 기계가 다방면에서 작업을 수행하고, 정보 전달에는 순간이동 같은 공상과학 기술이 일상적으로 이용될 수도 있다. 20세기에 시작된 양자 혁명은 21세기에 더욱 가속화되어, 전혀 상상하지 못한 방식으로 우리 생활을 변모시킬 것이다.

그런데 양자역학이란 정확히 뭘까? 우리가 이 책 전체에 걸쳐 탐구할 문제가 바로 이것이다. 우선 맛보기로, 우리 삶의 토대가 되는 숨겨진 양자의 진실에 관한 몇 가지 사례를 살펴보려고 한다.

양자세계의 특이한 성질 중 하나를 보여주는 우리의 첫 번째 사례는 양자를 규정하는 가장 본질적인 특성인 파동-입자 이중성이다. 우리가 잘 알고 있듯이, 우리를 포함한 모든 것은 무수한 원자, 전자, 양성자, 중성자 같은 별개의 입자들로 이루어진다. 또 소리나 빛 같은 에너지는 입자보다는 파동의 형태를 이룬다는 것도 알고 있을 것이다. 파동은 분산되지 않고 뻗어나간다. 공간을 따라 흐르면서 바다의 파도처럼 골과 마루가 있다. 양자역학이 탄생한 20세기 초반에는 아원자 입자들이 파동처럼 행동할 수 있다는 것이 발견되었다. 그리고 빛이 입자처럼 행동할 수 있다는 것도 발견되었다.

파동-입자 이중성은 우리 일상에 필요한 것은 아니지만, 이 성질을 기반으로 여러 중요한 기계 장치가 만들어졌다. 이런 기계 장치 중 하나인 전자현미경은 의사와 과학자들이 전통적인 광학현미경으로는 보지 못했던 작은 물체, 이를테면 AIDS나 일반적인 감기를 일으키는 바이러스를 연구하거나 확인할 수 있게 해준다. 전자현미경은 전자의 파동성 발견에서 영감을 받아 만들어졌다. 독일의 과학자 막스 크놀과 에른스트 루스카는 전자의 파장(어떤 파동에서 연속적인 마루나 골 사이의 간격)이 가시광선의 파장보다 훨씬 짧기 때문에 전자를 기반으로 한 현미경은 광학현미경보다 훨씬 더 미세한 부분까지 구별할 수 있어야 한다는 것을 발견했다. 그 이유는 어떤 물체나 세부 구조가 거기에 떨어지는 파동보다 규모가 작을 때에는 그 파동의 영향을 받지 않기 때문이다. 수 미터 높이의 파도가 바닷가 조약돌들에 부딪히는 모습을 생각해보자. 그런 파도를 통해서는 조약돌 하나하나의 형태나 크기에 대해 아무것도 알 수 없을 것이다. 파동이 부딪히거나 회절이 일어나는 방식으로 조약돌을 '보기' 위해서는 과학 수업 교재인 잔물결통ripple tank에서 만들어지는 것과 같은 더 짧은 파장의 물결이 필요할 것이다. 그렇게 크놀과 루스카는 1931년에 최초의 전자현미경을 제작해서 처음으로 바이러스의 사진을 찍었고, 이 공로를 인정받아 에른스트 루스카는 한참의 시간이 흐른 뒤인 1986년에 노벨상을 수상했다(그로부터 2년 뒤 그는 세상을 떠났다).

우리의 두 번째 사례는 훨씬 더 근본적이다. 태양은 왜 빛날까? 대부분의 사람이 알고 있듯이 태양은 본질적으로 핵융합 반응기다. 수소 기체의 연소를 통해 발생하는 열과 빛은 지구상의 모든 생명체가 살아갈 수 있게 해준다. 양전하로 하전된 입자인 양성자 하나만으로 이루어진 수소 원자의 핵은 융합을 할 수 있고, 그 결과 방출되는 전자기 복사 형태의 에너지를 우리는 태양빛이라고 부른다. 두 수소 원자핵이 융합을 일으키기 위해서는 대단히 가까운 거리에 있어야만 한다. 그러나 거리가 가까워질수록 둘 다 양전하를 띠고 있는 두 원자핵 사이에는 밀어내는 힘이 더 커진다. '같은' 전하는 서로 밀어내기 때문이다. 사실 두 원자핵이 융합이 일어날 정도로 가까워지려면 확실히 통과가 불가능한 에너지 장벽인 아원자 입자의 벽을 통과할 수 있어야 한다. 고전물리학●의 예측에 의하면 이런 일은 일어날 수 없다. 아이작 뉴턴의 운동법칙 및 역학과 중력을 토대로 확립된 고전물리학은 공과 용수철과 증기기관을 (심지어 행성까지도) 아우르는 우리의 일상 세계를 매우 잘 설명한다. 그러나 고전물리학에서는 입자가 벽을 통과할 수 없고, 따라서 태양도 빛날 수 없다.

●관례적으로, 일반 상대성 이론과 특수 상대성 이론을 포함해 양자역학 이전의 결정론적 물리학 이론을 모두 합쳐 고전물리학이라고 부름으로써 양자역학과 구별한다.

그러나 원자핵처럼 양자역학의 규칙을 따르는 입자들은 멋진 술수를 부린다. 이런 입자들은 '양자 터널링quantum tunnelling'이라는 방법을 통해 쉽게 장벽을 통과할 수 있다. 그리고 이 방법은 근본적으로 파동-입자 이중성 때문에 가능하다. 이 입자들은 해변의 조약돌에 부딪히는 파도처럼 사물 주위로 흐를 수도 있고, 벽을 뚫고 옆방에서 들리는 TV 소리처럼 사물을 관통하면서 흐를 수도 있다. 물론 음파를 전달하는 공기가 실제로 벽을 통과하지는 않는다. 공기의 진동인 소리는 벽을 진동시키고 계속해서 방 안의 공기에까지 그 진동이 전달되어 소리가 귀에 들리는 것이다. 그러나 만약 우리가 원자핵처럼 행동할 수 있다면, 마치 유령처럼 단단한 벽을 그대로 통과할 수 있을 것이다.● 태양 내부에 있는 수소 원자에서는 정확히 이런 일이 일어난다. 유령처럼 스멀스멀 퍼져나가서 에너지 장벽을 '통과'한 다음, 장벽 너머에 있는 짝에 가까이 접근해 융합을 일으키는 것이다. 그러니 다음에 밀려오는 파도를 바라보며 해변에서 일광욕을 즐길 때에는, 우리가 즐기고 있는 햇살뿐 아니라 지구상의 모든 생명체의 존재를 가능케 한 유령 같은 양자 입자의 파동성을 잠시 생각해보자.

세 번째 사례는 비슷하지만 다른, 심지어 더 기이한 양자세계의 특징을 보여준다. 중첩superposition이라 불리는 이 현상에 의해 양자는 두 가지, 아니 수백 수천 가지 작업을 동시에 할 수 있다. 이 특성으로 인해 우리 우주는 대단히 복잡하고 재미가 만발하는 공간이 된다.

● 그러나 양자 터널링이 장벽을 통한 물리적 파동의 누출이라고 생각하는 것은 잘못이다. 오히려 양자 터널링을 일으키는 것은 추상적인 수학적 파동이며, 이를 통해 우리는 장벽 너머에서 순간적으로 양자 입자를 발견할 확률을 얻는다. 이 책에서는 양자 현상을 직관적으로 설명하기 위해 여러 비유를 들겠지만, 사실 양자역학은 완전히 반직관적이다. 따라서 명료함을 위해 지나친 단순화를 하면 위험하다.

들어가는 글

빅뱅이 일어나서 우주가 생성되고 얼마 지나지 않았을 때의 우주 공간에는 한 종류의 원자밖에 없었다. 그 원자는 양전하를 띠는 양성자 하나와 음전하를 띠는 전자 하나로 이루어진 가장 단순한 원자인 수소였다. 당시의 우주는 별도 없고 행성도 없는 아주 따분한 곳이었다. 당연히 생명체도 없었다. 우리를 포함해서 생명체는 수소만으로는 만들어질 수 없기 때문이다. 탄소, 산소, 철 같은 더 무거운 원소도 필요하다. 다행히 수소로 충만한 별의 내부에서는 이런 무거운 원소들이 만들어진다. 그리고 그 시작 재료인 중수소deuterium라는 형태의 수소는 양자 마술 덕분에 존재할 수 있다.

이 과정의 첫 단계는 우리가 방금 전에 묘사했던 것이다. 수소의 원자핵, 즉 양성자 두 개가 충분히 가까워지면, 양자 터널링을 통해 방출되는 에너지의 일부가 지구를 따뜻하게 해주는 태양빛으로 바뀐다. 그다음 두 양성자는 결합해야 하는데, 이 결합이 쉽지가 않다. 두 원자핵 사이의 힘이 충분히 강한 결합력을 제공하지 않기 때문이다. 모든 원자핵은 양성자와 중성자라는 두 종류의 입자로 구성된다. 양성자와 짝을 이루는 중성자는 전기적으로 중성을 띤다. 만약 어떤 핵에 한 종류의 입자가 너무 많으면, 균형을 바로잡아야 한다는 것이 양자역학의 규칙에 감지되어 많은 쪽 입자가 다른 형태의 입자로 바뀔 것이다. 그러면 입자는 베타 붕괴beta decay라는 과정을 거쳐 양성자에서 중성자로, 또는 중성자에서 양성자로 바뀐다. 두 개의 양성자가 근접할 때에는 정확히 이런 현상이 일어난다. 두 양성자의 복합체는 존재할 수 없으므로, 둘 중 하나가 베타 붕괴를 일으켜서 중성자로 바뀐다. 남은 양성자와 새롭게 형성된 중성자는 결합해서 중양성자deuteron(수소의 무거운 동위원소●인 중수소 원자의 핵)라는 입자를 만든다. 그다음에는 추가적인 핵반응을 통해서 헬륨(두 개의 양성자와 하나 또는 두 개의 중성자를 갖고 있다), 탄소, 질소, 탄소와 같은 수소보다 무거운 다른 원소의 핵이 만들어질 수 있다.

요점은 이렇다. 중양성자가 존재할 수 있는 것은 양자 중첩에 의해 동시에 두 상태로 존재 가능한 능력 덕분이다. 양성자와 중성자는 두 가지 다른 방식으로 결합할 수 있는데, 이는 스핀spin 방식에 따라서 결정된다. 곧 알게 되겠지만, '양자 스핀' 개념은 일반적으로 친숙한 테니스공 같은 큰 물체의 회전과는 사실상 매우 다르다. 그러나 지금은 회전하는 입자에 대해 우리가 갖고 있는 전통적인 직감대로, 양성자와 중성자가 중양성자 속에서 함께 회전하고 있다고 상상해보자. 이 회전은 분위기 있고 느린 왈츠와 좀더 경쾌한 자이브가 세심하게 조화를 이룬 춤이다. 이런 양성자와 중성자의 양자 스핀이 중양성자 속에서 발견된 것은 1930년대 후반의 일이다. 이 두 입자는 둘 중 어느 하나가 아니라 두 가지 춤을 동시에 추고 있다. 왈츠와 자이브를 동시에 추는 모호한 상태인 것이다. 그래서 두 입자가 결합하는 것이 가능하다.●●

이런 설명에 대해서는 "어떻게 그것을 알지?" 하는 반응을 보이는 것이 당연하다. 확실히 원자핵은 너무 작아서 눈에 보이지 않는다. 그렇다면 우리가 핵력에 대해 뭘 잘못 이해하고 있을 것이라고 가정하

● 모든 원소는 동위원소라는 다양한 형태가 나타난다. 원소는 원자핵 속에 있는 양성자의 수로 정의된다. 이를테면 수소는 양성자가 하나이고, 헬륨은 양성자가 둘이다. 그러나 핵 속에 들어 있는 중성자의 수는 다양할 수 있다. 그래서 수소는 세 종류(동위원소)가 있다. 일반적인 수소 원자는 하나의 양성자만 갖고 있는 반면, 더 무거운 동위원소인 중수소와 삼중수소tritium는 각각 한 개와 두 개의 중성자를 더 갖고 있다.

●● 더 기술적으로 설명하면, 중양성자의 안정성은 양성자와 중성자를 서로 붙들고 있는 '텐서 상호작용tensor interaction'이라는 핵력 때문이다. 텐서 상호작용은 두 입자가 S-웨이브와 D-웨이브라는 두 가지 각운동량 상태로 양자 중첩을 일으키게 한다.

는 편이 더 타당하지 않을까? 그렇지 않다. 만약 양성자와 중성자가 양자 왈츠나 양자 자이브 둘 중 하나만 춘다면, 두 입자가 서로 붙을 수 있을 만큼 핵 '접착제'의 세기가 충분히 강력하지 않으리라는 사실이 여러 실험실에서 반복하여 확인되었다. 이 두 상태가 겹쳐질 때, 즉 두 상황이 동시에 존재할 때에만 결합력이 충분히 강했다. 두 상태가 겹쳐진 현실을 파랑과 노랑 물감을 섞어 초록색을 만드는 것과 비슷하다고 생각해보자. 초록은 두 가지 다른 원색으로 만들어지지만, 두 색 가운데 어느 것도 아니다. 또 파란색과 노란색의 비율에 따라서 다양한 색조의 초록색이 만들어질 것이다. 마찬가지로, 중양성자가 결합할 때 양성자와 중성자는 주로 왈츠를 추면서 약간의 자이브를 곁들인다.

그러므로 만약 입자들이 자이브와 왈츠를 동시에 출 수 없었다면, 우리 우주는 수소 기체의 수프로 남아 있었을 것이다. 빛나는 별도 없고, 다른 원소들도 형성되지 않았으며, 이 글을 읽는 당신도 없었을 것이다. 우리가 존재하는 것은 이렇게 반직관적인 양자적 방식으로 행동할 수 있는 양성자와 중성자의 능력 때문이다.

마지막 사례는 우리를 다시 기술세계로 안내한다. 양자세계의 특성은 바이러스와 같은 작은 대상뿐 아니라 우리 몸속을 관찰할 때에도 이용될 수 있다. 자기 공명 영상magnetic resonance imaging(MRI)은 부드러운 조직의 영상을 대단히 자세하게 구현하는 의료 촬영 기술이다. MRI 검사는 질병 진단에 일상적으로 이용되며, 특히 내장 속 종양을 감지하는 데 유용하다. MRI에 대한 대부분의 비전문적 설명에서는 이 기술이 양자세계의 기이한 작동 방식에 의존한다는 언급이 없다. MRI는 거대하고 강력한 자석을 이용해 환자의 체내에 있는 수소 원자핵의 회전축을 정렬한 다음, 수소 원자에 순간적으로 라디오파의 충격을 가해서 정렬된 원자핵이 동시에 양방향으로 회전하는 기이한 양자 상태에 놓이게 한다. 이것이 어떤 결과를 가져오는지를 시각화해보려는 시도는 무의미하다. 우리의 일상적인 경험과는 너무나 동떨어져 있기 때문이다. 중요한 것은 원자핵이 다시 처음 상태, 즉 라디오파의 충격으로 양자 중첩을 일으키기 이전의 상태로 되돌아갈 때 에너지가 발생하는데, 이 에너지를 MRI 검사 장치 속 전자 장치들이 받아들여서 체내의 장기에 대한 대단히 상세한 영상을 만들어낸다는 점이다.

그러므로 MRI 장치 속에 누워서 헤드폰을 통해 들리는 음악과 같은 음파를 들을 기회가 생긴다면, 잠시나마 아원자 입자의 반직관적인 양자적 행동 덕분에 이런 기술이 가능하다는 점을 생각해보자.

양자생물학

—

양자의 이런 모든 기이함과 지구 전체에 걸쳐 길을 찾는 유럽울새의 비행은 무슨 연관이 있을까? 1970년대 초반에 빌치코 부부가 울새의 자기장 감각이 경사나침반과 같은 방식으로 작동한다는 점을 밝힌 연구를 내놓았다는 사실을 기억할 것이다. 당시에는 생체 내에서 경사나침반이 어떻게 작동하는지를 짐작할 만한 단서가 전혀 없었기 때문에, 이 연구 결과는 엄청난 불가사의였다. 한편 거의 같은 시기에 독일의 과학자인 클라우스 슐텐은 유리기free radical와 연관된 화학반응에서 전자가 어떻게 전달되는지에 관심을 갖게 되었다. 유리기는 가

들어가는 글

장 바깥쪽 전자각에 짝을 이루지 않은 홀원자가 있는 분자를 말한다. 대부분의 전자는 이와 달리 원자 궤도 속에서 짝을 이루고 있다. 이는 스핀의 기이한 양자적 특성을 고려할 때 중요한데, 짝을 이룬 전자는 스핀의 방향이 서로 반대이므로 전체 스핀이 0으로 상쇄되기 때문이다. 그러나 스핀을 상쇄하는 짝이 없는 유리기 속 홀전자는 그 스핀에 의해 자성을 갖는다. 다시 말해서 홀전자의 스핀이 자기장에 의해 정렬될 수 있는 것이다.

슐텐의 제안에 따르면, 빠른 삼중항 반응fast triplet reaction이라고 알려진 과정에 의해 만들어지는 유리기 쌍은 해당 전자들을 "양자적으로 얽히게" 만들 수 있었다. 훗날 명확하게 밝혀져야 할 어떤 이유에서, 서로 떨어진 두 전자 사이의 섬세한 양자 상태는 외부 자기장의 방향에 대단히 민감하다. 더 나아가 슐텐은 조류의 신비로운 나침반이 이런 종류의 복잡한 화학적 메커니즘을 이용할 것이라고 제안했다.

우리는 아직 양자 얽힘quantum entanglement에 관해 언급하지 않았다. 아마 양자 얽힘은 양자역학에서 가장 괴상한 특징일 것이다. 양자 얽힘으로 인해, 한때 함께 있었던 입자들은 엄청나게 멀리 떨어져 있어도 서로 즉각적으로 거의 마술처럼 소통할 수 있다. 이를테면 한때는 가까이 있었지만 나중에 분리되어 우주 반대편에 있게 된 입자들이 적어도 원칙적으로는 여전히 연결되어 있다는 뜻이다. 실제로 어떤 입자를 자극해서 멀리 떨어져 있는 짝을 거의 동시에 튀어오르게 할 수도 있다.● 양자 얽힘은 양자 선구자들의 공식을 자연스럽게 따른다는 것이 증명되었지만, 거기에 함축되어 있는 의미는 대단히 기이하다. 그래서 우리에게 블랙홀과 휘어진 시공간을 선사한 아인슈타인 같은 학자도 "원거리에서 일어나는 유령 같은 작용"이라고 비웃으면서 받아들이지 않았다. 그리고 실제로도 이런 유령 같은 작용은 종종 "양자 신비주의자들"의 호기심을 불러일으켰다. 이들은 양자 얽힘에 관해 터무니없는 주장을 펼치면서 텔레파시 같은 초자연적 '현상'을 설명하곤 한다. 아인슈타인이 회의적이었던 까닭은 양자 얽힘이 상대성 이론에 위배되는 것처럼 보였기 때문이다. 어떤 영향력이나 신호도 빛보다 빨리 우주 공간을 이동할 수 없다고 천명한 아인슈타인의 상대성 이론에 따르면, 떨어져 있는 두 입자 사이에 유령 같은 연결이 존재해서는 안 된다. 이 점에 관해서는 아인슈타인이 틀렸다. 우리는 양자 입자들이 정말로 먼 거리에서 순간적으로 연결될 수 있다는 것을 경험적으로 알고 있다. 그리고 혹시 궁금할까봐 하는 이야기인데, 텔레파시는 양자 얽힘으로는 설명할 수 없다.

얽힘이라는 기이한 양자의 특성이 일반적인 화학반응과 연관 있다는 생각은 1970년대 초반에는 색다르게 여겨졌다. 당시 많은 과학자는 아인슈타인과 마찬가지로 실제로 얽힌 입자가 존재하는지에 대해 회의적이었다. 아무도 그런 현상을 감지하지 못했기 때문이다. 그러나 수십 년이 흐르는 동안, 여러 독창적인 실험을 통해 유령 같은 연관성이 실제로 존재한다는 것이 확인되었다. 그중에서 가장 유명한 실험은 1982년에 프랑스의 물리학자인 알랭 아스페 연구팀이 파리 남대학에서 수행한 실험이다.

아스페의 연구팀은 편광 얽힘 상태의 광자photon(빛의 입자) 쌍을 만

● 양자물리학에서는 이런 유의 단순한 표현을 쓰지 않는다는 것을 분명히 밝혀두고자 한다. 더 정확히 말하자면, 떨어져 있지만 얽혀 있는 두 입자는 같은 양자 상태의 일부이기 때문에 비국지적으로non-locally 연결되어 있다고 말한다. 하지만 이런 식의 이야기가 별로 도움이 되지는 않는다. 그렇지 않은가?

들었다. 아마 편광이라는 용어는 편광 선글라스를 쓰면서 많이 들어 봤을 것이다. 모든 광자는 일종의 방향성인 편광을 갖고 있는데, 편광의 각도는 앞서 소개했던 스핀의 특성과 조금 비슷하다.● 태양빛 속에 들어 있는 광자는 가능한 모든 각도의 편광을 갖고 있지만, 편광 선글라스는 그 빛을 걸러서 특정 각도의 광자만 통과시킬 수 있다. 아스페는 편광의 방향이 다르면서(이를테면 하나는 위, 다른 하나는 아래쪽을 향하고 있다고 하자) 얽혀 있는 광자 쌍을 만들었다. 그리고 앞서 나왔던 춤추는 입자 쌍과 마찬가지로, 어떤 얽힌 광자 쌍도 특정 방향을 향하지 않았다. 이들은 측정이 이루어지기 전까지는 동시에 양방향을 가리키고 있었다.

측정은 양자역학의 가장 불가사의한 일면 중 하나다. 그래서 이에 관한 논란도 확실히 많다. 그것이 우리가 이미 일어났다고 확신하는 것에 대한 의문과 연관 있기 때문이다. 왜 우리가 보는 모든 사물은 양자 입자가 할 수 있는 이 모든 기이하고 멋진 일들을 하지 못하는 것일까? 그 답은 이렇다. 현미경으로 볼 수 있는 양자세계에서는 입자들이 동시에 두 가지 일을 할 수 있고, 벽을 통과할 수 있고, 유령 같은 얽힘을 일으킬 수 있지만, 이 모든 기이한 행동은 아무도 보고 있지 않을 때에만 일어난다는 것이다. 일단 어떤 방식으로 관찰이나 측정을 하게 되면, 이 입자들은 기이함을 상실하고 우리가 주변에서 볼 수 있는 일반적인 사물처럼 행동한다. 그러면 또 다른 의문이 생긴다. 측정에는 어떤 특별함이 있기에 양자적 행동을 일반적인 행동으로 바꾸는 것일까?●● 이 문제에 대한 해답은 우리 이야기에서 중요

● 그러나 빛은 파동인 동시에 입자로 생각될 수 있으므로, 편광 개념은 (양자 스핀과 달리) 빛의 파장이 진동하는 방향이라고 더 쉽게 이해할 수도 있다.

하다. 측정은 양자세계와 전통적 세계의 경계선에 위치한 양자적 경계이기 때문이다. 이 책의 제목에서 짐작했겠지만, 우리는 생명도 이 경계에 있다고 주장한다.

우리는 이 책 전반에 걸쳐 양자 측정을 탐구할 것이며, 그 과정에서 독자들이 이 불가사의한 현상의 미묘한 특성을 조금씩 알게 되기를 바란다. 지금은 이 현상에 대한 가장 단순한 해석만 생각할 것이다. 그래서 이를테면 편광 상태 같은 양자적 특성을 과학 장비로 측정하면, 동시에 여러 방향을 향하게 하는 양자적 능력이 바로 사라지고 한 방향만 가리키는 고전적 특성을 획득해야 한다고 말할 것이다. 그러므로 아스페가 편광 렌즈를 통과할 수 있는지를 관찰함으로써 얽힌 광자 쌍 중 하나의 편광 상태를 측정했을 때, 이 광자는 쌍을 이루던 광자와 나타냈던 유령 같은 얽힘을 곧바로 잃고 한 방향의 편광만 나타냈다. 쌍을 이룬 다른 광자도 마찬가지였다. 두 광자 사이의 거리는 중요하지 않았다. 적어도 양자역학 방정식에서는 그렇게 예측되며, 아인슈타인을 거북하게 만든 것은 정확히 이런 점이었다.

아스페와 그의 연구팀은 유명한 실험을 수행하면서 그들의 실험실에서 수 미터 떨어진 광자 쌍을 이용했다. 빛의 속도로 이동하는 어떤 영향력이 있더라도(상대성 원리에 의하면 어떤 것도 빛보다 빨리 이동할 수 없다), 두 광자 사이의 편광 각도를 조절할 수 없을 정도로 충분히

●● 이번에도 명확한 설명을 위해서, 우리는 의도적으로 지나친 단순화를 하고 있다. 양자 입자의 어떤 특성, 이를테면 위치를 측정한다는 것은 그 입자의 위치가 더 이상 불확실하지 않다는 것을 의미한다. 어떤 면에서 보면, 이는 초점을 맞춰서 흐릿함을 없애는 것과 같다. 그러나 이것은 이제 이 입자가 고전적인 입자처럼 행동한다는 의미가 아니다. 하이젠베르크의 불확정성 원리 덕분에 이 입자는 더 이상 고정된 속도를 갖지 않는다. 사실, 위치가 명확한 입자는 주어진 어느 순간에 가능한 모든 속도와 가능한 모든 방향으로 움직일 수 있는 중첩 상태에 있을 것이다. 그리고 양자 스핀에 관해 말하자면, 이 성질은 양자세계에서만 발견되기 때문에 스핀의 측정은 확실히 입자를 고전적으로 행동하게 만들지 않는다.

들어가는 글

떨어진 거리였다. 그러나 짝을 이룬 입자에 대한 측정치는 서로 얽혀 있었다. 한 광자의 편광이 위를 향하고 있다면 다른 광자는 아래쪽을 향했다. 1982년 이래로 이 실험은 무려 수백 킬로미터 떨어져 있는 입자들을 이용해서도 반복되었다. 그리고 이 입자들은 아인슈타인이 받아들이지 않았던 유령 같은 얽힘을 여전히 유지하고 있다.

아스페의 실험은 조류 나침반이 얽힘과 연관 있다는 슐텐의 제안이 나온 지 몇 년 뒤에 이루어졌지만, 여전히 논란이 되었다. 또한 슐텐도 이렇게 모호한 화학반응을 통해 울새가 어떻게 지구 자기장을 볼 수 있는지 전혀 감이 잡히지 않았다. 우리가 여기서 '본다'는 표현을 쓴 것은 빌치코 부부가 발견한 또 다른 기이한 특성 때문이다. 유럽울새는 야간에 이동하지만, 체내의 나침반이 활성화되려면 (가시광선 스펙트럼에서 파란색 근처의) 빛이 소량 필요하다. 이것은 나침반의 작용을 위해서는 울새의 눈이 중요한 역할을 한다는 것을 암시한다. 그런데 어떻게 눈이 시각 이외에 자기장의 감지에도 도움이 되는 것일까? 유리기 쌍 메커니즘의 유무와 관계없이, 이는 완전히 불가사의였다.

조류의 나침반이 양자 메커니즘을 갖고 있다는 학설은 20년 넘게 과학계의 서랍 안쪽에 처박혀 있었다. 미국으로 간 슐텐은 일리노이 대학의 어배너-샘페인 캠퍼스에서 대단히 성공적인 이론 화학물리학 집단을 확립했다. 그러나 그는 자신의 괴상한 학설을 결코 잊지 않았고, 빠른 삼중항 반응을 일으키는 데 필요한 유리기 쌍을 만들 것으로 예상되는 생체분자biomolecule(살아 있는 세포에서 만들어지는 분자)를 제안하는 논문을 끊임없이 다시 썼다. 그러나 완벽한 조건을 갖춘 분자는 어디에도 없었다. 모두 유리기 쌍을 만들지 못하거나 새의 눈에서 만들어지지 않았다. 그러던 중 1998년, 슐텐은 동물의 눈에서 발견되는 크립토크롬cryptochrome이라는 특이한 광수용체에 관한 논문을 읽고 좋은 생각이 스쳤다. 크립토크롬은 유리기 쌍을 만들어낼 가능성이 있는 단백질로 알려져 있었기 때문이다.

슐텐의 실험실에는 토어스텐 리츠라는 재능 있는 박사과정생이 합류했다. 리츠는 프랑크푸르트 대학 학부생일 때 새의 나침반에 관한 슐텐의 강의를 듣고 이 분야에 빠져들었다. 그는 슐텐의 연구실에서 박사과정을 밟을 기회가 생기자 선뜻 받아들였고, 처음에는 광합성을 연구했다. 크립토크롬 이야기가 알려지자, 리츠는 연구 주제를 자기 수용 감각으로 바꾸고, 2000년에 슐텐과 함께 「새의 자기 수용 감각을 토대로 한 광수용체 모형A Model for Photoreceptor-Based Magnetoreception in Birds」이라는 제목의 논문을 발표했다. 이 논문은 크립토크롬이 어떻게 새의 눈에 양자 나침반을 제공할 수 있는지를 설명했다(이 주제에 관해서는 6장에서 더 자세히 다룰 것이다). 4년 뒤 리츠는 빌치코 부부와의 유럽울새에 대한 공동 연구를 통해서, 새가 양자 얽힘을 이용해 길을 찾는다는 학설을 뒷받침하는 최초의 실험적 증거를 내놓았다. 슐텐은 줄곧 옳았던 것으로 보인다. 영국에 본사를 둔 권위 있는 과학 잡지인 『네이처』에서 발표된 그들의 2004년 논문은 엄청난 관심을 불러일으켰고, 조류의 양자 나침반은 곧바로 양자생물학이라는 새로운 과학 분야의 상징이 되었다.

그림 1.2 서리 대학에서 열린 2012년 양자생물학 워크숍의 참석자들. 왼쪽부터 저자인 짐 알칼릴리와 존조 맥패든, 블래트코 베드럴, 그레그 엥겔, 나이절 스크러턴, 토어스텐 리츠, 폴 데이비스, 제니퍼 브룩스, 그레그 숄스.

양자역학이 정상적인 현상이라면,
우리는 왜 양자생물학에 흥분해야 하는가?

—

앞서 우리는 태양의 중심부, 그리고 전자현미경과 MRI 검사 장치 같은 기술 장비에서 일어나는 양자 터널링과 양자 중첩을 설명했다. 그렇다면 양자 현상이 생물학에서 발견될 때 놀라야 할 이유는 뭘까? 생물학은 어쨌든 일종의 응용화학이고, 화학은 응용물리학이라고 할 수 있다. 그러므로 우리와 다른 생명체를 포함한 모든 것은 정말로 근본적인 수준까지 내려가면 단순히 물리학이지 않을까? 과연 생물학자 중에는 양자역학이 생물학과 깊은 관련이 있으리라고 주장하는 사람이 많지만, 그들은 양자역학의 역할이 사소할 것이라고 본다. 양자역학의 규칙은 원자의 행동을 관장하는 것이고 생물학은 결국 원자의 상호작용과 연관 있기 때문에, 양자세계의 규칙이 생물학의 가장 작은 규모에서도 작용해야 한다는 것이다. 그러나 오로지 그 규모에서만 작용할 뿐, 결과적으로 생명에서 중요한 더 큰 규모의 작용에는 영향이 전혀 없거나 거의 없을 것이라는 생각이다.

물론 이 과학자들의 생각도 옳다. 적어도 부분적으로는 그렇다. DNA나 효소 같은 생체분자는 양성자와 전자 같은 기본 입자로 이루어지며, 이 입자들 사이의 상호작용은 양자역학의 지배를 받는다. 그러나 당신이 읽고 있는 책, 당신이 앉아 있는 의자의 구조도 양자역학의 지배를 받기는 마찬가지다. 우리가 걷거나 말하거나 먹거나 잠자는 방식, 심지어 생각하는 방식까지도 결국에는 원자, 전자, 양성자, 그 외 다른 입자들을 지배하는 양자역학의 힘에 의해 결정된다. 마찬가지로 우리의 자동차나 토스트 기계의 작동 역시 궁극적으로 양자역학에 의존한다. 하지만 우리는 대체로 양자역할을 알 필요가 없다. 자동차 정비공들은 양자역학을 배우기 위해 대학에 다닐 필요가 없으며, 대부분의 생물학 교육과정에는 양자 터널링이나 양자 얽힘 혹은 양자 중첩에 대한 언급이 없다. 이 세계의 가장 근본적인 단계에서는 우리에게 익숙한 세계와 완전히 다른 규칙에 따라 작동한다는 사실을 몰라도, 우리 대부분은 살아가는 데 아무 지장이 없다. 아주 작은 세계에서 벌어지는 기이한 양자적 현상은 우리가 일상에서 보고 이용하는 자동차나 토스트 기계 같은 큰 물질에는 대체로 영향을 미치지 않는다.

왜 그럴까? 축구공은 벽을 통과하지 않는다. 유령 같은 뭔가가 사람들 사이를 연결하지도 않는다(텔레파시라는 신빙성 없는 주장을 하는 사람들이 있기는 하다). 안타깝게도 우리는 사무실과 집에 동시에 존재할 수 없다. 그러나 축구공이나 사람을 구성하는 기본 입자에서는 모두 이런 일이 일어날 수 있다. 우리가 보는 세계와 그 이면에 존재하는 세계 사이에는 왜 이런 첨예한 경계가 있는 것일까? 물리학자들은 이런 세계가 정말로 존재한다는 것을 알고 있다. 이는 물리학 전체에서 가장 난해한 문제 중 하나이며, 앞서 소개했던 양자 측정 현상과도 연관이 있다. 만약 양자계가 알랭 아스페의 실험에서 쓰인 편광 렌즈 같은 전통적인 측정 장치와 상호작용을 하면, 이 양자계는 양자의 기이함을 상실하고 고전적인 사물처럼 행동한다. 그러나 우리 주위의 세계가 이렇게 보이는 것은 물리학자들이 측정을 하기 때문이 아니다. 그렇다면 물리학 실험실 밖에서 양자적 행동을 파괴하는 역할을 하는 것은 무엇일까?

그 해답은 입자가 배열되는 방식 및 큰 (거시적) 물체 내에서 양자가 움직이는 방식과 연관이 있다. 원자와 분자는 고체 상태의 무생물 내에서는 아무렇게나 흩어져서 불규칙적으로 진동하는 경향이 있다. 액체와 기체에서도 열로 인한 무작위 운동이 지속되는 상태에 있다. 분산, 진동, 운동 같은 이런 무작위적 요소들은 입자에서 양자의 파동성을 대단히 빨리 사라지게 한다. 따라서 각각의 모든 것에 대해 '양자 측정'을 수행한다는 것은 한 물체를 구성하는 모든 양자적 요소가 결합된 작용이고, 그로 인해 우리 주변 세상은 정상적으로 보인다. 양자의 기이함을 관찰하려면 (태양의 내부 같은) 특별한 장소에 가거나, (전자현미경 같은 장비를 이용해) 미시세계를 자세히 들여다보거나, (MRI

검사 장비 안에 있을 때 몸속 수소 원자핵의 스핀에서 일어나는 현상처럼) 양자 입자가 일사분란하게 움직일 수 있도록 세심하게 정렬해야 한다(자성이 사라지면 원자핵의 스핀 방향은 다시 무작위가 되고 양자 결맞음 quantum coherence도 상쇄된다). 분자의 이런 무작위성 덕분에 우리는 대부분을 양자역학 없이 그럭저럭 살아갈 수 있다. 우리 눈에 보이는 주위의 모든 무생물 내부에서는 분자들이 끊임없이 움직이고 아무 방향이나 가리키므로 양자의 모든 기이함이 사라진다.

대부분은 그렇지만…… 항상 그렇지는 않다. 슐텐이 발견한 것처럼, 빠른 삼중항 반응의 속도는 얽힘이라는 양자의 섬세한 특성과 연관 있을 때에만 설명이 가능했다. 그러나 빠른 삼중항 반응은 그냥 빠를 뿐이다. 게다가 딱 두 개의 분자와만 연관이 있다. 그것이 새의 길 찾기를 담당하기 위해서는 울새의 몸 전체에 지속적인 영향을 미쳐야 할 것이다. 따라서 조류의 자석 나침반에서 양자 얽힘이 일어난다는 주장은 단 두 개의 입자가 연관된 낯선 화학반응이 양자 얽힘과 관련이 있다는 주장과는 완전히 다른 수준의 명제였다. 살아 있는 세포는 대부분 물과 생체분자로 구성되는데, 이 분자들은 일정한 상태의 분자운동을 하는 것으로 여겨졌다. 이런 분자운동이 측정되면 그들의 기이한 양자적 영향은 사라질 것으로 예상되었다. 여기서 '측정 measurement'이라는 것은 물체의 온도나 무게 따위를 잰 다음 그 값을 종이나 컴퓨터의 하드디스크에 기록한다든가 머릿속으로 기억하는 것과는 당연히 다르다. 여기서 우리가 이야기하는 것은 물 분자가 얽힌 입자 쌍 중 하나에 충돌할 때 일어나는 일에 관한 것이다. 충돌 이후 물 분자의 운동은 그 입자의 상태로부터 영향을 받을 것이다. 따라서 그 이후에 일어나는 물 분자의 운동을 연구하면 충돌한 입자의 특성

중 일부를 추론할 수 있을 것이다. 이런 의미에서 물 분자는 '측정'을 한 것이다. 관찰자의 존재 여부에 관계없이, 물 분자의 운동이 얽힌 입자 쌍의 상태에 대한 기록을 제공하기 때문이다. 이런 종류의 우연한 측정은 대부분 얽힘 상태를 파괴한다. 따라서 섬세하게 배치된 양자 얽힘 상태가 따뜻하고 복잡한 생체 세포의 내부에서 살아남을 수 있다는 주장은 많은 이에게 정신 나간 소리쯤으로 치부되었다.

그러나 새와 관련된 것 외에도 이와 관련된 지식은 최근 몇 년 동안 크게 약진해왔다. 중첩과 터널링 같은 양자 현상은 식물이 태양광선을 포획하는 방법으로부터 모든 세포가 생체분자를 만드는 방식에 이르는 다양한 생물학적 현상에서 발견되고 있다. 우리의 후각이나 우리가 부모로부터 물려받은 유전자까지도 어쩌면 기이한 양자세계에 의해 결정되는지도 모른다. 이제 세계에서 가장 권위 있는 과학 잡지들에는 양자생물학과 관련된 새로운 연구 논문들이 정기적으로 실리고 있다. 아직 소수에 불과하지만 점점 더 많은 과학자가 생명 현상에서 양자역학의 역할이 시시하지 않고 정말 중요하다고 주장한다. 이들의 생각에 따르면, 생명은 양자세계와 전통 세계 사이의 경계선에서 기이한 양자의 특성을 유지하는 독특한 위치에 있다.

이 과학자들이 정말 소수라는 사실은 우리가 2012년 9월 서리 대학에서 국제 양자생물학 워크숍을 열었을 때 확실해졌다. 참석자의 수는 작은 강의실 하나를 겨우 채울 정도였다. 그러나 이 분야는 일상적인 생물학 현상에서 양자역학의 역할이 발견되었다는 흥분으로부터 자극을 받아 급속도로 성장하고 있다. 그리고 새로운 양자 기술의 발전에 지대한 의미를 지니고 있을지도 모르는 가장 흥미진진한 연구 영역 중 하나는 따뜻하고 축축하며 뒤죽박죽인 살아 있는 몸속에서 양자의 기이함이 어떻게 살아남을 수 있는지에 관한 불가사의를 해결하는 최근의 연구다.

그러나 이 발견의 중요성을 온전히 인정하기 위해서, 우리가 먼저 던져야 할 질문은 믿기 어려울 정도로 단순하다. 생명이란 무엇인가?

2장

생명이란 무엇인가?

—

"생명력" | 역학의 승리 | 분자 당구대 | 생명도 카오스?

생명을 더 자세히 들여다보기 | 유전자 | 생명의 묘한 웃음 | 양자 혁명

슈뢰딩거의 파동함수 | 초기의 양자생물학자들 | 질서 | 불화

1977년 8월 20일, 역사상 가장 성공적인 과학 임무 중 하나가 시작되었다. 보이저 2호가 플로리다의 하늘 위로 날아올랐고, 2주 뒤에는 자매 우주선인 보이저 1호가 그 뒤를 따랐다. 2년 뒤, 첫 목적지인 목성에 도착한 보이저 1호는 기체로 뒤덮인 이 거대 행성의 소용돌이치는 구름과 유명한 대적점大赤點을 촬영한 다음, 표면이 얼음으로 뒤덮인 위성인 가니메데 위를 지나 또 다른 위성인 이오의 화산 폭발을 목격했다. 한편 보이저 2호는 다른 경로를 따라서 1981년 8월 토성에 도착했고, 탄성이 절로 나올 만큼 아름다운 토성의 고리 사진을 지구로 전송했다. 그 사진들을 통해 토성의 고리가 수백만 개의 작은 암석과 위성 조각으로 이루어진 구슬 목걸이라는 것이 밝혀졌다. 그러나 그로부터 거의 10년 뒤인 1990년 2월 14일, 보이저 1호는 가장 놀라운 사진으로 꼽히는 것을 한 장 전송해왔다. 흐릿한 회색을 배경으로 하는 조그만 파란 점의 사진이었다.

지난 반세기 동안 보이저 우주선과 다른 탐사 우주선들 덕분에 인류는 달 표면을 걷고, 화성의 계곡을 탐사하고, 금성의 불타는 사막을 들여다보고, 목성의 두터운 대기와 충돌하는 혜성을 목격하기도 했다. 그러나 탐사 우주선이 주로 발견한 것은 암석……, 대단히 많은 암석이었다. 사실 지구의 자매 행성체planetary body들에 대한 탐구는 거의 암석에 대한 조사라고 봐도 과언이 아니다. 아폴로 우주선의 비행사들이 가져온 엄청난 양의 광물에서부터 NASA의 스타더스트 Stardust 임무에서 채집된 혜성의 미세한 조각들, 2014년에 혜성과 직접 랑데부한 로제타Rosetta 무인 탐사선, 탐사 로봇인 큐리오시티 로버 Curiosity Rover의 화성 표면 분석에 이르기까지 수많은 암석이 있었다.

우주 공간에서 온 암석은 당연히 매혹적이다. 우주에서 온 암석의 구조와 조성은 태양계의 기원과 행성의 형성뿐 아니라, 태양이 형성되기 이전의 우주에서 일어났던 사건에 대한 실마리를 제공하기도 한다. 그러나 지질학에 문외한인 대부분의 사람에게는 화성의 콘드라이트chondrite(비금속성 석질운석의 일종)와 달의 트록톨라이트troctolite(철과 마그네슘이 풍부한 운석)가 크게 달라 보이지 않는다. 그러나 우리 태양계에는 암석을 구성하는 기본 성분들이 모여서 형태와 기능 그리고 화학적으로 대단히 다양한 특성을 이루는 곳이 있다. 이곳의 물질 1그램은 알려진 우주의 어느 곳에서 발견된 물질보다 다양성이 높다. 이곳은 바로 보이저 1호가 촬영한 창백한 푸른 점, 우리가 지구라고 부르는 행성이다. 무엇보다 놀라운 점은 우리 지구의 표면을 형성하는 이런 다양한 재료가 생명을 창조해낼 정도로 독특하다는 것이다.

생명은 놀랍다. 우리는 이미 유럽울새에게서 자기 수용 감각이라는 놀라운 감각을 발견했지만, 이런 특별한 기술은 생명의 수많은 능력

생명이란 무엇인가?

중 하나에 불과하다. 생명은 보고 듣고 냄새 맡고 날벌레를 잡을 수 있다. 땅에서 도약하거나 나뭇가지 사이를 뛰어넘을 수도 있다. 하늘 높이 솟구쳐 올라 수백 킬로미터를 날 수도 있다. 무엇보다 가장 놀라운 점은 암석의 구성 성분과 동일한 재료로 같은 핏줄의 생명체를 만들 수 있다는 것이다. 이를 위해서는 짝짓기 상대로부터 약간의 도움을 받아야 한다. 이런 놀라운 위업은 수없이 많으며, 생명체는 저마다 그중 수십 가지를 수행할 수 있다. 그리고 우리의 울새는 수조 개의 이런 생명체 중 하나에 불과하다.

당연히 우리 인간도 이런 놀라운 유기체다. 밤하늘을 올려다보면, 우리 눈으로 들어온 광자는 망막 조직에서 미세한 전류로 바뀐다. 이 전류는 시신경을 따라 이동해서 뇌의 신경 조직에 도달한다. 우리는 이 전류가 만들어내는 신경 점화의 깜박임을 하늘에서 빛나는 별로 인식하는 것이다. 이와 동시에 대기압의 10억 분의 1보다 작은 미세한 압력 변화가 우리의 내이 속 유모세포hair cell에 기록되면, 나무 사이를 스치는 바람 소리를 들려주는 청신경의 신호가 만들어진다. 우리의 콧속으로 날아 들어온 미량의 분자는 특별한 후각 수용체에 감지되고 그 분자들의 화학적 정체성이 뇌로 전달된다. 그 결과 우리는 지금이 여름이며 인동 꽃이 활짝 피어 있다는 것을 안다. 그리고 별을 쳐다보면서 바람 소리를 듣고 공기 중의 냄새를 맡는 우리 몸의 작은 움직임 하나하나는 수많은 근육의 협동 작용으로 만들어진 것이다.

그러나 우리 몸의 조직이 이뤄낸 물리적 위업이 아무리 특별해도, 지구의 다른 생명체들이 지닌 재주에 비하면 초라해 보인다. 가위개미leafcutter ant는 자신의 체중보다 30배 더 무거운 짐을 옮길 수 있다. 인간으로 따지면 자동차를 등에 지고 옮기는 것이라고 할 수 있다. 집게턱개미trap jaw ant는 단 0.3밀리초 만에 속도를 0에서 시속 230킬로미터까지 가속할 수 있다. 반면 포뮬러 1 경주차로 같은 속도에 도달하려면, 시간이 4만 배 더 오래 걸린다(약 5초). 아마존강의 전기뱀장어는 인간의 생명을 위태롭게 할 수 있는 600볼트의 전기를 생산할 수 있다. 새는 날 수 있고, 물고기는 헤엄칠 수 있고, 벌레는 땅을 팔 수 있고, 원숭이는 나무에서 나무로 건너다닐 수 있다. 그리고 우리가 이미 발견했듯이, 유럽울새를 포함한 많은 동물이 지구 자기장을 이용해서 수천 킬로미터 떨어진 곳을 찾아갈 수 있다. 한편 생합성 능력에서는 그 어떤 생명체도 다양한 녹색 생명체의 상대가 되지 않는다. 이들은 공기 중의 분자와 물로 (몇 가지 무기질을 더해서) 풀, 참나무, 해초, 민들레, 거대한 미국삼나무, 이끼를 만들어낸다.

모든 생명체는 울새의 자기 수용 감각이나 집게턱개미의 순간적인 반응 같은 특별한 재주 및 특징을 가지고 있지만, 그중에서도 단연 돋보이는 것은 한 인간 기관에서 일어나는 작용이다. 인간의 단단한 두개골 내부에 들어 있는 회색 물질의 계산 능력은 지구상의 어떤 컴퓨터보다 우월하며, 피라미드와 일반 상대성 이론과 「백조의 호수」와 가장 오래된 브라만교 경전인 『리그베다』 및 『햄릿』과 명나라 도자기와 도널드 덕을 창조했다. 그리고 무엇보다 놀라운 것은 인간 뇌에는 스스로의 존재를 아는 능력이 있다는 점일 것이다.

그러나 무수한 형태와 끝없이 다양한 기능을 갖고 있는 생물의 이런 모든 다양성은 화성의 콘드라이트 운석 덩어리에서 발견되는 것과 거의 같은 원소들로 만들어진다.

과학에서 가장 중요한 문제이자 이 책의 중심 주제는, 암석에서 발견되는 이런 비활성 원자와 분자가 어떻게 날마다 달리고 뛰고 날고 길을 찾고 헤엄치고 성장하고 사랑하고 미워하고 욕망하고 두려워하고 생각하고 웃고 우는 살아 있는 것으로 변했는지에 관한 의문이다. 우리는 익숙함 때문에 이 특별한 변화를 대수롭지 않게 여기지만, 유전공학과 합성생물학의 시대인 오늘날에도 우리 인간은 완전한 무생물로부터는 그 어떤 살아 있는 것도 만들지 못했다. 지구에서 가장 단순한 미생물조차 쉽게 수행할 수 있는 이런 변화를 우리가 아직 이뤄내지 못하고 있다는 사실은 생명을 만들기 위한 필요 요건에 관해 우리의 지식이 아직 완전하지 않다는 것을 암시한다. 생명체에는 생기를 부여하고 무생물에는 없는 일종의 생명의 불꽃을 우리가 간과하고 있는 것은 아닐까?

이는 생명을 일으키는 어떤 생명력이나 정기나 묘약 따위를 주장하는 것이 아니다. 우리의 이야기는 그런 주장보다 훨씬 더 흥미롭다. 우리는 생명이라는 퍼즐의 빠져 있는 조각들 중에서 양자역학의 세계에서 발견된 조각 하나를 탐구할 것이다. 이 세계에서는 물체가 동시에 두 장소에 있을 수도 있고, 유령같이 이어져 있기도 하고, 분명히 통과할 수 없는 장벽을 통과하기도 한다. 생명의 한쪽 발은 일상적인 사물로 이루어진 고전세계에 있고, 나머지 한 발은 양자세계라는 기이하고 독특한 곳 깊숙이 숨어 있는 것처럼 보인다. 우리는 생명이 양자경계에서 살아가고 있다고 말하려 한다.

그러나 동물과 식물과 미생물이 지금까지 기본 입자의 행동만 묘사할 것이라고 믿었던 자연법칙의 지배를 정말로 받을 수 있을까? 확실히 수조 개의 입자로 구성된 살아 있는 유기체는 축구공이나 자동차나 증기기관차처럼 뉴턴의 운동법칙이나 열역학 같은 고전적인 법칙으로 충분히 설명 가능한 거시적인 물체다. 생명체의 놀라운 특성을 설명하기 위해서 양자역학이라는 은밀한 세계가 왜 필요한가를 밝히려면, 우리는 먼저 생명의 특별함을 이해하고자 한 과학적 노력들을 간단히 살펴봐야 한다.

"생명력"

—

왜 물질은 생명체를 이룰 때와 암석을 이룰 때 그렇게 다르게 행동할까? 바로 이것이 생명의 중심에 있는 수수께끼다. 이 수수께끼를 가장 먼저 해결해보고자 했던 이들 중에는 고대 그리스인들도 있었다. 세계 최초의 위대한 과학자라고 할 수 있는 철학자 아리스토텔레스는 예측 가능하고 신뢰할 만한 무생물의 특성을 찾아냈다. 이를테면 단단한 물체는 떨어지는 경향이 있는 반면 증기와 불은 위로 올라가는 경향이 있고, 천체는 지구를 중심으로 원형 궤도를 따라 이동하는 경향이 있다는 것을 알아냈다. 그러나 생명은 달랐다. 많은 동물이 땅에 떨어졌지만, 달릴 수도 있었다. 식물은 위를 향해서 자랐고 새는 하늘을 날았다. 무엇이 생명체를 세상의 나머지 부분과 그렇게 다르도록 만든 것일까? 앞서 그리스의 위대한 사상가인 소크라테스는 이 문제에 대해 해답을 내놓았고, 그의 제자인 플라톤은 "몸속에 생명을 불어넣는 것은 영혼"이라고 기록했다. 아리스토텔레스도 생명이 영혼을 갖는다는 소크라테스의 의견에 동의했지만, 영혼에는 여러 단계가 있다고 주장했다. 가장 낮은 단계의 영혼은 식물의 영혼으로, 식물이 자라고 양분을 섭취할 수 있게 해주었다. 한 단계 위인 동물의 영혼은 영혼의 주인에게 감정과 운동 능력을 부여했다. 그러나 이성과 지

생명이란 무엇인가?

적 능력을 갖춘 것은 인간의 영혼뿐이었다. 고대 중국인들도 생명체가 생명력을 얻기 위해서는 기氣라는 무형의 생명력life force이 체내에 흘러야 한다고 생각했다. 영혼이라는 개념은 세계의 주요 종교에 편입되었지만, 영혼의 특성과 신체와의 연관성은 신비로 남아 있었다.

또 다른 수수께끼는 죽음이었다. 일반적으로 영혼은 사라지지 않는다고 믿었다. 그런데 왜 생명은 덧없이 스러지는 것일까? 대부분의 문화권에서 내놓은 해답은 생기를 불어넣는 영혼이 몸에서 빠져나가면서 죽음을 맞게 된다는 것이다. 1907년, 미국의 의사인 덩컨 맥두걸은 죽어가는 환자의 체중을 사망 직전과 직후에 측정함으로써 영혼의 무게를 잴 수 있다고 주장했다. 그는 자신의 실험을 통해 영혼의 무게가 21그램이라고 확신했다. 그러나 70여 년의 수명을 다한 뒤에는 사람의 몸에서 왜 영혼이 빠져나가야 하는지 그 이유가 여전히 수수께끼로 남았다.

이제 더 이상 현대 과학의 일부는 아니지만, 영혼 개념은 무생물과 생물의 연구를 분리시킴으로써, 과학자들은 생명체에 관한 연구의 걸림돌로 작용하는 철학과 신학적 문제로부터 구애받지 않고 무생물에서 운동의 원인을 탐구할 수 있게 되었다. 운동 연구의 역사는 길고 복잡하며 매력적이지만, 이 장에서 우리는 아주 간략하게만 소개하려고 한다. 물체는 위로 올라가거나 땅으로 떨어지거나 지구 주위를 도는 경향을 갖는다는 물체의 운동에 관한 아리스토텔레스의 관점은 이미 언급했다. 그는 이 모든 것이 자연적인 운동이라고 여겼다. 그는 단단한 물체는 밀고 당기고 던질 수 있다는 것도 알았다. 이런 운동은 모두 던지는 사람과 같은 다른 대상이 공급하는 힘에 의해 시작된다고 여겨서 "격렬한violent" 운동이라고 불렀다. 하지만 새의 비행을 일으키는 것은 무엇일까? 외적인 원인은 아닌 것 같다. 아리스토텔레스의 주장에 따르면, 생명체는 무생물과 달리 스스로 운동을 시작할 수 있었고 이런 운동의 경우는 원인이 창조주의 영혼이었다.

운동의 원천에 대한 아리스토텔레스의 관점은 중세까지도 남아 있었지만, 그 이후 놀라운 일이 벌어졌다. 과학자들(당시에는 자연철학자라고 불렸을 것이다)이 무생물의 운동에 관한 학설을 논리학과 수학이라는 언어로 묘사하기 시작한 것이다. 일각에서는 이처럼 인간의 생각에서 일어난 특별히 생산적인 변화를 누가 일으켰는지를 두고 논쟁이 벌어지기도 했다. 이 논쟁에서는 알하젠과 아비센나 같은 중세 아랍과 페르시아의 학자들이 중요한 역할을 했으며, 이후 그 경향은 파리와 옥스퍼드 같은 유럽의 대학으로 이어졌다. 그러나 이런 방식의 세상에 대한 묘사가 처음으로 중요한 결실을 맺은 곳은 이탈리아의 파두아 대학이었을 것이다. 그곳에서는 갈릴레이가 간단한 운동법칙을 수학 공식으로 정립했다. 갈릴레이가 사망한 해인 1642년에는 영국 링컨셔에서 아이작 뉴턴이 태어났다. 뉴턴은 힘이 무생물의 운동을 어떻게 변화시킬 수 있는지를 수학적으로 매우 잘 묘사했고, 오늘날 이 체계는 뉴턴 역학이라 불린다.

뉴턴의 힘은 처음에는 무척 신비로운 존재였지만, 수 세기가 흐르는 동안 점차 에너지라는 개념으로 구체화되었다. 움직이는 물체는 에너지를 갖고 있다고 말한다. 움직이는 물체의 에너지는 정지 상태에 있는 물체에 부딪힐 때 전달되어 그 물체를 움직이게 할 수 있다. 그러나 힘은 떨어져 있는 물체들 사이에도 전달될 수 있다. 이런 힘의 예로는 뉴턴의 사과를 땅으로 끌어당기는 지구의 중력과 나침반의 바늘을 움직이게 하는 자기력이 있다.

생명이란 무엇인가?

갈릴레이로부터 시작된 과학의 놀라운 발전은 18세기 들어 뉴턴에 의해 가속화되었고, 19세기 말엽에는 고전물리학이라고 알려진 학문의 기틀이 어느 정도 잡혀갔다. 당시에는 열과 빛 같은 다른 형태의 에너지도 원자와 분자 같은 물질의 구성 성분과 활발한 상호작용을 일으켜서 더 뜨거워지거나 빛을 발산하거나 색이 바뀌는 따위의 변화를 일으킬 수 있다는 것이 알려져 있었다. 물체는 입자로 구성되고, 입자의 운동은 중력이나 전자기력●에 의해 조절된다고 여겼다. 따라서 물질세계에 속하는 것 가운데 최소한 무생물적 대상은 입자로 이루어진 가시적인 물질과 물질에 작용하는 보이지 않는 힘이라는 두 가지 존재로 나뉘었다. 그러나 당시까지는 이 힘이 공간을 통해 전파되는 에너지파의 형태로 작용하는지, 일종의 역장force field으로 작용하는지가 제대로 밝혀지지 않았다. 그런데 살아 있는 유기체를 구성하는 생체 물질의 경우는 어땠을까? 무엇으로 만들어지고 어떻게 움직인다고 생각했을까?

역학의 승리

———

살아 있는 모든 피조물은 일종의 초자연적인 물질이나 존재에 의해 생기를 얻는다는 고대인의 생각은 생물과 무생물 사이의 놀라운 차이에 대해 적어도 하나의 설명을 제공했다. 생명이 다른 까닭은 평범한 역학적 힘이 아닌 영혼에 의해 움직이기 때문이었다. 그러나 이런 설

● 19세기 후반 스코틀랜드의 물리학자인 제임스 클러크 맥스웰은 전기력과 자기력이 전자기력이라는 동일한 힘의 두 가지 일면이라는 것을 증명했다.

명이 늘 만족스러운 것은 아니었다. 이는 태양과 달과 별이 움직이는 것은 천사가 밀고 있기 때문이라는 설명과 비슷했다. 사실 영혼(그리고 천사)의 특성은 완전히 불가사의로 남아 있기 때문에 이것은 결코 진정한 설명이 될 수 없었다.

17세기에는 프랑스의 철학자인 르네 데카르트가 전혀 다른 급진적인 시각을 내놓았다. 그는 당시 유럽 왕실의 장난감이었던 오토마타 인형과 태엽시계와 장난감으로부터 깊은 인상을 받고 그 장치들의 메커니즘에서 영감을 얻어, 인간을 포함한 동물과 식물의 몸이 정교한 기계 장치에 불과하다는 파격적인 주장을 내놓았다. 생물도 지극히 평범한 물질로 구성되며, 무생물의 운동을 관장하는 펌프와 톱니바퀴와 피스톤과 캠 같은 기계 장치에 의해 구동된다는 것이었다. 데카르트의 기계론적 관점에서도 인간의 마음만큼은 예외로 취급되어 불멸의 영혼으로 남았지만, 적어도 그의 철학은 무생물을 관장하는 것으로 밝혀진 물리 법칙을 적용해서 생명을 설명하려는 과학적 사고틀의 제시를 시도했다.

생물학에 대한 기계론적 접근은 거의 아이작 뉴턴 경 시대까지 지속되었다. 의사인 윌리엄 하비는 심장이 기계적으로 작동하는 펌프에 불과하다는 것을 발견했다. 한 세기 후, 프랑스의 화학자인 앙투안 라부아지에는 숨 쉬고 있는 기니피그가 증기기관이라는 신기술에 동력을 제공하는 불처럼 산소를 소비하고 이산화탄소를 만들어낸다는 것을 증명했다. 그래서 그는 "호흡은 매우 느린 연소 현상으로 석탄이 타는 것과 비슷하다"는 결론을 내렸다. 데카르트의 예상처럼, 동물은 석탄으로 움직이는 증기기관과 별 차이가 없어 보였다.

그러나 증기기관차를 움직이는 힘이 생명도 움직일 수 있을까? 이

생명이란 무엇인가?

문제의 답을 얻으려면, 먼저 증기기관차가 언덕을 오르는 방식을 이해해야 한다.

분자 당구대

—

열이 물질과 어떻게 상호작용을 하는지에 관한 과학을 열역학이라고 한다. 열역학의 핵심적인 통찰을 내놓은 오스트리아의 물리학자인 루트비히 볼츠만은 대담하게도 물질 입자를 뉴턴의 운동 법칙에 따라 무작위로 충돌하는 거대한 당구공 집단처럼 취급했다.

　이동식 분리대에 의해 표면이 둘로 나뉜 당구대●가 있다고 상상해보자. 큐볼을 포함한 모든 당구공은 분리대 왼편에 있으며, 삼각형 틀 안에 깔끔하게 배열되어 있다. 이제 배열된 당구공을 큐볼로 힘껏 친다고 상상해보자. 당구공들은 사방으로 빠르게 움직이다가 충돌하고 당구대의 단단한 벽과 이동식 분리대에 부딪힐 것이다. 이동식 분리대에서는 무슨 일이 벌어질지를 생각해보자. 공들이 있는 당구대 왼쪽에 접한 면은 수많은 충돌로 인한 힘을 받지만, 비어 있는 당구대 오른쪽에 접한 면은 아무런 충격도 없을 것이다. 공들이 완전히 무작위로 움직인다고 해도, 이 공들의 움직임에 의해 이동식 분리대는 점점 더 오른쪽으로 밀릴 것이다. 그 결과 당구대의 왼쪽 공간은 더 확장되고 비어 있는 오른쪽 공간은 더 줄어들 것이다. 조금 더 상상의 나래를 펼쳐서, 지렛대와 도르래라는 새로운 기계 장치를 설치

●여기서 말하는 당구는 미국식 풀pool 당구다.

해 우리의 당구대를 작동시키려 한다고 해보자. 이 기계 장치는 오른쪽으로 밀리는 이동식 분리대의 움직임을 포착하고 원래대로 되돌려서, 말하자면 장난감 기차를 장난감 언덕으로 밀어올리는 것이다.

볼츠만은 열기관이 진짜 증기기관차를 진짜 언덕에서 밀어올리는 방법이 본질적으로 이것임을 깨달았다(당시는 증기기관의 시대였다는 점을 기억하자). 증기기관의 실린더 내부에 들어 있는 물 분자는 큐볼의 충격에 의해 흩어지는 당구공처럼 행동한다. 이 물 분자들의 무작위적인 움직임은 연소로의 열에 의해 더 가속화되어, 물 분자들은 서로 부딪치고 엔진의 피스톤도 더 강하게 바깥쪽으로 밀어낸다. 피스톤의 움직임은 증기기관차의 샤프트와 기어와 축과 바퀴를 움직이고, 결국 원하는 운동으로 전달된다. 볼츠만 이후 1세기 이상 지난 오늘날의 자동차도 정확히 똑같은 원리로 작동하지만, 휘발유의 연소 산물이 증기를 대신한다.

열역학의 놀라운 일면은 이것이 전부라는 점이다. 지금까지 만들어진 모든 열기관의 질서정연한 운동은 무작위로 움직이는 수조 개의 원자와 분자의 평균적인 운동을 조작함으로써 얻어진 것이다. 게다가 열역학의 적용 범위는 열기관뿐 아니라 거의 모든 일반적인 화학작용을 망라한다. 공기 중에서 석탄을 태우거나, 쇠못에 녹이 슬거나, 음식을 조리하거나, 강철을 제련하거나, 물에 소금을 녹이거나, 주전자에 물을 끓이거나, 달에 우주선을 보낼 때, 모두 열역학이 적용된다. 이런 모든 화학작용에는 열 교환이 수반되며, 분자 수준에서 볼 때 이런 열 교환은 무작위적인 운동을 기반으로 하는 열역학 원리에 의해 일어난다. 사실 우리가 사는 세계의 변화를 일으키는 비생물학적(물리적, 화학적) 과정은 모두 열역학 원리에 의해 일어난다. 해류, 격렬

생명이란 무엇인가?

한 폭풍, 암석의 풍화, 산불, 금속의 부식 모두 열여학을 지탱하고 있는 냉엄한 카오스의 힘에 의해 조절된다. 겉보기에는 질서정연하고 구조화되어 있을 것 같은 이 모든 복잡한 과정이 무작위적 분자운동에 의해 일어난다는 것이다.

생명도 카오스?

그렇다면 생명의 진실도 이와 같을까? 다시 당구대로 돌아가보자. 하지만 이번에는 게임을 시작할 때처럼 당구공들이 깔끔하게 삼각형으로 배열되어 있는 당구대다. 이번에는 여기에 대단히 많은 공이 추가되어(엄청나게 큰 당구대라고 상상하자) 처음에 삼각형으로 배열된 당구공들에 격렬하게 부딪히면서 돌아다니고 있다. 여기서도 무작위 충돌-이동식 분리대에 의한 운동이 유용한 작업에 이용될 것이다. 그러나 이번에는 단순히 장난감 기차를 언덕에 오르게 하는 것보다 훨씬 더 기발한 장치를 다룰 것이다. 사방에서 공들이 무질서하게 충돌하는 우리의 운동-유도 장치가 이번에 할 일은 무척 특별하다. 이 모든 혼란 속에서 처음과 같은 깔끔한 삼각형의 당구공 배열을 유지하는 것이다. 삼각형으로 배열된 당구공 중 하나가 무작위로 움직이는 공에 부딪혀 제 위치를 이탈할 때마다 일종의 감지 장치가 그 일을 감지하고, 구동 팔을 이용해서 무작위로 충돌하는 공들 가운데 똑같은 공 하나를 삼각형에서 빠진 자리(아마 삼각형의 모서리 부분이 될 것이다)에 채워넣는 것이다.

여기서 독자들이 알기를 바라는 것은, 이제 이 계가 이 모든 무작위 충돌로 구할 수 있는 에너지의 일부를 이용해서 고도로 질서정연한 상태를 유지하고 있다는 점이다. 열역학에서 엔트로피entropy라는 용어는 질서의 부재를 묘사하는 데 쓰이므로, 대단히 질서정연한 상태는 엔트로피가 낮다고 표현한다. 우리의 당구대는 엔트로피가 높은 (무질서한) 당구공의 충돌을 이용해서 엔트로피가 낮은(질서정연한) 일부분을 유지한다고 말할 수 있다. 그리고 이 일부분은 당구대 한가운데에 삼각형으로 배열된 당구공들이 되는 것이다.

이런 교묘한 조작을 어떻게 할 수 있는지에 대한 궁금증은 잠시 접어두자. 여기서 중요한 것은 우리의 엔트로피-유도 당구대가 대단히 흥미로운 뭔가를 하고 있다는 점이다. 당구공과 당구대와 이동식 분리대와 공 감지 장치와 구동 팔로 이루어진 이 새로운 계는 무질서한 공의 운동만으로 하위 계의 질서를 유지할 수 있다.

이제 다른 수준의 정교함을 상상해보자. 이번에는 이동식 분리대로부터 에너지의 일부를 구할 수 있다고 해보자(이 에너지를 계의 자유에너지free energy●라고 부를 수 있다). 이 에너지를 이용해서 감지 장치와 구동 팔을 구성하고 유지하며, 심지어 처음부터 많은 당구공을 원료로 이런 장치를 만든다고 해보자. 이제 이 계 전체는 스스로 지속 가능하며, 무작위로 움직이는 수많은 공의 공급이 끊기지만 않는다면 원칙적으로는 무한정 자가 유지가 가능하다.

마지막으로 이 확장된 계는 자가 유지를 하는 것 외에 또 하나의 놀라운 위업도 달성하게 된다. 구할 수 있는 자유에너지를 활용해서 당구공을 감지하고 포획하고 배열해서 당구대, 이동식 분리대, 공 감

●'자유에너지'는 열역학에서 가장 중요한 개념 중 하나이며, 여기서 소개하는 설명에도 잘 부합하는 편이다.

생명이란 무엇인가?

지 장치, 구동 팔, 삼각형으로 배열된 당구공에 이르기까지 자신의 복사본을 통째로 만드는 것이다. 그리고 이 복사본들도 그들의 당구공을 비슷하게 이용할 수 있다. 당구공의 충돌을 통해 얻을 수 있는 자유에너지로 더 많은 자가 유지 장치, 즉 그들의 복사본을 만들 수 있을 것이다.

아마 당신은 이런 일이 어디에서 일어나고 있는지 알 것이다. 우리의 상상 속 DIY 계획을 통해 만들어진 것은 일종의 당구공 생명체라고 할 수 있다. 새나 물고기나 인간과 마찬가지로, 이 상상의 장치도 무작위의 분자 충돌로 일궈낸 자유에너지를 이용해서 스스로를 유지하고 복제할 수 있다. 이 작업은 복잡하고 까다롭지만, 일반적으로 이 작업을 일으키는 동력은 언덕 위로 증기기관차를 끌어올리는 데 이용되는 동력과 정확히 같다고 여겨진다. 생명체에서는 당구공이 양분을 통해 얻는 분자로 바뀐다. 이 과정은 우리가 예를 들어 묘사했던 단순한 과정보다 훨씬 복잡하지만 원리는 같다. 무작위 분자 충돌로 얻는 자유에너지가 몸을 유지하고 복사본을 만드는 작업에 쓰이는 것이다.

그렇다면 생명은 단지 열역학에서 파생된 것일 뿐일까? 우리가 소풍을 가서 언덕을 오르는 것과 증기기관차가 언덕을 오르는 것은 같은 과정일까? 울새의 비행은 날아가는 대포와 다를 바 없는 것일까? 근본적으로 생명의 불꽃vital spark이란 것도 무작위 분자운동에 불과할까? 이 문제의 답을 찾기 위해, 우리는 생명의 구조를 더 자세히 들여다볼 필요가 있다.

생명을 더 자세히 들여다보기

—

생명의 자세한 구조를 밝히는 과정에서 처음으로 중요한 발전을 이룬 인물은 17세기의 '자연철학자'인 로버트 훅이었다. 훅은 자신이 만든 원시적 현미경으로 본 얇은 코르크 조각에서 작은 방 같은 형태를 관찰하고 '세포cell'라는 이름을 붙였다. 네덜란드의 현미경 학자인 안톤 판 레이우엔훅은 연못의 물방울에서 확인한 작은 생물을 '극미동물animalcule'이라 불렀고, 오늘날에는 이런 미생물을 단세포생물이라고 한다. 그는 식물 세포와 적혈구 세포, 심지어 정자도 관찰했다. 나중에는 살아 있는 모든 조직이 이와 같은 세포 단위로 구분되며, 세포가 생명체의 구성 단위라는 것이 알려졌다. 독일의 의사이자 생물학자인 루돌프 피르호는 1858년에 다음과 같이 썼다.

> 한 그루의 나무가 확실한 방식으로 배열된 하나의 덩어리로 이루어져 있듯이, 잎, 뿌리, 줄기, 꽃봉오리 같은 각각의 모든 부분 속에서 세포는 궁극적인 요소로 나타난다. 그리고 이는 동물에서도 마찬가지다. 모든 동물은 살아 있는 존재의 합으로서 나타나며, 이 존재들 하나하나는 저마다 생명의 특징을 모두 드러낸다.

생체 세포는 점점 더 강력해지는 현미경으로 점점 더 자세하게 연구되었다. 그러면서 세포의 내부 구조가 대단히 복잡하다는 것이 밝혀졌다. 모든 세포의 중심에는 염색체가 들어 있는 핵이 있고, 주변부를 둘러싸고 있는 세포질에는 세포소기관organelle이라는 분화된 작은 기관이 있다. 세포소기관은 인체의 기관처럼 세포 내에서 특별한 기

생명이란 무엇인가?

능을 수행한다. 이를테면 미토콘드리아Mitochondria라는 세포소기관은 인간의 세포 내에서 호흡을 담당하고, 엽록체라는 세포소기관은 식물 세포 내에서 광합성을 한다. 전반적으로 세포는 바쁘게 돌아가는 조그만 공장과 비슷한 느낌을 준다. 그런데 이 공장을 계속 돌아가게 하는 것은 무엇일까? 다시 말해 세포에 생기를 불어넣는 것은 무엇일까? 처음에는 세포에 '활'력vital force이 가득하다고 생각했다. 활력은 본질적으로 아리스토텔레스의 영혼과 같은 개념이며, 생명체는 무생물에는 없는 어떤 힘에 의해 생기를 얻는다는 개념인 생기론vitalism이 19세기까지도 지속되었다. 세포를 채우고 있다고 여겨진 신비의 생명물질인 프로토플라즘protoplasm은 거의 신비적인 의미로 묘사되었다.

그러나 19세기에 몇몇 과학자가 실험실에서 합성되는 것과 동일한 화학물질을 생체 세포에서 분리하는 연구에 성공하면서 생기론은 약화되기 시작했다. 이를테면 독일의 화학자인 프리드리히 뵐러는 1828년 생체 세포에서만 만들어진다고 여겨졌던 요소urea를 합성했다. 루이 파스퇴르는 (훗날 효소라 불리게 되는) 생체 세포의 추출물을 이용해서 전에는 생명만 지닌 독특한 특징이라고 생각했던 발효 같은 화학변화를 재연하는 데 성공했다. 점점 더 생명체의 구성 물질은 무생물을 구성하는 화학물질과 비슷하게 보였고, 그래서 동일한 화학이 적용될 수도 있을 것 같았다. 생기론은 조금씩 기계론mechanism으로 바뀌어갔다.

19세기 말엽이 되자 생화학은 생기론에 대해 어느 정도 승리를 거두었다.● 세포는 생화학물질이 가득 들어 있는 주머니 취급을 받았

●그러나 생화학자이자 생기론자인 사람도 있었다는 점을 분명히 밝힌다.

다. 세포 속 생화학물질은 복잡한 화학적 과정에 의해 작동하기는 하지만, 그래도 볼츠만이 묘사한 당구공 같은 무작위 분자운동을 토대로 했다. 생명은 정교한 열역학적 과정일 뿐이라는 믿음이 널리 퍼졌다.

그러나 한 가지 예외적인 면이 있었다. 그리고 이 예외는 확실히 그 어떤 것보다 중요했다.

유전자

—

살아 있는 유기체는 자신과 똑같은 것을 만들기 위한 명령을 충실히 전달하는 능력을 지니고 있다. 울새, 진달래, 인간 할 것 없이 모든 생명체가 갖고 있는 이 능력은 수 세기 동안 전혀 종잡을 수 없는 수수께끼였다. 영국의 외과의사인 윌리엄 하비는 1653년 그의 「51차 강연 51st Exercitation」에 다음과 같이 썼다.

> 태아는 남자와 여자로부터 기원하고 탄생한다는 것, 달걀은 암탉과 수탉으로부터 만들어지고 그 달걀에서 병아리가 나온다는 것에 동의하지 않을 사람은 없다. 그러나 어떤 의사 집단도, 아리스토텔레스 같은 석학도 수탉과 그 씨가 어떻게 달걀에서 병아리가 나오게 하는지를 밝혀내지 못했다.

그 해답의 일부는 2세기 뒤 오스트리아의 수도사이자 식물학자인 그레고어 멘델이 내놓았다. 그는 1850년 무렵 브르노에 위치한 아

생명이란 무엇인가?

우구스투스 수도원의 텃밭에서 완두콩을 재배했다. 완두콩을 관찰한 멘델은 꽃 색깔, 완두콩의 모양 같은 형질이 유전될 수 있는 '인자factor'에 의해 조절된다고 제안했다. 이 '인자'들이 변하지 않고 한 세대에서 다음 세대로 전달될 수 있다는 것이다. 따라서 유전 가능한 정보의 보관소인 멘델의 '인자'는 완두콩이 수백 세대에 걸쳐 특징을 유지할 수 있게 해주고, "수탉과 그 씨가 달걀에서 병아리가 나올 수 있게" 해주는 것이다.

잘 알려져 있듯이, 멘델의 연구는 다윈을 포함한 동시대인들에게는 거의 주목을 받지 못하다가 20세기 초반에 재발견되었다. 그의 인자는 유전자gene로 이름이 바뀌어, 점차 기계론적으로 의견이 모아지던 20세기 생물학에 곧바로 편입되었다. 그러나 생체 세포 내에 유전자가 존재해야 한다는 것이 멘델에 의해 증명되었음에도 불구하고, 유전자를 관찰했거나 유전자가 무엇으로 구성되어 있는지를 아는 사람은 아무도 없었다. 그러던 중 1902년, 미국의 유전학자인 월터 서턴은 염색체chromosome라고 하는 세포내 구조물이 멘델 인자의 유전을 따르는 경향이 있다는 점을 지적하면서, 유전자가 염색체 내에 위치한다고 제안했다.

그러나 염색체는 (상대적으로 볼 때) 크기가 크고, 단백질과 당과 디옥시리보핵산DNA이라는 생화학물질로 구성된 복잡한 구조물이다. 처음에는 염색체 내의 어떤 것이 유전을 담당하는 구성 성분인지 분명하지 않았다. 그 후 1943년, 캐나다의 과학자인 오즈월드 에이버리는 한 세균 세포에서 추출한 DNA를 다른 세균 세포에 주입함으로써 세균에서 유전자를 전달하는 데 성공했다. 이 실험으로 염색체에서 유전 정보를 전달하는 중요한 물질은 단백질이나 다른 생화학물질이 아니라 DNA라는 것이 증명되었다.[•] 그럼에도 DNA에는 마법 같은 뭔가가 없어 보였다. 이 당시만 해도 DNA는 평범한 화학물질로 여겨졌다.

그러나 아직 의문이 남아 있었다. 이 모든 것은 어떻게 작동할까? 일개 화학물질이 어떻게 "수탉과 그 씨가 달걀에서 병아리가 나올 수 있게" 하는 데 필요한 정보를 전달할까? 그리고 유전자는 어떻게 복사되고 복제되어 다음 세대에 전달될까? 볼츠만의 당구공처럼 생긴 분자에 의해 일어나는 기존 화학은 유전 정보를 저장하고 복사하고 정확하게 전달하는 수단을 제공하는 것이 불가능해 보였다.

그 유명한 해답은 1953년에 케임브리지 대학의 캐번디시 연구소에서 연구하던 제임스 왓슨과 프랜시스 크릭으로부터 나왔다. 그들이 우여곡절 끝에 내놓은 놀라운 구조는 그들의 동료였던 로절린드 프랭클린이 DNA에서 얻은 실험 자료와 일치하는 이중나선 구조였다. 각각의 DNA 가닥은 인과 산소 원자들, 디옥시리보오스라는 당이 뉴클레오티드nucleotide[••]라는 화학적 구조와 함께 줄에 꿰인 구슬처럼 길게 이어진 선형 분자다. 뉴클레오티드 구슬에는 아데닌adenine(A), 구아닌guanine(G), 시토신cytosine(C), 티민thymine(T)이라는 네 종류의 염기가 있다. 따라서 DNA 가닥을 따라 배열된 뉴클레오티드는 'GTCCATTGCCCGTATTACCG' 같은 일차원적인 유전 문자 서열을 제공한다. 프랜시스 크릭은 전시에 해군 본부에서 근무한 경험이 있었다. 그래서 그가 블레칠리 파크에서 해독했던 독일군 암호인

[•] 그러나 당시에는 에이버리의 실험을 DNA가 유전물질이라는 결정적 증명으로 여기지 않았고, 시끄러운 논쟁은 크릭과 왓슨의 시대까지 이어졌다.

[••] 탄소, 질소, 산소, 수소로 구성된 뉴클레오티드 염기로 이루어진 이런 화학적 구조를 따라 적어도 하나의 인산기가 DNA 가닥을 연결하는 역할을 한다.

생명이란 무엇인가?

에니그마Enigma 같은 암호에 익숙했으리라는 점은 쉽게 짐작할 만하다. 어쨌든 그는 DNA 가닥을 보고, 곧바로 중요한 유전 명령을 전달하는 정보의 서열일 것이라고 인식했다. 게다가 7장에서 보게 되듯이, DNA 가닥의 이중나선 구조가 확인되면서 유전 정보가 복사되는 방식에 대한 문제도 해결되었다. 단번에 과학에서 가장 큰 불가사의 두 가지가 해결된 것이다.

DNA 구조의 발견은 유전자의 불가사의를 밝힐 중요한 기계론적 실마리를 제공했다. 유전자는 화학물질이고, 화학은 열역학적이다. 그렇다면 이중나선 구조의 발견으로 마침내 생명은 고전 과학의 테두리 안으로 완전히 들어오게 된 것일까?

생명의 묘한 웃음

루이스 캐럴의 『이상한 나라의 앨리스』에 등장하는 체셔 고양이는 웃음만 남기고 사라지는 버릇이 있다. 그래서 앨리스는 "웃음기 없는 고양이는 종종 봤지만 고양이가 없는 웃음은 처음 봤다"고 말한다. 많은 생물학자도 이와 비슷한 당혹감을 경험한다. 생체 세포에서 열역학이 어떻게 작동하고 유전자가 세포를 구성하는 데 필요한 모든 것을 어떻게 암호화하는지를 알지만, 진짜 생명의 모습은 그 너머에서 묘한 웃음을 짓고 있기 때문이다.

한 가지 문제는 살아 있는 모든 세포 내에서 진행되고 있는 생화학 반응이 심히 복잡하다는 것이다. 화학자들이 인공적으로 아미노산이나 당을 만들 때는 거의 항상 한 번에 한 가지 산물만 합성한다. 게다가 선택된 반응에서 만들고자 하는 화합물의 합성을 최적화하기 위해 다양한 성분의 농도와 온도 같은 실험 조건을 세심하게 조절해야 한다. 이는 쉬운 일이 아니다. 특별히 제작한 플라스크, 냉각기, 분리 장치, 여과 장치, 그 외 정교한 기구들의 다양한 내부 조건에 대한 주의 깊은 통제가 필요하다. 그러나 우리 몸속에 있는 모든 살아 있는 세포는 수천 가지의 다양한 생화학물질을 쉴 새 없이 합성하고 있으며, 세포라는 반응기 속에 들어 있는 체액의 양은 수백만 분의 1마이크로리터에 불과하다.● 어떻게 이렇듯 온갖 다양한 반응이 동시에 진행될 수 있을까? 그리고 어떻게 이 모든 분자의 작용이 현미경적 크기의 세포 내에서 조화롭게 일어날 수 있을까? 이런 문제에 주목하는 새로운 과학을 계생물학systems biology이라고 한다. 그러나 그 해답은 아직 불가사의로 남아 있다고 말하는 게 옳다!

생명의 또 다른 수수께끼는 죽음이다. 화학반응의 특징은 항상 가역적이라는 것이다. 우리는 화학반응을 표시할 때 '반응물→생성물'과 같이 방향으로 나타낸다. 그러나 실제로는 '생성물→반응물'의 역반응도 항상 동시에 진행되고 있다. 다만 주어진 조건에서 한 방향의 반응이 주로 많이 일어나는 것뿐이다. 그러나 반대 방향으로 일어나는 반응을 선호하는 조건도 언제든지 나타날 수 있다. 이를테면 공기 중에서 화석연료를 연소시킬 때, 반응물은 탄소와 산소이고 생성물은 온실기체인 이산화탄소다. 일반적으로 이 반응은 불가역적이라고 생각한다. 그러나 어떤 이산화탄소 포집 기술은 에너지를 공급해서 이 반응을 거꾸로 일어나게 한다. 이를테면 일리노이 대학의 리치 마

● 1마이크로리터는 1세제곱밀리미터와 같다.

젤은 디옥시 머티리얼스Dioxide Materials라는 회사를 설립했는데, 이 회사의 목표는 전기를 이용해서 대기 중의 이산화탄소를 차량용 연료로 바꾸는 것이다.

생명은 다르다. 지금까지 죽은 세포→살아 있는 세포의 방향으로 반응을 일으키는 조건을 발견한 사람은 아무도 없다. 이 수수께끼에 대해 우리 조상이 영혼이라는 발상을 내놓은 것은 어찌 보면 당연하다. 이제 우리는 세포에 영혼 같은 것이 깃들어 있다고는 믿지 않는다. 그렇다면 세포 또는 사람이 죽었을 때 돌이킬 수 없이 잃게 되는 것은 과연 무엇일까?

이쯤에서 아마 당신은 합성생물학이라는 새로운 과학을 떠올렸을 수도 있다. 확실히 그 분야의 전문가는 생명의 불가사의를 해결할 중요한 실마리를 쥐고 있을까? 아마 가장 유명한 합성생물학 전문가는 유전자 서열 분석의 선구자인 크레이그 벤터일 것이다. 벤터는 2010년 인공 생명체를 만들었다는 주장으로 과학계에 큰 파란을 불러일으켰다. 그의 연구는 세계 전역에서 중요한 뉴스로 다뤄졌고, 새로운 인공 생명체 집단이 지구를 차지할 것이라는 우려를 자아냈다. 그러나 벤터와 그의 연구진은 새로운 생명체를 만들었다기보다는 기존 생명 형태에 변형만 조금 가했을 뿐이다. 이를 위해서 이들은 먼저, 미코플라즈마 미코이데스Mycoplasma mycoides라는 염소 병원균의 유전체가 전부 암호화된 DNA를 합성했다. 그다음 이 합성 유전체를 살아 있는 세균 세포에 주입해서, 대단히 교묘한 방법으로 원래 있던 (유일한) 염색체와 합성 유전체를 바꿔치기했다.

이 연구가 기술적으로 매우 뛰어나다는 점에는 의심의 여지가 없다. 세균 유전체에 포함된 180만 개의 유전 문자가 정확한 순서로 연결되어야 하기 때문이다. 그러나 본질적으로 벤터의 연구진이 수행한 실험은 모든 사람의 몸속에서 쉽게 일어나는 변화와 동일하다. 우리는 음식 속에 들어 있는 생기 없는 화학물질을 살아 있는 피와 살로 바꿀 수 있다.

벤터와 그의 연구팀은 염색체를 합성해 다른 세균의 염색체와 바꿔치기하는 실험에 성공해서 합성생물학이라는 완전히 새로운 분야를 개척했으며, 이 분야에 관해서는 마지막 장에서 다시 살펴볼 것이다. 합성생물학은 의약품 제조, 작물 재배, 오염 물질 제거에 더 효율적인 방식을 내놓을 것으로 기대된다. 그러나 벤터의 실험을 비롯한 다른 많은 유사한 실험에서, 과학자들은 새로운 생명을 만들어내지는 않았다. 벤터의 성과에도 불구하고, 생명의 본질적 불가사의는 아직도 우리의 등 뒤에서 묘한 웃음을 짓고 있다. 노벨상을 수상한 물리학자인 리처드 파인먼의 주장을 인용하자면 "만들 수 없는 것은 이해하지 못한 것"이다. 이 정의에 따르면, 우리는 아직까지 생명을 만들어내지 못했으므로 생명을 이해하지 못한 것이다. 우리는 생화학물질들을 혼합할 수 있고, 가열할 수도 있고, 방사선을 쬐어줄 수도 있다. 뿐만 아니라, 메리 셸리의 프랑켄슈타인처럼 전기를 이용해서 되살아나게 할 수도 있다. 그러나 우리가 생명을 만들어낼 수 있는 유일한 방법은 이미 살아 있는 세포에 이런 생화학물질을 주입하거나 섭취함으로써 우리 몸의 일부가 되게 하는 것뿐이다.

그렇다면 수많은 하등한 미생물에게 매순간 쉽게 일어나고 있는 일들이 우리에게는 여전히 불가능한 까닭은 무엇일까? 우리가 재료 하나를 빠뜨린 것일까? 이 문제는 저명한 물리학자인 에르빈 슈뢰딩거가 이미 70년 전에 고민했던 것이며, 그가 내놓은 매우 놀라운 해답이 이 책의 중심 주제다. 생명의 가장 큰 불가사의에 대한 슈뢰딩거의 해답이 어째서 지금까지도 대단히 획기적인지를 이해하려면, 우리는 이중나선 구조가 발견되기 전인 20세기 초반으로 거슬러 올라가야 한다. 당시 물리학계는 엄청난 변혁을 맞고 있었다.

양자 혁명
—

18세기와 19세기 계몽주의 시기에 폭발적으로 증가한 과학 지식은 뉴턴 역학과 전자기학과 열역학을 낳았다. 그리고 이 물리학의 세 영역은 대포에서 시계, 폭풍우에서 증기기관차, 진자에서 행성에 이르기까지 우리가 살고 있는 세계에 나타나는 모든 거시적인 사물과 현상의 운동 및 특성을 성공적으로 묘사했다. 그러나 19세기 후반과 20세기 초반에 들어서면서, 물질의 미시적인 구성 요소인 원자와 분자로 관심을 돌리기 시작한 물리학자들은 친숙한 법칙들이 더 이상 적용되지 않는다는 것을 발견했다. 물리학에 혁명이 요구됐다.

첫 번째 중대한 약진인 '양자' 개념은 독일의 물리학자인 막스 플랑크가 1900년 12월 14일에 독일 물리학회의 한 세미나에서 자신의 연구 결과를 발표하는 자리에서 나왔다. 이날은 양자 이론의 탄생일로 널리 알려져 있다. 당시에는 열복사선이 다른 형태의 에너지와 마찬가지로 파동의 형태로 나아간다는 게 통념이었다. 그러나 파동 이론으로는 뜨거운 물체가 에너지를 방사하는 방식을 설명하지 못한다는 문제가 있었다. 그래서 플랑크는 파격적인 생각을 내놓았다. 이런 뜨거운 물체 속에 있는 물질은 불연속적으로 분포하는 특정 파동으로만 진동하고, 그 결과 열에너지는 더 이상 나뉠 수 없는 불연속적인 작은 덩어리인 '양자'로만 복사된다는 것이었다. 그의 단순한 이론은 놀라울 정도로 훌륭한 결과를 가져왔지만, 에너지가 연속적이라고 생각하는 고전적인 복사 이론과는 크게 동떨어져 있었다. 플랑크의 이론에서 제안하는 에너지는 수도꼭지에서 계속 흘러나오는 물줄기와 같은 흐름이 아니라, 수도꼭지에서 천천히 떨어지는 물방울처럼 더 이상 나뉠 수 없는 개별적인 꾸러미의 모음이다.

플랑크는 에너지가 덩어리를 이룬다는 생각이 전혀 편치 않았다. 그러나 그가 양자 이론을 제안하고 5년 뒤, 알베르트 아인슈타인은 이 개념을 확장시켜 빛을 포함한 모든 전자기 복사가 연속적인 것이 아니라 '양자화'되어 있다고 제안했다. 다시 말해서 개별적인 꾸러미, 즉 입자를 이룬다는 것이다. 오늘날 우리는 이런 빛의 입자를 광자photon라고 부른다. 아인슈타인은 빛을 이런 방식으로 생각하면, 광전효과photoelectric effect라고 알려진 오랜 수수께끼가 설명될 수 있으리라고 제안했다. 광전효과는 빛을 비추면 물질에서 전자가 방출되는 현상이다. 아인슈타인은 유명한 상대성 이론이 아닌 바로 이 연구로 1921년 노벨상을 수상했다.

그러나 빛이 멀리 퍼져나가면서 연속적인 파동처럼 행동한다는 증거 역시 무수하다. 그렇다면 어떻게 빛은 입자인 동시에 파동이 될 수 있을까? 당시에는 말도 안 되는 이야기처럼 들렸다. 적어도 고전 과학의 테두리 안에서는 그랬다.

두 번째 큰 약진을 이뤄낸 인물은 덴마크의 물리학자인 닐스 보어였다. 그는 어니스트 러더퍼드와 함께 연구를 하기 위해 1912년 맨체스터로 왔다. 당시 러더퍼드는 태양계를 닮은 유명한 원자 모형을 막

생명이란 무엇인가?

내놓은 터였다. 이 원자 모형은 중심에 있는 작고 조밀한 핵과 그 주위를 회전하는 더 작은 전자들로 구성된다. 그러나 원자가 어떻게 안정성을 유지하는지는 아무도 알지 못했다. 일반적인 전자기론에 따르면, 음전하로 하전된 전자는 양전하로 하전된 핵 주위를 도는 동안 끊임없이 빛에너지를 방출할 것이다. 그러면 전자는 에너지를 잃고 매우 빠르게(1조 분의 1초 안에) 안쪽으로 나선을 그리면서 핵을 향해 들어감으로써 원자의 붕괴가 초래될 것이다. 그러나 전자는 그렇게 되지 않는다. 비결은 무엇일까?

원자의 안정성을 설명하기 위해서, 보어는 전자가 원자핵 주위의 궤도를 자유롭게 차지하는 것이 아니라 고정된('양자화'된) 특정 궤도에만 있을 수 있다고 제안했다. 전자가 낮은 궤도로 떨어지기 위해서는 관련된 두 궤도 사이의 에너지 차와 정확히 같은 값의 전자기 에너지 덩어리(광자), 즉 양자를 방출해야만 한다. 마찬가지로, 높은 단계의 궤도로 올라가기 위해서는 적당량의 에너지를 지닌 광자를 흡수해야만 한다.

고전 이론과 양자 이론 사이의 이런 차이를 시각화하고, 왜 전자가 원자 내에서 고정된 궤도만 차지하고 있는지를 설명하기 위해 기타와 바이올린이 어떻게 소리를 내는지 비교해보자. 바이올린으로 어떤 음을 연주할 때에는 지판에 있는 현을 손가락으로 눌러서 현의 길이가 짧아지게 해야 한다. 그다음에 활로 현을 문지르면 현이 진동하면서 원하는 음을 얻을 수 있다. 현이 짧아지면 (초당 진동수가 많은) 높은 주파수에서 진동해 더 높은 소리가 나는 반면, 현이 길어지면 (초당 진동수가 적은) 낮은 주파수에서 진동해 낮은 소리가 난다.

이야기를 이어가기 전에 양자역학의 기본적인 특징 하나를 짚고 넘어가자면, 양자역학에서는 진동수와 에너지가 밀접한 관계를 갖는다.[●] 앞 장에서 우리는 아원자 입자도 파동성이 있다는 것을 확인했다. 퍼져나가는 다른 파동과 마찬가지로 파장과 진동 주파수가 있다. 빠른 진동은 느린 진동보다 항상 더 강력하다. 세탁기의 탈수 작용을 생각해보자. 세탁물에서 물기를 제거하기 위한 충분한 에너지를 얻으려면 세탁기가 더 빠르게 회전(진동)해야 한다.

다시 바이올린으로 돌아가자. 음의 높낮이(진동 주파수)는 연주자의 손가락과 현을 고정하는 말단 사이의 길이에 따라 연속적으로 변할 수 있다. 이것은 아무 파장(이어지는 두 마루 사이의 거리)이나 가질 수 있는 고전적인 파동에 해당된다. 따라서 바이올린은 고전 악기라고 정의할 수 있다. 그러나 여기서 말하는 고전은 '고전 음악'이라는 뜻이 아니라 양자화되지 않은 고전물리학이라는 뜻이다. 바이올린 연주가 그렇게 어려울 수밖에 없는 이유는 정확한 음을 내기 위해 손가락을 어디에 놓아야 하는지를 연주자가 정확히 알고 있어야 하기 때문이다.

그러나 기타는 다르다. 기타의 목을 따라서 띄엄띄엄 배치되어 있는 '프렛fret'이라는 금속 막대는 기타의 목 위로 살짝 솟아 있지만 그 위를 지나가는 기타 줄에는 닿지 않는다. 따라서 기타 연주자가 기타 줄 위에 손가락을 놓으면, 기타 줄이 프렛을 밀면서 손가락이 아닌 프렛이 순간적으로 줄의 말단이 된다. 줄을 튕길 때, 음의 높낮이는 그 프렛과 브리지 사이에서 일어난 진동에 의해서만 결정된다. 프렛의 수가 정해져 있다는 것은, 기타로는 불연속적인 특정 음만 낼 수 있다

●사실 이 관계는 양자 이론의 탄생을 알린 한 공식에 압축되어 있다. 양자역학의 창시자인 막스 플랑크가 1900년에 발견한 이 공식은 $E=h\nu$로 표기된다. 여기서 E는 에너지, ν는 진동수, h는 플랑크 상수를 나타낸다. 이 공식에서 에너지가 진동수에 비례한다는 것을 알 수 있다.

생명이란 무엇인가?

는 뜻이 된다. 두 프렛 사이에 있는 손가락의 위치를 조정해도 줄을 튕겼을 때 나는 음이 바뀌지는 않을 것이다. 따라서 기타는 양자 악기에 해당된다. 양자론에 따르면 진동수와 에너지는 서로 연관이 있기 때문에, 진동하는 기타 줄은 불연속적인 에너지를 갖고 있어야 한다. 이와 마찬가지로, 전자 같은 기본 입자는 특정 진동수와만 연관이 있으며, 저마다 불연속적인 에너지 준위를 갖는다. 입자는 한 에너지 상태에서 다른 에너지 상태로 넘어갈 때에는 두 에너지 준위 사이의 차에 해당되는 에너지를 방출하거나 흡수해야 한다.

1920년대 중반이 되자, 코펜하겐으로 돌아온 보어를 비롯한 몇 명의 유럽 물리학자는 아원자 세계에서 일어나는 일을 더 완벽하고 일관성 있게 묘사하는 수학적 이론을 연구하는 데 열중했다. 이들 중에서도 독일의 젊은 천재인 베르너 하이젠베르크는 단연 돋보였다. 하이젠베르크는 1925년 여름 독일의 헬골란트섬에서 건초열을 회복하는 동안, 원자세계를 설명하는 데 필요한 새로운 수학 체계를 세우기 위한 중요한 발전을 이뤘다. 그러나 이것은 매우 특이한 종류의 수학이었고, 이 수학이 알려주는 원자의 모습은 더욱 특이했다. 이를테면 원자 속 전자의 위치는 측정하지 않으면 정확히 어디에 있는지 알 수 없을 뿐만 아니라, 전자 자체도 미지의 방식으로 모호하게 흩어져 있기 때문에 확실한 위치를 정할 수 없다는 것이 하이젠베르크의 주장이었다.

하이젠베르크는 원자세계가 유령처럼 비현실적 세계라는 결론을 내릴 수밖에 없었다. 이 세계는 우리가 측정 장치를 설치해서 교류할 때에만 뚜렷한 형체를 드러낸다. 이것이 앞 장에서 간단히 설명한 양자 측정 과정이다. 하이젠베르크는 이 과정이 측정을 위해 특별하게 설계된 특징들만 드러낸다는 것을 증명했다. 이는 자동차의 대시보드에 있는 각각의 계기가 속도, 주행 거리, 엔진 온도 같은 한 가지 측면에 대한 정보만 제공하는 것과 비슷하다. 따라서 우리는 어떤 주어진 시간에 전자의 정확한 위치를 결정하기 위한 실험을 설계할 수도 있고, 같은 전자의 속도를 측정하는 실험을 설계할 수도 있다. 그러나 한 번의 실험으로 전자가 어디에 있는지와 얼마나 빠르게 움직이는지를 동시에 정확하게 측정할 수는 없다. 하이젠베르크는 이것이 불가능하다는 것을 수학적으로 증명했다. 1927년, 이 개념은 유명한 하이젠베르크의 불확정성 원리Heisenberg Uncertainty Principle가 되었고, 지금까지 전 세계의 실험실에서 수천 번 이상 재확인되었다. 이 원리는 과학계에서 가장 중요한 발상 중 하나이자 양자역학의 초석으로 남아 있다.

하이젠베르크가 자신의 생각을 한창 발전시키던 때인 1926년 1월, 오스트리아의 물리학자인 에르빈 슈뢰딩거는 원자의 모습을 매우 다르게 표현한 논문을 한 편 발표했다. 이 논문에서 슈뢰딩거는 공식 하나를 내놓았는데, 오늘날 슈뢰딩거 방정식으로 알려진 이 공식은 입자가 움직이는 방식이 아닌 파동이 진행하는 방식을 묘사한다. 이 방정식의 제안에 따르면, 전자는 원자 속에서 핵 주위를 도는 동안 위치를 알 수 없는 모호한 입자라기보다는 원자 전체에 퍼져 있는 파동이다. 하이젠베르크는 측정하지 않으면 전자의 모습을 알 수 없다고 믿었던 반면, 슈뢰딩거는 관찰하지 않을 때에는 물리적 파동이었다가 관찰을 하면 개별적인 입자로 "붕괴된다"●는 개념을 선호했다.

● 이 과정을 '파동함수의 붕괴'라고도 한다. 오늘날 일반적인 교과서에서는 실제 파동의 물리적 붕괴가 아니라 전자의 수학적 묘사에 대한 변화라고 설명한다.

생명이란 무엇인가?

슈뢰딩거가 생각한 원자론은 파동역학wave mechanics으로 알려지게 되었고, 그의 유명한 방정식은 시간이 흐름에 따라 파동이 어떻게 나아가고 행동하는지를 묘사한다. 오늘날 하이젠베르크와 슈뢰딩거의 설명은 양자역학의 수학에 대한 서로 다른 방식의 해석이며, 둘 다 저마다의 방식대로 옳다고 여겨진다.

슈뢰딩거의 파동함수

—

우리가 일상적인 사물의 운동을 설명할 때에는, 그 사물이 대포알이든 증기기관차이든 행성이든 관계없이 아이작 뉴턴의 연구에서 나온 수식들을 이용해 문제를 해결한다. 그런데 만약 우리가 설명하려는 계가 양자세계에 존재한다고 묘사되고 있다면, 우리는 슈뢰딩거의 방정식을 이용해야 한다. 그리고 바로 여기에 두 접근법 사이의 중대한 차이가 있다. 뉴턴 세계에서 운동 방정식의 해는 주어진 시간에 사물의 위치를 정확하게 정의하는 하나의 값 또는 값들의 집합으로 얻어진다. 양자세계에서는 슈뢰딩거 방정식의 해가 파동함수라 불리는 수학적 양으로 나타난다. 파동함수는 한 전자가 특정 순간에 정확히 어디에 있는지를 알려주는 것이 아니다. 만약 우리가 그 전자를 거기서 찾고 있을 때라면 공간 속의 서로 다른 위치에서 전자가 발견될 가능성을 묘사하는 수의 집합 전체를 제공한다.

물론 처음에는 의아스러울 것이다. 이것으로는 충분치 않아 보인다. 전자가 있을지도 모르는 위치를 알려주다니, 별로 유용한 정보가 아닐 것 같다. 당신은 전자가 있는 정확한 위치를 알고 싶을 것이다.

공간에서 늘 확고한 위치를 차지하고 있는 고전 사물과 달리, 전자는 측정하기 전까지 여러 곳에 동시에 존재할 수 있다. 양자의 파동함수는 공간 전체에 걸쳐 퍼져나간다. 다시 말해서, 전자를 묘사할 때 우리가 할 수 있는 최선은 이 전자가 한 지점이 아닌 공간의 모든 지점에서 동시에 발견될 확률을 나타내는 수의 집합을 구하는 것이라는 뜻이다. 그러나 우리가 깨달아야 할 중요한 것이 있다. 이런 양자 확률은 지식 부족을 나타내는 것이 아니라는 점이다. 양자 확률은 정보를 더 얻으면 개선될 수 있는 부분이 아니라, 미시적 규모에서 자연세계의 근본적 특성인 것이다.

가령 가석방되어 감옥에서 풀려난 보석 도둑이 있다고 상상해보자. 이 도둑은 개과천선을 하기는커녕 예전 버릇을 못 버리고 곧장 마을에 있는 집들을 모두 털려고 다니기 시작한다. 경찰은 지도를 자세히 살피면서 풀려난 순간부터 도둑이 있을 법한 위치를 추적할 수 있다. 특정 순간에 도둑이 정확히 어디에 있는지 짚어낼 수는 없지만, 다양한 구역에서 그가 절도 행각을 벌일 확률을 결정할 수는 있다.

우선은 감옥과 가까운 곳에 있는 집이 가장 위험하지만, 위험 지역은 이내 점점 더 넓어진다. 게다가 그가 과거에 범행했던 집의 특성을 파악한 경찰은 고가의 보석이 있는 부자 동네가 가난한 동네보다 더 위험하다고 확신할 수도 있다. 이렇게 도시 전체로 퍼져나가는 한 사람의 범죄 파장은 확률파로 생각할 수 있다. 실체를 확인할 수 없는 추상적인 수의 집합이 도시의 다양한 부분에 할당된 것일 뿐이다. 이와 마찬가지로, 파동함수도 전자가 마지막으로 관찰된 지점으로부터 퍼져나간다. 서로 다른 위치와 시간에서 파동함수의 값을 계산하면 다음에는 어디에서 나타날 가능성이 있는지에 대한 확률을 구할 수

생명이란 무엇인가?

있다.

이제 경찰에 신고가 들어와서 '장물' 보따리를 짊어지고 창문을 넘고 있는 도둑을 현행범으로 잡는다면 어떻게 될까? 도둑의 소재를 나타내기 위해 넓은 범위에 펼쳐져 있던 확률분포가 붕괴되면서 갑자기 확실한 한 점에 집중될 것이다. 마찬가지로, 특정 위치에서 전자가 감지되면 그 전자의 파동함수는 곧바로 바뀐다. 감지되는 그 순간 다른 곳에서 그 전자가 발견될 확률은 0이 될 것이기 때문이다.

그런데 이 비유에서 실제 상황과 다른 부분이 있다. 도둑을 잡기 전에 경찰이 도둑의 소재에 대한 확률을 정할 수는 있지만, 이는 오로지 정보 부족 탓이다. 어쨌든 실제로 도둑이 도시 전역에 퍼져 있는 것은 아니기 때문이다. 경찰은 도둑이 어디든지 있을 수 있다는 가정을 해야 하지만, 사실 주어진 어느 시간에 도둑은 당연히 단 한 곳에만 있을 것이다. 그러나 전자는 도둑과는 완전히 다르다. 전자의 운동을 추적할 때, 우리는 전자가 특정 시간에 어떤 확실한 장소에 존재한다고 가정할 수 없다. 대신 우리는 파동함수만 묘사할 수 있다. 전자는 어디에나 동시에 존재한다는 것이다. 우리는 관찰 행위(측정을 수반한다)를 통해서만 "억지로" 전자를 국지적인 입자로 만들 수 있다.

1927년이 되자, 하이젠베르크와 슈뢰딩거를 비롯한 여러 과학자의 노력 덕분에 양자역학의 기본적인 수학적 토대가 완성되었다. 이를 기반으로 정립된 오늘날의 물리학과 화학은 우주 전체의 구성 요소에 대한 모습을 놀라울 정도로 완벽하게 보여준다. 만물이 어떻게 잘 맞물리는지를 묘사하는 양자역학의 설명 능력이 없었다면, 오늘날과 같은 기술의 발전은 불가능했을 것이다.

그래서 1920년대 후반에는 양자세계를 길들인 최근의 성공에 고무된 몇몇 양자역학 선구자가 다른 과학 영역의 정복에 나서기 시작했다. 그 영역은 바로 생물학이었다.

초기의 양자생물학자들
—

1920년대에도 생명은 여전히 불가사의였다. 19세기의 생화학자들은 생명의 화학적 특성에 대한 기계론적 이해에서는 큰 발전을 이뤘지만, 많은 과학자가 생기론의 원리에 계속 집착하고 있었다. 이들은 생물학이 물리학과 화학으로 환원될 수 없고, 고유의 법칙이 필요하다고 생각한 것이다. 살아 있는 세포 속의 '프로토플라즘'은 여전히 알 수 없는 힘에 의해 생기를 얻는 신비의 물질로 여겨졌고, 유전의 비밀은 유전학 발전의 발목을 잡고 있었다.

그러나 그 10여 년 동안 새로운 부류의 과학자들이 등장했다. 유기체론자organicist라고 알려진 이들은 생기론과 기계론의 개념을 모두 거부했다. 유기체론자들은 생명에는 신비스러운 뭔가가 있다는 것을 인정했지만, 원칙적으로 이 신비는 아직 발견되지 않은 물리 법칙과 화학 법칙을 통해서 설명될 수 있을 것이라고 주장했다. 유기체론 운동의 가장 위대한 주창자 중 한 사람으로 꼽히는 오스트리아의 루트비히 폰 베르탈란피는 생물 발생 이론을 다룬 초기 논문 몇 편을 썼으며, 1928년에 저술한 『형태 발생에 관한 중요한 학설Kritische Theorie der Formbildung』에서는 생명의 본질을 설명하기 위한 새로운 생물학 원리의 필요성을 강조했다. 그의 생각, 특히 이 책의 내용은 많은 과학자에게 영향을 주었는데, 또 다른 양자물리학의 선구자였던 파스쿠

알 요르단도 그런 과학자 중 한 사람이었다.

하노버에서 나고 자란 요르단은 양자역학의 창시자 가운데 한 명인 막스 보른⦁ 밑에서 연구했다. 1925년 요르단과 보른은 「양자역학에 관하여Zur Quantenmechanik」라는 중요한 논문을 발표했다. 1년 뒤, 요르단과 보른과 하이젠베르크는 이 논문의 '속편'에 해당되는 「양자역학에 관하여 IIZur Quantenmechanik II」를 발표했다. '3인 논문Dreimännerwerk'이라는 별칭으로 알려진 이 논문은 양자역학의 고전 중 하나로 여겨지는데, 하이젠베르크의 놀라운 발견을 통해서 양자세계의 행동을 수학적으로 아름답게 묘사하는 방법을 개발했기 때문이다.

이듬해에 요르단은 호기로운 당대의 젊은 유럽 물리학자 누구라도 기회만 주어진다면 했을 법한 일을 했다. 코펜하겐에서 닐스 보어와 함께 연구를 한 것이다. 1929년 즈음 두 사람은 양자역학이 생물학 분야에 적용될 수 있는지에 대해 토론했다. 파스쿠알 요르단은 로스토크 대학에 자리가 생겨 독일로 되돌아왔고, 그 후로도 2년 동안 보어와 편지를 주고받으며 물리학과 생물학의 관계에 관한 의견을 교환했다. 마침내 그들의 생각은 최초의 양자생물학 논문으로 꽃을 피우게 되었다. 이 논문은 요르단이 1932년 독일의 자연과학 잡지인 『나투르비센샤프텐Die Naturwissenschaften』에 발표한 「생물학과 물리학의 근본적 문제와 양자역학Die Quantenmechanik und die Grundprobleme der Biologie und Psychologie」이었다.[2]

요르단의 글에는 생명 현상에 대한 몇 가지 흥미로운 통찰이 있지만, 그의 생물학적 고찰은 점차 정치적이 되었고 결국에는 나치 이데

⦁ 막스 보른은 슈뢰딩거의 파동함수와 양자역학의 확률 사이의 연관성을 최초로 밝힌 인물이다.

올로기에 동조했다. 심지어 그는 한 사람의 독재적 지도자Führer 또는 안내자라는 개념이 생명의 중심 원리라고 주장하기도 했다.

> 우리가 알고 있는 바에 따르면, 이…… 피조물을 구성하는 수많은 분자들 중에서…… 아주 소수의 특별한 분자들이 유기체 전체에 대해 독재적 권위를 행사한다. 이 분자들은 생체 세포의 사령탑Steuerungszentrum을 형성한다. 이 사령탑 이외의 다른 곳에서 광양자가 흡수되면 세포가 죽음에 이를 수도 있다. 이는 위대한 민족의 작은 일부가 군인 한 사람의 살육에 의해 사라지는 것과 비슷하다. 그러나 세포의 사령탑에서 광양자를 흡수하면 유기체 전체가 죽음과 소멸에 이를 수도 있다. 마찬가지로, 주요führenden 정치인을 제거하기 위한 공격이 성공하면 민족 전체의 소멸이라는 심각한 과정을 초래할 수도 있다.[3]

나치 이데올로기를 생물학에 끌어들이려는 이런 시도는 매력적이면서도 섬뜩하다. 그러나 그 안에서는 요르단이 증폭 이론Verstärkertheorie이라 부르던 흥미로운 생각이 싹트고 있었다. 요르단은 무생물에서는 수백만 개의 입자가 일으키는 평균적인 무작위 운동의 지배를 받기 때문에 물체 전체에는 분자 하나의 운동이 아무런 영향도 미치지 않는다고 지적했다. 그러나 그는 생명체는 다르다고 주장했다. 그 이유는 사령탑 안에 있는 극소수의 분자가 생명체에 대해 독재와 같은 영향력을 행사하면서 생명체를 지배하고 있기 때문이었다. 이 극소수 분자의 운동을 지배하는 것은 하이젠베르크의 불확정성 원리 같은 양자 수준의 사건이고, 그 영향이 유기체 전체로 증폭된다는 것이었다.

　이 흥미로운 통찰에 관해서는 나중에 다시 다룰 것이다. 하지만 당시에는 별다른 진전을 보지 못했다. 1945년 독일이 패망한 이후, 친나치적인 정치관을 지녔던 요르단이 동시대인들에게 명망을 잃으면서 양자생물학에 대한 그의 통찰도 홀대받았기 때문이다. 생물학과 양자물리학의 접목을 시도했던 다른 학자들도 전쟁의 여파로 사방팔방 흩어졌다. 게다가 원자폭탄의 사용으로 뿌리까지 흔들리기 시작한 물리학은 더 전통적인 문제로 관심을 돌렸다.

　그러나 양자생물학의 불씨를 계속 지켜온 사람은 다름 아닌 양자파동역학의 창안자인 에르빈 슈뢰딩거였다. 제2차 세계대전이 일어나기 직전, 슈뢰딩거는 나치의 지배 하에서 '비非아리아인' 취급을 받았던 아내와 함께 오스트리아를 떠나 아일랜드에 정착했다. 그곳에서 그는 1944년에 『생명이란 무엇인가?What Is Life?』라는 제목의 책을 발표했는데, 이 책이 제기하는 문제는 제목과 같았다. 이 책에서 그가 보여준 생물학에 관한 참신한 통찰은 양자생물학이라는 분야의 핵심이면서 이 책의 핵심이기도 하다. 양자생물학의 역사를 다룬 이 장을 마무리하기에 앞서, 그의 통찰을 조금 더 깊이 살펴보고자 한다.

질서

—

슈뢰딩거의 호기심을 불러일으킨 문제는 유전이라는 신비로운 과정이었다. 20세기 초의 과학자들은 유전자가 한 세대에서 다음 세대로 전달된다는 것은 알았지만, 무엇으로 만들어졌으며 어떻게 작동하는지는 알지 못했다. 유전에 고도의 정확성을 부여하는 법칙은 무엇일까? 슈뢰딩거는 이 점이 궁금했다. 다시 말해서, 동일한 유전자의 복사본은 어떻게 사실상 거의 변하지 않고 다음 세대로 전달될 수 있을까?

슈뢰딩거는 열역학의 법칙과 같은 정확하며 반복적인 증명이 가능한 고전물리학과 화학 법칙들이 사실은 통계적 법칙이라는 것을 알고 있었다. 이런 법칙의 핵심인 원자와 분자의 무작위 운동은 평균적으로만 옳고, 이 법칙을 신뢰할 수 있는 까닭은 대단히 많은 수의 입자가 상호작용을 하기 때문일 뿐이었다. 우리의 당구대를 다시 생각해보자. 개별적인 당구공의 운동은 전혀 예측할 수 없다. 그러나 당구대 위에 있는 수많은 공을 한 시간쯤 서로 무작위로 충돌시키면, 대부분의 공이 포켓 속으로 들어갈 것이라는 예측이 가능하다. 열역학은 이런 식으로 작동한다. 개개의 분자가 아닌, 무수한 분자의 평균적인 행동을 예측하는 것이다. 슈뢰딩거의 지적에 따르면, 열역학 같은 통계적 법칙은 소수의 입자로만 구성된 계를 정확하게 묘사할 수 없다.

로버트 보일과 자크 샤를이 300년 전에 만든 기체에 관한 법칙을 생각해보자. 그들은 풍선 속에 들어 있는 기체의 부피가 가열과 냉각에 따라 얼마나 팽창하고 냉각하는지에 관해 묘사했다. 이와 같은 기체의 운동은 이상기체 방정식●이라는 간단한 식으로 나타낼 수 있다. 풍선 속 기체는 이 법칙을 따른다. 가열하면 팽창할 것이고, 냉각하면 수축할 것이다. 전체적으로는 이 법칙을 따르지만, 풍선을 채우고 있는 수조 개의 분자는 개별적으로는 무질서한 당구공처럼 행동한다. 충돌하고, 이리저리 밀리고, 풍선의 벽 안쪽에 부딪힌다. 이런 무질서

● 이 법칙은 $PV=nRT$라는 공식으로 나타낼 수 있다. 여기서 n은 기체의 양, R은 기체 상수, P는 압력, V는 기체의 부피, T는 온도를 나타낸다.

생명이란 무엇인가?

한 운동에서 어떻게 질서정연한 법칙이 나오는 것일까?

풍선이 가열되면 공기 분자는 더 빨리 움직일 것이다. 그러면 공기 분자는 조금 더 강한 힘으로 서로 부딪치거나 풍선 벽에 부딪힐 것이다. 이렇게 더 강해진 힘은 탄력 있는 풍선의 표면에 더 큰 압력을 가할 것이고, 그 결과 풍선은 더 팽창할 것이다. 팽창되는 부피는 가해지는 열의 양에 의해 결정되는데, 그 값은 예측 가능하며 기체의 법칙으로 정확하게 묘사될 수 있다. 요컨대 기체의 법칙을 엄격하게 따르는 것은 풍선이라는 단일한 대상이다. 풍선의 단일하고 연속적이며 탄력 있는 표면에서 일어나는 질서정연한 운동은 대단히 많은 입자의 무질서한 운동으로부터 나오기 때문이다. 슈뢰딩거는 이것을 무질서 속의 질서라고 표현했다.

슈뢰딩거의 주장에 따르면, 큰 수의 통계적 특성으로부터 정확성을 이끌어내는 법칙은 기체의 법칙만 있는 게 아니다. 유체역학이나 화학반응을 관장하는 법칙을 포함해서 고전물리학과 화학의 모든 법칙이 이런 '큰 수의 평균화' 또는 '무질서 속의 질서' 원리를 기반으로 한다.

그러나 수조 개의 분자로 채워진 보통 크기의 풍선은 언제나 기체의 법칙을 따를지 몰라도, 너무 작아서 몇 개의 분자만 들어갈 수 있는 현미경적 크기의 풍선은 그렇지 않을 것이다. 이렇게 분자의 수가 작으면 온도가 일정해도 완전히 무작위로 바깥쪽으로 움직여서 어떤 때에는 풍선이 팽창할 수도 있고, 어떤 때에는 특별한 이유 없이 분자들이 모두 안쪽으로 움직여서 풍선이 수축될 수도 있을 것이다. 따라서 매우 작은 풍선의 행동은 대체로 예측이 불가능하다.

이렇게 큰 수에 의존하는 질서와 예측 가능성은 우리 사회 전반에 걸쳐 매우 흔히 볼 수 있다. 이를테면 미국인은 캐나다인에 비해 야구를 더 많이 즐기는 반면, 캐나다인은 미국인에 비해 아이스하키를 더 많이 한다. 이런 통계적 '법칙'을 토대로 두 나라에 대해 또 다른 예측을 할 수 있을 것이다. 예를 들면 미국은 캐나다에 비해 야구공을 더 많이 수입하고 캐나다는 미국에 비해 하키 스틱을 더 많이 수입하리라는 전망을 할 수 있는 것이다. 그러나 이런 통계 법칙은 인구가 수백만 명인 나라 전체에 적용할 때에는 예측이 빛을 발하지만, 미네소타 혹은 서스캐처원 같은 곳에 있는 작은 마을의 하키 스틱이나 야구공 판매량을 정확하게 예측할 수는 없다.

슈뢰딩거는 미시세계에서는 고전물리학의 통계적 법칙에 의존할 수 없다는 사실을 단순히 관측만 한 것이 아니라, 더 나아가 법칙에서 벗어나는 정도가 입자 수의 제곱근에 반비례한다는 것을 정확하게 계산해냈다. 따라서 1조(100만×100만) 개의 입자가 들어 있는 풍선은 기체의 법칙에 따른 엄격한 움직임에서 100만 분의 1 정도 벗어난다. 그러나 입자가 100개뿐인 풍선은 규칙적인 행동에서 10분의 1만큼 벗어난다. 이런 풍선도 여전히 가열하면 팽창하고 냉각하면 수축하겠지만, 어떤 결정적 규칙을 포착할 수는 없을 것이다. 고전물리학의 통계적 법칙은 모두 이런 제약을 받는다. 엄청나게 많은 수의 입자로 이루어진 물체에는 잘 들어맞지만, 적은 수의 입자로 이루어진 물체의 행동은 설명하지 못하는 것이다. 따라서 신뢰성과 규칙성을 고전 법칙에 의존하는 물체는 아주 많은 수의 입자로 구성되어 있어야 한다.

그렇다면 생명은 어떨까? 유전 법칙 같은 규칙적인 행동이 통계적 법칙으로 설명될 수 있을까? 이 문제를 고심한 슈뢰딩거는 열역학의

생명이란 무엇인가?

토대가 된 '무질시 속의 질서' 원리가 생명에는 적용될 수 없다는 결론을 내렸다. 그가 보기에, 가장 작은 생물학적 장치들 중에서 적어도 일부는 고전 법칙의 지배를 받기에는 너무 작았다.

이를테면 슈뢰딩거가 『생명이란 무엇인가?』를 썼던 당시에는 유전을 일으키는 것이 유전자라는 사실은 알려져 있었지만 유전자의 특성은 여전히 미궁 속에 있었다. 그의 의문은 단순했다. 유전자는 '무질서 속의 질서'라는 통계 법칙에서 생식의 정확성을 이끌어낼 만큼 충분히 클까? 그는 유전자의 크기가, 각 모서리의 길이가 약 300옹스트롬(1옹스트롬은 0.0000001밀리미터다)인 정육면체보다 크지 않을 것이라는 추측을 이끌어냈다. 이런 정육면체에는 약 100만 개의 원자가 포함될 것이다. 무척 많은 것 같지만, 100만의 제곱근은 1000이다. 따라서 유전에 나타나는 '잡음'인 부정확도는 1000분의 1, 즉 0.1퍼센트 수준이 될 것이다. 그러므로 만약 유전이 고전 통계 법칙을 토대로 한다면 1000분의 1의 확률로 (규칙을 벗어난) 오류가 만들어질 것이다. 그러나 유전자의 돌연변이율(오류)은 10억 분의 1로 알려져 있다. 이런 고도의 정확도로 인해 슈뢰딩거는 유전 법칙이 '무질서 속의 질서'를 찾는 고전 법칙을 토대로 만들어지지는 않았을 것이라고 확신했다. 대신 그는 유전자가 개개의 원자나 분자처럼, 고전적이지는 않지만 특이한 질서를 지닌 과학의 규칙을 따를 것이라고 제안했다. 이 과학은 바로 그가 정립에 일조했던 양자역학이었다. 슈뢰딩거는 '질서 속의 질서'라는 새로운 원리를 유전의 토대로 제안했다.

그는 이 학설을 1943년 더블린 트리니티 칼리지에서 열린 강연 때 처음 소개했고, 이듬해에 『생명이란 무엇인가?』를 출간했다. 이 책에 그는 다음과 같이 썼다. "살아 있는 유기체는 하나의 거시적인 계처럼 보인다. 그 계의 일부는…… 마치 모든 계가 절대 0도에 근접하고 분자의 무질서가 제거된 것처럼 행동한다." 절대 0도에서는 모든 사물이 열역학이 아닌 양자역학적 법칙의 대상이 되는 이유를 곧 알게 될 것이다. 슈뢰딩거의 주장은, 생명이란 하늘을 날거나, 두 발이나 네발로 걷거나, 대양을 헤엄치거나, 흙 속에서 자라거나, 책을 읽을 수 있는 하나의 양자 수준의 현상이라는 것이다.

불화

슈뢰딩거의 책이 출간된 이듬해에는 DNA의 이중나선 구조가 발견되었고, 분자생물학이 급부상했다. 당시의 분자생물학은 대체로 양자 현상과는 무관하게 발달했다. 유전자 복제, 유전공학, 유전체 지문 분석, 유전체 서열 분석을 개발해온 생물학자들은 어려운 수학 문제와 관련된 양자세계에는 대체로 관심이 없었다. 이따금씩 생물학과 양자역학 사이의 경계가 무너지기도 했지만, 대부분의 과학자는 슈뢰딩거의 대담한 주장을 까맣게 잊고 생명을 설명하기 위해서는 양자역학이 필요하다는 개념에 대해 공공연히 적대적인 반응을 보이곤 했다. 이를테면 1963년에 영국의 화학자이자 인지과학자인 크리스토퍼 롱게히긴스는 다음과 같이 썼다.

몇 년 전에 효소와 기질 사이에 원거리에서 양자역학적 힘이 작용할 가능성에 대한 논의가 있었던 것으로 기억한다. 이런 가설을 신중하게 다뤄야 한다는 점은 지극히 옳지만, 그 이유는 실험적 증거

생명이란 무엇인가?

기 부족하기 때문이 아니다. 이런 발상은 분자 간 힘에 관한 일반적인 이론과 조화를 이루기가 대단히 어렵기 때문이다.[4]

『생명이란 무엇인가 그 후 50년What is Life? The Fifty Years』이 출간된 해인 1993년에도 사정은 별로 다르지 않았다.[5] 이 책은 슈뢰딩거의 발제 50년을 기념해서 더블린에서 열린 회의 참석자들의 논문을 엮은 것이지만, 양자역학에 대한 언급은 거의 없었다.

슈뢰딩거의 주장에 대한 회의론의 대부분은 따뜻하고 축축하고 복잡한 살아 있는 유기체 내부의 분자 환경에서는 섬세한 양자 상태가 지속될 수 없으리라는 일반적인 믿음에 뿌리를 두고 있었다. 앞 장에서 확인했듯이, 많은 과학자가 조류의 나침반이 양자역학의 지배를 받을 수 있다는 생각에 대단히 회의적이었던(많은 이가 지금도 회의적이다) 이유도 기본적으로 이와 같다. 1장에서 이 문제를 다뤘을 때, 큰 물체 속에서는 분자의 무작위 배열에 의해 물질의 양자적 특성이 "사라진다"고 했던 것을 기억할 것이다. 이제 이 사라짐의 원인을 열역학적인 시각에서 살펴보자. 슈뢰딩거가 확인한 '무질서 속의 질서'라는 통계 법칙의 원천은 당구공 같은 분자의 충돌이다. 흩어진 입자가 재구성되면 감춰져 있던 양자적 특성이 짙게 드러날 수는 있지만, 이런 현상은 대개 매우 특별한 상황에서 아주 짧은 시간 동안만 일어난다. 이를테면 우리는 우리 몸속에 아무렇게나 흩어져 있던 수소 원자핵들이 어떻게 정렬되어 스핀의 양자적 특성으로부터 결맞은 MRI 신호를 만들 수 있는지를 확인했다. 그러나 그러기 위해서는 크고 강력한 자석을 이용해서 대단히 강한 자기장을 일으켜야만 하고, 자기장이 유지되는 동안에만 현상이 지속된다. 자기장이 사라지자마자 입자들은 다시 무작위로 배열되고, 양자 신호는 흩어져서 감지되지 않는다. 무작위로 일어나는 분자운동이 세심하게 정렬된 양자역학적 계를 방해하는 이런 과정을 결어긋남decoherence이라고 하며, 결어긋남은 크기가 큰 무생물에서 기이한 양자의 효과를 빠르게 제거한다.

　물체의 온도가 증가하면 분자가 충돌하는 속도와 에너지도 증가한다. 따라서 결어긋남은 온도가 더 높을수록 빨리 일어난다. 그러나 온도가 '더 높다'는 것을 뜨거운 것이라고 생각해서는 안 된다. 사실 결어긋남은 실온에서도 거의 곧바로 일어난다. 그렇기 때문에 적어도 처음에는 따뜻한 생체에서 섬세한 양자 상태를 유지할 수 있다는 것은 대단히 있을 법하지 않은 일이라고 여겨졌다. 물체는 절대 0도, 즉 섭씨 영하 273도까지 냉각될 때에만 무작위적인 분자운동이 완전히 진정되고, 양자역학이 빛을 발하는 결맞음 상태가 유지된다. 앞서 인용했던 슈뢰딩거의 말도 이제는 의미가 더 명확해진다. 슈뢰딩거가 주장한 것은, 어떤 방식을 이용하는지는 몰라도 생명이 따르고 있는 규칙이 원래는 살아 있는 유기체보다 섭씨 273도 더 낮은 온도에서만 정상 작동하는 것이라는 이야기였다.

　그러나 요르단과 슈뢰딩거가 주장한 것처럼, 그리고 이 책을 계속 읽어나갈 독자들이 알게 될 것처럼, 생명체가 무생물과 다른 까닭은 유전자나 조류의 나침반 같은 것 속에서 고도의 질서가 유지하고 있는 몇몇 입자가 유기체 전체에 큰 차이를 불러올 수 있기 때문이다. 요르단은 이것을 증폭이라 했고, 슈뢰딩거는 질서 속의 질서라고 불렀다. 우리의 눈 색깔, 코의 모양, 성격, 지능 수준, 질병 성향은 대단히 질서정연한 마흔여섯 개의 초분자super molecule에 의해 사실상 전부 결정된다. 이 초분자는 바로 우리가 부모로부터 물려받는 DNA 염색체다. 알려진 우주에 존재하는 거시적 무생물 중 어떤 것도 물질의 세부 구조에 대해 이렇게 가장 기본적인 수준의 단계까지 민감하지 않다. 이 단계는 고전물리학이 아닌 양자역학의 법칙이 지배하는 단계다. 슈뢰딩거는 바로 이 점 때문에 생명이 특별하다고 주장한 것이다. 슈뢰딩거가 『생명이란 무엇인가?』를 처음 발표한 지 70년 되는 해인 2014년, 우리는 마침내 그가 제기한 의문의 비범한 해답 속에 숨어 있는 놀라운 의미의 진가를 확인하기 시작했다. 생명이란 무엇인가?

3장

생명의 엔진

___

효소: 산 자와 죽은 자 사이

우리에게 효소가 필요한 이유와 올챙이 꼬리가 사라지는 이유 | 경관의 변화

좌충우돌 | 전이 상태 이론이 모든 것을 설명할까? | 전자 전달하기 | 양자 터널링

생체에서 일어나는 전자의 양자 터널링 | 양성자의 이동 | 동적 동위원소 효과

그렇다면 이것이 양자생물학에서 양자를 형성할까?

생명체가 하는 일은 모두 원자의 좌충우돌로 이해될 수 있다…….

－리처드 파인먼[1]

햄릿: 시체가 썩는 데 얼마나 걸리느냐?

무덤 파는 인부: 죽기 전부터 썩은 놈이 아니라면…… 요즘엔 장례
식까지 버티지 못하고 매장할 틈도 없이 썩는 매독 환자가 많아서
다릅니다만, 8, 9년은 족히 갑니다요. 가죽 장수의 시체는 9년까지
도 장담할 수 있습죠.

햄릿: 가죽 장수는 어째서 더 오래가는가?

무덤 파는 인부: 그야 물론 장삿속으로 피부를 매끄럽게 손질해왔
기 때문에 한참 동안 물기가 스며들지 않기 때문이죠. 물이라는 게
말씀입니다, 망할 놈의 시체를 썩게 하는 데에는 그저 그만입죠.

－윌리엄 셰익스피어, 『햄릿』, 5막 1장, "교회 묘지"

지금으로부터 6800만 년 전, 오늘날 우리가 백악기_Cretaceous_라고 부르는 시기에 어린 티라노사우루스 렉스_Tyrannosaurus rex_ 한 마리가 아열대숲을 가로질러 드문드문 나무가 서 있는 계곡을 따라 가고 있었다. 열여덟 살쯤 된 이 공룡은 아직 완전히 성숙하지는 않았지만, 키가 거의 5미터에 이르렀다. 육중한 덩치가 발걸음을 옮길 때마다 수 톤의 몸뚱이를 나아가게 한 힘은 운 없이 공룡의 발밑에 있던 작은 동물이나 나무를 납작하게 뭉개놓기에 충분했다. 이런 엄청난 힘을 받는 동안, 공룡이 형체를 온전하게 유지할 수 있었던 것은 모든 뼈와 힘줄과 근육을 제자리에 고정시켜주는 콜라겐_collagen_이라는 단백질 덕분이었다. 질기지만 탄력 있는 섬유인 콜라겐은 살점을 접착시키는 일종의 풀과 같은 작용을 하며, 우리를 포함한 모든 동물체의 필수 구성 성분이다. 콜라겐도 다른 모든 생체분자와 마찬가지로, 알려진 우주에서 가장 놀라운 기계에 의해 만들어지고 분해된다. 이 장에서는 이런 생물학적 나노 기계_nanomachine_가● 어떻게 작동하는지를 집중적으로 다룰 것이다. 그리고 이런 생명의 엔진 속 기어와 레버가 양자세계에서 일으키는 작용이 우리를 포함한 모든 유기체를 살아 있게 해준다는 최근의 발견도 탐색할 것이다.

그러나 먼저 고대의 계곡으로 다시 돌아가자. 바로 그날, 이 공룡은 수백만 개의 나노 기계로 만들어진 육중한 몸 때문에 자멸하게 되었을 것이다. 공룡의 사지는 먹이를 낚아채서 해체할 때는 대단히 효과

●'나노'는 1나노미터, 즉 10억 분의 1미터 규모의 구조를 말한다.

적이지만, 찐득찐득한 진흙으로 된 무른 강바닥에서 빠져나올 때에는 별로 쓸모가 없었을 것이다. 몇 시간 동안 진흙 바닥에서 빠져나오기 위해 사투를 하던 티라노사우루스는 거대한 입안에까지 흙탕물이 가득 찼고, 결국 진흙 속에서 죽어갔다. 일반적인 상황이라면 동물의 살점은 『햄릿』에 등장하는 무덤 파는 인부의 '시체'와 같은 속도로 썩어 사라지겠지만, 이 티라노사우루스는 빠른 속도로 진흙 속에 가라앉았기 때문에 조직을 보호해주는 두터운 진흙과 모래 속에 몸 전체가 순식간에 파묻혔다. 수십 수백 년에 걸쳐 광물 입자가 뼈와 살에 있는 구멍 속에 스며들면서 공룡의 조직은 암석으로 바뀌었다. 이제 공룡 시체는 공룡 화석이 되었다. 지표면에서는 강물이 계속 흐르면서 모래와 진흙과 실트silt가 켜켜이 쌓여, 화석 위에는 사암과 셰일로 이루어진 수십 미터의 퇴적층이 형성되었다.

약 4000만 년 후, 기후가 따뜻해지고 강물이 마르면서 오래전에 죽은 뼈를 덮고 있던 암석층이 뜨거운 사막의 바람에 풍화되기 시작했다. 그로부터 2800만 년이 더 흐르고, 또 다른 이족보행 동물인 호모 사피엔스Homo sapiens가 그 계곡으로 걸어 들어왔다. 그러나 이 직립보행 영장류는 건조하고 척박한 이 땅을 대체로 싫어했다. 더 근래 들어 당도한 유럽 정착민은 이 척박한 지역에는 몬태나의 배드랜즈Badlands, 건조한 계곡에는 헬크리크Hell Creek라는 이름을 붙였다. 2002년, 가장 유명한 화석 사냥꾼인 잭 호너가 이끄는 한 무리의 고생물학자들이 이곳에서 야영을 하고 있었다. 무리의 일원인 밥 호먼은 점심을 먹다가 바로 자기 앞에 있는 바위에 커다란 뼈가 튀어나와 있는 것을 봤다.

3년에 걸쳐 주위를 둘러싼 암석에서 공룡의 골격 전체 중 거의 절반이 조심스럽게 발굴되었고, 이 과정에서 공병대와 헬리콥터와 수많은 대학원생이 동원되었다. 발굴된 골격은 몬태나 보즈먼에 위치한 로키 박물관으로 옮겨져서 표본 MOR 1255로 지정되었다. 공룡의 대퇴골은 반으로 잘라서 헬리콥터로 들어올려야 했는데, 이 과정에서 화석 뼈의 상당량이 잘려나갔다. 잭 호너는 동료 고생물학자인 노스캐롤라이나 주립대학의 메리 슈바이처 박사에게 이 뼛조각 몇 개를 주었다. 호너는 슈바이처가 화석의 화학적 조성에 관심이 있다는 것을 알고 있었다.

슈바이처는 상자를 열어보고 크게 놀랐다. 첫 번째 뼛조각의 안쪽 면(골수강)에 대단히 특이한 조직이 있는 것처럼 보였다. 그녀는 산성용액이 담긴 수조에 이 뼈를 넣고 바깥쪽의 광물을 용해시켜 내부 구조를 알아내려고 했다. 그러나 너무 오래 담가두는 바람에, 다시 확인했을 때는 광물질이 모두 용해되어버리고 말았다. 슈바이처는 화석이 완전히 분해되었을 것이라고 생각했지만, 놀랍게도 유연한 섬유 같은 물질이 남아 있었다. 현미경으로 자세히 관찰하자, 이 물질은 오늘날의 뼈에서 볼 수 있는 연조직과 비슷해 보였다. 게다가 오늘날의 뼈와 마찬가지로, 이 조직도 혈관과 혈구세포를 갖추고 있는 것처럼 보였다. 그리고 육중한 덩치의 동물을 한 덩어리로 유지해주는 생물학적 접착제인 콜라겐의 기다란 섬유도 있었다.

연조직의 구조가 보존된 화석은 희귀하긴 하지만 알려진 바가 없지는 않다. 1910~1925년에 브리티시컬럼비아에 위치한 캐나다령 로키산맥 고지대에서 발견된 버지스 셰일Burgess Shale 화석은 거의 6억 년 전 캄브리아기의 늪지에 살았던 동물 조직의 흔적을 놀라울 정도로 생생하게 보존하고 있다. 독일 졸른호펜 발굴지에서 나온 1억5000

만 년 전에 살았던 깃털 달린 시조새archaeopteryx의 화석도 마찬가지다. 그러나 대개의 연조직 화석은 생체 조직의 물질이 아닌 흔적만 보존하고 있었다. 반면 메리 슈바이처의 산성 수조에 남은 유연한 물질은 공룡의 연조직 자체인 것처럼 보였다. 2007년에 슈바이처가 이 발견을 『사이언스』에 발표했을 때,[2] 그녀의 논문에 대한 첫 반응은 놀라움이었고 뒤이어 적잖은 의심이 뒤따랐다. 그러나 수백만 년 전의 생체 물질이 남아 있다는 것도 놀라운 일이었지만, 우리의 흥미를 불러일으킨 것은 그다음에 벌어진 일이었다. 슈바이처는 이 섬유상 구조가 정말 콜라겐으로 만들어졌다는 것을 증명하기 위해서, 먼저 오늘날의 콜라겐에 붙어 있는 단백질이 화석 뼈의 섬유에도 붙어 있었다고 설명했다. 마지막 실험에서, 그녀는 공룡의 조직을 콜라게나아제collagenase라는 효소와 혼합했다. 수많은 생체분자 기계 중 하나인 콜라게나아제는 동물의 몸속에서 콜라겐 섬유를 만들고 분해하는 일을 한다. 채 몇 분이 지나지 않아, 6800만 년 동안 단단히 고정되어 있던 콜라겐의 사슬이 효소에 의해 끊어졌다.

효소는 생명의 엔진이다. 평범한 일상에 활용되는 효소 중에서 우리에게 친숙한 것은 아마 '생물학적' 세제에 첨가되어 얼룩 제거를 돕는 단백질 분해 효소protease, 잼의 점도를 높이기 위해 넣어주는 펙틴pectin, 치즈를 만들 때 우유의 응고를 돕기 위해 첨가하는 레닛rennet 정도일 것이다. 우리의 위와 장에서 음식물을 소화시키는 다양한 효소의 작용에 대해서도 알고 있는 독자가 있을 것이다. 그러나 이런 사례들은 이 천연 나노 기계의 작용 중에서 꽤 사소한 일에 속한다. 원시 수프에서 탄생한 최초의 미생물에서부터 육중한 발걸음으로 쥐라기의 숲을 누빈 공룡과 오늘날 살아 있는 모든 유기체에 이르기까지,

생명체는 모두 효소에 의존했거나 의존하고 있다. 우리 몸을 구성하는 세포마다 수백 수천 개씩 들어 있는 이런 분자 기계는 생체분자의 수집과 재활용이라는 과정이 끊이지 않고 되풀이되도록 돕고 있으며, 우리는 이 과정을 생명이라고 부른다.

여기서 '돕는다'는 것은 효소가 하는 일을 정의하는 중요한 단어다. 효소의 일은 화학반응의 속도를 높여서(촉매 작용) 원래는 훨씬 느리게 진행되는 작용을 빨리 일어나게 해주는 것이다. 따라서 세제에 첨가되는 단백질 분해 효소는 얼룩 속 단백질의 분해 속도를 높여주고, 펙틴 효소는 과일 속에 들어 있는 다당류의 분해 속도를 높여주며, 레닛 효소는 우유의 응고 속도를 높여준다. 마찬가지로, 우리 세포 속에 들어 있는 효소는 물질대사의 속도를 높여준다. 물질대사는 우리 세포 속에 있는 수조 개의 생체분자를 수조 개의 다른 생체분자로 끊임없이 변환시킴으로써 우리를 살아 있게 해주는 작용이다.

메리 슈바이처가 그녀의 공룡 뼈에 첨가한 콜라게나아제 효소는 동물의 체내에서 콜라겐 섬유를 분해하는 일을 하는 생체 기계 중 하나일 뿐이다. 효소에 의한 반응 속도의 증가율은 대략 추정이 가능하다. 효소가 없을 때 콜라겐 섬유가 분해되는 데 걸리는 시간(6800만 년 이상인 것은 확실하다)과 효소가 있을 때 걸리는 시간(약 30분)을 비교하면 무려 1조 배의 차이가 난다.

이 장에서는 콜라게나아제 같은 효소가 어떻게 반응 속도를 이렇게 천문학적으로 가속시킬 수 있는지를 탐구할 것이다. 최근에는 양자역학이 적어도 일부 효소의 작용에서는 중요한 역할을 한다는 놀라운 사실이 발견되었다. 게다가 효소는 생명의 중심에 있으므로, 양자생물학 탐구라는 우리의 항해에서 첫 기항지가 될 것이다.

효소: 산 자와 죽은 자 사이

—

효소는 그 존재가 발견되고 특징이 알려지기 수천 년 전부터 활용되고 있었다. 우리 조상들은 수천 년 전부터 곡물이나 포도즙에 효모를 넣어서 맥주나 포도주를 만들었다. 효모는 본질적으로 효소가 들어 있는 주머니다.[•] 또 우리 조상들은 송아지 위의 내벽에서 추출한 물질(레닛)에 의해 우유가 치즈로 변화하는 과정이 촉진된다는 것도 알고 있었다. 수 세기 동안 이런 변화 특성은 살아 있는 유기체의 생명력에 의해 일어난다고 믿어왔고, 이런 변화 속도와 생명력에 의해서 유기체는 살아 있는 것(성경에서 인용한 소제목의 '산 자'와 같은 의미다)과 죽은 것으로 구별되었다.

1752년, 프랑스의 과학자 르네 앙투안 페르숄 드 레오뮈르는 르네 데카르트의 기계론적 철학에서 영감을 얻어 생명활동에 속한다고 여겨지는 기발한 실험 방법으로 소화 작용을 조사하기 시작했다. 당시에 일반적으로 생각했던 동물의 소화는 음식물이 소화기관 속에서 마구 부서지고 뒤섞이는 기계적 과정이었다. 이런 추측은 특히 조류의 소화와 잘 들어맞는 것처럼 보였는데, 새의 모래주머니에 들어 있는 모래나 잔돌이 먹이를 뭉크러뜨리는 것이라고 생각되었다. 이 작용은 동물이 기계에 불과하다는 데카르트의 관점(앞 장에서 개략적으로 설명했다)과도 일치했다. 그러나 드 레오뮈르는 모래주머니에 모래가 들어 있지 않은 맹금류도 음식을 소화할 수 있다는 점을 의아하게 여겼다. 그래서 그는 사방에 작은 구멍이 뚫린 금속 캡슐에 고기 조

[•] 효모는 단세포 균류다.

각을 넣고, 이 캡슐을 자신의 애완용 매에게 먹여봤다. 그는 금속 캡슐들을 회수했을 때, 그 안에 들어 있던 고기 조각들이 완전히 소화된 것을 발견했다. 고기 조각이 금속으로 감싸여 있어서 어떤 기계적 작용도 받을 수 없었는데도 말이다. 데카르트의 톱니바퀴와 지렛대와 분쇄기만으로는 생명력이 충분히 설명되지 않는 생명체가 적어도 한 종류는 존재했던 것이다.

드 레오뮈르의 연구가 있은 지 1세기 후, 역시 프랑스인인 루이 파스퇴르가 '생명력'에 기여했던 또 다른 생물학적 변환에 관한 연구를 했다. 화학자이자 미생물학의 창시자인 파스퇴르의 연구 주제는 포도즙이 포도주로 전환되는 과정이었다. 그는 발효의 변환 원리가 양조업이나 제빵에서 '발효제'로 이용되는 살아 있는 효모와 연관이 있다는 것을 증명했다. 그 후 독일의 생리학자인 빌헬름 프리드리히 퀴네는 1877년에 효소를 뜻하는 'enzyme'(그리스어로 '효모 속에'라는 의미)이라는 단어를 만들어서, 살아 있는 효모 세포나 생체 조직에서 추출한 물질에 의해 일어나는 이런 생명활동을 일으키는 물질을 묘사했다.

그러나 효소는 무엇이며, 어떻게 생명체의 변환 작용을 촉진시키는 것일까? 이 장 도입부에서 다뤘던 효소인 콜라게나아제 이야기로 되돌아가보자.

우리에게 효소가 필요한 이유와 올챙이 꼬리가 사라지는 이유

콜라겐은 (인간을 포함한) 동물의 몸에서 가장 흔한 단백질이다. 일종의 분자 실처럼 조직과 조직을 엮어서 서로 붙어 있게 해주는 작용을

생명의 엔진

한나. 어느 단백질과 미찬가지로, 콜라겐도 기본 구성단위로 이루어져 있다. 콜라겐의 구성단위인 아미노산은 20여 종류가 있으며, 그중에는 건강식품 전문점에서 구입할 수 있는 영양보조제로 익숙한 것도 있다(이를테면 글리신glycine, 글루타민glutamine, 리신lysine, 시스테인cysteine, 티로신tyrosine 따위). 각각의 아미노산 분자는 주로 탄소, 질소, 산소, 수소 원자에 가끔씩 황이 포함되는 10~50여 개의 원자로 구성되는데, 이 원자들의 화학결합에 의해 저마다 독특한 3차원 구조를 형성한다.

이런 독특한 형태의 아미노산 분자 수백 개가 연결되어 형성된 단백질은 기괴하게 꼬여 있는 구슬 목걸이와 같은 형상을 하고 있다. 각각의 구슬은 다음 구슬과 펩티드 결합으로 연결되는데, 한 아미노산의 탄소 원자와 다음 아미노산의 질소 원자가 연결되는 결합인 펩티드 결합은 대단히 강력하다. 어쨌든 T. 렉스의 콜라겐 섬유 속의 펩티드 결합도 6800만 년이나 그대로 남아 있었다.

콜라겐은 단백질 중에서도 특히 강력하다. 그래서 콜라겐의 중요한 역할은 내부를 망상으로 엮어서 조직의 구조와 형태를 유지하는 것이다. 콜라겐 단백질은 서로 꼬여서 삼중 가닥을 이루고, 다시 이 삼중 가닥이 결합해서 두툼한 밧줄 형태, 즉 섬유fiber를 이룬다. 이 섬유들이 우리의 조직을 바느질하듯 관통해서 세포들을 연결시키는 것이다. 콜라겐은 근육을 뼈에 부착시키는 힘줄과 뼈와 뼈를 연결하는 인대에서도 볼 수 있다. 세포외 기질extracellular matrix이라 불리는 이 조밀한 섬유망은 기본적으로 우리 몸을 지탱한다.

채식주의자가 아니라면 세포외 기질에는 이미 친숙하다. 질이 좋지 않은 소시지나 값싼 고기 속에 들어 있는 연골 혹은 힘줄 같은 것이

세포외 기질이다. 이런 질긴 것들은 물에 녹지 않고, 몇 시간을 푹 삶아도 부드러워지지 않는다는 것을 요리사들도 잘 알고 있을 것이다. 그러나 세포외 기질은 저녁 식탁에서는 인기가 없을지 몰라도, 그 식사를 하는 사람의 몸속에서는 절대적으로 중요하다. 콜라겐이 없으면 우리 뼈는 제각각 떨어지고, 근육은 뼈와 분리되며, 내장 기관은 젤리처럼 흐물흐물해질 것이다.

하지만 우리 뼈와 근육 속에 있거나 저녁 식탁에 오르는 콜라겐 섬유를 파괴할 수 없는 것은 아니다. 강한 산성 용액이나 염기성 용액에 끓이면 아미노산 간의 펩티드 결합이 마침내 끊어지면서 질긴 섬유에서 수용성 젤라틴gelatin으로 바뀔 것이다. 젤라틴은 마시멜로나 젤리를 만들 때 쓰이는 젤리 같은 물질이다. 영화 팬이라면 「고스트버스터즈Ghostbusters」에서 거대한 흰 몸뚱이로 뒤뚱거리면서 뉴욕을 공포로 몰아넣는 스테이 퍼프트 마시멜로 맨을 기억할 것이다. 그러나 마시멜로 맨은 녹여서 마시멜로 크림을 만들어 쉽게 물리칠 수 있었다. 콜라겐 섬유를 이루는 아미노산 구슬 간의 펩티드 결합은 마시멜로 맨과 T. 렉스에서 서로 다르다. 강한 콜라겐 섬유는 실제 동물을 강하게 만든다.

그런데 콜라겐처럼 강하고 오래가는 물질을 비계飛階로 삼을 때에는 한 가지 문제가 있다. 우리가 베이거나 멍이 들 때, 또는 팔이나 다리가 부러질 때를 생각해보자. 조직이 파괴되면 그 조직을 지탱하는 세포외 기질인 체내의 섬유망도 손상을 입거나 부러지기 쉽다. 만약 태풍이나 지진으로 집이 파손되면, 집을 수리하기에 앞서 부러진 뼈대를 먼저 걷어내야 할 것이다. 동물의 몸도 마찬가지다. 콜라게나아제라는 효소를 이용해 세포외 기질에서 손상된 부분을 잘라낸 다음

생명의 엔진

나른 효소들을 이용해서 조직을 수선한다.

게다가 더 결정적으로, 세포외 기질은 동물이 성장하는 내내 다시 만들어져야 한다. 유년기의 몸을 유지했던 내부의 비계가 몸집이 훨씬 큰 성체를 지탱할 수는 없을 것이다. 성체의 형태가 유년기와는 확연히 다른 양서류에서는 이 문제가 특히 중요하므로, 그 해결책도 도움이 된다. 양서류의 변태는 우리에게 익숙하다. 동그란 알에서 꼬물거리는 올챙이를 거쳐 폴짝폴짝 뛰는 개구리로 성장한다. 이렇게 몸통이 짧고 꼬리가 없으며 예외 없이 강력한 뒷다리를 갖고 있는 양서류의 화석은 2억 년 전인 쥐라기의 암석에서 발견된다. 쥐라기는 파충류의 시대라고 알려진 중생대 중기에 해당된다. 그러나 양서류 화석은 쥐라기 다음에 이어지는 백악기의 암석에서도 줄곧 발견된다. 그러므로 개구리는 MOR 1255 화석이 된 공룡이 최후를 맞았던 몬태나의 강에서도 헤엄치고 있었을 가능성이 높다. 그러나 공룡과 달리 백악기 대멸종 속에서 가까스로 살아남은 개구리는 오늘날의 연못과 물웅덩이와 강과 늪에서 흔히 볼 수 있는 동물이 되어, 학생과 과학자들이 양서류의 몸이 어떻게 형성되고 변형되는지를 연구할 수 있게 해주었다.

올챙이가 개구리로 변하려면, 적지 않은 규모의 분해와 재성형이 일어나야 한다. 이를테면 꼬리는 점차 몸에 재흡수되어 새로운 다리를 만드는 데 재활용된다. 이 모든 과정에는 콜라겐 기반 세포외 기질이 필요하다. 이 세포외 기질은 개구리 꼬리의 구조를 지탱하고 있다가 빠르게 해체된 후, 새롭게 형성되는 팔다리로 다시 조립된다. 그러나 콜라겐이 6800만 년 동안이나 몬태나의 암석 속에 보존되어 있었다는 것을 기억하자. 콜라겐은 쉽게 분해되지 않는다. 만약 개구리가 오로지 무기적 과정에만 의존해서 콜라겐을 화학적으로 분해한다면, 변태 과정은 아주 오랜 시간이 걸릴 것이다. 살아 있는 동물이 자신의 질긴 힘줄을 뜨거운 산성 용액에 끓일 수도 없는 노릇이므로, 훨씬 더 부드러운 방법으로 콜라겐 섬유를 분해할 수단이 필요하다.

그 수단이 바로 콜라게나아제라는 효소다.

그런데 이 효소는, 그리고 다른 모든 효소는 어떻게 작동할까? 생기론자들은 일종의 신비스러운 생명력이 효소의 활동을 매개한다고 믿었고, 이 믿음은 19세기 후반까지 지속되었다. 당시 퀴네의 동료 화학자였던 에두아르트 부흐너는 효모 세포에서 추출한 비생물성 물질이 생체 세포에서 일어나는 화학적 변화와 정확히 동일한 화학적 변화를 촉진시킬 수 있다는 것을 증명했다. 계속해서 부흐너는 생명력이 화학적 촉매 작용catalysis의 한 형태에 불과하다는 혁명적인 제안을 내놓았다.

촉매는 일반적인 화학반응의 속도를 증가시키는 물질로, 19세기에는 이미 화학자들 사이에서 친숙했다. 사실 산업혁명을 일으킨 화학적 과정 중 다수가 촉매에 크게 의존했다. 이를테면 산업혁명과 농업혁명에 박차를 가한 중요한 화학물질인 황산은 철강업과 섬유 산업뿐 아니라 인산염 비료 제조에도 이용되었다. 황산의 제조는 이산화황(SO_2)과 산소(이 둘이 반응물이다)의 화학반응으로 시작되며, 두 물질이 물과 반응해서 생성물인 황산(H_2SO_4)이 형성된다. 그러나 이 반응은 대단히 느려서 상업적으로 이용하기가 어려웠다. 그러던 1831년, 영국 브리스틀의 식초 제조업자인 페레그린 필립스는 이산화황과 산소를 뜨거운 백금 위로 통과시킴으로써 반응 속도를 증가시키는 방법을 발견했다. 백금이 촉매로 작용한 것이다. 촉매는 반응물(반응에 참여하는 초기 물질)과는 다르다. 반응에 참여해서 스스로 변하는 것이 아니라, 반응 속도를 높이기만 하기 때문이다. 따라서 부흐너의 주장에 따르면, 원칙적으로 효소는 필립스가 발견한 무기 촉매와 아무런 차이가 없었다.

수십 년의 후속 생화학 연구를 통해서 부흐너의 통찰은 대체로 옳은 것으로 확인되었다. 송아지 위장에서 만들어지는 레닛은 최초의 정제 효소였다. 고대 이집트인들은 송아지의 위를 안쪽에 덧댄 자루에 우유를 저장했고, 우유가 더 저장성이 좋은 치즈로 바뀌는 과정을 가속화하는 이 범상치 않은 물질을 처음으로 발견했다는 명성을 얻었다. 이런 치즈 제조 방식은 19세기 말엽까지 지속되었다. 당시까지는 건조시킨 송아지의 위 자체가 약재상에서 '레닛'으로 팔렸다. 1874년, 덴마크의 화학자인 크리스티안 한센은 한 약재상에서 일자리를 얻기 위해 면접을 보다가, 레닛 12개를 주문하는 소리를 우연히 듣고 자신의 화학적 기술을 활용해서 불쾌감이 덜한 레닛을 만들어야겠다고 생각했다. 자신의 실험실로 돌아온 한센은 송아지의 위에 물을 첨가해서 얻은 역한 냄새의 액체를 가루로 바꾸는 방법을 개발했다. 이 가루는 '한센 박사의 레닛 추출물'이라는 제품이 되어 방방곡곡에 팔렸고, 한센은 큰 부를 얻었다.

레닛은 사실 서로 다른 몇 가지 효소의 혼합물이다. 치즈 만들기라는 목적에 가장 부합하는 효소는 단백질 분해 효소의 일종인 키모신chymosin이다. 치즈 제조에서 키모신의 작용은 우유를 응고시켜서 커드curd와 유장whey을 분리하는 것이지만, 어린 송아지의 체내에서 하는 본래 일은 우유를 응고시켜 소화관 속에 더 오래 머무르게 함으로써 양분이 흡수되는 시간을 늘리는 것이다. 콜라게나아제도 단백질 분해 효소의 일종이지만, 정제법이 개발된 것은 그로부터 50년 뒤인 1950년대의 일이었다. 보스턴에 위치한 하버드 의과대학의 임상과학자인 제롬 그로스는 올챙이가 어떻게 자신의 꼬리를 흡수해서 개구리가 되는지에 관한 의문을 갖게 되었다.

그로스는 분자의 자기조립molecular self-assembly의 예로서 콜라겐 섬유의 역할에 관심 있었고, 이 역할이 "중대한 생명의 비밀을 간직하고 있다"[3]고 여겼다. 그는 수 센티미터 길이까지 자랄 수 있는 황소개구리 올챙이의 꼬리로 연구를 하기로 결심했다. 그로스는 꼬리의 재흡수 과정에는 콜라겐 섬유의 조립과 재조립이 엄청나게 많이 일어날 것이라는 정확한 예측을 했다. 콜라게나아제의 활동을 감지하기 위해서, 그는 질기고 튼튼한 콜라겐 섬유가 풍부한 뽀얀 콜라겐 겔을 채운 페트리 접시를 이용하는 간단한 실험을 개발했다. 이 겔의 표면에 올챙이 꼬리에서 떼어낸 조직의 조각들을 올려놓자, 조직 주위에 있던 질긴 콜라겐 섬유가 분해되면서 녹는 젤라틴으로 바뀌었다. 그다음 그는 콜라겐을 소화시키는 물질, 즉 콜라게나아제 효소를 정제했다.

콜라게나아제는 개구리와 헬크리크에 뼈를 남긴 공룡을 포함한 다른 동물의 조직에서도 발견된다. 이 효소는 6400만 년 전부터 오늘날까지 한결같이 콜라겐 섬유를 분해하는 일을 하고 있다. 그러나 헬크리크의 공룡이 죽어서 늪지에 빠졌을 때에는 활성화되지 않아서, 메리 슈바이처가 뼛조각에 약간의 신선한 콜라게나아제를 첨가할 때까지 콜라겐 섬유가 손상되지 않고 남아 있었다.

콜라게나아제는 동물, 미생물, 식물이 모든 생명활동에 의존하는 수백만 개의 효소 중 하나일 뿐이다. 어떤 효소는 세포외 기질의 콜라겐 섬유를 만든다. 어떤 효소는 단백질, DNA, 지방, 탄수화물을 포함한 다른 생체분자를 만든다. 또 다른 효소들은 이런 생체분자를 분해하고 재활용한다. 효소는 소화, 호흡, 광합성, 물질대사를 담당한다. 우리의 모든 것을 만들고, 우리를 살아 있게 한다. 효소는 생명의 엔진이다.

그런데 효소는 황산을 비롯한 수십 가지 산업용 화학물질을 만드는 데 이용되는 것과 같은 화학적 특성을 제공하는 생물학적 촉매에 불과한 것일까? 수십 년 전에는 대부분의 생물학자가 부흐너의 관점에 동의했다. 생명의 화학적 과정이 화학 공장이나 어린이용 화학 실험 세트에서 일어나는 과정과 다를 바 없다고 생각했던 것이다. 그러나 지난 20여 년 사이, 몇 차례의 중요한 실험을 통해서 효소의 작동 방식에 대해 놀라울 정도로 새로운 통찰을 얻게 되면서 이 관점은 급진적으로 바뀌었다. 생명의 촉매는 평범하고 낡은 고전 화학보다 더 심원한 수준의 실재에 도달할 수 있을 것 같다. 그래서 교묘한 양자적 책략을 활용할 수 있을 것 같다.

그러나 생명의 활력을 설명하기 위해서 양자역학이 필요한 이유를 이해하려면, 더 일상적인 공업용 촉매가 어떻게 작용하는지를 먼저 알아봐야 할 것이다.

경관의 변화
—

촉매는 다양한 메커니즘에 의해 작동하지만, 대부분은 전이 상태 이론transition state theory(TST)[4]으로 설명될 수 있다. 전이 상태 이론은 촉매가 어떻게 반응 속도를 높이는지에 대한 단순한 설명을 제공한다. TST를 이해하는 데는 먼저 문제를 뒤집어서 반응 속도를 높이기 위해 촉매가 왜 필요한지를 생각해보는 것도 도움이 될 것이다. 그 까닭은 우리 주위 환경에 있는 일반적인 화학물질은 대체로 꽤 안정되어 있고 반응성이 없기 때문이다. 저절로 분해되지도 않고, 다른 화학물질과 쉽게 반응하지도 않는다. 어쨌든 이 두 가지 작용 중 하나라도 잘 일어나는 물질이라면 지금 흔하지도 않을 것이다.

일반적인 화학물질이 안정된 이유는 물질 속에 항상 존재하는 필연적인 분자의 격돌에 의해 결합이 자주 끊어지지 않기 때문이다. 이 상황을 시각화하면, 반응물 분자들이 일종의 에너지 경관에서 길을 찾는 것이라고 볼 수 있다. 반응물이 생성물과의 사이를 가로막고 있는 언덕을 넘어 생성물로 전환되는 것이다(그림 3.1). '비탈'을 오르는 데 필요한 에너지는 주로 열에 의해 공급된다. 열은 원자와 분자의 운동 속도를 높여 더 빠르게 움직이거나 진동하게 만든다. 충돌하고 밀치는 이런 분자의 운동은 분자를 구성하는 원자들 사이의 화학결합을 끊을 수 있으며, 더 나아가 새로운 결합을 형성하게도 한다. 그러나 주위 환경에서 흔히 볼 수 있는 더 안정된 분자 속 원자는 강한 결합을 형성하므로 주위 분자가 요동쳐도 끄떡없다. 따라서 우리가 주변에서 보는 화학물질이 흔한 까닭은 주위 환경의 분자들이 활발하게 밀쳐도 그 분자들이 대체로 안정되어 있기 때문이다.●

그러나 안정된 분자도 충분한 에너지만 공급되면 산산조각이 날

●물론 대단히 중요한 예외가 있다. 산소 같은 화학물질은 반응성이 크지만 우리 지구에는 끊임없이 산소를 보충하는 과정이 있다. 이 과정은 주로 식물 같은 살아 있는 유기체가 대기 중에 산소를 뿜어내는 과정이다.

생명의 엔진

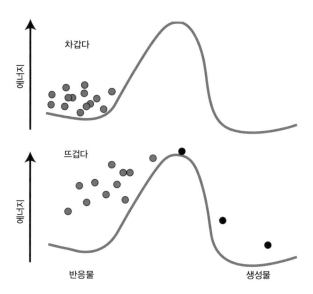

그림 3.1 회색 점으로 나타낸 반응물 분자는 검은 점으로 나타낸 생성물 분자로 전환될 수 있지만, 그 전에 먼저 에너지 언덕을 넘어야 한다. 차가운 분자는 비탈을 오르기에 충분한 에너지를 갖기 어렵지만, 더운 분자는 쉽게 비탈을 오를 수 있다.

수 있다. 이런 에너지원의 가능성이 있는 것으로는 열이 있다. 열이 많아지면 분자의 운동 속도가 증가한다. 화학물질은 가열하면 결국 결합이 끊어진다. 그렇기 때문에 우리는 열을 가해서 음식을 조리한다. 열은 익히지 않은 재료인 반응물이 더 맛있는 생성물로 바뀌는 화학반응의 속도를 높여준다.

열이 화학반응의 속도를 높이는 방식을 시각화하는 간편한 방법이 있다. 모래시계를 옆으로 누이고 모래시계 왼쪽 칸에 있는 모래 알갱이를 반응물이라고 상상하는 것이다(그림 3.2a). 만약 모든 모래 알갱이가 시종일관 왼쪽에만 있다면, 모래시계의 잘록한 부분을 넘어 반응의 최종 생성물을 나타내는 오른쪽 칸으로 이동하기에 충분한 에너

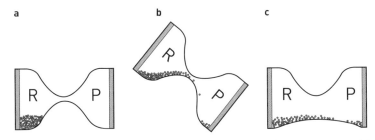

그림 3.2 에너지 경관의 변화. (a) 물질들이 반응물(R)에서 생성물(P) 상태로 넘어갈 수 있지만, 먼저 충분한 에너지가 있어야만 전이 상태(모래시계의 잘록한 부분)를 넘어갈 수 있다. (b) 모래시계를 기울여서 반응물(기질)을 생성물보다 더 고에너지 상태에 놓이게 함으로써 에너지 장벽을 쉽게 통과할 수 있다. (c) 효소의 작용으로 전이 상태가 안정되고, 에너지(모래시계의 잘록한 부분)가 사실상 낮아져서 기질이 생성물 상태로 더 쉽게 흘러갈 수 있게 한다.

지를 갖지 못했기 때문이다. 화학적 과정에 있는 반응물 분자는 가열을 통해 더 많은 에너지를 공급받을 수 있다. 그 결과 반응물의 운동과 진동이 더 빨라져서 일부 분자는 생성물로 바뀌는 데 충분한 에너지를 공급받는다. 이 상황은 모래시계를 세게 흔들어 모래 알갱이의 일부가 오른쪽 칸으로 넘어가면서 반응물이 생성물로 바뀌는 것이라고 상상할 수 있다(그림 3.2b).

그러나 반응물을 생성물로 변환하는 것 중에는 넘어야 할 에너지 장벽을 낮추는 방법도 있다. 이것이 바로 촉매가 하는 일이다. 촉매는 모래시계의 잘록한 부분을 더 넓게 만들어서 약간의 열 교란만으로도 왼쪽 칸에 있는 모래가 쉽게 오른쪽 칸으로 흘러들어가게 하는 것이다(그림 3.2c). 결국 에너지 경관을 변화시키는 촉매의 능력 덕분에 반응 속도가 크게 빨라져서, 기질$_{substrate}$●은 촉매가 없을 때에 비해

●어떤 반응의 시작 물질을 반응물이라고 부른다. 그러나 효소 같은 촉매의 도움을 받는 반응에서는 반응을 시작하는 화학물질을 기질이라고 부른다.

생명의 엔진

훨씬 빠른 속도로 생성물이 될 수 있다.

콜라게나아제● 효소가 없을 때 콜라겐 분자의 분해 반응이 매우 느리게 진행된다는 점을 생각하면, 분자 수준에서 촉매가 어떻게 작용하는지를 확실히 알 수 있다(그림 3.3). 앞에서 설명했듯이 콜라겐은 아미노산들이 실처럼 길게 연결된 것으로, 각각의 아미노산은 질소 원자와 탄소 원자 사이의 펩티드 결합(그림에서 두꺼운 선)을 통해 다음 아미노산과 연결되어 있다. 펩티드 결합은 분자 내에서 원자들 사이에 일어나는 여러 유형의 결합 중 하나일 뿐이다. 펩티드 결합에는 탄소와 질소 원자 사이에 공유 전자쌍이 반드시 필요하다. 음전하로 하전된 이 공유 전자쌍은 양전하로 하전된 양쪽의 원자핵을 끌어당김으로써, 펩티드 결합을 하는 원자들을 붙잡는 일종의 전기적 접착제로 작용한다.●●

펩티드 결합은 대단히 안정적이다. 그래서 억지로 공유 전자쌍을 분리시켜 결합을 끊기 위해서는 높은 '활성화 에너지'가 필요하다. 펩티드 결합은 대단히 높은 에너지 비탈을 올라야만 반응 모래시계의 잘록한 부분에 도달할 수 있다. 실제로 이 결합은 자연적으로는 잘 끊어지지 않으므로 주위의 물 분자로부터 도움의 손길이 필요한데, 이 과정을 가수분해라고 한다. 가수분해가 일어나기 위해서는 먼저 물 분자가 펩티드 결합을 하고 있는 탄소 원자에 전자를 공여할 수 있을 정도로 충분히 가까운 곳에 있어야만 한다. 그래야만 새로운 약한 결합이 형성되어 물 분자를 붙들어놓을 수 있기 때문이다. 물 분

●효소의 이름 대부분은 반응에서 소비되는 시작 물질인 '기질'의 이름으로 시작해 ―아제ase로 끝난다. 따라서 콜라게나아제는 콜라겐에 작용하는 효소라는 뜻이 된다.
●●이런 유형의 결합을 공유 결합이라고 한다.

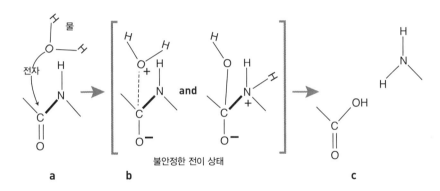

그림 3.3 콜라겐(a) 같은 단백질은 탄소(C), 질소(N), 산소(O), 수소(H) 원자의 펩티드 결합으로 연결된 아미노산의 사슬로 이루어진다. 그림에서 두꺼운 선으로 나타낸 결합이 펩티드 결합 중 하나다. 펩티드 결합은 물 분자(H₂O)에 의해 **가수분해**되어 펩티드 결합이 끊어질 수 있다 (c). 그러나 그 전에 먼저 서로 전환이 가능한 최소 두 가지 구조로 구성된 불안정한 전이 상태를 통과해야 한다(b).

자와의 결합은 그림 3.3에 점선으로 나타냈다. 이 중간 단계는 전이 상태라 불리며(그래서 전이 상태 이론이라는 이름이 붙었다), 펩티드 결합을 끊기 위해 올라야 하는 불안정한 에너지 비탈의 정상인 모래시계의 잘록한 부분이다. 그림에서 주목할 것은 물에서 공여된 전자가 펩티드 결합과 인접한 산소 원자로 이동했다는 점이다. 이제 이 산소 원자는 여분의 전자를 얻어 음전하로 하전된다. 한편 전자를 공여한 물 분자는 전이 상태에서 전체적으로 양전하를 띤다.

　여기서부터의 과정은 포착하기가 조금 더 어려워진다. 이제 이 물 분자(H₂O)가 양전하로 하전된 것은 전자를 잃었기 때문이 아니라, 전자가 없는 수소 원자핵인 양성자를 얻었기 때문이라고 생각해보자. 그림에서 + 기호로 나타낸 것이 양성자다. 이렇게 양전하를 띠는 양성자는 더 이상 물 분자 내에 단단히 고정되어 있지 못하고, 우리가 앞 장에서 다뤘던 양자역학적 의미로 보면 비편재화delocalization된다.

대부분은 아직도 물 분자와 연결되어 있지만(그림 3.3b의 왼쪽 구조), 어떤 때에는 좀더 멀리 펩티드 결합의 다른 쪽 끝에 있는 질소 원자와 더 가까운 곳에서 발견될 수도 있다(그림 3.3b 오른쪽 구조). 이 위치에서는 돌아다니는 양성자가 펩티드 결합의 전자들 중 하나를 끌어당길 수 있으며, 그로 인해 결합이 끊어진다.

그러나 보통은 이런 일이 일어나지 않는다. 그 이유는 그림 3.3b에 나타난 것과 같은 전이 상태의 수명이 대단히 짧기 때문이다. 전이 상태는 매우 불안정해서 아주 작은 자극만으로도 사라질 수 있다. 이를테면 물 분자가 공여한 음전하를 띠는 전자는 쉽게 원래 자리로 돌아가서 처음의 반응물을 다시 형성한다(그림에서 두꺼운 화살표). 이 반응은 펩티드 결합이 끊어지는 방향으로 일어나는 반응보다 발생할 가능성이 훨씬 더 높기 때문에, 펩티드 결합은 대체로 끊어지지 않는다. 사실 산성도 염기성도 아닌 중성 용액에서 어떤 단백질의 펩티드 결합의 절반이 끊어지는 데 걸리는 시간인 가수분해 반응의 반감기는 500년이 넘는다.

당연히 이것은 모두 효소가 없을 때의 이야기다. 아직 우리는 효소가 어떻게 가수분해 과정을 돕는지에 관해서는 묘사하지 않았다. 전이 상태 이론에 따르면, 촉매는 펩티드 결합의 분해 같은 화학적 과정에서 전이 상태를 더 안정시킴으로써 반응 속도를 높이고 최종 산물의 형성 기회를 증가시킨다. 이런 작용은 다양한 방식으로 일어날 수 있다. 이를테면 펩티드 결합 근처에 위치한 양전하를 띠는 금속 원자는 전이 상태에서 음전하를 띠는 산소 원자를 전기적으로 중성이 되게 할 수 있다(그래서 물 분자가 내놓은 전자를 돌려주기 위해 더 이상 서두를 필요가 없다). 촉매가 제공하는 도움은 전이 상태를 안정화시켜 모래시계의 잘록한 부분을 넓히는 것이다.

이제 우리는 모래시계의 비유를 통해서 본 전이 상태 이론이 촉매에 의해 생명의 다른 모든 필수 반응의 속도가 가속되는 방식도 설명할 수 있는지를 생각해볼 차례다.

좌충우돌

—

메리 슈바이처가 오래전 티라노사우루스의 콜라겐 섬유를 분해하기 위해 이용했던 콜라게나아제는 제롬 그로스가 개구리에서 발견한 효소와 같은 것이다. 올챙이의 세포외 기질이 분해되어서 올챙이의 조직과 세포와 생체분자가 성체 개구리로 재구성되기 위해서는 이 효소가 필요하다는 사실을 기억하고 있을 것이다. 이 효소는 공룡에게서도 같은 기능을 수행했고, 우리 몸에서도 줄곧 같은 기능을 수행하고 있다. 발생을 할 때나 손상을 입은 뒤 조직이 성장하고 재형성될 수 있도록 콜라겐 섬유를 분해하는 것이다. 이 효소의 작용 과정을 알기 위해서, 우리는 과학의 변화를 주제로 한 리처드 파인먼의 1959년 캘리포니아 공과대학 강연에서 나왔던 생각을 빌릴 것이다. "바닥에는 엄청난 가능성이 있다There's Plenty of Room at the Bottom"라는 제목의 이 강연은 원자와 분자 규모의 기술을 연구하는 학문인 나노공학 분야의 지적 토대가 된 것으로 널리 알려져 있다. 파인먼의 생각은 「마이크로 결사대Fantastic Voyage」라는 1966년작 영화에도 영감을 주었다. 이 영화는 매우 작게 축소된 잠수함과 승무원들이 어느 과학자의 몸속으로 들어가 생명을 위태롭게 할 수도 있는 뇌혈전을 찾아 치료하

생명의 엔진

는 내용이다. 체내의 작동 과정을 조사하기 위해서 우리도 상상의 나노잠수함을 타고 여행을 떠날 것이다. 우리의 첫 번째 목적지는 올챙이의 꼬리가 될 것이다.

먼저 우리는 올챙이를 찾아야 한다. 가까운 물웅덩이에서 개구리 알을 찾아, 검은 점이 박힌 둥근 젤리 같은 개구리 알을 조심스럽게 한 움큼 집어내서 유리 수조로 옮긴다. 머지않아 개구리 알 속에서 꼬물거리는 것을 관찰할 수 있고, 그로부터 수일 내에 작은 올챙이가 알에서 나온다. 돋보기로 올챙이의 기본적인 특징을 간단히 살펴보자. 상대적으로 큰 머리에 돌출된 주둥이와 그 끝에 있는 작은 입, 양 측면에 달린 눈, 깃털 같은 아가미, 길고 강력한 꼬리지느러미가 있다. 이 올챙이들에게 충분한 먹이(물풀)를 주고 날마다 관찰한다. 몇 주 동안 우리는 이 올챙이의 형태에 작은 변화가 일어난다는 것을 확인할 수 있지만, 급격히 증가하는 몸길이와 몸통의 둘레에 더 깊은 인상을 받는다. 약 8주가 지나면, 올챙이의 아가미가 몸속으로 들어가고 다리가 보이기 시작한다. 다시 2주가 지나면 튼튼한 꼬리의 시작 부분에서 뒷다리가 나오기 시작한다. 이 단계가 되면 관찰을 더 자주 해야 한다. 변태 속도가 더 가속화되는 것처럼 보이기 때문이다. 올챙이의 아가미와 아가미 뚜껑은 완전히 사라지고, 눈은 머리 위쪽으로 이동한다. 올챙이의 머리 부분에서 일어나는 이런 극적인 변화와 함께, 꼬리가 서서히 줄어들기 시작한다. 이것이 바로 우리가 지금껏 기다린 신호다. 이제 우리는 나노잠수함에 올라타고, 자연의 가장 놀라운 변화를 조사하기 위해 수조 속으로 들어간다.

우리의 잠수함이 줄어들수록 우리는 개구리의 변태를 더 자세히 관찰할 수 있다. 올챙이의 피부에서도 극적인 변화가 일어난다. 더 두

껍고 단단해지며 피부 안쪽에는 점액질 분비샘이 생겨서, 물웅덩이를 벗어나 땅 위를 돌아다닐 때 피부에 습기를 유지하게 해준다. 우리는 이런 분비샘 중 하나에 뛰어들어 피부를 통과해서 올챙이의 몸속으로 들어간다. 몇 겹의 세포 장벽을 무사히 지나면 순환계 내부에 도달한다. 동맥과 정맥을 타고 돌아다니는 동안, 우리는 올챙이의 몸속에서 일어나고 있는 여러 변화를 목격할 수 있다. 허파는 자루 모양에서 시작해 점차 팽창해 형태가 잡히고 공기가 들어찬다. 길고 꼬불꼬불해서 물풀을 소화하기 좋았던 올챙이의 장은 이제 전형적인 포식자의 장처럼 곧게 뻗어 있다. 척삭notochord(몸을 길게 가로지르는 원시적 형태의 등뼈)을 포함해 반투명한 연골로 이루어진 올챙이의 골격은 더 단단하고 불투명한 뼈로 이루어진 골격으로 바뀐다. 우리는 임무를 계속 수행하기 위해 발생하고 있는 척추를 따라 올챙이의 꼬리 쪽으로 내려간다. 꼬리에서는 개구리의 체내로 흡수되는 과정이 이제 막 시작되고 있다. 이 정도의 축소 규모에서는 곧게 뻗은 굵직한 근섬유가 길게 차곡차곡 쌓여 있는 것을 볼 수 있다.

우리는 각각의 근섬유를 구성하고 있는 기다란 원통 모양 세포를 볼 수 있도록 한 번 더 축소를 감행한다. 이 원통 모양 세포의 규칙적인 수축이 올챙이의 꼬리를 움직이게 하는 원동력이다. 이 근육 다발은 밧줄로 이루어진 촘촘한 그물 같은 것으로 둘러싸여 있다. 그 그물이 바로 우리가 조사할 세포외 기질이다. 기질 자체는 유동적인 상태인 것처럼 보인다. 각각의 밧줄이 풀리면서 그 속에 있던 근육세포들이 사라져가는 올챙이 꼬리에서 개구리의 몸 쪽으로 이동하고 있기 때문이다.

잠수함의 크기를 더 축소시켜서, 해체되고 있는 세포외 기질에서 풀어지고 있는 밧줄 하나에 곧장 접근해보자. 우리는 밧줄이 점점 더 크게 보이면서 진짜 밧줄처럼 꼬여 있는 수천 개의 단백질 가닥의 모습을 볼 수 있는데, 각각의 단백질 가닥은 콜라겐 섬유 다발이다. 콜라겐 섬유는 세 개의 콜라겐 단백질 가닥으로 이루어져 있다. 앞서 공룡 뼈에 관해 설명할 때 이야기했듯이, 아미노산 구슬이 꿰인 목걸이처럼 생긴 콜라겐은 세 개의 사슬이 서로 단단히 꼬여 나선형을 이룬다. DNA와 조금 비슷한 모양이지만, 이중나선 구조가 아닌 삼중나선 구조다. 그리고 여기서 우리는 드디어 이 원정의 목표물인 콜라게나아제 분자를 발견한다. 조개와 비슷한 구조의 콜라게나아제는 콜라겐 섬유 하나를 물고 그 섬유를 따라 미끄러져 내려가면서 지퍼를 열듯이 아미노산의 삼중나선 사슬을 분리한 다음, 아미노산 사슬을 연결하고 있는 펩티드 결합을 싹둑 자른다. 이 효소만 아니라면 수백만 년 동안 그대로 남아 있을 사슬이 한순간에 잘려나가는 것이다. 이제 우리는 이 작용이 정확히 어떻게 작동하는지 더 자세히 들여다보기 위해 우리의 크기를 더 줄여볼 것이다.

이번 축소로 우리는 분자 규모인 수 나노미터(100만 분의 1밀리미터) 크기로 줄어들게 된다. 사실 이 크기는 얼마나 작은지 상상이 잘 되지 않는다. 그래서 'o'라는 글자의 크기를 통해 분자의 크기를 가늠해본다면, 우리가 나노미터 규모로 작아질 때 이 'o'라는 글자의 크기는 미국 전체만 하게 보일 것이다. 나노미터 규모에서는 세포 내부에 빽빽하게 들어 있는 물 분자와 금속 이온●과 기이한 형태의 수많은 아미노산을 포함한 온갖 다양한 생체분자들을 볼 수 있다. 이렇게 분자

●이온은 전자를 잃거나(양이온) 얻어서(음이온) 전하를 띠는 원자나 분자다.

들이 복닥거리는 세포라는 웅덩이는 끊임없이 뒤섞이고 소용돌이치는 상태에 있다. 분자들은 앞 장에서 봤던 당구공 같은 분자운동처럼 충돌하거나 회전하거나 서로 진동한다.

그리고 이 모든 것이 무작위의 요란한 분자운동을 하는 이곳에서, 콜라겐 섬유를 따라 미끄러지듯이 이동하는 이 조개 모양 효소가 움직이는 방식은 확연히 다르다. 여기서 우리는 콜라겐 단백질 사슬을 감싸고 이동하는 효소 하나를 크게 확대할 수 있다. 언뜻 보기에 효소의 형태는 특별한 모양이 없는 울퉁불퉁한 덩어리 같아서 구성 성분들이 불규칙적으로 모여 있는 듯한 잘못된 인상을 풍긴다. 그러나 다른 모든 효소와 마찬가지로, 콜라게나아제도 모든 원자가 분자 내에서 정해진 특별한 위치를 차지하고 있는 구조를 정확하게 이루고 있다. 주위 분자들의 무작위적인 분자운동과 대조적으로, 우아하고 정확한 분자의 춤을 추는 콜라게나아제는 콜라겐 섬유를 감싸고 나선을 풀면서 아미노산들을 연결하는 펩티드 결합을 정확하게 자르고, 콜라겐 단백질 사슬을 따라 다음 펩티드 결합으로 이동한다. 이것은 인간이 만든 기계의 축소판과는 다르다. 인간이 만든 기계는 분자 수준에서 보면 무질서한 당구공처럼 무작위로 움직이는 수많은 입자의 운동에 의해서 작동한다. 그러나 천연 나노 기계는 분자 수준에서 세심하게 짜인 안무에 따라 춤을 춘다. 수백만 년의 자연선택을 거쳐 설계된 이 안무는 물질의 기본 입자의 운동을 정확하게 조작한다.

펩티드 결합을 잘라내는 작용을 더 자세히 보기 위해, 조개의 입 같이 생긴 틈새로 들어가보자. 틈새 안에는 효소의 기질인 콜라겐 단백질 사슬과 물 분자 하나가 있다. 이곳이 효소의 심장부인 활성 부위 active site다. 활성 부위에서는 에너지 모래시계의 잘록한 부분을 조절

생명의 엔진

함으로써 펩티드 결합의 분해 속도를 높인다. 분자의 작동 본부라고 할 수 있는 활성 부위는 효소 안팎을 무작위로 돌아다니는 물질들과는 완전히 다르며, 개구리의 일생에서 대단히 중요한 역할을 한다.

그림 3.4는 콜라게나아제의 활성 부위를 나타낸 것이다. 이 그림을 그림 3.3과 비교해보면, 콜라게나아제에 맞물려 있는 펩티드 결합이 불안정한 전이 상태에 있다는 것을 알 수 있을 것이다. 이런 전이 상태에 도달해야만 펩티드 결합이 분해될 수 있다. 기질들은 그림에서 점선으로 표시된 약한 화학결합으로 연결되어 있는데, 본질적으로 이 점선은 기질과 효소가 공유하고 있는 전자를 나타낸다. 이 결합은 기질을 정확한 위치에 고정시켜서 효소의 턱이 절단 작용을 할 수 있도

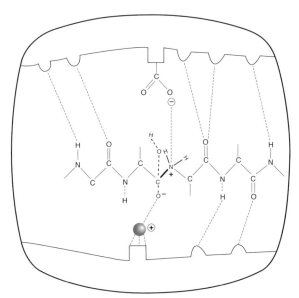

그림 3.4 콜라겐의 활성 부위에서 일어나는 펩티드 결합의 절단(굵은 선). 기질의 전이 상태는 점선으로 나타난다. 하단 중앙에 있는 구체는 양전하를 띠는 아연 이온이다. 상단에 있는 카르복실기(COOH)는 효소의 활성 부위에 있는 글루탐산에서 유래한다. 분자 간 거리는 실제 비율과는 다르다.

록 준비한다.

효소의 턱에 가까워질수록, 이 턱은 단순히 "꽉 물고 있는 것"보다 훨씬 복잡미묘한 작용을 한다. 촉매 작용이 일어날 수 있는 수단을 제공하는 것이다. 표적이 되는 펩티드 결합 바로 아래에는 양전하로 하전된 큼직한 원자 하나가 매달려 있는 것을 볼 수 있다. 이 원자는 양전하로 하전된 아연 원자다. 만약 효소의 활성 부위를 턱이라고 생각한다면, 이 아연 원자는 두 개의 앞니 중 하나라고 할 수 있다. 양전하로 하전된 원자는 전이 상태를 안정화시키기 위해 기질의 산소 원자에서 전자 하나를 빼앗고, 그로 인해 에너지 경관이 바뀐다. 모래시계의 잘록한 부분이 더 넓어지는 것이다.

나머지 일은 이 효소의 두 번째 분자 앞니가 수행한다. 이 다른 앞니는 효소를 구성하는 글루탐산이라는 아미노산인데, 글루탐산은 음전하로 하전된 자신의 산소 원자를 표적이 되는 펩티드 결합 위에 늘어뜨리면서 매달려 있다. 글루탐산의 역할은 먼저 연결된 물 분자에서 양전하를 띠는 양성자를 떼어내는 것이다. 그다음 이 양성자를 표적이 되는 펩티드 결합의 한 끝에 있는 질소 원자에 전달해서, 양전하를 띠게 되는 질소 원자가 펩티드 결합에서 전자를 끌어오게 한다. 전자는 화학결합에서 접착제 역할을 한다는 이야기를 기억할 것이다. 따라서 전자를 끌어오는 것은 접착 이음매에서 접착제를 떼어내는 것처럼, 결합을 약화시키고 끊어지게 만드는 원인이 된다.[5] 몇 번의 전자 재배치가 더 일어나고, 반응의 산물인 끊어진 펩티드 사슬이 콜라게나아제 효소의 분자 턱에서 배출된다. 6800만 년이 지나도 일어나지 않을 반응이 몇 나노초 만에 완성되는 것이다.

그런데 양자역학은 이 상황의 어디에서 작용하는 것일까? 효소의 촉매 작용을 설명하는 데 양자역하이 왜 필요한지를 알아보기 위해서, 양자역학의 선구자들이 내놓은 선견지명을 잠시 생각해볼 것이다. 효소의 활성 부위에서 몇 개의 입자가 수행하는 특별한 역할에 관해서는 이미 언급했다. 잘 짜인 안무와 같은 입자들의 움직임은 분자들이 아무 데나 마구잡이로 부딪히는 무질서한 분자 환경과 극명한 대조를 이룬다. 이런 환경에서 고도로 구조화된 생체분자가 역시 고도로 구조화된 다른 생체분자와 대단히 특별한 방식으로 상호작용을 하는 것이다. 이 상황은 요르단의 독재적 증폭처럼 보일 수도 있고, 에르빈 슈뢰딩거의 '질서 속의 질서'처럼 보일 수도 있다. 조직과 세포의 체계적 작동을 통해 발생하는 개구리로부터 그 조직과 세포를 지탱하는 섬유를 거쳐, 그 섬유를 재구성하는 콜라게나아제의 활성 부위 안에서 일어나는 기본 입자들의 질서정연한 움직임으로 곧장 이어지는 결과는 개구리의 발생 과정 전체에 영향을 미친다. 요르단과 슈뢰딩거의 모형 중 어느 쪽을 선택하든, 여기서 일어나고 있는 일은 증기기관차를 언덕으로 밀어올리는 무질서한 분자운동과는 확연히 다르다.

그런데 이런 분자적 질서가 슈뢰딩거의 주장처럼 생명에만 작용하는 전혀 다른 종류의 규칙을 필요로 할까? 이 의문에 대한 해답을 찾기 위해 우리는 매우 작은 규모에서 작동하는 다른 규칙들을 조금 더 알아봐야 한다.

전이 상태 이론이 모든 것을 설명할까?

이런 짜임새 있는 분자의 움직임은 반드시 양자역학과 연관 있어야 하는 것일까? 우리가 알아낸 바에 따르면, 펩티드 결합의 분해를 가속화시키는 콜라게나아제의 능력은 화학자들이 화학반응의 속도를 높이기 위해서 흔히 이용하는 몇 가지 촉매 작용과 연관 있으며 이 작용들은 양자역학에 의존하지 않는다. 이를테면 콜라게나아제의 활성 부위에 있는 아연 원자의 역할은 19세기에 페레그린 필립스가 황산 제조 속도를 높이기 위해 사용했던 뜨거운 백금의 역할과 비슷하다. 이런 무기 촉매는 기질을 촉매 작용을 하는 부위에 접근시켜서 화학반응 속도를 높일 때 짜임새 있는 안무보다는 무작위적인 분자운동에 의지한다. 효소의 촉매 작용은 몇 가지 간단한 고전적인 촉매 메커니즘들이 활성 부위라는 한곳에 모여서 생명의 불꽃을 일으킨 것에 불과할까?

최근까지도 대부분의 효소학자는 이 질문에 '그렇다'고 대답했을 것이다. 일반적인 전이 상태 이론은 반응물과 생성물 사이에 있는 전이 상태의 수명 연장에 도움이 되는 다른 여러 과정을 설명함으로써 효소의 작용 방식을 가장 잘 풀이하는 것으로 여겨졌다. 그러나 도움이 된다고 알려진 모든 요소를 참작하더라도, 몇 가지 의문점이 생겼다. 이를테면 이 장 앞부분에서 언급했던 펩티드 분해 반응의 속도를 올릴 수 있는 여러 메커니즘이 잘 알려져 있고, 확실히 어떤 요소는 약 100배까지도 반응 속도를 높일 수 있다. 그러나 이 요소들을 다 더하더라도, 반응 속도의 최대 증가율은 100만 배 정도다. 이 정도는 효소에 의한 반응 속도 증가율에 비하면 보잘것없는 수준이다. 이론과 현실 사이의 격차는 당혹스러울 정도로 엄청난 듯 보인다.

두 번째 수수께끼는 효소의 활동이 효소 자체의 다양한 구조 변화에 어떻게 영향을 받는지에 관한 것이다. 이를테면 다른 효소들과 마찬가지로, 콜라게나아제도 활성 부위의 분자 턱과 이빨을 지탱하고 조종하는 단백질 뼈대로 이루어져 있어야만 한다. 우리는 효소의 턱과 이빨을 형성하는 아미노산의 변화가 효소의 효과에 큰 영향을 줄 것이라 예상했고, 실제로도 그랬다. 더 놀라웠던 점은 효소 내에서 활성 부위와 멀리 떨어진 위치에 있는 아미노산의 변화도 효소의 효과에 극적인 영향을 미친다는 발견이었다. 효소 구조에 아무런 영향이 없을 것 같은 변화가 이런 극적인 차이를 만드는 이유는 일반적인 전이 상태 이론에서 불가사의한 부분으로 남는다. 그러나 여기에 양자역학을 도입하면 이야기가 달라진다. 이 발견에 관한 이야기는 이 책 마지막 장에서 다시 살펴볼 것이다.

또 다른 문제점도 있다. 아직까지 전이 상태 이론에서는 진짜 효소만큼 잘 작동하는 인공 효소가 나오지 않았다는 점이다. "만들 수 없는 것은 이해하지 못한 것"이라는 리처드 파인먼의 명언을 기억할 것이다. 이 말은 효소에 딱 들어맞는다. 효소의 메커니즘이 그렇게 많이 알려져 있지만, 효소를 맨 처음부터 설계해서 천연 효소처럼 반응 속도를 증가시킬 수 있는 뭔가를 만들어낸 사람은 아직까지 아무도 없기 때문이다.[6] 파인먼의 기준에 따르면, 우리는 아직 효소의 작동 방식을 이해하지 못한 것이다.

그러나 그림 3.4를 다시 한번 보고, 효소가 하는 일이 무엇인지를 곰곰이 생각해보자. 그 답은 꽤 명확하다. 효소는 분자의 내부 또는 분자 사이에서 개별적인 원자와 양성자와 전자를 조종한다. 이 장의 처음부터 지금까지, 우리는 이 입자들을 전하를 띠는 작은 덩어리로 취급했다. 그래서 구슬과 막대로 이루어진 분자 모형 내에서 전기적 인력과 척력에 의해 이리저리 움직이는 것처럼 여겼다. 그러나 앞 장에서 확인했듯이, 전자와 양성자, 심지어 원자까지도 이런 고전적인 공 모형과는 전혀 다른 양자역학의 규칙을 따르고 있다. 그러나 결맞음에 의해 결정되는 기이한 양자 규칙의 효과는 거시적 수준에서는 결어긋남 과정에 의해 대체로 걸러지고 제거된다. 어쨌든 당구공은 기본 입자를 나타내는 모형으로는 썩 좋지 않다. 따라서 효소의 활성 부위 안에서 일어나는 진짜 작용을 이해하기 위해서는 기존에 갖고 있던 선입견을 버리고 기이한 양자역학의 세계로 들어가야 한다. 양자역학의 세계에서는 두 가지, 아니 100가지 이상의 일을 동시에 할 수 있고, 유령과 같은 연결을 할 수 있으며, 겉보기에는 통과할 수 없을 것 같은 장벽을 통과할 수 있다. 이는 당구공으로는 결코 달성할 수 없는 위업이다.

전자 전달하기

—

우리가 알아낸 것처럼, 효소의 중요한 작용 중 하나는 기질 분자 내에서 전자를 이리저리 옮기는 것이다. 이를테면 콜라게나아제는 펩티드 분자 내에서 전자들을 끌어당기고 밀어낸다. 그러나 전자는 분자 내에서 이리저리 옮겨질 뿐만 아니라, 이 분자에서 저 분자로 전달되기도 한다.

화학에서 가장 흔한 유형의 전자 전달 반응이 일어나는 과정을 산

생명의 엔진

화oxidation라고 한다. 산화는 탄소를 주성분으로 하는 석탄 같은 연료를 공기 중에서 연소시킬 때 일어난다. 산화의 본질은 공여체에서 수용체로 전자가 이동하는 것이다. 석탄을 태우는 경우에는, 탄소 원자 속의 고에너지 상태 전자들이 에너지가 더 낮은 결합을 형성하기 위해 산소 원자로 이동하면서 이산화탄소가 만들어진다. 이 과정에서 남는 에너지는 활활 타고 있는 석탄의 열로 방출된다. 우리는 이 열에너지를 이용해서 난방과 조리를 하고, 물을 증기로 바꿔서 발전기의 터빈을 돌린다. 그러나 석탄이나 내연 기관의 연소는 전자의 에너지를 이용하는 장치로는 꽤 조악하고 비효율적이다. 자연은 아주 오래전부터 이런 에너지를 훨씬 더 효율적으로 포획하는 수단을 알고 있었다. 바로 호흡 과정이다.

우리가 흔히 생각하는 호흡은 폐에서 필요한 산소를 받아들이고 노폐물인 이산화탄소를 내보내는 과정인 숨쉬기다. 그러나 사실 숨쉬기는 세포 내 분자들 사이에서 일어나는 훨씬 더 복잡하고 질서정연한 과정의 첫 단계(산소 전달)와 마지막 단계(이산화탄소 방출)의 조합에 불과하다. 호흡은 미토콘드리아라고 하는 복잡한 세포소기관●의 내부에서 일어난다. 미토콘드리아는 더 큰 세포 속에 붙잡혀 있는 세균 세포처럼 보이는데, 이렇게 보는 이유는 미토콘드리아가 내막 구조와 자체적인 DNA를 갖고 있기 때문이다. 실제로 미토콘드리아는 세균이 진화한 것이 거의 확실하다. 이 세균은 수십억 년 전에 동식물 세포의 조상의 몸속에서 공생하다가 훗날 독립적으로 살아갈 능력을 잃은 것이다. 그러나 미토콘드리아의 조상인 독립생활을 하는 세균 세

● 2장에서 나왔듯이 세포소기관은 세포의 '기관', 즉 호흡 같은 특별한 기능을 수행하는 내부 구조다.

포는 왜 미토콘드리아가 호흡이라는 유별나게 복잡한 과정을 수행하는 게 가능한지 설명해줄 수 있을 것이다. 사실 화학적 복잡성이라는 면에서 볼 때, 호흡은 다음 장에서 만날 광합성에 버금가는 복잡한 과정이다.

호흡에서 양자역학이 하는 역할에만 집중하기 위해서는 호흡의 작용 방식을 단순화할 필요가 있을 것이다. 그러나 단순화하더라도 호흡은 생물학적 나노 기계의 경이로움을 아름답게 전달하는 놀라운 과정의 연속이다. 호흡은 탄소 기반 연료의 연소에서 시작된다. 우리의 경우는 음식물을 통해 섭취하는 양분이 이런 연료가 된다. 이를테면 탄수화물은 우리 장에서 포도당 같은 당으로 분해된 다음, 혈관을 통해서 에너지를 필요로 하는 세포로 전달된다. 이 당이라는 연료를 태우기 위해 필요한 산소는 폐에서부터 혈관을 타고 같은 세포로 전달된다. 석탄을 태울 때와 마찬가지로, 탄소 원자의 바깥 궤도에 있는 전자들이 NADH라는 다른 분자에 전달된다. 그러나 호흡에서는 전자가 산소 원자와 곧장 결합하는 것이 아니라, 우리 세포 안에 있는 효소의 호흡 연쇄respiratory chain를 따라 한 효소에서 다음 효소로 전달되는데, 그 모양은 마치 주자들이 바통을 전달하면서 달리는 계주와 비슷하다. 각 단계를 지날 때마다 전자는 에너지 준위가 점점 낮아지고, 그 차이에 해당되는 에너지는 미토콘드리아에서 양성자를 퍼내는 효소의 동력으로 이용된다. 그 결과 미토콘드리아의 내부와 외부 사이에는 양성자 기울기가 형성되고, 이 양성자 기울기는 ATP 효소 ATPase라는 또 다른 효소의 회전에 이용된다. ATP 효소에서 만들어지는 ATP라는 생체분자는 모든 생체 세포에서 일종의 에너지 배터리로 작용하는 매우 중요한 물질로, 이동이나 생체 형성처럼 에너지가 필요한 여러 활동에 손쉽게 에너지를 전달할 수 있다.

전자를 동력으로 양성자를 퍼내는 효소들의 작용은 높은 곳으로 물을 끌어올려 여분의 에너지를 저장하는 수력발전 펌프의 작용과 엇비슷하다. 그러면 저장된 에너지가 비탈을 따라 물을 흘려보내는 방식으로 방출됨으로써 발전기의 터빈을 돌릴 수 있다. 이와 마찬가지로, 미토콘드리아의 호흡 효소는 양성자를 퍼내는 양성자 펌프로 작용한다. 이렇게 퍼낸 양성자들이 다시 미토콘드리아 안으로 들어올 때, 이 양성자들을 동력으로 발전기의 터빈에 해당되는 ATP 효소가 돌아간다. ATP 효소의 회전은 또 다른 정교한 분자운동을 일으키는데, 바로 ADP라는 분자에 고에너지 인산기를 결합시켜 ATP를 만드는 과정이다.

이 에너지 포획 과정을 바통 대신 물병을 전달하는 계주라고 상상해볼 수도 있다. 물병(물은 전자의 에너지를 나타낸다)을 넘겨받은 각각의 주자(효소)는 물을 한 모금씩 마신 다음 물병을 전달하고, 마지막에 남은 물은 산소라는 양동이에 붓는 것이다. 이렇게 전자의 에너지를 작은 덩어리로 나눠 포획하는 방식은 산소에 에너지를 곧바로 쏟아붓는 것에 비해 전체 과정을 훨씬 더 효율적으로 만들어서, 열로 손실되는 에너지가 매우 적어진다.

따라서 호흡의 핵심적인 과정은 숨쉬기와는 별로 관계가 없다. 호흡은 세포 내의 호흡 효소들을 통해서 전자를 차근차근 전달하는 과정이다. 전자가 전달될 때, 한 효소에서 다음 효소 사이의 간격은 원자 몇 개의 길이와 같은 수십 옹스트롬이다. 이 간격은 일반적으로 전자가 뛰어넘을 수 있다고 생각하는 것보다 훨씬 멀다. 호흡의 불가사의는 이렇게 넓은 분자 간격을 넘어서 그렇게 빠르고 효과적으로 전자를 전달할 수 있는 방식이었다.

이에 관한 의문은 헝가리계 미국인 생화학자인 얼베르트 센트죄르지가 1940년대 초반에 처음으로 제기했다. 비타민 C의 발견으로 1937년 노벨 의학상을 수상한 센트죄르지는 1941년에 "새로운 생화학을 향하여Towards a New Biochemistry"라는 제목의 강연에서, 생체분자에서 전자가 쉽게 이동하는 방식이 전자제품에 쓰이는 실리콘 결정 같은 반도체 물질 속에서 전자가 이동하는 방식과 유사할 것이라고 제안했다. 안타깝게도 불과 몇 년 뒤에 단백질의 전기 전도성이 매우 낮다는 것이 밝혀졌다. 따라서 전자는 센트죄르지가 예상한 방법처럼 효소를 통해 쉽게 흐르지는 않을 것이라는 사실이 알려지게 되었다.

화학에서 중대한 발전은 1950년대에 이루어졌다. 특히 캐나다의 화학자인 루돌프 마커스가 발전시킨 강력한 학설은 오늘날 그의 이름을 따서 불리는데(마커스 학설), 이 학설은 전자가 다른 원자나 분자 사이에서 움직이거나 뛰어넘을 수 있는 비율을 설명한다. 마커스 역시 마침내 이 연구로 1992년에 노벨 화학상을 수상했다.

그러나 반세기 전에는, 특별히 호흡 효소가 비교적 거리가 먼 분자 사이에서 전자를 어떻게 이토록 빠르게 전달할 수 있는지에 관한 문제가 수수께끼로 남아 있었다. 어쩌면 태엽 장치가 달린 기계처럼 차례로 회전하는 단백질이 분자 사이의 거리를 서로 가까워지게 만들어서 전자가 쉽게 뛰어넘을 수 있는 것일지도 모른다는 제안이 나오기도 했다. 이 모형은 중요한 예측을 하나 내놓았다. 온도가 낮아지면 태엽운동을 일으키는 열에너지가 감소하므로 이 메커니즘이 크게 느려진다는 것이었다. 그러나 1966년에 양자생물학 최초의 진정한 돌파구 하나가 펜실베이니아 대학의 돈 디보와 브리턴 챈스가 수행한 실

생명의 엔진

험에서 니오게 되었다. 이 실험에서는 호흡 효소에서 전자의 도약 속도가 모두의 예상과 달리 낮은 온도에서 느려지지 않는다는 것이 밝혀졌다.[7]

돈 디보는 1915년 미시간에서 태어났지만, 대공황 때 가족과 함께 서부로 이주했다. 그는 칼테크와 캘리포니아 대학 버클리 캠퍼스에서 수학했고, 1940년에 화학 박사학위를 받았다. 그는 인권운동에도 참여했고, 제2차 세계대전 기간에는 양심적 병역 거부로 투옥되기도 했다. 1958년에는 남부에서 인종차별 철폐와 통합을 위한 투쟁에 직접 참여하기 위해서 캘리포니아 대학의 화학 교수직을 사임하고 조지아로 이주하기도 했다. 그는 확고한 신념으로 대의를 위해 헌신하고 비폭력적인 저항을 고수하면서 흑인 활동가들과 함께 행진하다가 물리적 위험에 노출되기도 했다. 한번은 여러 인종이 섞여 있는 시위대에 함께 있다가 군중의 공격을 받고 턱뼈가 부러지기도 했다. 그러나 그는 물러서지 않았다.

1963년, 디보는 브리턴 챈스와 공동 연구를 하기 위해 펜실베이니아 대학에 갔다. 챈스는 디보보다 나이가 두 살 위로 이미 자기 분야에서 선구적인 과학자로서 세계적인 명성을 얻고 있었다. 챈스는 물리화학과 생물학에서 두 개의 박사학위를 갖고 있었다. 따라서 그는 전문 '분야'가 대단히 넓었고, 다양한 연구에 관심이 있었다. 그는 주로 효소의 구조와 기능을 연구했지만, 1952년에는 올림픽 요트 종목에 미국 대표로 출전해서 금메달을 따기도 했다.

브리턴 챈스는 빛이 호흡 효소인 시토크롬cytochrome에서 산소까지 전자의 전달을 일으킬 수 있게 하는 메커니즘에 흥미를 느꼈다. 챈스는 니시무라 미쓰오와 함께, 크로마티움 비노숨Chromatium vinosum이라는 세균에서는 액체 질소의 온도인 −190℃라는 낮은 온도까지 냉각시켜도 이런 전달이 일어난다는 것을 밝혔다.● 이 과정이 온도 변화에 따라 달라지는 방식은 이와 연관된 분자 메커니즘을 밝힐 단서를 제공할지도 모르지만, 아직 밝혀지지 않고 있었다. 챈스는 아주 빠르고 간단하지만 격렬하게 반응을 시작시키기 위해서 섬광이 필요하다는 사실을 깨달았다. 이에 관해서는 돈 디보가 전문가였다. 디보는 이에 적합한 짧은 빛의 펄스를 일으킬 수 있는 레이저를 개발하는 작은 회사를 위해 몇 년 동안 전기 자문 역을 한 적이 있었다.

챈스는 디보와 함께, 호흡 효소가 가득 들어 있는 세균 세포에 밝은 붉은빛이 나오는 루비 레이저를 단 30나노초(0.00000003초) 동안만 쬐이는 실험을 설계했다. 이들이 발견한 바에 따르면, 온도를 낮출수록 전자 전달 속도가 느려져 약 100K(−173℃)에서는 실온일 때에 비해 전자 전달 반응 시간이 약 1000배 더 느려졌다. 전자 전달 과정이 기본적으로 가해지는 열에너지의 양에 의해 일어난다면, 여기까지는 예측할 만한 결과였다. 그러나 온도가 100K 이하로 내려가자, 뭔가 기이한 일이 벌어졌다. 온도를 계속 낮춰도 전자 전달 속도가 더 느려지지 않고 일정한 상태를 유지했는데, 이 상태는 절대 0도보다 35도 높은 온도(−238℃)에 다다를 때까지 지속되었다. 이 결과가 암시하는 바는 전자 전달 메커니즘이 앞서 설명한 '고전적인' 전자 이동에 의해서만 일어날 수는 없다는 것이다. 해답은 양자세계, 그중에서도 1장에서 만났던 양자 터널링이라는 기이한 과정에 있는 것처럼 보인다.

● 대부분의 과학자가 이용하는 온도의 단위는 켈빈온도(K)다. 온도 1K의 변화는 1℃의 변화에 해당된다. 켈빈온도는 절대 0도라고 불리는 −273℃에서 시작한다. 그래서 인간의 체온을 켈빈온도로 나타내면, 310K가 된다.

생명의 엔진

양자 터널링

—

1장에서 나왔던 양자 터널링이라는 기이한 양자적 과정을 기억할 것이다. 양자 터널링을 통해서 입자는 마치 담을 넘어가듯이 쉽게 통과할 수 없는 장벽을 지나갈 수 있다. 양자 터널링은 1926년 독일의 물리학자인 프리드리히 훈트가 처음 발견했으며, 곧바로 조지 가모와 로널드 거니와 에드워드 콘던의 방사성 붕괴 개념을 성공적으로 설명하는 데 이용되었다. 양자 터널링은 양자물리학의 중요한 특징이 되었지만, 나중에는 물질과학과 화학에 더 폭넓게 적용되는 현상으로 인정받았다. 앞서 우리가 확인했듯이, 양자 터널링은 지구상의 생명을 위해서도 중요한 과정이다. 태양 내부에서 수소를 헬륨으로 전환하는 첫 단계인 양전하를 띠는 수소 원자핵 쌍들의 융합을 일으켜서 태양이 막대한 에너지를 방출할 수 있게 해주기 때문이다. 그러나 최근까지도, 양자 터널링이 생체에서 일어나는 과정과도 연관이 있으리라고는 생각하지 못했다.

양자 터널링은 상식적으로는 불가능한 방법을 통해 장벽의 이쪽에서 저쪽으로 입자가 통과할 수 있는 수단이라고 생각할 수 있다. 여기서 의미하는 '장벽'은 공상과학 소설에 나오는 역장力場처럼 (충분한 에너지가 없으면) 물리적으로 통과할 수 없는 공간적 영역을 말한다. 이 영역은 전도체를 양쪽으로 분리하는 좁은 절연 물질로 구성되어 있을 수도 있고, 호흡 연쇄에서 두 효소 사이의 공간처럼 아무것도 없을 수도 있다. 또한 앞에서 설명했던 화학반응의 속도를 제한하는 일종의 에너지 언덕일 수도 있다(그림 3.1). 공을 발로 차서 작은 언덕으로 올려 보내는 경우를 생각해보자. 공이 언덕 꼭대기까지 올라가서 다른 쪽 비탈로 내려가게 하려면 공을 힘껏 차올려야 할 것이다. 공은 언덕을 올라가는 동안 속도가 점점 느려질 것이고, 충분한 에너지가 없으면(충분히 힘껏 차지 않았다면) 다시 올라갔던 방향으로 굴러 내려올 것이다. 고전적인 뉴턴 역학의 모형에 따르면, 공이 장벽을 넘을 수 있는 방법은 에너지 언덕에 오르기 위한 충분한 에너지를 갖는 것뿐이다. 그러나 만약 이 공이 전자이고 언덕이 에너지 장벽이라고 하면, 전자가 파동 형태로 장벽을 통과할 작은 가능성이 있다. 간단히 말해서, 더 효과적인 다른 대안이 있는 것이다. 이것이 양자 터널링이다(그림 3.5).

양자역학의 중요한 특징은 입자가 가벼울수록 터널링이 일어나기가 더 쉽다는 점이다. 당연하다. 그래서 양자 터널링이 아원자 세계에서 아주 흔히 일어나는 현상이라는 게 일단 이해되기 시작하자, 전자의 터널링이 가장 많이 발견되었다. 전자는 매우 가벼운 기본 입자이기 때문이었다. 1920년대 후반에는 금속에서 일어나는 전자의 전계 방출field emission이 터널링 효과로 설명되었다. 또한 우라늄 같은 특정 원자의 핵이 입자를 방출할 때, 방사성 붕괴가 어떻게 일어나는지도 양자 터널링으로 설명되었다. 이로써 양자역학이 처음으로 핵물리학

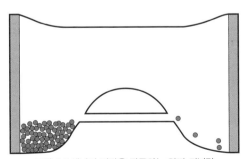

그림 3.5 에너지 경관을 관통하는 양자 터널링

생명의 엔진

문제에 성공적으로 적용되었다. 오늘날에는 화학에서 전자와 양성자(수소 원자핵)뿐 아니라, 더 무거운 원자들의 양자 터널링까지도 잘 알려져 있다.

양자 터널링의 결정적 특징은 다른 여러 양자 현상과 마찬가지로 파동처럼 퍼지는 물질 입자의 성질에 의해 결정된다. 그러나 수많은 양자 입자로 구성된 물체가 터널링을 하려면, 그 물체를 구성하고 있는 모든 입자의 파동이 일사불란하게 행진하듯이 골과 마루가 정확히 일치하면서 진행돼야 한다. 다시 말해서 우리가 결맞은 계 또는 간단히 '조화롭다in tune'고 부르는 상태가 되어야 한다. 결어긋남은 뭔가에 의해 양자 파동의 대부분이 서로 조화를 이루는 상태를 빠르게 벗어나면서 전체적인 결맞음 상태가 사라지는 과정을 말한다. 그래서 결어긋남은 물체의 양자 터널링 능력을 파괴한다. 입자가 양자 터널링을 하려면, 장벽을 침투하기 위한 파동성이 남아 있어야만 한다. 이런 이유에서 축구공 같은 큰 물체는 양자 터널링을 하지 않는 것이다. 수조 개의 원자로 구성된 축구공 같은 물체가 일사불란하게 움직이는 파동처럼 행동할 수는 없기 때문이다.

양자적 기준에 의하면, 살아 있는 세포도 큰 물체다. 따라서 언뜻 생각하기에는, 대부분의 원자와 분자가 아무렇게나 움직이고 있는 따뜻하고 축축한 생체 세포 내에서는 양자 터널링이 일어날 것 같지 않아 보인다. 그러나 우리가 알아낸 것처럼, 효소의 내부는 다르다. 효소를 구성하는 입자들의 움직임은 무질서한 난동이라기보다는 잘 짜인 안무에 가깝다. 그러니 이제 이 안무가 생명에 어떤 차이를 안겨줄 수 있는지를 알아보도록 하자.

생체에서 일어나는 전자의 양자 터널링

—

디보와 챈스의 1966년 실험에서 밝혀진 뜻밖의 온도 관련 특성이 완전히 설명되기까지는 몇 년의 시간이 걸렸다. 분자생물학에서 물리학, 컴퓨터 과학에 이르는 다양한 분야에 걸쳐 연구하던 미국인 과학자인 존 호필드는 컴퓨터를 이용한 신경망 개발에 관한 연구로 잘 알려져 있지만, 생물학과 연관된 물리적 과정에 관심이 매우 많았다. 호필드는 1974년에 발표한 「열로 활성화된 터널링에 의한 생체분자 사이의 전자 전달Electron transfer between biological molecules by thermally activated tunneling」[8]이라는 제목의 논문에서 디보와 챈스의 실험 결과를 설명하는 이론적 모형을 개발했다. 호필드의 지적에 따르면, 높은 온도에서는 전자가 터널링 없이 장벽을 뛰어넘을 정도로 분자의 진동에너지가 충분할 것이다. 온도가 감소하면 효소 반응을 일으킬 정도의 충분한 진동에너지가 없어야 했다. 그런데 디보와 챈스가 낮은 온도에서도 반응이 진행된다는 사실을 발견한 것이다. 그래서 호필드는 이런 낮은 온도에서 에너지 비탈의 중간까지만 올라간 전자는 바닥에 있을 때보다 에너지 비탈을 관통하기 위한 거리가 짧아져서 장벽을 통한 양자 터널링이 일어날 기회가 강화될 것이라고 제안했다. 그리고 그는 옳았다. 디보와 챈스의 발견처럼, 터널링을 매개로 한 전자의 전달은 매우 낮은 온도에서도 일어난다.

이제는 호흡 연쇄에서 전자가 양자 터널링을 통해 이동한다는 것을 의심하는 과학자는 거의 없다. 양자생물학 영역에서 호흡 연쇄는 동물과 (광합성을 하지 않는) 미생물 세포의 가장 중요한 에너지 활용 반응으로 확고하게 자리매김을 했다(같은 위치에 있는 광합성에 관해서는 다음 장에서 다룰 것이다). 그러나 전자는 양자세계의 기준에서도 매우 가벼우며 '파동처럼' 행동할 수밖에 없다. 따라서 전자가 작은 고전적인 입자처럼 움직이면서 튀어오른다고 생각해서는 안 된다. 그런데도 많은 생화학 교재에서는 여전히 '태양계' 원자 모형을 이용하는 방식으로 전자를 다룬다. 원자 속 전자에 대한 훨씬 적절한 묘사는 작은 핵 주위에 넓게 펴져 있는 '전자의electronness' 파동 구름, 우리가 1장에서 설명했던 '확률 구름'이다. 그러므로 1장에서 설명했듯이, 소리의 파동이 벽을 통과하는 것처럼 전자의 파동이 에너지 장벽을 통과할 수 있다는 것은 생물학적 계라고 해도 그리 놀라운 일은 아닐 것이다.

그렇지만 더 큰 입자는 어떨까? 양성자 또는 원자 전체가 생물학적 계에서 터널링을 일으킬 수 있을까? 얼핏 생각하면 그럴 수 없을 것 같다. 양성자만 해도 전자에 비해 2000배나 무겁고, 양자 터널링은 터널링하는 입자의 무게에 대단히 민감하다고 알려져 있다. 작고 가벼운 입자는 양자 터널링이 쉽게 일어나는 반면, 무거운 입자는 아주 짧은 거리가 아니라면 터널링이 일어나기가 쉽지 않다. 그러나 최근의 놀라운 실험들은 이처럼 비교적 무거운 입자들도 효소 반응에서 양자 터널링을 일으킬 수 있다는 것을 암시하는 결과를 내놓고 있다.

양성자의 이동

전자의 전달을 일으키는 것과 함께, 콜라겐 사슬의 절단을 촉진하기 위해 양성자를 이동시키는 것이 콜라게나아제 효소(그림 3.4)의 중요한 작용임을 기억할 것이다. 앞서 언급했듯이, 이런 종류의 반응은 효소가 가장 흔히 수행하는 입자 조작법 중 하나다. 모든 효소 반응의 약 3분의 1은 수소 원자를 이곳에서 저곳으로 이동시키는 것과 관련 있다. 여기서 주목할 것은 '수소 원자'에 여러 의미가 있다는 점이다. 먼저, 전자 하나와 원자핵(양성자) 하나로 이루어진 중성 수소 원자(H)일 수 있다. 전자 없이 하나의 양성자, 즉 원자핵만 가지고 있어서 양전하를 띠는 수소 이온(H$^+$)일 수도 있고, 또는 전자를 하나 더 가지고 있어서 음전하를 띠는 수소 이온(H$^-$)일 수도 있다.

고전 과학에 대한 자부심이 강한 화학자나 생화학자라면, 분자의 내부와 그 둘레에서 움직이고 있는 수소 원자(그러니까 양성자)가 반드시 어떤 양자 효과를 암시하는 것은 아니라거나 터널링 같은 양자 세계의 더 기이한 과정에 노골적으로 호소할 필요는 전혀 없다고 말할 것이다. 사실 생명이 작동하는 온도에서 일어나는 대부분의 화학반응에서, 양성자는 주로 비양자적인 열 도약thermal hopping을 통해 한 원자에서 다른 원자로 이동한다. 그러나 양성자 터널링과 연관된 일부 화학반응은 디보와 챈스가 전자 터널링에서 증명했듯이 온도와 비교적 무관한 것으로 확인될 수 있다.

생명은 (양자세계의 기준에서 볼 때) 고온에서 작동한다. 따라서 생화학 역사 대부분의 기간에, 과학자들은 효소에서 양성자 이동을 매개하는 메커니즘이 에너지 장벽을 완전히 뛰어넘는 (비양자적) 과정일 것이라고 생각했다.● 그러나 이 생각은 1989년에 주디스 클린먼과 버클리 대학 연구팀이 효소 반응에서 양성자 터널링의 직접적 증거를 최

● 그렇다면 태양 내부에서 일어나는 핵융합의 설명에는 왜 양자 터널링이 필요한지 궁금할 것이다. 비록 엄청난 고온 고압 상태이기는 하지만, 태양의 내부는 두 양성자의 융합을 방해하는 전기적 척력을 극복하기에 충분하지 않다. 그래서 양자 메커니즘의 도움이 필요하다.

조로 내놓으면시 비꿔었다.[9] 생화학자인 클린먼은 생명체의 분자 기계에서 양성자 터널링의 중요성을 오랫동안 주장해왔다. 사실 그녀는 여기서 더 나아가, 양성자 터널링이 생물학 전체에서 가장 중요하고 가장 널리 일어나는 메커니즘이라고 주장하기도 했다. 클린먼의 연구 주제는 효모에 있는 알코올 탈수소효소alcohol dehydrogenase(ADH)라는 특별한 효소였다. 이 효소의 역할은 알코올 분자에서 NAD^+라는 작은 분자로 양성자를 전달해서 NADH(니코틴아미드 아데닌 디뉴클레오티드nicotinamide adenine dinucleotide, 이 물질에 관해서는 세포의 기본적인 전자 전달을 다룰 다음 장에서 다시 만나게 될 것이다)를 형성하는 것이다. 클린먼의 연구팀은 동적 동위원소 효과kinetic isotope effect라는 기발한 기술을 이용해서 양성자 터널링의 존재를 확인할 수 있었다. 화학에서는 잘 알려져 있는 이 발상은 양자생물학에 대한 중요한 증거 중 하나이면서 이 책에서 앞으로 몇 번 더 등장할 것이기 때문에 자세히 짚고 넘어갈 만하다.

동적 동위원소 효과

—

자전거를 타고 가파른 언덕을 올라가는 동안 걸어가는 사람에게 추월 당해본 적이 있는가? 자전거는 평지에서는 뛰어가고 있는 사람도 거뜬히 앞지를 수 있지만, 언덕을 오를 때에는 대단히 비효율적이다. 이유가 무엇일까?

안장에서 내려 자전거를 끌고 평지를 걷거나 언덕을 오른다고 상상해보자. 그러면 문제점이 분명하게 드러난다. 언덕에서는 자전거를 밀면서 몸을 앞으로 기울여야 한다. 평평한 길을 따라서 수평적으로 움직일 때에는 별로 상관없던 자전거의 무게가 언덕을 오르려 할 때에는 느껴질 것이다. 지구의 중력이 잡아당기는 힘을 거스르면서 자전거를 수 미터 높이까지 끌어올려야 하기 때문이다. 그래서 경주용 자전거를 제작할 때에는 경량화가 대단히 중요하다. 확실히 물체의 무게는 그 물체의 이동 용이성에 큰 영향을 미친다. 그러나 자전거의 경우는 어떤 운동을 하는지에 따라서 용이성이 결정된다.

이제 A와 B라고 불리는 두 마을 사이의 지형이 평탄한지 언덕이 많은지를 알아보려는데 두 마을 사이를 직접 돌아다닐 수는 없다고 해보자. 그런데 두 마을 사이에 우편 서비스가 있는데, 집배원 중에는 무거운 자전거를 타는 사람도 있고 가벼운 자전거를 타는 사람도 있다는 것을 알게 된다면, 한 가지 묘책이 있다. 두 마을 사이의 지형이 평탄한지 언덕이 많은지를 알아내기 위해서는 두 마을 사이에 똑같은 소포 꾸러미들을 부치기만 하면 된다. 꾸러미의 절반은 가벼운 자전거를 타는 집배원을 통해 보내고, 나머지 절반은 무거운 자전거를 타는 집배원을 통해 보내는 것이다. 만약 두 소포가 도착하는 데 걸리는 시간이 비슷하다면, 두 마을 사이의 지형이 꽤 평탄할 것이라는 결론을 내릴 수 있다. 그러나 만약 무거운 자전거에 실린 소포의 배달이 훨씬 오래 걸린다면, A와 B 사이에 언덕이 많을 것이라고 생각할 수 있다. 결국 자전거를 타는 집배원이 미지의 지형을 탐사하는 장치로 작용한 것이다.

각 원소의 원자들도 자전거처럼 무게가 다르다. 수소를 예로 들어보자. 수소는 가장 간단한 원자이자 우리가 여기에서 가장 관심을 갖는 원소이기도 하다. 원소의 종류는 원자핵 속에 들어 있는 양성자

생명의 엔진

의 수로 결정된다(원자핵 주위에는 같은 수의 전자가 있다). 수소는 원자핵 속에 양성자가 한 개 있고, 헬륨은 두 개, 리튬은 세 개, 이런 식으로 증가한다. 그러나 원자핵 속에는 중성자라는 다른 종류의 입자도 있다. 중성자는 1장에서 설명한 태양 내부에서 일어나는 핵융합에서도 등장했던 입자다. 핵에 중성자가 추가되면, 원자가 더 무거워지고 물리적 특성도 함께 변한다. 특정 원소에서 중성자의 수가 다른 원자를 동위원소$_{isotope}$라고 부른다. 정상적인 수소 동위원소는 양성자 한 개와 전자 한 개로 구성된 가장 가벼운 원소다. 이것이 가장 일반적인 수소의 형태다. 이외에 더 드물고 더 무거운 두 종류의 동위원소가 또 있다. 핵에 중성자가 한 개 더 있는 중수소$_{deuterium(D)}$와 중성자가 두 개 더 있는 삼중수소$_{tritium(T)}$다.

그렇다면 이 모든 것은 동적 동위원소 효과와 무슨 연관이 있을까? 원소의 화학적 특성은 주로 원자를 구성하는 전자의 수에 의해 결정되므로, 중성자의 수가 다른 동위원소들은 완전히 동일하지는 않아도 매우 비슷한 화학적 특성을 갖추고 있을 것이다. 동적 동위원소 효과는 가벼운 원소에서 무거운 원소로 바뀌는 동위원소 변화에 화학반응이 얼마나 민감한지에 관한 측정과 연관 있으며, 무거운 동위원소와 가벼운 동위원소에서 관측된 반응 속도의 비율로 정의된다. 가령 물과 관련된 반응이라면, H_2O 분자에서 수소 대신 더 무거운 동위원소인 중수소나 삼중수소를 써서 D_2O나 T_2O로 바꾸는 것이다. 자전거를 타는 집배원처럼, 이 반응은 반응물에서 생성물로 바뀌는 경로의 상태에 따라 원자량의 변화에 민감할 수도 있고 그렇지 않을 수도 있다.

의미 있는 동적 동위원소 효과를 일으킬 수 있는 메커니즘이 몇 가지 있는데, 양자 터널링도 그중 하나다. 양자 터널링도 자전거 타기와 마찬가지로 터널을 통과하는 입자의 질량에 극도로 민감하다. 입자는 질량이 증가하면 파동성이 약해져서 에너지 장벽을 통과하기가 더 어려워진다. 그러므로 원자량이 두 배가 되면, 이를테면 일반적인 수소 원자에서 중수소로 바뀌면, 양자 터널링 확률이 크게 떨어지는 원인이 된다.

따라서 큰 동적 동위원소 효과의 발견은 반응 메커니즘, 다시 말해서 반응물과 생성물 사이의 경로가 양자 터널링과 연관 있다는 증거가 될 수도 있다. 그러나 이 효과가 (양자 터널링이 아닌) 고전 화학의 성질에서 기인했을 수도 있으므로 단정적으로 말하긴 어렵다. 그래도 만약 양자 터널링과 연관 있다면, 그 반응은 온도에 대해서도 기이한 반응을 보일 것이다. 디보와 챈스가 전자의 터널링을 통해서 증명했듯이, 낮은 온도에서도 반응 속도의 차이가 별로 없어야 한다는 것이다. 클린먼과 그녀의 연구팀은 ADH 효소에서 정확히 이런 현상을 발견했으며, 그 결과는 양자 터널링이 반응 메커니즘과 연관 있다는 강력한 증거를 제공했다.

클린먼의 연구진은 생명이 작동하는 온도에서 일어나는 여러 효소 반응에서 양성자 터널링이 흔히 일어난다는 증거를 계속해서 축적해나갔다. 맨체스터 대학의 나이절 스크러턴의 연구팀 같은 여러 연구팀에서 다른 효소를 이용해 비슷한 실험을 수행했고, 양자 터널링을 강하게 암시하는 동적 동위원소 효과를 증명했다.[10] 그러나 효소가 양자 터널링을 일으키기 위한 양자 결맞음을 유지하는 방법은 논란의 여지가 매우 많은 주제다. 효소는 반응이 일어나는 동안 정지해 있는 것이 아니라 끊임없이 진동한다. 이를테면 콜라게나아제의 턱은 콜라센 결합을 끊을 때마다 열렸다 닫힌다. 이런 운동은 대수롭지 않은 수부적인 현상이거나 기질을 포획해서 반응하는 원자들을 정확하게 배열하는 것과 연관이 있다고 여겨졌다. 그러나 이제 양자생물학 연구자들은 이런 진동이 이른바 '작동 운동driving motion'이라고 주장한다. 그들이 주장하는 이 운동의 기본 기능은 원자와 분자들을 충분히 가까운 거리에 배치해서 구성 입자들(전자와 양성자)이 양자 터널링을 할 수 있게 해주는 것이다.[11] 양자생물학에서 가장 흥미롭고 가장 빠르게 변화하는 분야 중 하나인 이 주제에 관해서는 이 책의 마지막 장에서 다시 살펴볼 것이다.

그렇다면 이것이 양자생물학에서 양자를 형성할까?

—

효소는 현재 살아 있거나 과거에 살았던 모든 세포의 내부에서 생체 분자를 만들고 분해해왔다. 효소는 중요한 생명의 요소에 그 어떤 것보다 근접해 있다. 따라서 일부 효소, 어쩌면 모든 효소가 공간의 한 지점에서 다른 지점으로 물질을 순간 이동시키는 작용에 의해 작동한다는 발견은 생명의 신비에 대해 우리에게 완전히 새로운 시각을 제공한다. 우리에게는 아직 효소와 관련해서 풀리지 않은 문제가 많이 남아 있다. 단백질 운동의 역할과 같은 이런 문제들은 앞으로 더 잘 이해해야 하지만, 효소가 작동하는 과정에서 양자 터널링이 중요한 역할을 하고 있다는 점에는 의심의 여지가 없다.

그렇다고 해도, 클린먼과 스크러턴 그리고 그 외 다른 과학자의 발견을 받아들이면서도 생물학에서 양자 효과의 역할이 증기기관차의 작동에서 양자 효과의 역할이나 마찬가지라고 주장하는 많은 과학자의 비판에 대해서는 고민을 해야만 한다. 양자 효과는 언제나 그 자리에 있었지만, 생명체나 증기기관차라는 계의 작동 방식을 이해하는데에는 대체로 아무 영향을 끼치지 않는다는 것이다. 그들의 주장은 때때로 효소가 터널링 같은 양자 현상을 장점으로 얻기 위해서 진화했는지 여부와 관련된 논쟁으로 이어지기도 한다. 비판론자들의 주장은 대부분의 생화학 반응이 원자 수준까지 드러난 상황이므로 생물학적 과정에서 양자 현상의 출현은 불가피하다는 것이다. 그들의 주장이 어느 정도는 옳다. 양자 터널링은 마술이 아니다. 우주가 처음 탄생한 순간부터 존재했던 현상이며, 생명이 '발명해낸' 묘수가 아닌 것은 분명하다. 그래도 우리는 생체 세포의 내부라는 뜨겁고 축축하고 분주한 환경에서는 양자 현상이 효소의 작용에 등장하는 게 불가피함과는 거리가 멀다고 주장해왔다.

생체 세포는 유난스레 복잡한 장소라는 것을 기억하자. 세포에는 끊임없이 뒤섞이고 요동치는 복잡한 분자가 가득하다. 이 분자들의 운동은 우리가 앞 장에서 알아봤던 언덕을 오르는 증기기관차의 운동을 책임지는 당구공 같은 분자의 운동과 비슷하다. 이렇게 사방으로 흩어지는 무작위 운동은 정교한 양자 결맞음을 방해해서 우리에게 '정상적'인 일상세계를 보여준다. 요란한 분자운동 속에서는 양자 결맞음이 살아남기 어려울 것이다. 따라서 분자의 격랑이 몰아치는 바다인 생체 세포 안에서 터널링 같은 양자 효과가 지속된다는 것은 대단히 놀라운 발견이다. 어쨌든 불과 10여 년 전까지만 해도 대부분의 과학자는 터널링과 다른 정교한 양자 현상이 생물학에서 일어날 수 있으리라는 생각 자체를 묵살해왔다. 양자 현상이 이런 장소에서 발견된다는 사실은 생명이 세포를 작동시키기 위해 양자세계가 제공하는 장점을 획득하기 위한 특별한 수단을 강구했다는 것을 암시한다. 그 수단은 어떤 것일까? 생명은 양자 현상의 원흉인 결어긋남을 어떻게 방지할까? 양자생물학에서 가장 큰 불가사의 중 하나인 이 수수께끼가 이제 서서히 풀리고 있으며, 이에 관해서는 마지막 장에서 살펴볼 것이다.

그러나 계속 나아가기에 앞서, 사라져가는 올챙이 꼬리 속의 콜라게나아제 효소 활성 부위에 있던 나노잠수함으로 되돌아가야 한다. 우리는 효소의 턱이 다시 열리면서 잘린 콜라겐 사슬이 떨어져나올 때 (함께) 활성 부위를 잽싸게 빠져나와서, 조개 모양의 효소가 콜라겐 사슬의 다음 펩티드 결합을 잘라낼 준비를 하기 전에 그곳을 벗어나야 한다. 그다음에는 올챙이 몸의 나머지 부분을 슬슬 돌아다니면서 몇 가지 다른 효소의 활동을 잠시 관찰한다. 이 효소들 역시 생명에 매우 중요하다. 우리는 줄어들고 있는 꼬리에서 발달하고 있는 뒷다리 쪽으로 이동하는 세포들을 따라가면서, 성체 개구리의 몸을 지탱할 새로운 콜라겐 섬유가 마치 새로 놓이는 철길처럼 형성되고 있는 모습을 관찰한다. 이 새로운 콜라겐 섬유를 만드는 효소는 콜라게나아제에 의해 분해된 아미노산 구성 단위를 포획하고 결합시켜서 새로운 콜라겐 섬유를 만든다. 우리에게는 이 효소들의 내부로 들어가볼 시간이 없지만, 이 효소들의 활성 부위에서도 콜라게나아제의 내부에서 봤던 것처럼 잘 짜인 안무를 이번에는 거꾸로 추고 있을 것이다. 지질, DNA, 아미노산, 단백질, 당을 비롯해 생명을 이루는 모든 생체분자는 다양한 효소에 의해 만들어지고 분해된다. 또한 성장하고 있는 개구리에서 일어나는 모든 작용을 중재하는 역할 역시 효소의 소임이다. 이를테면 개구리가 파리를 보고 있을 때, 개구리의 눈에서 뇌로 이 신호의 전달을 매개하는 것은 신경세포를 가득 채우고 있는 신경전달물질neurotransmitter 효소군이다. 개구리가 혀로 파리를 낚아챌 때에는 근육 세포 속에 많이 들어 있는 미오신myosin이라는 다른 효소가 근육 수축을 일으킨다. 개구리의 위 속에 파리가 들어오면, 온갖 효소가 분비되어 파리의 소화를 촉진시켜서 양분을 배출시킨다. 이렇게 배출된 양분은 개구리에 흡수되고, 다른 효소에 의해 개구리의 조직으로 바뀌거나 미토콘드리아 내의 호흡 효소들을 거쳐서 에너지로 쓰인다.

개구리와 다른 살아 있는 유기체의 모든 생명활동, 우리를 포함한 생명체를 살아 있게 하는 모든 과정은 효소에 의해 촉진된다. 진정한 생명의 엔진인 효소의 비범한 촉매 능력은 잘 짜인 안무처럼 기본 입자의 움직임을 조절하는 기량에서 나오기 때문에, 양자세계의 기이한 법칙을 다룰 수 있어야만 한다.

그러나 양자역학이 생명에 제공하는 장점으로 터널링만 있는 것이 아니다. 다음 장에서는 생물권에서 가장 중요한 화학반응이 양자세계의 다른 재주와 연관이 있다는 것을 알게 될 것이다.

생명의 엔진

4장

양자 맥놀이

—

양자역학의 핵심적 수수께끼 | 양자 측정

광합성의 중심을 향한 여행 | 양자 맥놀이

나무의 실체는 탄소다. 탄소는 어디에서 왔을까? 공기 중의 이산화탄소에서 왔다. 사람들은 나무를 보면서 그것(나무의 실체)이 땅에서 왔다고 생각한다. 식물은 땅에서 자라기 때문이다. 그러나 "그 실체가 어디서 왔는지" 곰곰이 생각해보면…… 나무가 공기 중의…… 이산화탄소와 다른 기체들이 나무 속으로 들어가서 산소를 내보낸다는 것을 알게 된다……. 우리는 (이산화탄소를 구성하는) 산소와 탄소가 매우 단단히 붙어 있다는 것을 알고 있다……. 그런데 나무는 어떻게 그렇게 쉽게 분리할 수 있을까……? 쏟아지는 태양빛이 산소에 부딪혀서 탄소에서 산소를 떼어내고…… 남은 탄소와 물로 나무의 실체를 만드는 것이다! ―리처드 파인먼[1]

MIT로 더 잘 알려져 있는 매사추세츠 공과대학은 세계적인 과학 명문으로 꼽힌다. 1861년에 매사추세츠 케임브리지에 설립된 이 학교는 (2014년 현재) 재직 교수 1000여 명 중에서 아홉 명이 노벨상 수상자다. 졸업생 중에는 우주비행사(NASA의 우주비행사 중 3분의 1이 MIT 졸업생이다), 정치가(대표적인 인물로는 전 UN 사무총장이자 2001년 노벨평화상 수상자인 코피 아난이 있다), 휼렛패커드의 공동 설립자인 윌리엄 레딩턴 휼렛 같은 사업가들이 있으며, 당연히 수많은 과학자도 배출했다. 양자전기역학의 토대를 세우고 노벨상을 수상한 리처드 파인먼도 그중 한 사람이다. 그러나 MIT에서 가장 유명한 터줏대감은 사람이 아니다. 이 학교의 상징인 그레이트돔Great Dome이라는 판테온풍 건물의 그늘 아래 있는 학장의 정원President's Garden에서 자라는 사과나무다. 잉글랜드 왕립 식물원에 있는 사과나무에서 잘라온 이 나무는 아이작 뉴턴 경이 사과의 낙하를 관찰했던 것으로 추정되는 실제 사과나무의 직계 후손이다.

뉴턴이 350년 전 링컨셔에 위치한 어머니 농장의 나무 그늘에서 고심했던 단순하지만 근본적인 문제는 왜 사과는 땅에 떨어지는가였다. 그의 해답은 물리학은 물론, 사실상 모든 과학에 혁명을 가져왔지만 어떤 면에서는 부족하다고 말한다면 무례하게 보일 수 있을 것이다. 그러나 이 유명한 장면에는 뉴턴이 간과했고 그 이후로도 계속 눈에 띄지 않았던 일면이 있다. 사과는 애초에 나무에서 무슨 일을 하고 있었을까? 사과가 땅에 떨어지는 것이 신기했다면, 링컨셔의 공기와 물이 결합해서 나뭇가지에 매달린 구체를 형성하는 것은 얼마나 더 불가사의한 일이었을까? 뉴턴은 왜 지구 중력의 끌어당김 같은 비교적 사소한 문제에만 관심을 갖고, 과일의 형성이라는 대단히 불가해한 수수께끼는 완전히 지나쳐버린 것일까?

아이작 뉴턴이 이 문제에 호기심이 없었던 이유를 설명해줄 수도 있는 한 가지 요인은 17세기의 지배적인 관점에서 찾을 수 있다. 생명체를 포함한 모든 물체의 외적 메커니즘은 물리 법칙을 통해 설명될 수 있어도, (사과가 자라는 방식에 영향을 주는) 물체 특유의 내적 동력인 활력, 즉 엘랑 비탈élan vital은 불경한 수식이 범접할 수 없는 초자연적 원천에서 흘러나온다는 것이다. 그러나 우리는 생물학, 유전학, 생화학, 분자생물학이 어느 정도 발전하자 생기론이 자취를 감췄다는 것을 이미 확인했다. 오늘날 주요 과학자 가운데 생명이 과학의 영역 안에서 설명될 수 있다는 점을 의심하는 사람은 아무도 없다. 그러나 어떤 과학이 가장 잘 설명할 수 있는지에 관해서는 여전히 의문으로 남아 있다. 슈뢰딩거 같은 과학자들이 대안적인 주장을 내놓기도 했지만, 아직도 대부분의 생물학자는 고전적인 법칙만으로 충분하다고 믿는다. 공과 막대로 표현되는 모형처럼 생긴 생화학 분자에 뉴턴 역학이 작용해서 공과 막대처럼 행동한다는 것이다. 슈뢰딩거의 학문적 계승자 중 한 사람인 리처드 파인먼조차 (이 장의 첫머리에 인용된 문장에서) 광합성을 묘사할 때, 마치 빛이 골프 클럽처럼 작용해 이산화탄소 분자에서 산소라는 골프공을 쳐낼 수 있는 것처럼, 완전히 고전적인 방식으로 "쏟아지는 태양 빛이 산소에 부딪혀서 탄소에서 산소를 떼어낸다"고 묘사했다.

분자생물학과 양자역학은 나란히 발전했지만 협력하지는 않았다. 생물학자들이 물리학 강연에 참석하는 일은 드물었고, 물리학자들은 생물학에 별로 관심을 기울이지 않았다. 그러던 2007년 4월, MIT의 물리학자와 수학자들이 주축이 되어 양자 정보 이론quantum information theory이라는 다소 난해한 영역을 연구하는(회원들이 돌아가면서 과학지에서 찾은 새로운 논문을 소개하는) 모임이 있었는데, 한 회원이 정기 모임에 들고 온 『뉴욕 타임스』에는 식물이 양자컴퓨터quantum computer(이 놀라운 장치에 관해서는 8장에서 더 알아볼 것이다)라고 주장하는 기사가 실려 있었다. 회원들은 웃음을 터뜨렸다. 이 모임의 일원이었던 세스 로이드는 이 "어쭙잖은 양자 이야기"를 처음 들었을 때를 이렇게 회상했다. "우리는 정말 웃기는 이야기라고 생각했어요…… '내 평생 이렇게 이상한 소리는 처음 들어보는군!' 정도의 느낌이랄까."[2] 그들이 이런 반응을 보일 수밖에 없었던 이유는 전 세계에서 가장 뛰어나고 가장 많은 지원을 받는 여러 연구 단체에서 양자컴퓨터를 개발할 방법을 수십 년 동안 찾고 있었기 때문이다. 양자컴퓨터는 오늘날 전 세계의 어떤 컴퓨터보다 더 빠르고 효율적으로 계산을 할 수 있다(기존 컴퓨터가 0 또는 1로 표시되는 정보의 비트bit에 의존하는 반면, 양자컴퓨터는 0과 1을 동시에 허용하므로 모든 계산을 동시에 진행하는 것이 가능한 궁극의 병렬처리 장치다). 그 『뉴욕 타임스』 기사는 보잘것없는 잡초 잎사귀가 양자컴퓨터의 핵심 기술인 일종의 양자 술수를 부릴 수 있다고 주장하고 있었다. 당연히 이 MIT 연구자들은 믿기지 않았다. 만약 이 기사가 맞는다면, 그들은 만들지 못할 수도 있는 양자컴퓨터를 점심식사에 샐러드로 먹을 수는 있었던 셈이다!

이들이 이 어이없는 기사를 보며 웃고 떠드는 사이, 그리 멀지 않은 곳에서는 광자가 초당 30만 킬로미터의 속도로 유서 깊은 내력을 지닌 사과나무를 향해서 돌진하고 있었다.

양자역학의 핵심적 수수께끼

—

광자와 나무가 양자세계와 얼마나 연관 있는지에 관해서는 곧 다시 살펴보기로 하고, 먼저 아름답고 단순한 실험을 하나 소개하려 한다. 이 실험은 양자세계가 정말로 얼마나 기이한지를 잘 보여준다. 우리는 '양자 중첩quantum superposition' 같은 개념의 의미를 설명하는 데 최선을 다하겠지만, 지금 설명하려는 두 개의 슬릿을 이용한 유명한 실험만큼 이 메시지를 확실하게 전하는 것도 없다.

이중 슬릿 실험two-slit experiment은 양자세계에서는 모든 것이 다르다는 사실을 가장 단순하고 명확하게 증명한다. 입자는 공간을 따라 파동처럼 퍼져나갈 수 있고, 파동도 때로는 개개의 입자처럼 행동할 수 있다. 우리는 이런 파동-입자 이중성을 이미 접했다. 이 기이한 특성은 1장에서는 태양의 에너지 생산 방식을 설명하기 위해 필요했고, 3장에서는 전자와 양성자가 파동성을 이용해서 어떻게 효소의 에너지 장벽을 통과하는지를 확인했다. 이 장에서는 파동-입자 이중성이 생물계에서 가장 중요한 생화학 반응과도 연관 있다는 것을 알게 될 것이다. 이 반응을 통해 공기와 물과 빛은 식물과 미생물로 전환되며, 간접적으로는 우리를 포함한 모든 생물이 된다. 그러나 우리는 먼저 입자가 동시에 여러 곳에 있을 수 있다는 기이한 생각에서 어떻게 가장 단순하고 가장 우아하지만 가장 지대한 영향을 미칠 실험이 나오게 되었는지를 알아봐야 한다. 리처드 파인먼의 말에 따르면, "이 실험에는 양자역학의 핵심이 있다".

그러나 앞으로 설명할 이야기가 조금 불확실해 보일 수도 있고, 무슨 일이 벌어지고 있는지가 더 합리적으로 설명되어야 한다고 느낄 수도 있을 것이다. 어쩌면 마술 트릭에 속은 것처럼 어리둥절할 수도 있다. 아니면 이 실험이 자연의 작용을 이해하기 위한 상상력이 부족한 과학자들이 겨우 생각해낸 이론적 추정에 불과하다고 추측할 수도 있다. 그러나 이 가운데 어떤 것도 올바른 해석이 아니다. 이중 슬릿 실험은 (일반적인) 상식에는 들어맞지 않지만, 실제로 일어나는 현상이며 수천 번 반복되었다.

우리는 이 실험을 세 단계로 설명할 것이다. 처음 두 단계는 가장 중요한 세 번째 단계의 결과가 얼마나 당혹스러운 것인지를 실감할 수 있도록 하기 위한 사전 지식을 준비하는 과정이다.

먼저 단색광(한 가지 색, 즉 한 가지 파장으로 구성된 빛)을 길고 가느다란 모양의 구멍인 슬릿이 두 개 뚫려 있는 스크린에 비춰서, 슬릿을 통과한 빛의 일부가 두 번째 스크린에 비추게 한다(그림 4.1). 두 슬릿의 간격과 두 스크린 사이의 거리를 세심하게 조정하면, 두 번째 스크린에 밝은 띠와 어두운 띠의 반복적인 무늬가 만들어지는데, 이 무늬를 간섭무늬라고 한다.

간섭무늬는 파동의 특징이며, 파동을 일으키는 매질이 있는 곳이라면 어디서나 쉽게 볼 수 있다. 잔잔한 연못에 돌을 던지면, 돌이 떨어진 지점을 중심으로 동심원이 생기면서 바깥쪽으로 파동이 퍼져나가는 것을 볼 수 있다. 두 개의 돌을 동시에 던지면, 두 돌에서 저마다 동심원을 그리면서 퍼져나가지만 파동이 겹치는 부분에서는 간섭무늬를 볼 수 있을 것이다(그림 4.2). 한쪽 파동의 마루와 다른 파동의 골이 만나면, 두 파동이 상쇄되어 그 지점에서는 파동이 사라진다. 이런 현상을 상쇄 간섭destructive interference이라고 한다. 반대로 마루는 마루끼리 골은 골끼리 만나면, 파동이 더 강해져서 마루와 골의

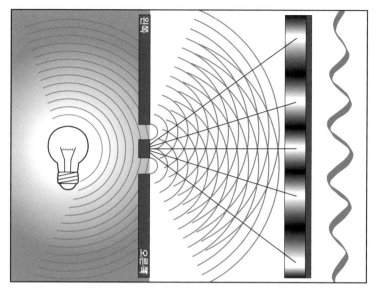

그림 4.1 이중 슬릿 실험, 1단계. 두 개의 슬릿에 (특정 파장을 갖는) 단색광을 비추면, 각각의 슬릿은 그 뒤편에 새로운 광원으로 작용한다. 게다가 빛은 고유의 파동성 때문에 각각의 슬릿을 통과할 때 퍼지면서 나아간다(회절한다). 그 결과 동심원 모양으로 퍼져나가는 파동들이 겹치고 간섭을 일으켜서 뒤편의 스크린에 밝고 어두운 무늬를 만든다.

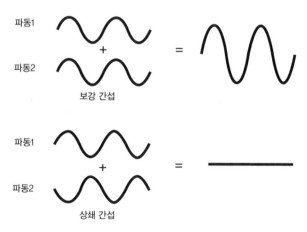

파동1

파동2

보강 간섭

파동1

파동2

상쇄 간섭

그림 4.2 파동의 보강 간섭과 상쇄 간섭

깊이가 두 배로 커진다. 이런 간섭을 보강 간섭constructive interference이라고 한다. 이런 파동의 상쇄와 보강 무늬는 어떤 매질에서도 만들어질 수 있다. 실제로 영국의 물리학자인 토머스 영이 2세기 전에 수행한 초기 형태의 이중 슬릿 실험을 통해서 빛의 간섭이 증명됨으로써, 그를 비롯한 대부분의 과학자는 빛이 파동이라고 확신했다.

이중 슬릿 실험에서 나타나는 간섭의 첫 번째 원인은 광파가 두 개의 슬릿을 통과한 다음 퍼지는 방식과 관련이 있다. 회절이라고 알려진 빛의 특성으로 인해, 슬릿을 통과한 빛줄기는 마치 물결처럼 겹치고 융합되면서 뒤편의 스크린에 닿는다. 스크린의 어느 지점에서는 두 슬릿을 통과한 빛의 파장 사이의 마루와 골이 일치하는 위상이 맞는 상태로 들어올 것이다. 그 까닭은 두 파장이 스크린까지 이동한 거리가 같기 때문일 수도 있고, 파장이 이동한 거리의 차가 마루와 마루 사이의 거리의 배수와 같기 때문일 수도 있다. 위상이 맞으면, 두 파장의 골과 마루가 일치하면서 마루는 더 높아지고 골은 더 낮아지는 보강 간섭이 일어난다. 파장이 융합되면 대단히 밝은 빛이 생기기 때문에, 스크린에는 밝은 색의 띠가 형성된다. 그러나 스크린의 어떤 지점에는 위상이 다른 빛이 당도한다. 이런 지점에서는 한 파장의 마루와 다른 파장의 골이 만난다. 그러면 파장이 상쇄되어서 스크린에는 어두운 색의 띠가 형성된다. 이런 극단적인 두 조합 사이에는 완전히 "위상이 맞는" 것도 아니고 완전히 "위상이 다른" 것도 아닌 빛이 생긴다. 따라서 우리가 볼 수 있는 빛의 띠는 명암이 뚜렷하게 대비되는 형태가 아니라, 우리가 알고 있는 최대와 최소 간섭무늬 사이에서 밝기가 부드럽게 변한다. 이렇게 파도 치듯이 빛의 밝기가 부드럽게 변하는 것이 파동 현상의 중요한 지표다. 이와 관련된 우리에게 친숙한 예는 음파에서 찾을 수 있다. 음악가들은 악기를 조율할 때 '맥놀이 beat'[●]에 귀를 기울인다. 맥놀이는 한 음이 다른 음과 주파수가 비슷해서, 두 음이 음악가의 귀에 당도할 때 위상이 맞기도 하고 위상이 다르기도 한 현상이다. 이와 같은 위상의 변화로 인해 소리가 주기적으로 커졌다 작아졌다 하는 것처럼 들린다. 이런 부드러운 소리의 세기 변화는 서로 다른 두 파장 사이의 간섭 때문에 생긴다. 이런 맥놀이는 양자적 설명이 전혀 필요 없는 완전히 고전적 사례라는 점에 주목하자.

이중 슬릿 실험에서 중요한 요소는 첫 번째 스크린에 닿는 빛줄기가 일정해야 한다(고유한 하나의 파장으로만 이루어져야 한다)는 점이다. 이와 대조적으로, 일반적인 백열전구에서 나오는 백색광은 여러 다른 파장의 빛(무지개 색)으로 구성된다. 따라서 이 파장들은 뒤죽박죽으로 스크린에 당도할 것이다. 이 경우에도 골과 마루 사이에는 여전히 간섭이 일어나지만, 그로 인해 만들어지는 무늬는 너무 복잡해서 뚜렷한 띠무늬가 나타나지는 않을 것이다. 마찬가지로, 연못에 두 개의 돌을 던져 간섭무늬를 만드는 것은 어렵지 않지만, 연못에 거대한 폭포수가 떨어질 때에는 너무 많은 파장이 생겨서 일정한 간섭무늬를 전혀 볼 수 없다.

이제 두 번째 단계의 이중 슬릿 실험에서는 스크린에 빛이 아니라 총알을 발사할 것이다. 이 실험의 핵심은 실험 대상이 파동이 아니라 고체 입자라는 점이다. 각각의 총알은 당연히 두 슬릿 중 하나만 통

[●] 두 음의 주파수가 거의 같을 때, 즉 음이 거의 맞을 때, 소리가 맥박처럼 주기적으로 커졌다 작아지는 현상을 말한다. 여기서 사용하는 'beat'라는 용어를 음악에서 리듬이라는 뜻으로 더 흔히 쓰이는 비트와 혼동해서는 안 된다.

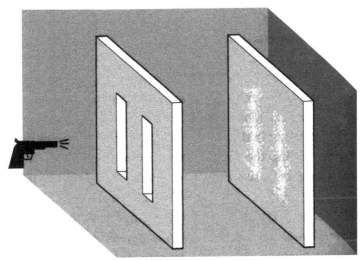

그림 4.3 이중 슬릿 실험, 2단계. 슬릿에 발사된 총알의 흐름은 빛을 이용한 실험에서 확인한 파동의 행동과는 다른, 입자와 같은 행동을 한다. 뒤편의 스크린에 닿는 총알들은 두 개의 슬릿 중 하나만 통과한다(슬릿이 뚫린 스크린에서 슬릿을 제외한 부분은 총알이 뚫지 못할 정도로 충분히 두껍다고 가정한다). 뒤편 스크린에는 간섭에 의해 만들어지는 여러 개의 줄무늬가 아닌, 각각의 슬릿과 가까운 위치에 총알이 집중되는 두 개의 좁은 선이 생긴다.

과해야 한다. 총알이 두 슬릿을 모두 통과할 수는 없다. 총알이 충분히 많으면, 우리는 뒤편의 스크린에 띠 모양으로 길게 나타난 두 개의 총알 자국이 두 슬릿의 위치와 일치하는 것을 볼 수 있다(그림 4.3). 이것은 파동과는 확실히 다르다. 각각의 총알은 독립된 입자이며, 다른 총알과는 아무런 관련이 없다. 따라서 간섭도 일어나지 않는다.

이제 3단계인 양자 '마술'이다. 이 실험은 총알 대신 원자로 같은 실험을 반복하는 것이다. 원자 빔beam을 만들 수 있는 장치를 이용해서 적당히 좁은 두 개의 슬릿●이 뚫린 스크린을 향해 원자를 발사한다.

● 이 슬릿은 대단히 좁고, 두 슬릿 사이의 거리가 대단히 가까워야 한다. 1990년대에 수행된 실험에서는 스크린의 재질이 금박이었고, 슬릿의 폭은 1마이크로미터(1000분의 1밀리미터)였다.

양자 맥놀이

원사의 도착을 감지하기 위해 광발광성 물질을 입힌 두 번째 스크린은 원자가 부딪힐 때마다 밝은 색의 작은 점이 나타난다.

만약 현미경적 수준에서도 상식이 통한다면, 원자는 엄청나게 작은 총알처럼 행동해야 할 것이다. 먼저 왼쪽 슬릿만 열고 실험을 수행하면, 열려 있는 슬릿의 바로 뒤에 있는 스크린에만 밝은 점들로 이루어진 띠가 만들어진다. 흩어져 있는 점들도 어느 정도 있는데, 이것은 일부 원자가 슬릿을 정확히 통과하지 못하고 가장자리에 부딪혀서 방향이 바뀌었기 때문일 것이라고 추정할 수 있다. 그다음에는 오른쪽 슬릿도 열고 뒤편 스크린에 점들이 찍히기를 기다린다.

만약 양자역학에 관한 지식이 전혀 없는 상태에서 밝은 점의 분포를 예측한다면, 총알에 의해 만들어진 것과 매우 비슷한 무늬가 생기리라고 추측하는 게 자연스럽다. 다시 말해서, 각각의 슬릿 뒤편에 중심부가 가장 밝고 바깥쪽으로 갈수록 점점 흐릿해지는 두 개의 띠가 생긴다고 상상하는 것이다. 바깥쪽으로 갈수록 흐릿해지는 것은 원자가 훨씬 드물게 '부딪히기' 때문이다. 또한 두 개의 밝은 띠 사이의 중간 부분도 어두울 것이라고 추측할 수 있다. 어떤 슬릿을 통과하든 간에 원자가 닿기 어려운 부분이기 때문이다.

그러나 우리가 알아낸 결과는 다르다. 빛으로 실험했을 때처럼, 밝고 어두운 부분이 교차되는 간섭무늬가 아주 뚜렷하게 나타난다. 믿거나 말거나, 스크린에서 가장 밝은 부분은 우리가 원자가 닿기 어려운 부분이라고 예상했던 스크린의 중심부다(그림 4.4). 사실 슬릿 사이의 간격과 두 스크린 사이의 거리가 맞으면, (하나의 슬릿만 열었을 때는 닿을 수 있었던) 뒤편 스크린의 밝은 부분이 두 번째 슬릿을 열면 (원자가 닿지 않아서) 어두워지는 것을 확인할 수 있다. 다른 슬릿을 열면 더

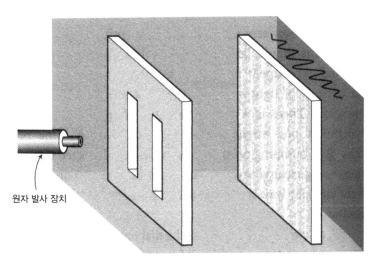

원자 발사 장치

그림 4.4 이중 슬릿 실험, 3단계. 총알 대신 원자를 쏠 수 있는 장치로 바꾸면(물론 단계마다 슬릿의 폭과 두 슬릿 사이의 거리를 적절하게 선택해야 한다), 파동의 특징인 간섭무늬가 다시 나타나는 것을 볼 수 있다. 각각의 원자는 뒤편 스크린에서 정해진 한 지점에 부딪혀서 입자의 성질을 갖고 있다는 것을 나타내지만, 빛에서 봤던 것과 똑같은 띠 모양으로 밀집한다. 그렇다면 두 슬릿을 동시에 통과하면서 간섭무늬를 만들고, 그렇지 않으면 간섭무늬를 만들지 않는 이것은 무엇일까?

많은 전자가 통과해야 하는데, 어떻게 그것만으로 원자가 스크린의 특정 구역에 닿는 것을 방해할 수 있을까?

여기서 무슨 일이 벌어지고 있는지를 양자역학이 아닌 단순한 상식에만 의존해서 설명할 수 있는지 알아보자. 각각의 원자는 국지적인 작은 입자이지만(어쨌든 모든 원자가 스크린의 한 지점에만 부딪힌다), 순수하게 관련된 원자들이 모두 특별한 공조 방식을 통해 충돌하고 상호 작용을 함으로써 간섭 형태appearance의 무늬를 만든다. 어쨌든 우리가 알기로는, 물결 역시 실제로는 수많은 물 분자로 이루어진 파동이고, 물 분자 자체에서는 파동성을 기대할 수 없다. 물결의 파동은 개개의 물 분자가 아닌 수조 개의 물 분자가 상호 작용함으로써 파동

양자 맥놀이

과 같은 특성이 나타나는 것이다. 어쩌면 원자 발사 장치도 수영장의 인공 파도 발생 장치처럼 조화로운 원자의 흐름이 한꺼번에 방출되는 것인지도 모른다.

조화로운 원자 흐름 가설을 검증하기 위해, 이번에는 원자를 한 번에 하나씩 발사하면서 같은 실험을 해보자. 원자 발사 장치로 원자를 쏘고 스크린에 빛의 점이 나타나기를 기다렸다가 다시 원자를 쏘기를 반복하는 것이다. 처음에는 상식이 효과를 발휘하는 것처럼 보인다. 슬릿을 통과한 개개의 원자는 스크린 위에 하나의 작은 점만 남긴다. 원자는 총알과 같은 입자처럼 발사 장치를 떠나서 입자처럼 스크린에 닿는다. 확실히 원자들은 발사 장치와 스크린 사이에서 입자처럼 행동해야 할 것이다. 그런데 모자에서 토끼가 튀어나오듯이, 여기서 난데없이 양자가 튀어나온다. 스크린에 총알 같은 원자가 하나하나 닿을 때마다 기록되는 점이 점점 늘어날수록, 밝고 어두운 부분이 교차되는 간섭무늬가 서서히 드러난다. 이제 원자는 한 번에 한 개씩 장비에서 발사되므로, 수많은 원자가 서로 부딪치면서 상호작용을 일으킬 것이라는 주장을 더는 할 수 없다. 이 원자들은 물결과 비슷한 것이 아니다. 그리고 여기서 다시, 우리는 직관에 반하는 결과와 마주해야 한다. 뒤편 스크린에는 하나의 슬릿만 열릴 때에는 원자가 닿을 수 있는 부분이 있다. 두 번째 슬릿이 열리면, 이 부분은 원자가 스크린에 닿을 수 있는 길이 하나 더 생겼음에도 완전히 어두워진다. 방법은 알 수 없지만, 슬릿을 통과하는 원자가 다른 슬릿이 있는지 없는지를 미리 알고 그에 맞춰서 행동하는 것 같다!

요약하자면, 국지적인 작은 입자로 발사 장치를 떠난 각각의 원자는 두 번째 스크린에 닿을 때에도 역시 입자이며, 그 증거로 스크린에 밝은 색의 작은 점을 남긴다. 그러나 그 과정에서 두 슬릿을 만나면 뭔가 신비스러운 현상이 일어난다. 하나의 파동이 두 성분으로 나뉜 것처럼, 각각의 슬릿에 나타난 성분이 다른 슬릿에 나타난 성분과 간섭을 일으키는 것이다. 하나의 원자가 도대체 어떻게 두 슬릿의 상태(열려 있는지 닫혀 있는지)를 동시에 인식할 수 있을까?

교묘한 속임수가 의심된다면, 슬릿 뒤에 숨어서 증거를 찾아낼 수 있는지 알아보자. 왼쪽 슬릿 뒤에 감지기를 설치해서, 원자가 그 슬릿을 통과할 때마다 '신호'(이를테면 삐 소리)를 보내는 것이다.● 우리는 두 번째 감지기를 오른쪽 슬릿에도 설치해서 슬릿을 통과하는 원자를 감지할 수 있다. 이제 원자 하나가 두 슬릿 중 하나를 통과할 때, 우리는 둘 중 하나의 슬릿에서 삐 소리를 듣게 될 것이다. 그러나 만약 원자가 알 수 없는 방법으로 총알과 같은 입자의 특성을 벗어버리고 두 슬릿을 다 통과한다면, 두 개의 감지기가 동시에 울릴 것이다.

이제 우리가 밝혀낸 것은 원자가 발사되고 스크린 위에 밝은 점이 나타날 때 둘 중 하나의 감지 신호만 울린다는 것이다. 두 신호가 동시에 울리는 일은 없다. 이제 간섭을 일으키는 원자가 두 슬릿 중 하나만 통과하고 두 슬릿을 동시에 통과하지는 않는다는 것이 확실히 증명된 셈이다. 그러나 인내심을 갖고 계속 스크린을 지켜보자. 밝은 점이 점점 더 많아지고 축적될수록, 더 이상 간섭무늬가 보이지 않는다는 것을 알 수 있다. 그 자리에는 총알 실험에서처럼, 각각의 슬릿 뒤에 원자들이 모여 있다는 것을 암시하는 두 개의 밝은 띠만 나타난

● 여기서 이 감지기의 효율은 100퍼센트라고 가정한다. 관찰하고 있는 원자가 슬릿을 통과할 때 확실하게 작동하지만 원자의 경로에는 영향을 끼치지 않을 것이다. 물론 현실적으로 이런 감지기는 불가능하다. 관찰이라는 행동을 통해서 원자의 경로가 교란되는 것을 피할 수 없기 때문이다.

양자 맥놀이

다. 이제 원자들이 실험 내내 전통적인 입자처럼 행동하고 있는 것이다. 각각의 원자는 감시를 받지 않을 때에는 슬릿 앞에서 파동처럼 행동하지만, 어떤 때에는 천연덕스럽게 작은 입자처럼 행동한다.

어쩌면 감지기의 존재가 문제의 원인으로 작용해서, 슬릿을 통과하려는 원자의 기이하고 섬세한 행동을 틀어지게 할 수도 있다. 이 가능성을 확인해보기 위해 두 슬릿에 설치된 감지기 중 하나, 이를테면 오른쪽 감지기를 제거해보자. 감지기를 이렇게 배치해도 우리가 얻을 수 있는 정보는 같다. 원자가 발사되고 삐 소리와 함께 스크린에 밝은 점이 생기면, 원자가 왼쪽 슬릿을 통과했다는 것을 알 수 있기 때문이다. 원자가 발사되고 삐 소리가 나지 않았는데도 스크린에 밝은 점이 생겼다면, 원자는 오른쪽 슬릿을 통과해서 스크린에 닿은 것이 분명하다. 원자가 두 슬릿 중 어떤 것을 통과했는지는 알 수 있지만, 한쪽 경로만 '교란'되는 것이다. 만약 감지기 자체가 문제를 일으키는 원인이라면, 신호음을 유발하는 원자는 총알처럼 행동하고 그렇지 않은 원자(오른쪽 슬릿을 통과하는 원자)는 파동처럼 행동할 것이라고 예측할 수 있다. 어쩌면 우리는 (왼쪽 슬릿을 통과하는 원자들이 만드는) 총알 같은 유형의 무늬와 (오른쪽 슬릿을 통과하는 원자들이 만드는) 간섭무늬가 섞여 있는 모습을 볼 수 있을지도 모른다.

그러나 그렇지 않다. 이런 배치에서도 간섭무늬를 전혀 볼 수 없다. 각각의 슬릿 너머에는 총알 같은 형태로 찍힌 점들만 나타난다. 원자의 위치를 기록하는 감지기가 존재하기만 해도 원자의 파동성이 파괴되기에 충분한 것처럼 보인다. 심지어 감지기가 다른 슬릿을 통과하는 원자의 경로에서 어느 정도 떨어져 있는데도 말이다!

물살이 센 곳에 있는 큰 바위가 물의 흐름을 바꾸는 것처럼, 어쩌면 왼쪽 슬릿 너머에 감지기가 물리적으로 존재한다는 사실만으로 그 곳을 지나는 원자의 경로에 충분한 영향을 미칠지도 모른다. 이런 추측은 감지기의 스위치를 꺼보는 것만으로 실험이 가능하다. 감지기는 여전히 거기에 있으므로, 상당히 비슷한 영향을 미치리라 기대할 수 있다. 그런데 감지기가 있어도 스위치가 꺼져 있으면, 스크린에는 다시 간섭무늬가 나타난다! 모든 원자가 다시 파동처럼 행동하는 것이다. 어떻게 왼쪽 슬릿 너머에 있는 감지기가 켜져 있을 때에는 입자처럼 행동하던 원자들이 스위치가 꺼지자마자 파동처럼 행동하는 것일까? 오른쪽 슬릿을 통과하는 입자들은 왼쪽 슬릿 너머에 있는 감지기 스위치의 개폐 여부를 어떻게 아는 것일까?

이 단계에서는 상식을 버려야 한다. 이제 우리는 원자, 전자, 광자 같은 매우 작은 입자들의 파동-입자 이중성을 직면해야 한다. 입자들은 어떤 슬릿을 통과하고 있는지에 대한 정보가 우리에게 없을 때에는 파동처럼 행동하지만, 우리가 관찰하고 있을 때에는 입자처럼 행동한다. 우리는 이런 양자적 대상의 관찰이나 측정 과정을 1장에서 이미 접했다. 분리된 광자의 양자적 얽힘에 관한 알랭 아스페의 증명을 고찰할 때, 아스페의 연구진이 광자를 측정하기 위해 광자를 편광 렌즈에 통과시켰던 일을 기억할 것이다. 편광 렌즈는 광자의 파동적 특성 중 하나인 얽힘 상태를 파괴함으로써, 광자가 고전적인 편광의 방향 중 하나를 선택하게 한다. 마찬가지 방식으로, 이중 슬릿 실험에서 원자를 측정하는 것은 원자가 두 슬릿 중 어느 것을 통과할지를 선택하게 한다.

사실 양자역학은 이 현상에 대해 논리적으로 완벽한 설명을 제공한다. 하지만 이것은 우리가 관측한 실험 결과에 대한 설명일 뿐, 우리가 보지 못할 때 벌어지고 있는 현상에 대한 설명은 아니다. 그러나 우리는 우리가 관찰하고 측정할 수 있는 것만 다룰 수 있기 때문에, 어쩌면 더 이상의 의문을 품는 것은 아무런 의미가 없을지도 모른다. 확인조차 전혀 할 수 없는 현상의 설명이 옳은지를 어떻게 평가할 수 있을까? 우리가 평가하려고 하자마자 결과는 변한다.

이중 슬릿 실험을 양자적으로 해석하면, 주어진 어느 순간에 각각의 원자는 공간에서의 확률적 위치를 정의하는 수의 집합으로 묘사되어야 한다. 이것이 2장에서 소개한 파동함수라는 값이다. 2장에서는 파동함수가 도시를 따라 퍼져나가는 범죄의 파장을 추적하는 것과 비슷한 개념이라고 묘사하면서, 서로 다른 구역에서 빈집털이가 일어날 확률로 나타냈다. 마찬가지 방식으로, 두 개의 슬릿을 통과하는 원자를 묘사하는 파동함수는 주어진 시간에 원자가 장비의 어디에서 발견될 가능성이 있는지를 추적한다. 그러나 앞에서 강조한 것처럼 도둑은 주어진 시간과 공간에서 딱 한 장소에만 있어야 하므로, '범죄 확률' 파장은 실제로 도둑이 어디에 있는지를 모른다는 것을 묘사할 뿐이다. 이와 달리, 이중 슬릿 실험에서 원자의 파동함수는 원자 자체의 진짜 물리적 상태를 나타낸다. 원자는 진짜로 특정 위치에 존재하지 않는다. 우리가 측정하지 않는 한, 모든 곳에서 동시에 다양한 확률로 존재한다. 따라서 당연히 파동함수가 작은 곳에서는 원자를 발견할 가능성이 적다.

그러므로 우리가 이중 슬릿 실험에서 생각해야 하는 것은 개개의 원자가 아니라 발사 장치에서 스크린까지 이어지는 파동함수다. 두 슬릿을 만나면 파동함수는 둘로 나뉘어 각각의 슬릿을 절반씩 지나간다. 여기서 시간에 따른 변화가 추상적인 수학적 양으로 묘사된다는 점에 주목하자. 실제로 무슨 일이 벌어지는지를 묻는 것은 의미가 없다. 확인하려면 관찰을 해야 하고, 관찰을 시도하면 곧바로 결과가 바뀐다. 우리의 관찰 사이에 실제로 무슨 일이 일어났는지를 묻는 것은 냉장고 문을 열기 전에 냉장고 내부 등이 켜져 있는지를 묻는 것과 같다. 우리는 그 답을 결코 알 수 없는데, 우리가 확인하기 위해서 냉장고 문을 여는 순간 냉장고의 조건이 바뀌기 때문이다.

그러면 의문이 하나 생긴다. 파동함수는 언제 다시 국지적인 원자가 '되는' 것일까? 그 답은 우리가 감지하려고 하는 순간이 된다. 모종의 측정이 실시되면, 양자의 파동함수는 한 가지 가능성으로 붕괴된다. 이것 역시, 경찰에 잡힌 뒤에는 소재에 대한 불확실성이 갑자기 한 지점으로 붕괴되는 도둑의 상황과는 매우 다르다. 도둑의 경우 도둑을 감지하는 데 영향을 주는 것은 도둑의 소재에 대한 우리의 정보뿐이다. 도둑은 주어진 순간에 언제나 한 장소에만 존재하기 때문이다. 그러나 원자는 그렇지 않다. 어떤 측정도 하지 않으면, 원자는 진짜로 어디에나 존재한다.

따라서 양자의 파동함수는 만약 우리가 어느 순간에 측정을 한다고 가정했을 때 특정 위치에서 원자가 감지될 확률을 계산한다. 측정 전에는 파동함수 값이 큰 곳에서는 원자를 발견할 확률이 클 것이다. 그러나 파동함수 값이 작은 곳에서는, 어쩌면 파장의 상쇄 간섭 때문에, 우리가 관찰하고자 하는 순간에 원자를 발견할 확률이 상대적으로 작을 것이다.

발사 장치에서 발사된 한 원자를 묘사하는 파동함수를 따라간다고 상상해보자. 그 원자는 파동처럼 행동하면서 슬릿을 향해 진행한다. 따라서 첫 번째 스크린에서는 각 슬릿에서 진폭이 똑같을 것이다. 만약 두 슬릿 중 하나에 감지기를 설치하면, 동일한 화률을 기대할 수 있다. 주어진 시간 동안 원자를 감지할 확률은 왼쪽 슬릿에서도 50퍼센트이고, 오른쪽 슬릿에서도 50퍼센트가 된다. 그러나 중요한 것은, 만약 첫 번째 스크린에서 원자를 감지하려는 시도를 하지 않으면 원자는 파동함수의 붕괴 없이 양쪽 슬릿을 모두 통과한다는 것이다. 그러면 이제 우리는 양자적 의미에서 원자의 중첩을 묘사하는 파동함수를 말할 수 있다. 중첩이 일어난 원자는 동시에 두 곳에 존재할 수 있는데, 이것은 양쪽 슬릿을 동시에 통과하는 파동함수에 해당된다.

왼쪽 슬릿과 오른쪽 슬릿으로 분리된 각각의 파동함수는 수학적인 파동을 형성하면서 슬릿 너머로 퍼져나간다. 이 파동이 겹쳐지면서 어떤 지점에서는 진폭이 더 커지고 어떤 지점에서는 상쇄된다. 이런 복합적인 영향으로, 이제 파동함수는 빛과 같은 다른 파동 현상의 특징적인 유형을 나타낸다. 그러나 이 복잡한 파동함수가 여전히 하나의 원자를 묘사하고 있다는 점을 잊어서는 안 된다.

원자의 위치가 측정되는 두 번째 스크린에서, 마침내 파동함수는 우리가 스크린의 서로 다른 지점에서 검출되는 입자의 확률을 계산하는 것을 허락한다. 스크린의 밝은 부분은 두 개의 슬릿을 통과한 파동함수가 서로 보강되는 위치와 일치하며, 어두운 부분은 파동함수가 상쇄되어 원자가 감지될 확률이 0인 위치와 일치한다.

우리가 주목해야 할 중요한 점은 이런 보강과 상쇄 과정, 즉 양자 간섭이 입자 하나만으로도 일어난다는 사실이다. 원자가 한 번에 하나씩 발사될 때, 스크린에는 슬릿이 하나만 열려 있을 때에는 닿을 수 있지만 두 슬릿이 모두 열려 있을 때에는 닿을 수 없는 부분이 있다는 것을 기억하자. 이런 현상은 발사 장치에서 나온 각각의 원자가 두 경로를 동시에 지날 수 있는 파동함수로 묘사될 때에만 설명이 가능하다. 파동함수는 보강 간섭 및 상쇄 간섭의 영역과 결합해서, 슬릿이 하나만 열려 있을 때 원자가 발견되는 스크린의 한 지점에서 원자가 발견된 확률을 없앤다.

기본 입자 또는 이런 기본 입자로 구성된 원자와 분자 할 것 없이, 모든 양자적 존재는 결맞은 파동과 같은 행동을 함으로써 서로 간섭을 일으킬 수 있다. 이런 양자적 상태에서는 온갖 기이한 양자적 행동을 할 수 있다. 이를테면 두 장소에 동시에 존재할 수도 있고, 두 방향으로 동시에 회전할 수도 있고, 통과할 수 없는 장벽을 통과할 수도 있고, 멀리 떨어져 있는 짝과 얽혀 있는 기이한 연결을 나타낼 수도 있다.

하지만 어찌 보면 우리 인간도 궁극적으로는 양자 입자로 구성되어 있는데, 우리는 왜 두 장소에 동시에 존재할 수 없을까? 그럴 수만 있다면 바쁜 날에는 아주 효과 만점일 텐데 말이다. 그 까닭은 어떤 면에서 보면 매우 단순하다. 파동의 특성은 크기가 커질수록 더 작아진다. 그래서 인간만큼 크지 않더라도 크기와 질량이 육안으로 볼 수 있을 정도의 물체만 되면, 양자적 파장이 매우 작아져서 뚜렷한 효과가 없을 것이다. 좀더 깊이 들어가면, 이렇게도 생각할 수 있다. 우리 몸을 이루는 각각의 원자는 주위의 다른 모든 원자에 의해 관찰되거나 측정되므로, 원자가 가지고 있었을지도 모르는 섬세한 양자적 특성이 빠르게 파괴되는 것이다.

그렇다면 '측정'이란 구체적으로 무엇을 의미하는 것일까? 이미 우리는 1장에서 이 문제를 탐구했지만, 이제 더 자세히 살펴봐야만 한다. 이 문제는 양자생물학에 '양자'적인 것이 얼마나 되는지에 대한 문

양자 맥놀이

제의 핵심이기 때문이다.

양자 측정
—

이런 모든 성과에도 불구하고, 양자역학은 어떤 원자에서 전자의 움직임을 묘사하는 공식에서부터 그 전자에 대해 특별한 측정을 할 때 알 수 있는 것으로 어떻게 다가가야 하는지에 관해서는 우리에게 아무것도 알려주지 않는다. 이런 이유에서, 양자역학의 창시자들은 임시방편으로 일련의 규칙을 내놓았고, 이 규칙들은 양자역학의 수식 체계에 추가되었다. '양자 가설quantum postulate'이라고 알려진 이 규칙은 공식을 통한 수학적 예측을 어떻게 해석해야만 주어진 순간의 위치나 에너지처럼 우리가 관찰하는 것과 같은 유형의 특성으로 변환되는지에 대한 일종의 길잡이를 제공한다.

우리가 볼 때 원자가 '여기와 저기에' 동시에 존재하는 것을 멈추고 그냥 '여기에'만 있게 되는 실제 과정에 대해 말하자면, 실제로 무슨 일이 벌어지고 있는지를 아는 사람은 아무도 없다. 그래서 대부분의 물리학자는 '그냥 우연히' 그렇게 된다는 실용적인 관점을 받아들이는 데 만족해왔다. 문제는 이 관점이, 기이한 일이 일어나는 양자세계와 사물이 '합리적으로' 행동하는 우리의 일상적인 거시세계를 임의로 구별해야 한다는 점이다. 전자를 검출하는 측정 장치는 거시세계의 일부다. 그러나 이 측정 과정이 일어나는 방법과 이유와 시기는 양자역학의 창시자들이 명확히 밝히지 못했다.

1980년대와 1990년대가 되자, 물리학자들은 이중 슬릿 실험의 원자처럼 파동함수가 동시에 두 곳에 중첩되는 분리된 양자계가 한쪽 슬릿에 설치된 거시적인 측정 장치와 상호작용을 할 때 무슨 일이 일어나야 하는지를 인식하기 시작했다. 원자를 검출하는 것(여기서 원자를 검출하지 못하는 것도 측정으로 간주된다는 점에 주목해야 하는데, 원자가 다른 슬릿을 통과했다는 것을 의미하기 때문이다)은 원자의 파동함수가 측정 장치를 구성하는 수조 개의 원자 모두와 상호작용을 일으킨다는 것이 드러났다. 이 복잡한 상호작용은 섬세한 결맞음을 대단히 빨리 사라지게 하고, 주변의 혼란스러운 잡음 속에서 길을 잃게 만든다. 이 과정이 2장에서 언급했던 결어긋남이다.

그러나 결어긋남은 반드시 측정 장치가 있어야만 일어나는 것은 아니다. 결어긋남은 모든 고전적 사물의 내부에서 항상 일어난다. 이런 사물의 양자 구성원인 원자와 분자가 열진동thermal vibration을 겪으며 주위의 모든 원자나 분자와 부대끼는 과정에서, 파동과 같은 결맞음 상태가 사라지기 때문이다. 이 과정에서 우리는 결어긋남을 하나의 수단처럼 생각할 수 있다. 이 수단을 이용해서, 환경이라 불리는 주어진 원자 주위의 모든 물질은 끊임없이 그 원자를 측정하고 고전적인 입자처럼 행동하게 만든다. 사실 결어긋남은 물리학 전체에서 가장 강력하고 가장 효율적인 과정 중 하나다. 그리고 이런 놀라운 효율성 때문에 결어긋남은 그렇게 오랫동안 발견되지 않을 수 있었다. 최근에 들어서야 물리학자들은 결어긋남을 통제하고 연구할 방법을 터득하고 있다.

다시 수면에 돌을 던지는 비유로 돌아가보자. 고요한 연못에 돌을 던질 때에는 서로 간섭을 일으키는 파동이 중첩되는 것을 쉽게 볼 수 있다. 그러나 같은 조약돌을 나이아가라 폭포의 바닥에 던지려 한다고 해보자. 이번에는 엄청나게 복잡하고 극도로 무질서한 물의 성질로 인해서 조약돌이 만드는 간섭무늬가 곧바로 사라져버릴 것이다. 이처럼 격렬하게 요동치는 물에 해당되는 것이 양자계를 둘러싼 무작위 분자운동이며, 이런 격렬한 분자운동 때문에 곧바로 결어긋남이 일어나는 것이다. 분자 수준에서는 대부분의 환경이 나이아가라 폭포 아래의 물처럼 격렬하게 요동친다. 물질 내부에 있는 입자들은 주위를 둘러싼 환경(다른 원자나 분자나 광자)과 끊임없이 충돌하고 있다.

이쯤에서 우리는 이 책에서 사용하고 있는 일부 용어를 명확하게 정리해야 할 것이다. 우리는 원자가 동시에 두 곳에 존재하고, 파동처럼 퍼져나가고, 둘 이상의 서로 다른 상태로 중첩되어 존재한다고 말한다. 독자들이 더 잘 이해할 수 있도록, 우리는 이 모든 개념을 총망라하는 하나의 용어로 양자 '결맞음'을 선택했다. 따라서 우리가 '결맞음' 효과라고 하면, 파동성을 나타내거나 동시에 두 가지 이상의 일을 하는 것과 같은 양자역학적 방식으로 행동하는 뭔가를 의미한다. 그러므로 '결어긋남'은 결맞음을 잃고 양자적인 것에서 고전적인 것으로 바뀌는 물리적 과정이다.

양자 결맞음은 일반적으로 아주 짧은 시간 동안만 지속된다. 다만 양자계가 주위와 격리되거나(부딪히는 입자가 줄어든다) 온도가 매우 낮아서(충돌이 훨씬 줄어든다) 섬세한 결맞음이 보존될 때는 예외다. 실제로 과학자들이 하나의 원자로 간섭무늬를 증명하기 위한 실험을 할 때에는 장비 안의 공기를 모두 빼내고 장비의 온도도 절대 0도 근처까지 낮춘다. 이렇게 극단적인 단계를 거쳐야만 양자가 고요한 결맞음 상태를 오랫동안 유지해서 간섭무늬가 나타날 수 있다.

당연히 (파동함수의 붕괴를 막는) 양자 결맞음의 취약성 문제는 이 장

도입부에서 만났던 MIT 연구진뿐 아니라 양자컴퓨터를 만들 방법을 모색하는 전 세계 연구자들의 주요 도전 과제다. 식물이 양자컴퓨터라는 『뉴욕 타임스』의 주장에 그들이 그렇게 회의적인 반응을 보인 것도 그런 이유에서다. 물리학자들은 결맞음을 파괴하는 외부 환경으로부터 그들의 컴퓨터 내의 양자세계를 지키기 위해 온갖 기발한 방법을 짜내고 있다. 그래서 뜨겁고 축축하며 분자들이 요동치고 있는 풀잎의 내부 환경에서 양자 결맞음이 유지될 수 있다는 생각은 당연히 정신 나간 것처럼 느껴졌다.

그러나 이제 우리가 알고 있는 바에 따르면, 여러 중요한 생물학적 과정은 분자 수준에서는 정말로 대단히 빨리 일어날 수도 있고(수조 분의 1초 수준) 원자 규모의 짧은 거리에 한정될 수도 있다. 이 정도의 거리와 시간 규모에서는 터널링 같은 양자적 과정이 효과를 발휘할 수 있다. 따라서 결어긋남을 완전히 막지는 못하더라도, 생물학적으로 유용할 만큼 충분히 오래 저지할 수 있을지도 모른다.

광합성의 중심을 향한 여행

—

1초만 하늘을 올려다보면, 30만 킬로미터 길이의 빛줄기가 우리 눈으로 떨어진다. 같은 시간 동안, 지구의 식물과 광합성 미생물은 이 빛줄기를 거둬들여서 1만6000톤의 새로운 유기물을 만들고, 이 유기물은 풀과 해초와 민들레와 거대한 미국삼나무와 사과라는 형태가 된다. 이번 이야기에서 우리의 목표는 무생물을 지구상의 거의 모든 생체 물질로 바꾸는 첫 단계가 실제로 어떻게 작동하는지를 알아보는 것이다. 그리고 그 본보기가 되어줄 변화는 뉴잉글랜드의 공기가 뉴턴의 나무에 달린 사과로 바뀌는 과정이다.

이 과정의 작동을 보기 위해 우리는 앞 장에서 효소의 작동을 탐구할 때 이용했던 나노기술 잠수함의 도움을 한 번 더 받을 것이다. 일단 이 잠수함에 올라타고 소형화 스위치를 켜면, 잠수함은 나뭇잎들 사이로 날아올라서 점점 커져가는 나뭇잎 하나에 내려앉는다. 나뭇잎은 계속 넓어져서 나뭇잎의 가장자리는 아득한 지평선 너머로 사라지고, 매끈해 보이던 나뭇잎의 표면은 울퉁불퉁한 면으로 바뀐다. 이 면에는 녹색의 직사각형 블록이 보도블록처럼 깔려 있고, 그 사이에는 구멍이 뚫린 더 옅은 색의 둥근 블록들이 있다. 초록색 블록은 표피세포epidermis cell이고, 둥근 블록은 기공stoma이다. 기공은 공기와 물(광합성의 기질)이 잎의 내부로 드나들게 하는 일을 담당한다. 우리의 잠수함을 가까운 기공 쪽으로 이동시켜보자. 그리고 잠수함의 길이가 1미크론(100만 분의 1미터)이 되었을 때 함수를 낮춰서 기공 속으로 뛰어들면, 초록색을 띠는 잎의 내부가 환하게 드러난다.

일단 안으로 들어가면, 우리는 잎의 내부라는 널찍하고 꽤 조용한 공간에 있게 된다. 바닥에는 바위만 한 초록색 세포들이 줄지어 있고, 위로는 굵은 원통 모양의 케이블이 지나간다. 이 케이블은 잎맥vein이다. 잎맥은 뿌리로부터 들어온 물을 잎까지 운반하거나(물관 xylem vessel) 잎에서 만든 당분을 식물의 다른 곳으로 운반한다(체관 phloem vessel). 우리의 잠수함이 더 줄어들면, 바위만 했던 세포들은 사방으로 늘어나서 축구 경기장만 하게 커지고 우리의 키는 약 10나노미터, 즉 10만 분의 1밀리미터가 된다. 이 정도 규모에서는 굵은 밧줄 같은 것으로 얽혀 있는 그물망이 세포 표면을 둘러싸고 있는 형태를 볼 수 있는데, 이 그물망은 세포의 외골격이라 할 수 있는 세포벽이다. 나노잠수함의 장비를 이용해서 굵은 밧줄 하나를 끊고 안으로 들어가면, 밀랍 같은 세포막이 드러난다. 세포의 내부와 외부 환경을 차단하는 세포막은 물이 투과할 수 없는 장벽이다. 자세히 살펴보면 세포막은 완전히 매끈하지 않고 곳곳에 물이 차 있는 구덩이가 패여 있다. 이 구덩이는 포린porin이라고 하는 막 단백질로, 양분은 들이고 노폐물은 내보내는 세포의 배관 시설이다. 우리의 잠수함이 세포 내부로 들어가기 위해서는 포린 하나가 충분히 팽창할 때까지 옆에서 기다렸다가 그 물속으로 뛰어들기만 하면 된다.

일단 포린 통로를 통과하면 외부와는 확연히 다른 세포 내부를 볼 수 있다. 웅장한 기둥과 널찍한 공간이 있는 외부와 달리, 세포의 내부는 복잡하고 조금 너저분하다. 그리고 매우 분주해 보인다! 세포의 내부는 점성이 있는 걸쭉한 액체인 세포질cytoplasm로 채워져 있다. 세포질의 상태는 액체라기보다는 겔에 가까우며, 이 겔 속에는 불규칙한 모양의 둥근 물체가 수천 개씩 떠다니고 있다. 끊임없는 내부 운동 상태에 있는 것처럼 보이는 이 둥근 물체는 앞 장에서 봤던 것과 같은 단백질 효소다. 효소는 세포의 대사 과정을 수행하거나, 양분을 분해하거나, 탄수화물, DNA, 단백질, 지질 같은 생체분자를 만드는 일을 담당한다. 이런 효소들 중 다수가 스키장 리프트 케이블과 비슷하게 생긴 케이블로 이루어진 망상 구조(세포골격cytoskeleton)에 매여 있는데, 이 케이블을 통해서 세포 내의 여러 장소로 수많은 화물이 이동하는 것으로 보인다. 세포 내에는 이런 수송망의 구심점이 곳곳에 있으며, 이런 구심점에서 케이블은 커다란 초록색 캡슐 위에 닻을 내리듯이 고정되어 있다. 이 캡슐이 바로 광합성이 일어나는 장소인 엽록체

chloroplast다.

점성이 있는 세포질 속으로 잠수함을 나아가게 해보자. 우리의 나노잠수함은 느리게 전진하지만 마침내 가장 가까이 있는 엽록체에 당도한다. 우리는 거대한 초록색 풍선 같은 엽록체 바로 위에 도착한다. 투명한 막으로 싸여 내부가 훤히 들여다보이는 엽록체 안에는 초록색 동전 더미 같은 것이 차곡차곡 쌓여 있다. 이 구조가 틸라코이드thylakoid이며, 틸라코이드 속에는 식물을 초록색으로 보이게 하는 색소인 엽록소chlorophyll 분자가 가득 들어차 있다. 광자를 연료로 가동되는 광합성의 엔진인 틸라코이드는 (공기 중의 이산화탄소에서 흡수한) 탄소 원자를 조립해서 사과 속에 들어가게 될 당을 만든다. 광합성의 이런 첫 번째 단계를 더 잘 들여다보기 위해서는, 엽록체 막의 구멍을 통과해서 초록색 틸라코이드 더미 맨 위로 올라가야 한다. 목적지에 가까워지면 잠수함의 엔진을 끄고 이 광합성의 발전소 위를 선회한다.

우리 발아래에 있는 것은 지구 전체의 생물질biomass을 생산하는 수조 개의 광합성 장치 중 하나에 불과하다. 앞 장에서 효소의 장치를 탐색했을 때와 마찬가지로, 우리의 시야에는 수많은 분자가 당구공처럼 세차게 충돌하고 있는 광경이 펼쳐져 있지만, 어느 정도 질서도 존재한다. 틸라코이드의 막 표면에는 험준한 초록색 섬처럼 생긴 것들이 점점이 흩어져 있고 섬마다 나무 같은 것이 빽빽이 뒤덮고 있는데, 나뭇가지 끝에는 안테나처럼 생긴 오각형 판이 달려 있다. 이 오각형 판은 빛을 모으는 분자인 발색단chromophore이다. 엽록소는 가장 유명한 발색단이며, 광합성의 첫 번째 주요 단계인 광자 포획이 일어나는 장소다.

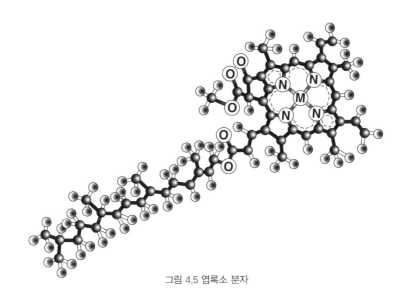

그림 4.5 엽록소 분자

지구상에서 두 번째로(DNA 다음으로) 중요한 분자라고 할 수 있는 엽록소는 더 자세히 들여다볼 가치가 있다(그림 4.5). 엽록소는 주로 탄소(회색 구)와 질소(N) 원자로 이루어진 오각형이 중심에 있는 마그네슘 원자(M)를 둘러싸고 있으며, 탄소, 산소(O), 수소(흰색) 원자로 이루어진 꼬리가 달려 있는 2차원 구조다. 마그네슘 원자에서는 최외각 전자가 원자의 나머지 부분과 느슨하게 연결되어 있다. 그래서 태양에너지의 광자를 흡수하면 전자가 마그네슘을 둘러싸고 있는 탄소로 빠져나올 수 있고, 마그네슘 원자에는 양전하를 띠는 구멍이 생긴다. 정공hole 또는 양공electron hole이라 불리는 이 구멍은 매우 추상적인 방식으로 생각될 수 있는데, 양전하로 하전된 구멍 자체를 하나의 '물체thing'로 보는 것이다. 이 개념에서는 마그네슘 원자의 나머지 부분은 중성으로 남겨두고, 광자의 흡수를 통해서 탈출한 전자와 그 자리에 남아 있는 양전하를 띠는 구멍으로 구성되는 계를 창조한다. 엑시톤exciton(그림 4.6을 보라)이라 불리는 이 이중계는 음극과 양극으로 이루어진 작은 전지라고 생각할 수 있으며, 이 전지에는 나중에 사용할 에너지를 저장할 수 있다.

엑시톤은 불안정하다. 전자와 정공은 정전기적 인력을 느끼고 서로 끌어당긴다. 전자와 정공이 다시 결합하면, 원래 광자에 있던 태양에너지는 열로 손실된다. 따라서 식물이 포획한 태양에너지를 이용하고자 한다면, 엑시톤을 반응 중심reaction center이라고 알려진 분자 제조 시설로 잽싸게 옮겨야 한다. 반응 중심에서는 전하 분리라는 과정이 일어난다. 간단히 말해서, 고에너지 상태의 전자를 원자에서 완전히 분리해 이웃한 분자에 전달하는 과정인 전하 분리는 앞 장에서 관찰했던 효소의 작용과 무척 비슷하다. 이 과정을 통해서 엑시톤보다 더 안정된 (NADPH라고 불리는) 화학 전지가 만들어지고, 이 전지는 광합

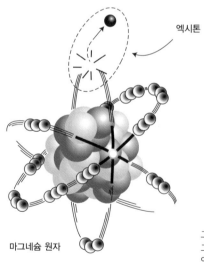

엑시톤

마그네슘 원자

그림 4.6 원자에서 궤도를 이탈한 전자와 그 전자가 남긴 구멍(정공)으로 이루어진 엑시톤.

성의 모든 주요 화학반응을 일으키는 데 이용된다.

그러나 반응 중심은 분자 규모에서 볼 때 들뜬 엽록소 분자와 꽤 멀리(나노미터 거리) 떨어져 있다. 따라서 에너지가 반응 중심에 닿기 위해서는 엽록소의 숲에 있는 한 안테나 분자에서 다른 안테나 분자로 전달되어야만 한다. 이런 작용은 엽록소가 **빽빽**하게 들어차 있는 덕분에 일어날 수 있다. 광자를 흡수한 분자와 이웃한 분자는 맨 처음 들뜬 전자의 에너지를 효과적으로 이어받아 들뜬 상태가 될 수 있고, 이 에너지를 다시 자신의 마그네슘 원자의 전자에 전달한다.

문제는 어떤 경로를 통해서 에너지를 전달해야 하느냐에 관한 것이다. 만약 잘못된 방향으로 향하면, 엽록소의 숲을 아무렇게나 돌아다니다가 결국에는 반응 중심에 에너지를 전달하지 못하고 그냥 잃게 될 것이다. 어떤 방향을 향해야 할까? 엑시톤이 소멸되기 전에 길을 찾으려면 시간이 별로 없다.

최근까지도 한 엽록소 분자에서 다른 엽록소 분자로의 에너지 도약은 무계획적으로 일어나는 현상이라고 여겨졌다. 본질적으로, 무작위 걸음random walk이라고 알려진 탐색 전략을 최후의 수단으로 적용했다는 것이다. 무작위 걸음은 때로 '주정뱅이 걸음drunken walk'이라고도 불리는데, 술에 취한 사람은 술집을 나와서 이리저리 헤매다가 결국에는 집을 찾아오기 때문이다. 그러나 무작위 걸음은 어딘가를 가는 수단으로는 별로 효과적이지 않다. 만약 집이 아주 멀다면, 그 취객은 마을 반대편에 있는 덤불숲에서 아침을 맞게 될지도 모른다. 무작위 걸음을 하는 대상이 시작점으로부터 이동하는 거리는 걸린 시간의 제곱근에 비례하는 경향이 있다. 술에 취한 사람이 1분 동안 1미터를 전진한다면, 4분 뒤에는 2미터, 9분 뒤에는 3미터를 나아간다는 것이다. 진행 속도가 이렇게 더디므로, 동물과 미생물이 먹이나 사냥감을 찾을 때 무작위 걸음을 하는 일은 당연히 드물다. 무작위 걸음은 다른 선택권이 없을 때 최후의 수단으로 사용하는 전략일 뿐이다. 개미 한 마리를 낯선 곳에 내려놓으면, 개미는 냄새를 맡자마자 무작위로 돌아다니지 않고 냄새를 따라갈 것이다.

후각도 없고 다른 길 찾기 능력도 없는 엑시톤 에너지는 주정뱅이의 전략을 따라 엽록체의 숲을 나아갈 것이라고 여겨졌다. 그러나 이런 추측은 잘 납득되지 않았는데, 광합성의 첫 단계인 이 과정은 대단히 효율적이라고 알려져 있었기 때문이다. 사실 엽록소의 안테나 분자에서 포획한 광자 에너지가 반응 중심으로 전달되는 과정은 알려진 모든 자연적 반응과 인위적 반응에서 가장 높은 효율성을 자랑한다. 효율성이 무려 100퍼센트에 근접한다. 최적의 조건 하에서는 엽록소 분자가 흡수한 에너지가 거의 다 반응 중심에 도달한다는 것이다. 만약 정처 없이 헤매는 경로를 따라 이동한다면, 거의 모든 에너지가 중간에 사라져야 마땅하다. 어떻게 광합성 에너지는 주정뱅이나 개미나 가장 효율적인 에너지 기술보다도 목적지를 훨씬 잘 찾아갈 수 있을까? 이 문제는 생물학에서 가장 난해한 수수께끼 중 하나였다.

양자 맥놀이

—

MIT 모임의 회원들이 웃어넘긴 기사의 도화선이 된 연구 논문[3]의 책임 저자는 귀화 미국인인 그레이엄 플레밍이었다. 1949년에 잉글랜드 북부의 배로에서 태어난 플레밍은 현재 캘리포니아 버클리 대학에서 한 연구팀을 이끌고 있다. 양자역학 분야에서 세계 최고의 연구팀 중 하나로 인정받고 있는 그의 팀은 "2차원 푸리에 변환 전자 분광학two-dimensional Fourier transform electronic spectroscopy"(2D-FTES)이라는 인상적인 이름의 막강한 기술을 활용한다. 2D-FTES는 가장 미세한 분자계에 지속 시간이 짧은 레이저 펄스를 집중시킴으로써 그 분자계의 내부 구조와 역학을 조사할 수 있다. 이들은 식물이 아니라 주로 페나-매슈스-올슨Fenna-Matthews-Olson(FMO) 단백질이라는 광합성 복합체를 이용해서 연구를 했다. 이 단백질은 녹색황세균green sulfur bacteria이라는 광합성 미생물에서 만들어지는데, 이 세균은 흑해와 같은 황화물이 풍부한 깊은 바다에서 발견된다. 연구자들은 광합성 복합체에 세 개의 레이저 펄스를 연속적으로 쏘는 방식으로 엽록소 시료를 조사했다. 레이저 펄스가 매우 빠르고 정확한 시간 동안 지속되는 에너지를 방출하면, 시료에서는 이 에너지를 감지한 감지기가 빛 신호를 만든다.

이 논문의 주저자인 그레그 엥겔은 밤을 꼬박 새워서 50~600펨토초femtosecond● 길이의 신호가 만들어내는 자료들을 이어 붙이고 그 결과를 그래프로 만들었다. 그가 발견한 것은 최소 600펨토초 동안 진동하면서 오르내리는 신호였다(그림 4.7). 이 진동은 이중 슬릿 실험에서 밝은 부분과 어두운 부분이 번갈아 나타나는 간섭무늬를 닮았다. 또는 악기를 조율할 때 들을 수 있는 소리의 맥놀이와도 비슷했다. 이런 '양자 맥놀이'는 엑시톤이 엽록소라는 미로에서 하나의 길을 따라서만 나아가는 것이 아니라 여러 개의 경로를 동시에 나아간다는

● 1펨토초는 1000조 분의 1초, 다시 말해서 10^{-15}초이다.

양자 맥놀이

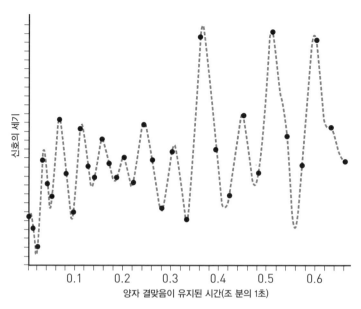

신호의 세기

양자 결맞음이 유지된 시간(조 분의 1초)

그림 4.7 그레이엄 플레밍과 그의 동료 연구진이 2007년 실험에서 확인한 양자 맥놀이. 불규칙한 진동의 형태보다는 어쨌든 진동이 있다는 사실이 중요하다.

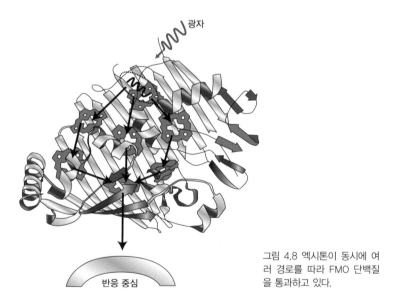

그림 4.8 엑시톤이 동시에 여러 경로를 따라 FMO 단백질을 통과하고 있다.

것을 보여준다(그림 4.8). 이와 같은 여러 갈래의 길은 거의 조율된 기타에서 나는 진동음과 조금 비슷한 작용을 한다. 길이가 거의 같으면 맥놀이를 만드는 것이다.

그런데 이런 양자 결맞음은 대단히 섬세해서 유지시키기가 극히 어렵다는 점을 기억하자. 결어긋남을 막기 위해 영웅적인 노력을 기울이고 있는 유수의 MIT 양자컴퓨터 연구자들보다 미생물과 식물이 더 뛰어나다는 것이 가당키나 한 일인가? 플레밍의 논문에서 내놓은 주장은 참으로 대담했다. 세스 로이드의 말처럼, 이 "수상한 양자 속임수"는 이 MIT 학자 모임의 화를 돋웠다. 버클리 연구진은 FMO 복합체가 반응 중심에 이르는 가장 빠른 경로를 찾는 양자컴퓨터처럼 작용한다고 제안하고 있었다. 이런 최적화 문제는 다수의 목적지를 경유하는 여행 경로와 연관된 유명한 수학 문제인 외판원 순회 문제 travelling salesman problem에 해당되며, 대단히 강력한 컴퓨터로만 해결이 가능하다.●

MIT 모임은 이 주장에 대해 회의적이었지만, 세스 로이드에게 조사를 맡겼다. 놀랍게도, 로이드가 과학적 조사를 통해 내린 결론은 버클리 연구진의 주장이 정말로 실체가 있다는 것이었다. 플레밍의 연구진이 FMO 복합체에서 발견한 맥놀이는 정말로 양자 결맞음의 특징이었고, 로이드는 엽록소 분자가 양자 걸음quantum walk이라고 알려진 참신한 탐색 전략을 운용하고 있다는 결론을 내렸다.

양자 걸음이 전통적인 무작위 걸음보다 우월한 점은 비틀거리며 나

● 외판원 순회 문제는 다수의 도시를 여행하기 위한 최단 경로를 찾는 문제다. 이런 문제를 수학적으로는 NP 하드 문제NP-hard problem라고 한다. 문제 해결을 위한 지름길이 없고, 가능한 모든 경로를 계산 집약적으로 철저하게 탐색하는 것이 이론상으로도 최적의 해법을 찾는 유일한 방법인 문제다.

양자 맥놀이

아가는 우리의 취객을 다시 생각해보면 알 수 있다. 취객이 나온 뒤, 술집에서는 물이 새어나오기 시작해서 술집 문밖으로 쏟아지고 있다고 해보자. 하나의 길을 선택해야만 하는 취객과 달리, 술집에서 흘러나오는 물은 가능한 모든 방향으로 진행할 수 있다. 우리의 취객은 곧 자신이 추월당했음을 알게 될 것이다. 이동 거리가 걸린 시간의 제곱근에 비례하는 취객과 달리, 물의 흐름은 걸린 시간에 비례해서 나아가기 때문이다. 따라서 물은 1초 뒤에는 1미터를 진행하고, 2초 뒤에는 2미터, 3초 뒤에는 3미터와 같은 식으로 이어진다. 물의 흐름은 이중 슬릿 실험에서 중첩된 원자와 비슷할 뿐만 아니라 가능한 모든 경로를 동시에 진행하기 때문에, 물살의 어떤 부분은 분명히 취객보다 먼저 취객의 집에 당도할 것이다.

플레밍의 논문이 불러온 충격과 경악의 파장은 MIT 모임을 넘어 훨씬 멀리까지 퍼져나갔다. 그러나 일부 논평가는 이 실험이 77K (−196℃)로 냉각되고 격리된 상태의 FMO 복합체로 수행되었다는 점을 지적했다. 식물이 광합성을 하거나 살아갈 수 있는 온도보다는 훨씬 낮지만, 성가신 결어긋남을 충분히 방지할 수 있는 온도다. 따뜻하고 어수선한 식물 세포의 내부에서 일어나는 일에 이런 냉각 상태의 세균이 무슨 의미가 있을까?

그러나 양자 결맞음이 냉각된 FMO 복합체에만 국한되는 것이 아님이 곧 명확하게 밝혀졌다. 2009년, 유니버시티 칼리지 더블린의 이언 머서는 다른 세균 광합성 계(줄여서 광계)에서도 양자 맥놀이를 감지했는데, 이번에는 식물과 미생물이 일반적으로 광합성을 수행하는 보통 온도였다. 광수확 복합체 II(Light Harvesting Complex II 또는 LHC2)라고 불리는 이 광계는 식물의 광계와 매우 유사했다.[4] 그 후

2010년, 온타리오 대학의 그레그 숄스는 은편모조류cryptophytes라는 조류(고등식물과 달리 뿌리, 줄기, 잎의 구별이 없다)의 광계에서 양자 맥놀이를 증명했다. 은편모조류는 대단히 풍부해서, 더 고등한 식물만큼 (대기 중의 이산화탄소에서 추출한) 탄소를 많이 고정한다.[5] 거의 같은 시기에, 그레그 엥겔은 그레이엄 플레밍의 실험실에서 연구한 것과 동일한 FMO 복합체로 양자 맥놀이를 증명했다. 그러나 이번에는 생명을 유지할 수 있는 훨씬 높은 온도였다.[6] 이 놀라운 현상은 세균과 조류에서만 제한적으로 나타난다고 생각할 수도 있겠지만, 테사 캘훈과 플레밍의 버클리 동료들은 최근 또 다른 LHC2 광계에서 양자 맥놀이를 검출했다. 이번에는 시금치였다.[7] LHC2는 더 고등한 모든 식물에 존재하며, 식물에 있는 전체 엽록소의 50퍼센트를 차지한다.

다음 장으로 넘어가기에 앞서, 태양에서 유래한 엑시톤 에너지가 파인먼이 묘사한 것처럼 "탄소에서 산소를 떼어내고…… 남은 탄소와 물로 나무(또는 사과)의 실체를 만드는" 데 어떻게 활용되는지를 간략히 묘사할 것이다.

반응 중심에 충분한 에너지가 도착하면, (P680이라 불리는) 특별한 엽록소 한 쌍에서 전자를 뺄아낸다. 반응 중심 내부에서 무슨 일이 벌어지는지에 대해서는 10장에서 조금 더 알아볼 것이다. 반응 중심도 신기한 양자 과정이 일어나는 곳일 수 있기 때문이다. 이 전자의 급원은 물이다(물은 파인먼이 묘사한 광합성에서 원료 중 하나라는 점을 기억하자). 앞 장에서 발견한 것처럼, 어떤 물질로부터 전자를 획득하는 것을 산화라고 하며 산화는 연소와 같은 종류의 과정이다. 이를테면 공기 중에서 나무를 태울 때, 산소 원자는 탄소 원자로부터 전자를 끌어당긴다. 이 전자들이 탄소 바깥쪽 궤도에 상당히 느슨하게 매여 있기 때문에 탄소는 쉽게 불에 탄다. 그러나 물은 전자를 아주 단단히 붙들고 있다. 광합성 계가 특별한 까닭은 자연계에서 유일하게 전자를 얻기 위해 물을 '연소시키는' 곳이기 때문이다.●

지금까지는 좋다. 이제 우리는 엽록체 속의 엑시톤이 전달한 에너지 덕분에 자유 전자를 공급받는다. 다음 단계는 이 전자를 일할 수 있는 곳으로 보내는 것이다. 먼저 이 전자들은 세포에서 지정한 전자 전달자인 NADH에서 포획된다. 앞 장에서 이와 비슷한 분자인 NADH가 잠깐 등장했는데, NADH는 세포의 에너지 생산 기관인 미토콘드리아에서 당 같은 양분에서 포획한 전자를 호흡 연쇄의 효소로 운반하는 일과 연관이 있었다. NADH에 의해 미토콘드리아로 전달된 전자는 호흡 연쇄의 효소들을 따라 마치 전류처럼 흘러서 막 너머로 양성자를 퍼내는 일에 쓰인다. 그리고 이 양성자들이 다시 막 안쪽으로 들어올 때 세포의 에너지 전달자인 ATP가 만들어진다. 식물의 엽록체에서도 이와 매우 비슷한 과정을 거쳐서 ATP를 만든다. NADH가 전자를 전달하는 일련의 효소들 역시 마찬가지로 엽록체의 막 바깥으로 양성자를 퍼낸다. 이 양성자가 다시 막 안쪽으로 밀려들어오면서 ATP 분자가 만들어지고, 이렇게 만들어진 ATP는 식물 세포에서 에너지를 필요로 하는 여러 과정에 동력을 공급할 수 있다.

그러나 공기 중의 이산화탄소에서 탄소 원자를 포획해서 에너지가 풍부한 당 같은 유기 분자를 만드는 실제 탄소 고정 과정은 엽록체 내부의 틸라코이드 바깥쪽에서 일어난다. 이 과정은 RuBisCO라는 덩치 큰 효소에서 수행되는데, 이 효소는 아마 지구상에서 가장 흔한

●'물을 연소시킨다고 말할 때, 당연히 물이 석탄 같은 연료라는 의미는 아니다. 그러나 연소시킨다는 말은 대략 분자의 산화 과정이라는 의미로 쓰이고 있다.

단백질일 것이다. 지구상의 거의 모든 생물질을 생산하는 엄청난 일을 해야 하기 때문이다. 이 효소는 이산화탄소에서 떼어낸 탄소 원자를 리불로오스 1,5-이인산ribulose 1,5-bisphosphate이라는 단순한 5탄당에 결합시켜서 6탄당을 만든다. 이 위업을 달성하기 위해서는 전자(NADPH에서 전달된다)와 에너지원(ATP)이라는 두 가지 재료가 필요하다. 둘 모두 빛에 의해 일어나는 광합성 과정의 산물이다.

RuBisCO에 의해 만들어진 6탄당은 곧바로 두 개의 3탄당으로 분해된 다음, 온갖 다양한 방식으로 결합되어 사과나무에 필요한 생물질이 된다. 무생물인 뉴잉글랜드의 공기와 물은 빛의 도움으로 뉴잉글랜드의 나무를 이루는 살아 있는 조직이 되었고, 약간의 양자역학도 이 과정을 거들었다.

식물의 광합성과 우리 세포에서 일어나는 (양분 연소 과정인) 호흡을 비교해보면, 식물과 동물은 사실상 별 차이가 없다는 것을 알 수 있다. 우리와 그들의 본질적 차이는 생명의 기본 구성 성분을 어디서 얻는지에 있다. 둘 다 탄소를 필요로 하지만, 식물은 공기 중에서 얻고 우리는 식물 같은 유기물 급원을 통해서 얻는다. 둘 다 생체분자를 만들기 위해 전자를 필요로 한다. 우리는 유기물을 연소시켜서 전자를 얻는 반면, 식물은 빛을 이용해 물을 연소시켜서 전자를 얻는다. 둘 다 에너지를 필요로 한다. 우리는 양분에서 고에너지 전자를 긁어모으고, 이 전자를 호흡 연쇄라는 에너지 비탈로 흘려보낸다. 식물은 태양의 광자로부터 에너지를 포획한다. 각각의 과정은 양자 법칙의 지배를 받는 기본 입자와 연관이 있다. 마치 생명이 살아가기 위해서 양자 과정을 다루고 있는 것처럼 보인다.

식물과 미생물처럼 따뜻하고 축축하고 소란스러운 계에서 양자 결

양자 맥놀이

믿음이 발견된다는 사실은 양자물리학자들에게 엄청난 충격을 안겨주었고, 이제는 살아 있는 계가 정교한 양자 결맞음 상태를 어떻게 보호하고 활용하는지를 정확히 밝히는 데 초점을 맞춘 연구가 많아지고 있다. 우리는 10장에서 이 수수께끼를 다시 다루면서, 매우 놀랍고 그럴싸한 해답들을 살펴볼 것이다. 어쩌면 이 해답은 MIT의 양자 이론가들 같은 물리학자들이 극저온 환경이 아닌 우리 책상 위에서 작동하는 실용적인 양자컴퓨터를 만드는 데 도움이 될지도 모른다. 또 이 연구는 신세대 인공 광합성 기술에도 영감을 불어넣을 것이다. 막연하게 광합성 원리를 기반으로 하는 현재의 태양광 전지는 청정에너지 시장을 놓고 태양열 집열판과 이미 경쟁을 벌이고 있지만, 에너지 전달 과정에서의 손실로 인해 효율성에는 한계가 있다(거의 100퍼센트에 이르는 광합성에서 광자 에너지 포획 단계의 효율성에 비하면 기껏해야 약 70퍼센트의 효율성을 나타낸다). 생물학에서 영감을 얻어 태양광 전지에 양자 결맞음을 접목시키면, 태양에너지의 효율성이 크게 증가해서 세상을 더 깨끗하게 만들 수 있을지도 모른다.

이제 이 장을 마무리하면서, 생명의 특별함에 대한 이해를 높이는 것이 왜 중요한지를 잠시 생각해보자. 그레그 엥겔이 FMO 복합체 자료에서 처음 관찰했던 양자 맥놀이를 다시 생각해보자. 이 입자들은 생체 세포 내에서 파동과 같은 움직임을 나타낸다. 이 현상은 실험실 내에서만 일어나며 생화학 실험의 테두리 밖에서는 특별한 중요성을 지니지 않는다고 생각하고픈 유혹이 생긴다. 그러나 충분한 연구를 통해서 이것이 정말로 자연계에 존재하는 현상이라는 사실이 증명되었다. 이 현상은 나뭇잎과 조류와 미생물의 내부에서 일어나며, 우리의 생물권이 형성되는 과정에서도 하나의 역할을 했다. 어쩌면 그 역할이 결정적인 것이었을지도 모른다.

그래도 양자세계는 대단히 기이하게 느껴진다. 그리고 이 기이함은 종종 우리를 둘러싸고 있는 세계와 그 양자적 기반을 근본적으로 단절시키는 징후로 여겨진다. 그러나 실제로 세상이 작동하는 방식을 지배하는 법칙은 하나뿐이다. 바로 양자역학의 법칙이다.● 우리에게 친숙한 통계 법칙과 뉴턴의 운동 법칙도 결국은 기이한 것들을 가리는 결어긋남이라는 렌즈를 통해서 걸러진 양자역학의 법칙이다(그래서 양자 현상이 우리 눈에 이상하게 보이는 것이다). 더 깊이 파고들면 파고들수록, 우리에게 친숙한 현실의 중심에는 언제나 양자역학이 도사리고 있을 것이다.

게다가 양자 현상에 민감한 거시적 물체도 있다. 이런 물체들은 대부분 살아 있다. 우리는 앞 장에서 효소 내부에서 일어나는 양자 터널링이 세포 전체에 어떤 차이를 가져왔는지를 살펴봤다. 그리고 이 장에서는 지구상 생물질의 공급을 대부분 책임지고 있는 광자의 포획이 어떻게 섬세한 양자 결맞음으로 결정되는 것처럼 보이는지를 알아봤다. 따뜻하지만 고도로 조직화되어 있는 식물의 잎이나 미생물의 내부에서는 양자 결맞음이 생물학적으로 유의미한 시간 동안 유지될 수 있다. 여기서 우리는 양자적 사건이 일어날 수 있는 슈뢰딩거의 질서 속의 질서와 요르단이 말한 거시세계에서 양자 현상의 증폭을 다시 확인한다. 생명은 양자세계와 고전세계를 이어주는 다리처럼, 양자의 경계에 자리하고 있다.

● 단 중력은 예외다. 아직 중력은 양자역학으로 설명할 수 없다. (우리가 중력을 이해하는 방식인) 일반상대론은 양자역학과 맞지 않는 것처럼 보이기 때문이다. 양자역학과 일반상대론을 통합해 중력의 양자론을 만드는 일은 물리학이 당면한 가장 큰 도전 과제 중 하나다.

양자 맥놀이

나음 장에서는 생물권의 또 다른 중요한 과정을 살펴볼 것이다. 뉴턴의 사과나무에 사과가 열리기 위해서는 먼저 새나 곤충, 특히 벌이 꽃가루받이를 해야만 한다. 그러려면 벌이 사과 꽃을 찾아야만 하고, 이 과정에도 양자역학에 의해 일어나는 것으로 의심되는 능력이 활용되고 있다. 이 능력은 바로 후각이다.

5장

니모의 집을 찾아서

향의 물리적 실재 | 드러나고 있는 후각의 비밀 | 양자 코로 냄새 맡기

코 전쟁 | 물리학자, 냄새를 맡다

이를테면 코에 관해서는 어떤 철학자도 존경과 감사의 마음을 표한 적이 없다. 비록 일시적이기는 하지만, 코는 우리가 활용할 수 있는 가장 민감한 장치 중 하나다. 분광기로도 감지할 수 없는 아주 작은 변화까지 기록할 수 있는 장치다.

—프리드리히 니체, 『우상의 황혼』, 1889

그것은 우리에게 물질적 실체로부터 어떤 메시지를 전달하고 있는 것처럼 보인다.

—가스통 바슐라르, 『과학적 정신의 형성』, 1938

필리핀 베르데섬 해안의 산호초를 가득 채우고 있는 치명적인 말미잘sea anemone의 촉수 속에는 주황색과 흰색의 줄무늬가 있는 물고기 한 쌍이 몸을 숨기고 있다. 흔히 흰동가리clownfish, 더 정확히는 아네모네피시anemonefish라고 불리는 이 물고기의 더 정확한 이름은 암피프리온 오셀라리스Amphiprion ocellaris다. 한 쌍의 흰동가리 중 암컷은 대부분의 척추동물에 비해 더 흥미롭게 살아간다. 암컷 흰동가리가 항상 암컷은 아니기 때문이다. 암컷 흰동가리는 다른 모든 흰동가리들과 마찬가지로 몸집이 더 작은 수컷으로 태어나서, 특정 말미잘 군락에 사는 흰동가리 무리의 유일한 암컷에 종속되어 살았다. 흰동가리는 엄격한 사회 구조를 이루고 있어서, 다른 수컷들과의 경쟁을 통해 우위를 차지한 하나의 수컷이 마침내 유일한 암컷과 짝짓기하는 영예를 누린다. 그러나 만약 암컷이 지나가던 장어에게 먹히면, 이 수컷의 몸속에 수년 동안 잠들어 있던 난소가 성숙하고 정소의 기능이 중단되면서 수컷은 암컷이 된다. 그러고는 곧바로 그다음 서열의 수컷과 짝짓기를 한다.

흰동가리는 인도양에서 태평양 서부에 이르는 산호초에서 흔히 볼 수 있으며, 먹이는 주로 녹색식물, 해조류, 플랑크톤, 조개와 작은 갑각류 같은 동물이다. 몸집이 작고 밝은 색을 띠는 흰동가리는 날카로운 지느러미나 가시가 없어서 뱀장어와 상어와 산호초에 사는 다른 포식자들에게 잡혀 먹히기 쉽다. 포식자로부터 위협을 받으면, 흰동가리의 기본적인 방어 수단은 공생체인 말미잘의 촉수 사이에 몸을 숨기는 것이다. 흰동가리는 두터운 점액질로 뒤덮인 비늘 덕분에 독이 있는 말미잘의 촉수로 인한 해를 입지 않는다. 보호를 해주는 보답으로, 흰동가리는 말미잘을 뜯는 나비고기butterflyfish 같은 불청객들을 쫓아준다.

이런 흰동가리의 환경은 만화영화인 「니모를 찾아서」를 통해 우리에게 가장 친숙하게 다가왔다.● 니모의 아빠인 말린은 그레이트배리

니모의 집을 찾아서

어리프의 보금자리에서 납치되어 머나먼 시드니로 끌려간 아들을 찾아 나섰다. 그러나 진짜 흰동가리를 괴롭히는 문제는 그들의 집을 다시 찾아가는 일이다.

말미잘마다 흰동가리 무리가 하나의 완전한 군집을 이루고 있을 것이다. 이 군집은 가장 우월한 수컷과 암컷, 그리고 여왕의 부군 자리를 차지하기 위해 경쟁을 벌이는 여러 마리의 어린 수컷으로 이루어진다. 우위를 차지한 수컷은 암컷이 죽었을 때 성을 바꿀 수 있는 비범한 능력이 있다. 웅성 생식기 선숙성 자웅동체성protandrous hermaphroditism이라고 하는 이 능력은 위험한 암초 지대에서 살아가기 위한 적응일 수도 있다. 이런 능력이 있으면, 생식력을 지닌 유일한 암컷이 죽은 뒤에도 말미잘의 보호를 벗어나지 않고 군집을 이어갈 수 있기 때문이다. 그러나 군집 전체가 한 말미잘 속에서 수년 동안 살 수 있다고 해도 그 자손들은 안락한 집을 떠나야 할 것이다. 그리고 결국에는 돌아오는 길을 찾아야 할 것이다.

산호초에 사는 대부분의 물고기에게 보름달은 산란 신호다.●● 바다 위로 떠오르는 달이 이지러지기 시작하면, 암컷은 분주하게 우월한 수컷이 수정시킬 알을 낳는다. 그러면 암컷의 일은 끝난다. 알을 지키고 산호초의 육식성 물고기들을 쫓는 일은 모두 수컷 흰동가리의 몫이다. 수컷이 알을 관리한 지 약 일주일이 지나면, 수백 마리의 유생이 알을 깨고 물속으로 나온다.

흰동가리 유생은 길이가 몇 밀리미터에 불과하며, 몸이 거의 투명

●안타깝게도 이런 유명세로 인해 이제 흰동가리는 야생에서의 생존을 위협받고 있다. 흰동가리에 대한 수요가 급증하면서 물고기를 남획하는 밀렵꾼들이 가장 선호하는 어종이 되었기 때문이다. 그러니 니모를 집에서 키우려고 하지 말자. 니모는 진짜 산호초에 있어야 한다!
●●이 시기에는 조류가 더 강해져서 확산에 도움이 되는 것으로 보인다.

하다. 약 일주일 뒤에는 해류에 떠밀려다니면서 동물성 플랑크톤을 먹는다. 산호초에서 다이빙을 해본 사람이라면, 해류에 떠밀리면 금방 멀리 떨어진 곳까지 가게 된다는 것을 알 것이다. 그러므로 흰동가리 유생도 태어난 산호초에서 수 킬로미터 떨어진 곳까지 갈 수도 있다. 유생들은 대부분 잡아먹히지만 일부는 살아남는다. 약 일주일 뒤, 운 좋게 살아남아서 바다 밑바닥에서 헤엄치는 소수의 흰동가리 유생은 하루 안에 (3장에 나온 개구리처럼) 변태를 해서 작은 성체 물고기와 같은 형태가 된다. 독성이 있는 말미잘의 보호를 받지 못하면, 눈에 띄는 색깔의 어린 흰동가리들은 해저를 어슬렁거리는 포식자의 먹이가 되기 십상이다. 어린 흰동가리가 살아남기 위해서는 한시바삐 몸을 피할 산호초를 찾아야 한다.

예전에는 새끼 물고기가 해류에 휩쓸려다니다가 우연히 가까이 있는 적당한 산호초에 의지한다고 생각했다. 그러나 이 설명은 실제로는 전혀 맞지 않았다. 대부분의 흰동가리 유생은 힘차게 헤엄친다는 것이 알려졌기 때문이다. 그리고 어디로 가야 하는지를 알지 못하면 그렇게 헤엄치는 것은 아무 소용이 없다. 그러다 2006년, 매사추세츠의 유명한 우즈홀 해양생물학 연구소의 연구원인 가브리엘레 게를라흐는 오스트레일리아 그레이트배리어리프를 형성하는 3~23킬로미터 길이의 산호초에 살고 있는 물고기의 유전자 지문 분석을 실시했다. 그녀의 발견에 따르면, 같은 산호초에 서식하는 물고기는 멀리 떨어진 산호초에 서식하는 것들보다 유전적으로 더 가까웠다. 산호초의 모든 물고기 유생은 넓은 범위로 흩어지기 때문에, 대부분의 성체 물고기가 태어난 산호초로 되돌아와야만 그녀의 발견이 설명된다. 방법은 알 수 없지만, 모든 산호초 물고기 유생에는 산란된 장소를 확인

니모의 집을 찾아서

할 수 있는 특징이 가인되어 있는 것이다.

하지만 집에서 멀리 떨어진 곳으로 휩쓸려간 흰동가리 유생이나 어린 물고기는 어느 방향으로 헤엄쳐야 하는지를 어떻게 알까? 바다 밑바닥에는 쓸 만한 시각적 단서가 없다. 해저에는 특별한 기준점이 없어서 사방이 다 똑같아 보인다. 자갈과 바위가 흩어져 있는 사막이나 다름없으며, 이따금씩 절지동물들이 돌아다닌다. 멀리 떨어져 있는 산호초에서 수 킬로미터를 이동할 만한 청각적 신호가 나올 것 같지도 않다. 해류 자체는 부가적인 문제다. 해류의 방향이 깊이에 따라 다양해서 물이 움직이고 있는지 아닌지를 결정하기가 대단히 어렵기 때문이다. 흰동가리가 겨울철에 이동하는 울새처럼 몸속에 나침반을 갖고 있다는 증거도 없다. 그렇다면 이 물고기들은 어떻게 길을 찾을까?

어류는 예리한 후각을 갖고 있다. 뇌의 3분의 2를 후각에 할애하고 있는 상어가 1킬로미터 밖에서 피 한 방울의 냄새를 맡을 수 있다는 이야기는 유명하다. 산호초 물고기도 냄새를 맡고 집을 찾아가는 것은 아닐까? 가브리엘레 게를라흐는 이 가설을 검증하기 위해서, 2007년에 "2-경로 후각 선택 수로 실험two-channel olfactory choice flumes test"을 설계했다. 이 실험에서 게를라흐는 유생들이 알을 깐 산호초에서 채집한 해수와 멀리 떨어진 산호초에서 채집한 해수가 흐르는 두 종류의 수로를 설치하고, 수로 아래쪽에 위치한 물고기 유생이 둘 중 어떤 수로를 선호하는지를 측정했다.

예외 없이 모든 유생이 자신이 알을 까고 나온 산호초의 물이 채워진 수로 쪽으로 헤엄쳤다. 유생들은 고향 산호초의 바닷물과 낯선 바닷물을 냄새로 구별하는 것이 확실해 보였다. 오스트레일리아 퀸즐랜드에 위치한 제임스 쿡 대학의 연구자인 마이클 아베들룬드는 비슷한 실험을 통해서, 흰동가리가 자신이 서식하는 말미잘 종의 냄새를 맡을 수 있고 서식하지 않는 다른 말미잘과 구별할 수 있다는 것을 증명했다. 심지어 같은 제임스 쿡 대학의 대니얼러 딕슨이 밝혀낸 바에 따르면, 놀랍게도 흰동가리는 선호하는 산호초 서식지의 바닷물과 멀리 떨어진 다른 산호초의 바닷물을 구별할 수 있었다. 정말로 니모와 다른 산호초 물고기들은 냄새로 집을 찾아가고 있는 것 같아 보인다.

후각을 이용해서 길을 찾는 동물의 능력은 매우 유명하다. 해마다 세계 전역의 해안을 따라 강어귀로 모여드는 수백 마리의 연어 떼는 내륙의 태어난 곳으로 돌아가기 위해 거센 물살을 거스르며 폭포와 모래톱을 오르는 모험을 감행한다. 흰동가리와 마찬가지로, 연어가 적당한 강을 선택하는 것도 어느 정도 우연일 것이라고 생각했다. 그러던 1939년, 캐나다의 윌버트 A. 클레먼스는 프레이저강의 특정 지류에서 잡은 46만9326마리의 어린 연어에 인식표를 달았다. 몇 년 뒤, 그는 자신의 인식표를 달고 같은 지류로 돌아온 연어 1만958마리를 잡았다. 다른 지류에서는 같은 인식표를 달고 있는 연어가 한 마리도 잡히지 않았다. 단 한 마리도 대양에서 집으로 돌아오는 길을 잃지 않은 것이다. 연어들이 어떻게 대양에서 자신이 태어난 개울을 찾아오는지에 대한 궁금증은 한동안 풀리지 않았다. 그때 위스콘신-매디슨 대학의 아서 하슬러가 어린 연어들이 냄새의 흔적을 따라간다는 주장을 내놓았다. 그는 1954년에 자신의 가설을 검증하기 위해, 시애틀 인근 이사콰강의 두 지류가 합류하는 지점의 상류에서 회귀하던 연어 수백 마리를 잡아서 합류 지점의 하류로 이동시켰다. 연어는 예외 없이 처음 잡혔던 곳과 같은 지류로 돌아왔다. 그러나 연어를

니모의 집을 찾아서

풀어주기 전에 콧구멍을 탈지면으로 틀어막자, 연어는 합류 지점에서 어디로 갈지 결정하지 못하고 갈팡질팡했다.

후각은 육상에서 더 놀라운 것일지도 모른다. 냄새 입자가 희석되는 대기의 부피가 대양에 비해 훨씬 크기 때문이다. 또 대기에서는 기상 현상으로 인해 기류의 변화가 심하므로 물속에서보다 냄새 입자가 훨씬 빨리 흩어진다. 그러나 후각은 대부분의 육상동물의 생존에 중요한 역할을 한다. 집을 찾아가는 데 쓰일 뿐 아니라, 먹이를 잡거나 포식자로부터 도망치거나 짝을 찾거나 경계 신호가 되거나 영역을 표시하거나 생리적 변화를 일으키거나 의사소통을 하는 데 이용된다. 이런 전체적인 후각적 경관smellscape은 인간에게는 별로 또렷하지 않다. 인간은 더 예리한 후각을 지닌 다른 동물을 이용해서 이런 신호와 징후를 감지한다. 물론 개는 냄새에 관심이 많기로 유명하며, 우리보다 40배나 더 큰 후각상피를 지닌 블러드하운드는 사람의 냄새 흔적을 잘 찾는 능력으로 정평이 나 있다. 우리가 봐왔던 영화에는 탈옥수가 벗어버린 옷의 냄새를 맡고 황야와 숲과 시내를 가로질러 악당을 추적할 수 있는 예리한 후각을 지닌 사냥개가 등장한다. 그 이야기들은 허구일지 몰라도, 사냥개의 능력은 분명한 사실이다. 개는 냄새를 맡고 사람이나 동물이 어느 방향으로 갔는지를 알 수 있으며, 며칠이 지난 냄새의 흔적을 추적할 수 있다.

동물의 특별한 후각 능력은 블러드하운드나 흰동가리가 일상적으로 하는 일들을 생각해보면 짐작할 수 있다. 먼저 블러드하운드를 생각해보자. 블러드하운드는 사람이나 다른 동물들 속에 섞여 있는 미량의 화학물질 냄새를 감지할 수 있으며, 후각이 특별히 민감하다. 이를테면 1그램의 부티르산butyric acid을 어떤 공간에서 증발시키면, 우리 인간은 단순히 퀴퀴한 냄새가 난다고만 생각할 것이다. 그러나 개는 같은 양의 부티르산이 도시 전체에 공기 중 100미터 높이까지 확산되어도 감지할 수 있다. 그리고 흰동가리나 연어는 광막한 바다에 희석된 고향의 냄새를 수 킬로미터 떨어진 곳에서도 감지할 수 있는 것이다.

그러나 동물의 후각에서 놀라운 점은 민감도만이 아니다. 냄새를 구별할 수 있는 능력도 특별하다. 세관에서는 광범위한 냄새 물질을 감지하는 일에 일상적으로 개를 활용한다. 개가 감지하는 물질은 대마초, 코카인 같은 약물에서 C4 같은 폭약에 들어가는 화학물질에 이르며, 단단히 밀봉되어 여행 가방 속에 들어 있어도 감지할 수 있다. 또한 개들은 사람의 냄새도 구별한다. 일란성 쌍둥이의 냄새까지도 구별할 수 있다. 어떻게 이것이 가능할까? 누군가가 내뿜는 부티르산의 냄새는 다른 사람이 풍기는 부티르산의 냄새와 분명 똑같다. 당연한 이야기다. 그러나 모든 사람은 부티르산 외에도 미묘하고 복잡한 수백 가지 유기분자의 칵테일을 내뿜는데, 이것이 지문처럼 각자의 존재를 나타내는 특징이 된다. 개는 우리의 후각적 지문을 '볼' 수 있는 특별한 능력을 갖고 있다. 흰동가리나 연어가 집의 냄새를 인식하는 것도 이와 비슷할 것이다. 우리가 집으로 가는 길이나 집의 대문 색깔을 보고 아는 것과 흡사한 것이다.

그러나 개나 연어나 흰동가리가 최고의 후각을 가진 동물이라고는 할 수 없다. 곰의 후각은 블러드하운드보다 일곱 배 더 민감해서, 20킬로미터 밖에 있는 죽은 동물의 냄새를 맡을 수 있다. 나방은 약 10킬로미터 떨어진 곳에 있는 짝의 냄새를 감지할 수 있다. 쥐는 입체적으로 냄새를 맡고, 뱀은 혀로 냄새를 맡는다. 이 모든 후각 능력은

니모의 집을 찾아서

동물이 먹이나 찍을 찾을 때 혹은 포식자를 피하기 위해 반드시 필요하다. 공기 중에서나 물속에서나, 동물은 자원 혹은 위험이 가까이 있다는 것을 알려주는 휘발성 신호에 대한 민감성을 진화시킨 것이다. 후각은 동물의 생존에 대단히 중요하기 때문에, 많은 동물이 냄새와 관련된 고유한 행동 반응을 갖고 있는 것으로 보인다. 한 실험에서는 오크니 제도의 밭쥐가 포식자인 담비의 분비물이 있는 덫을 피하는 것으로 밝혀졌다. 심지어 이 섬에는 5000년 동안이나 담비가 없었는데도 말이다!

인간은 가까운 다른 동물에 비해 후각이 훨씬 약한 것으로 알려져 있다. 수백만 년 전, 호모 에렉투스Homo erectus가 숲 바닥에서 상체를 일으켜 직립보행을 하게 되었을 때, 그의 코 역시 지면에서 멀어졌고 땅에서 나는 풍부한 냄새들도 함께 멀어져버렸다. 그 이후에는 더 높은 위치에서 효과적인 시각적 정보와 소리가 인간의 기본적인 정보 급원이 되었다. 그래서 인간은 주둥이에 해당되는 부위가 짧아지고 콧구멍이 좁아졌으며, 후각 수용체가 암호화되어 있는 1000여 개의 조상 포유류 유전자 중 대부분에 돌연변이가 축적되었다(이에 관해서는 나중에 더 다룰 것이다). 게다가 우리는 다른 동물에서 볼 수 있는 보조 후각 기관도 잃었다. 보습코 기관vomeronasal organ(VNO) 또는 야콥슨 기관Jacobson's organ이라 불리는 이 기관은 페로몬을 감지하는 역할을 한다.

비록 유전적 능력이 감소해서 후각 수용체 유전자가 약 300개에 불과하고 해부학적 구조가 바뀌긴 했지만, 우리는 놀라울 정도로 훌륭한 후각을 보유하고 있다. 냄새로 짝을 찾거나 수 킬로미터 밖에 차려진 저녁 상의 냄새를 맡을 수는 없어도, 우리는 1만 가지의 서로 다른 냄새를 구별할 수 있다. 그리고 니체가 지적했듯이, "분광기로도 감지할 수 없는" 냄새 물질을 감지할 수도 있다. 냄새를 감지하는 우리의 능력은 가장 위대한 시심詩心에 영감을 불러일으켰으며("장미는 이름이 장미가 아니어도 똑같이 향기로울 것이다"), 우리의 행복과 만족감에 중요한 역할을 한다.

후각은 인류 역사에서도 놀라울 정도로 중요한 역할을 했다. 아주 오래된 문헌에도 좋은 향기에 대한 숭배와 악취에 대한 혐오의 기록이 남아 있다. 숭배와 명상의 장소에는 향수와 향료의 냄새가 물씬 풍겼다. 구약성경에서 신은 모세에게 숭배 장소를 만들라고 지시하면서, 이렇게 말했다. "향료 자료를 구하여라. 때죽나무와 향조 껍질과 풍지향 등 향료 자료를 구하여 순수한 향과 같은 분량으로 하여 향 제조공이 하듯이 잘 섞은 다음 소금을 쳐서 순수하고 거룩한 가루 향을 만들어라."[1] 고대 이집트에는 향수의 신도 있었다. 치유의 신인 네페르툼은 일종의 신화 속 향기 치료사였다.

건강은 좋은 향기와 연관이 있고, 반대로 질병과 부패는 악취와 연관이 있다. 그래서 건강이나 질병으로 인해 냄새가 생긴다고 생각하지 않고, 인과관계의 방향이 그 반대라고 믿는 사람이 많았다. 이를테면 로마 시대의 위대한 의사인 갈레노스는 악취를 풍기는 홑이불과 매트리스와 담요가 체액을 더 빨리 오염시킬 수 있다고 가르쳤다. 하수구, 시체 안치소, 분뇨 구덩이, 습지대에서 스며나오는 역겨운 물질(미아스마miasma)은 여러 치명적인 질병의 원인으로 여겨졌다. 반대로 기분 좋은 냄새는 질병을 막아준다고 생각했다. 그래서 중세 유럽에서는 전염병 희생자의 집에 들어가려는 내과 의사라면 사전에 철저히 통풍을 시키고, 몰약과 장미와 클로버와 그 밖의 다른 허브로 만든

니모의 집을 찾아서

향을 피워서 좋은 냄새기 나도록 했다. 사실 향수 제조업은 원래 몸단장보다는 소독이 주목적이었다.

후각의 중요성은 코로 들어오는 냄새의 감지에만 한정되지 않는다. 놀랍게도 우리의 미각은 일반적으로 약 90퍼센트가 냄새에 의해서 결정된다. 우리가 음식 맛을 볼 때, 우리 혀와 입천장에 있는 미각 수용체는 침에 녹아 있는 화학물질을 감지한다. 그러나 미각 수용체에서는 다섯 가지 기본적인 맛의 조합을 확인할 수 있을 뿐이다. 이 다섯 가지 맛은 단맛, 신맛, 짠맛, 쓴맛, 감칠맛(일본어인 우마미旨味라고도 하며 '기분 좋게 입에 당기는 맛'이라는 뜻이다)이다. 그러나 우리의 식음료에서 증발한 휘발성 향은 목구멍 안쪽을 통해 비강으로 들어와서 수백 개의 서로 다른 후각 수용체를 활성화시킨다. 이 작용은 우리에게 단순한 미각보다 훨씬 뛰어난 능력을 선사한다. 수천 가지 서로 다른 향을 구별하고, 와인과 향기로운 음식과 향료와 커피의 풍부한 풍미flavour(주로 향)를 즐길 수 있게 해준다. 우리는 다른 대부분의 포유류가 갖고 있는 보습코의 감각은 잃었지만, 거대한 향수 산업은 인간의 구애 행위와 성에서 향이 지금도 계속 중요한 역할을 하고 있다는 증거다. 심지어 프로이트는 대부분의 인간에게서 성적 억압과 후각적 승화sublimation 사이의 연관성을 봤다. 그럼에도 "유럽에서조차● 생식기의 강한 체취를 즐기는 사람이 존재한다"고 주장했다.[2]

그렇다면 인간, 개, 곰, 뱀, 나방, 상어, 쥐, 흰동가리는 "물질적 실재로부터" 이런 메시지를 어떻게 감지할까? 이렇게 다양한 향을 우리는 어떻게 구별할까?

● 인종주의를 내포한다는 점을 주목하자.

향의 물리적 실재

어떤 대상으로부터 전자기파나 음파를 통해 간접적으로 전달된 정보를 수집하는 시각 혹은 청각과 달리, 미각과 후각은 '물질적 실재로부터' 메시지를 전달하는 대상(분자)과의 접촉을 통해서 정보를 직접 받아들인다. 둘 다 상당히 비슷한 원리를 통해 작동하는 것처럼 보인다. 후각과 미각이 감지하는 분자는 둘 다 침에 녹거나 공기 중을 떠다니다가, 혀(맛)나 비강의 천장에 위치한 후각상피(냄새)에 있는 수용체에 감지된다. 휘발성이 있어야 한다는 요건은 대부분의 향이 꽤 작은 분자라는 뜻이다.

코는 냄새 맡기에서 어떤 직접적인 역할도 하지 않는다. 다만 코 뒤편에 있는 후각상피 쪽으로 공기를 보낼 뿐이다(그림 5.1). 인간의 후각상피는 넓이가 (우표 한 장 크기인) 3제곱센티미터에 불과한 무척 작은 조직이지만, 점액질 분비샘들과 수백만 개의 후각 뉴런olfactory neuron으로 덮여 있다. 후각 뉴런은 후각을 담당하는 신경세포의 일종이며, 눈의 망막에서는 시각을 담당하는 간상세포와 원추세포라는 신경세포가 있다. 후각 뉴런의 앞쪽 끝은 빗자루처럼 여러 갈래로 갈라진 형태를 하고 있는데, 세포막이 접혀서 수많은 작은 털이 밀집한 섬모cilia를 이룬다. 섬모라는 솔이 달린 이 빗자루는 냄새 분자를 수집해서 전달할 수 있는 세포층 바깥으로 비죽 튀어나와 있다. 빗자루의 손잡이에 해당되는 축색돌기axon, 즉 신경섬유는 안쪽으로 길게 뻗어 있다. 축색돌기는 비강 안쪽에 있는 작은 뼈를 지나 뇌로 들어가서 뇌의 후각 신경구olfactory bulb라는 영역과 연결된다.

니모의 집을 찾아서

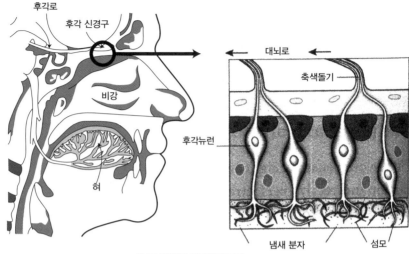

그림 5.1 냄새의 해부학적 구조

이 장의 나머지 부분은 오렌지를 옆에 놓고 읽으면 좋을 것이다. 상큼한 향이 배어나와 당신의 후각상피에 닿을 수 있도록 조각을 내놓으면 더 좋을 것이다. 한 조각을 입에 넣고 날아가는 향이 비후 경로를 통해서 후각상피에 닿을 수 있게 해보는 방법도 있다. 모든 자연의 향과 마찬가지로, 오렌지 냄새 역시 수백 가지의 휘발성 물질로 이루어진 아주 복잡한 혼합물이다. 그러나 우리는 그중 가장 많이 들어 있는 물질 가운데 하나인 리모넨limonene●의 경로를 따라가면서 물질이 향기가 되는 과정을 알아볼 것이다.

이름에서 알 수 있듯이, 오렌지나 레몬 같은 감귤류 과일에 많이 들어 있는 물질인 리모넨은 상큼한 향과 맛을 만들어낸다. 리모넨이 속하는 테르펜terpene이라는 화합물 무리는 여러 식물과 꽃의 정유

● 1-메틸-4-(메틸에테닐)-시클로헥센1-methyl-4-(1-methylethenyl)-cyclohexene essential oil에서 향기를 내는 성분으로, 소나무, 장미, 포도, 홉의 풍부한 향을 만들어낸다. 따라서 원한다면 오렌지 대신 맥주나 포도주로 바꿔도 좋다. 이 화합물은 잎을 포함한 감귤류 식물의 다양한 부분에서 만들어지지만, 가장 풍부하게 들어 있는 곳은 과일의 껍질이다. 껍질을 짜면 거의 순수한 리모넨을 얻을 수 있을 정도다.

리모넨은 실온에서 서서히 증발하는 휘발성 액체다. 따라서 당신의 오렌지에서는 수백만 개의 리모넨 분자가 공기 중으로 방출될 것이다. 대부분의 리모넨 분자는 방 안을 떠다니다가 문이나 창문을 통해서 밖으로 나가겠지만, 일부는 공기를 타고 당신의 코 근처로 올 것이다. 당신이 숨을 들이마시면, 리모넨을 실은 수 리터의 공기가 콧구멍을 지나서 약 1000만 개의 후각 뉴런으로 뒤덮여 있는 후각상피에 닿을 것이다.

리모넨 분자가 후각상피의 섬모를 지날 때, 일부 분자는 후각 뉴런에 걸려든다. 하나의 리모넨 분자만으로도 후각 뉴런의 세포막에 있는 작은 통로를 열기에는 충분하며, 이 통로가 열리면 양전하로 하전된 칼슘 이온들이 세포 밖에서 안으로 흘러 들어온다. 약 35개의 리모넨 분자가 포집되면, 세포 내로 흘러들어오는 이온의 양은 약 1피코암페어●의 전류가 된다. 이 전류가 스위치처럼 작용해서 활동전위라고 불리는 전기 신호가 점화되고(이에 관해서는 9장에서 더 알아볼 것이다), 활동전위는 빗자루처럼 생긴 세포의 손잡이, 즉 축색돌기를 따라서 전달된다. 이 신호는 먼 길을 돌아 뇌 속의 후각 신경구에 당도한다. 추가적인 신경 처리를 거친 뒤, 우리는 이 '물리적 실재로부터의

● 1피코암페어는 1조 분의 1(10^{-12}) 암페어다.

니모의 집을 찾아서

메시시'를 상큼한 오렌지 향으로 경험한다.

이 과정 전체에서 핵심적인 사건은 당연히 후각 뉴런에 의한 향기 분자의 포획이다. 그렇다면 이 과정은 어떻게 일어나는 것일까? 눈의 감광세포인 원추세포와 간상세포(역시 뉴런의 일종이다)가 시각과 이루는 관계로 미루어볼 때, 후각 역시 표면에 위치한 후각 수용체와 연관이 있을 것으로 예상되었다. 그러나 1970년대에는 후각 수용체의 특성과 정체가 전혀 알려져 있지 않았다.

리처드 액설은 1946년 뉴욕 브루클린에서 태어났다. 나치의 침공을 피해 폴란드를 탈출한 이민자 부모의 맏아들이었던 그는 딱 그 동네 아이다운 어린 시절을 보냈다. 그는 골목길과 안마당에서 스틱볼(일종의 길거리 야구, 맨홀 뚜껑이 베이스가 되고 빗자루의 자루를 배트로 이용한다)이나 농구를 하다가 제단사인 아버지의 심부름을 하기 위해 뛰어다녔다. 불과 열한 살이었던 액설의 첫 직업은 치과의사에게 의치를 배달하는 일이었다. 열두 살에는 카펫을 까는 일을 했고, 열세 살에는 지역의 한 육가공품 판매점에서 콘비프와 파스트라미 같은 소고기 가공품을 배달했다. 이 육가공품 판매점의 러시아인 주방장은 양배추를 썰다가 셰익스피어를 인용하곤 했다. 육가공품 판매점과 농구 코트 외의 문화를 처음 접해본 어린 리처드 액설은 깊은 감명을 받고 위대한 문학에 대한 사랑을 간직했다. 액설의 지적 재능을 눈여겨본 지역 고등학교 교사는 뉴욕의 컬럼비아 대학에 장학금을 신청하도록 용기를 북돋았고, 액설은 문학을 공부할 수 있게 되었다.

신입생이 된 액설은 1960년대의 대학생활이라는 지적 소용돌이 속에 자신을 내던졌다. 그러나 흥청망청한 생활 방식을 유지하기 위해서는 분자유전학 실험실에서 실험 기구 닦는 일을 해야만 했다. 그는 새롭게 부상하는 이 과학 분야에 매료되기 시작했지만, 실험 기구 닦는 일에는 영 젬병이었다. 그래서 그 일에서는 해고되고, 연구조교로 다시 고용되었다. 그는 문학과 과학 사이에서 고민하다가, 결국 유전학으로 대학원 과정을 등록하기로 결심했지만 베트남전 징집을 피하기 위해 전공을 의학으로 바꿨다. 의대에서의 그는 확실히 실험 기구를 닦을 때만큼이나 서툴렀다. 그는 심장의 이상 음을 들을 수 없었고, 한 번도 망막을 보지 못했다. 안경을 절개된 복부에 떨어뜨린 적도 있고, 심지어 외과의사의 손가락을 자신의 환자에게 꿰매기도 했다. 결국 그는 살아 있는 환자에게는 의술을 행하지 않는다는 약속을 하는 조건으로 졸업을 허락받았다. 그는 병리학을 공부하기 위해 컬럼비아 대학으로 돌아왔지만, 1년 뒤 그의 학장은 그가 죽은 환자도 맡아서는 안 된다고 주장했다.

의학에는 소질이 없다는 것을 깨달은 액설은 마침내 컬럼비아 대학에서 원래 관심을 두었던 연구로 돌아왔다. 그 이후 그는 빠른 진전을 보였고, 포유동물 세포 내에 다른 DNA를 삽입하는 참신한 기술을 개발했다. 이 기술은 20세기 후반의 유전공학/바이오테크 혁명의 중심이 되었고, 컬럼비아 대학은 특허권 계약으로 수억 달러를 벌어들였다. 장학금에 대한 투자가 후한 보답을 받은 사례다.

1980년대에 액설은 인간 뇌의 작동 방식이라는 미스터리 중의 미스터리를 푸는 데 분자생물학이 도움이 될 수 있을지에 관해 고민하고 있었다. 그는 유전자의 행동에 대한 연구를 행동에 대한 유전자 연구로 바꾸고, "더 고등한 뇌의 중추에서 어떻게 '지각'이 만들어지는지, 다시 말해서 라일락이나 커피나 스컹크의 냄새를 어떻게 인식하는지……에 대한 분석"[3]을 장기적인 목표로 세웠다. 뇌과학 연구에

니모의 집을 찾아서

시 그의 첫 번째 시도는 고둥의 산란 행동에 대한 조사였다. 당시 그의 연구실에는 대단히 재능 있는 연구자인 린다 벅이 막 들어온 참이었다. 원래는 댈러스 대학에서 면역학을 연구했던 벅은 새롭게 부상하기 시작한 분자 뇌과학이라는 분야에 매료되었고, 이 분야의 최전선에 뛰어들기 위해 액설의 연구실로 들어왔다. 액설과 벅은 일련의 기발한 실험들을 고안해서 냄새의 분자적 토대를 조사했다. 그들이 다뤘던 첫 번째 문제는 후각 수용체 분자의 정체였다. 이 분자는 후각 뉴런의 표면에 존재하면서 서로 다른 냄새 분자를 포획하고 확인하는 것으로 추정되었다. 그들은 다른 감각 세포에서 알려진 사실들에 근거해서, 후각 수용체 역시 세포막에서 튀어나온 단백질의 일종이며 전달된 냄새 분자와 결합할 수 있을 것이라고 추측했다. 그러나 당시에는 아무도 후각 수용체를 분리해내지 못했기 때문에, 후각 수용체가 어떻게 생겼으며 어떻게 작용하는지에 관한 단서는 아무것도 없었다. 연구진은 이 수용체가 막연히 G-단백질 연결 수용체G-protein coupled receptor라는 단백질군에 속할 가능성이 있다는 짐작만으로 연구를 계속해야 했다. G-단백질 연결 수용체는 호르몬 같은 화학적 신호의 감지와 연관이 있는 것으로 알려져 있었다.

린다 벅은 이런 종류의 수용체가 암호화되어 있는 완전히 새로운 유전자군을 확인했는데, 이 유전자군은 후각 수용체 뉴런에서만 표현되었다.● 계속해서 그녀는 이 유전자에 정말로 향을 포집하는 수용체가 암호화되어 있다는 것을 증명했다. 추가적인 분석을 통해서 증

● '표현된다expressed'는 것은 어떤 유전자가 활성화되어서 그 정보가 RNA에 복제된다는 의미다. 그다음에 이 정보는 단백질 합성 장치로 전달되어서, 유전자에 암호화된 정보에 따라 효소나 특정 후각 수용체 같은 단백질이 만들어진다.

명된 바에 따르면, 쥐의 유전체에는 이처럼 새롭게 확인된 수용체 약 1000개가 암호화되어 있었다. 서로 조금씩 다른 이 수용체들은 각각 하나의 향을 감지하도록 맞춰져 있는 것으로 추정되었다. 인간도 비슷한 수의 후각 수용체 유전자를 갖고 있지만, 그중 3분의 2가 퇴화되었다. 위유전자pseudogene라 불리는 이런 퇴화된 유전자는 일종의 유전자 화석이며, 돌연변이가 너무 많이 축적되어 더 이상 작동하지 않는다.

그러나 수용체 유전자가 300개든 1000개든, 인간이 확인할 수 있는 향의 종류는 이보다 훨씬 많아서 무려 1만 가지나 된다. 확실히 수용체의 유형과 향의 유형이 일대일 대응이 되는 것은 아니다. 따라서 후각 수용체에서 받아들인 신호가 냄새로 전달되는 방식은 여전히 수수께끼로 남아 있다. 다양한 냄새 분자를 감지하는 일이 서로 다른 세포들 사이에 어떻게 할당되는지 역시 명확하지 않다. 각 세포의 유전체에는 후각 수용체 유전자 전체가 완벽하게 들어 있으므로, 세포마다 모든 향을 감지할 가능성도 있다. 아니면 일종의 분업이 일어날 수도 있다. 이 의문에 대한 답을 찾기 위해, 컬럼비아 대학 연구팀은 더욱 기발한 실험을 고안했다. 이들은 생쥐의 유전자를 조작해서, 특정 냄새 수용체가 발현되는 후각 뉴런이 모두 파란색으로 염색되도록 만들었다. 만약 모든 세포가 파란색으로 염색되면, 이 수용체가 모든 세포에서 표현된다는 것을 알 수 있는 것이다. 연구진은 유전자가 조작된 생쥐의 후각세포를 조사해서, 1000개의 세포 중 약 한 개가 파란색으로 염색되었다는 사실을 명확하게 밝혔다. 각각의 후각 뉴런은 전천후 선수가 아니라, 한 가지 냄새만 감지할 수 있는 전문가였다.

니모의 집을 찾아서

얼마 지나지 않아 린다 벅은 컬럼비아 대학을 떠나서 하버드 대학에 자신의 연구실을 꾸렸고, 두 연구팀은 나란히 후각의 여러 비밀을 파헤쳤다. 그들은 곧 후각 뉴런을 개별적으로 분리해서 리모넨 같은 특정 향기에 대한 민감도를 직접 알아보는 기술을 고안했다. 그들은 각각의 향을 이루는 화학물질이 하나가 아닌 여러 개의 뉴런을 활성화시킨다는 것을 발견했다. 게다가 하나의 뉴런은 여러 개의 서로 다른 향에 반응했다. 이 발견은 단 300개의 후각 수용체로 어떻게 1만 가지의 서로 다른 냄새를 구별할 수 있는지와 관련된 수수께끼를 해결해줄 것처럼 보였다. 단 스물여섯 글자의 알파벳을 다양한 방식으로 조합해서 책에 있는 모든 단어를 쓸 수 있듯이, 수백 개의 후각 수용체가 수억 가지 서로 다른 조합으로 활성화되어 무수한 향을 느낄 수 있는 것이다.

리처드 액설과 린다 벅은 '후각 수용체와 후각계의 구조' 발견을 개척한 공로를 인정받아 2004년에 노벨상을 수상했다.

드러나고 있는 후각의 비밀

—

이제 오렌지, 산호초, 짝짓기 상대, 포식자, 먹이 따위의 냄새를 감지하는 과정의 시작은 하나의 냄새 분자가 빗자루처럼 생긴 후각 뉴런 중 하나의 섬모 표면에 있는 후각 수용체와 결합하는 것이라고 이해되고 있다. 그러나 각각의 수용체는 어떻게 자신과 맞는 냄새 분자, 이를테면 리모넨 같은 것만 인식하고, 후각상피를 지나가는 다른 수많은 냄새 물질과는 결합하지 않는 것일까?

이것이 냄새에서 가장 중요한 미스터리다.

전통적인 설명은 자물쇠와 열쇠 메커니즘을 토대로 한다. 이 메커니즘은 자물쇠의 구멍에 열쇠가 꼭 들어맞듯이, 냄새 분자와 후각 수용체가 일치할 것이라는 생각이다. 이를테면 리모넨 분자는 특정 후각 수용체에 딱 맞아 들어가고, 이 결합이 조금 불분명한 과정을 거쳐서 어찌어찌 수용체의 자물쇠를 풀고 G 단백질이라는 단백질의 방출을 촉발한다는 것이다. G 단백질은 마치 선체에 묶여 있는 어뢰처럼, 보통은 수용체의 안쪽 표면에 묶여 있다. 이 어뢰 단백질은 일단 세포 내부에서 발사되면, 세포막으로 가서 하전된 이온이 세포 내부로 흘러들어올 수 있는 통로를 만든다. 막을 통해 흘러들어오는 이런 전류는 뉴런의 점화를 촉발하고(이에 관해서는 9장에서 더 알아볼 것이다), 후각상피에서 뇌로 향하는 신경 신호를 전달한다.

자물쇠와 열쇠 메커니즘은 수용체 분자가 그 내부에 꼭 맞아 들어가는 냄새 분자와 형태적으로 상보관계에 있다는 것을 암시한다. 쉽게 말해서 유아들이 좋아하는 모양 맞추기 퍼즐에 비유할 수 있는데, 이 퍼즐은 특정 형태(이를테면 원형이나 사각형이나 삼각형)의 블록을 그 형태로 잘려 있는 나무판에 맞춰 집어넣어야 한다. 후각에서는 각각의 냄새 분자가 이런 블록 형태 중 하나라고 생각할 수 있다. 말하자면, 리모넨의 오렌지 향은 원형, 사과 향은 사각형, 바나나 향은 삼각형인 것이다. 그다음 우리는 각각의 후각 수용체에는 이런 냄새 분자가 쏙 들어갈 수 있도록 이상적인 형태로 만들어진 냄새 결합 부위 odorant binding pocket가 있다고 상상할 수 있다.

물론 진짜 분자는 이렇게 깔끔한 형태를 갖는 일이 드물다. 따라서 진짜 수용체 단백질의 결합 부위는 훨씬 더 복잡해야만 더 복잡한 형

니모의 집을 찾아서

대의 진짜 냄새 분자와 들어맞을 것이다. 아마 대부분은 형태가 대단히 복잡해서, 3장에서 봤던 기질 분자와 결합하는 효소의 활성 부위와 비슷한 모양일 것이다. 사실 냄새 분자가 결합 부위와 상호작용을 하는 방식은 기질이 효소의 활성 부위에 매여 있는 방식(그림 3.4)이나 약물이 효소와 상호작용을 하는 방식과 비슷하다고 믿고 있다. 실제로 냄새 물질과 수용체 사이의 상호작용에서 양자역학의 역할을 이해할 수 있다면 더 효과적인 약물을 설계할 수 있을 것이라는 주장도 있었다.

어쨌든 형태 가설은 냄새 분자의 형태와 그 냄새 사이에 일종의 상관관계가 있어야 한다는 명확한 예측을 내놓는다. 비슷한 형태의 냄새 분자는 비슷한 냄새가 나야 하고, 완전히 다른 형태의 냄새 분자는 확연하게 구별되는 냄새가 나야 한다는 것이다.

인류 역사상 가장 공포를 불러일으켰던 냄새 중 하나는 제1차 세계대전 당시 참호 속에서 나던 썩은 건초 냄새나 겨자 냄새였다. 보이지 않는 이 기체들은 무인지대를 떠다니고 있었을 것이다. 공기 중에 겨자 냄새(겨자 가스mustard gas)나 퀴퀴한 건초 냄새(포스겐phosgene)가 희미하게만 나도, 이 치명적인 물질이 폐에 가득 차기 전에 방독면을 쓸 몇 초의 소중한 시간을 얻을 수 있었을 것이다. 화학자인 맬컴 다이슨은 겨자 가스 공격에서 살아남았다. 어쩌면 그가 냄새의 특성에 대한 고찰을 하도록 이끈 것은 이런 예리한 후각의 생존 가치survival value에 대한 통찰이었는지도 모른다. 그는 전쟁이 끝난 후에는 공업용 화합물을 합성하는 일을 계속했고, 코를 이용해서 합성 반응 산물의 냄새를 맡았다. 그런데 다이슨을 어리둥절하게 한 것은 분자의 형태와 냄새 사이에는 뚜렷한 관계가 전혀 없다는 점이었다. 이를테면

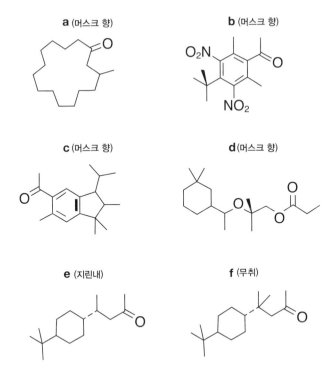

a (머스크 향)

b (머스크 향)

c (머스크 향)

d (머스크 향)

e (지린내)

f (무취)

그림 5.2 a~d 분자는 모양이 대단히 다르지만 상당히 비슷한 냄새가 난다. e와 f 분자는 형태가 거의 동일하지만 아주 다른 냄새가 난다.

그림 5.2의 a~d 화합물은 형태가 대단히 다르지만, 모두 똑같이 머스크musk● 향이 난다. 반대로, (그림 5.2의 e와 f처럼) 대단히 비슷한 구조의 화합물에서 전혀 다른 냄새가 나기도 한다. 이 경우, 화합물 e는 지린내가 나고 f는 아무 냄새도 나지 않는다.[4]

분자의 형태와 그 냄새 사이의 이 간단치 않은 관계는 향수 제조업

● 전통적으로 자연에서 얻어온 머스크 향은 사향노루musk deer의 생식샘, 사향소musk ox의 얼굴샘, 바위너구리의 오줌, 소나무담비의 배설물 등에 포함되어 있다. 그러나 현재 거의 모든 향수의 머스크 향은 합성 향이다.

니모의 집을 찾아서

계의 중요한 문제였다. 아니, 여전히 중요한 문제다. 조향사들은 향수 병의 모양을 디자인하듯이 향수를 설계할 수는 없다. 대신, 다이슨 같은 화학자들이 냄새를 확인하는 시행착오를 반복하면서 뚝심으로 합성해낸 화학물질에 의존해야만 한다. 그러나 다이슨은 향기군odour group(냄새가 같은 화학물질들)이 종종 같은 화학적 기基를 포함하는 화합물로 구성되어 있다고 지적했다. 이를테면 그림 5.2의 머스크 향이 나는 물질에서는 산소 원자와 탄소 원자의 이중결합인 C=O 결합으로 연결되어 있다. 이런 기들은 큰 분자를 구성하는 요소이며, 그 분자의 여러 특성을 결정한다. 다이슨이 지적한 냄새 역시 확실히 이런 특성에 포함된다. 비슷한 냄새가 나는 다른 화합물 무리로는 티올 sulfhydryl(S-H)기를 갖고 있는 다양한 형태의 분자들이 있다. 수소 원자가 황 원자와 붙어 있는 티올기는 썩은 달걀 냄새가 특징이다. 다이슨은 코가 감지하는 것은 전체적인 분자의 형태가 아니라 물리적 특성의 차이라고 제안했다. 이를테면 구성 원자들 사이의 결합이 진동하는 진동수를 감지한다는 것이다.

다이슨이 이런 주장을 처음 내놓았던 1920년대 후반에는 아무도 분자의 진동을 감지할 방법을 알지 못했다. 그러나 1920년대 초에 유럽을 항해하면서 "오팔처럼 빛나는 지중해의 푸른빛"에 매료된 인도의 물리학자 찬드라세카라 벵카타 라만은 "이 현상이 물 분자에 의해 흩어진 빛 때문"이라고 추측했다. 원자나 분자에 부딪힌 빛은 보통 에너지를 잃지 않고 대단히 '탄력적으로' 반사된다. 마치 딱딱한 표면에서 튀어오르는 단단한 고무공과 비슷하다. 라만은 빛이 가끔은 '비탄력적으로' 흩어질 수 있다고 제안했다. 마치 단단한 공을 나무 배트로 치면, 공의 에너지 일부가 배트와 타자에게 전달되는 것처럼 말이다(야구공을 너무 세게 후려쳐서 배트에서 몸까지 진동이 전달되는 벅스 버니Bugs Bunny를 생각해보자). 마찬가지로, 비탄력적으로 흩어진 광자는 부딪힌 분자의 결합에 에너지를 전달해서 그 결합의 진동을 일으킨다. 따라서 분산된 빛은 에너지가 감소한다. 그러나 확률은 적지만, 분자가 이미 진동을 하고 있어서 비탄력적으로 흩어진 빛의 에너지가 증가할 수도 있다.

화학자들은 이 원리를 분자 구조를 조사하는 데 이용한다. 간단히 말해서, 화학 시료에 빛을 쬐이면 들어가고 나오는 빛의 색이나 진동수(즉 에너지)의 차이가 특정 화학물질에 대한 라만 스펙트럼Raman spectrum으로 기록되는데, 이 스펙트럼이 그 화학결합의 특징이 된다. 발명자의 이름을 따서 라만 분광법Raman spectroscopy이라 불리는 이 기술로 라만은 노벨상을 받았다. 다이슨은 라만의 연구에 관해서 듣고, 이 연구가 냄새 분자의 분자 진동을 조사할 메커니즘을 제공할 수 있다는 것을 알게 되었다. 그는 코가 "어쩌면 분광기처럼" 서로 다른 화학결합이 일으키는 특유의 진동수를 감지할 수 있을지도 모른다고 제안했다. 그는 냄새가 같은 화합물들의 라만 스펙트럼에서 공통된 진동수를 확인하기도 했다. 이를테면 모든 메르캅탄mercaptan(말단에 S-H기를 포함하는 화합물)은 공통적으로 2567~2580의 진동수에서 특별한 라만 피크를 나타낸다. 그리고 모두 계란 썩는 악취를 풍긴다.

다이슨 가설은 향의 특성을 분석적으로 설명했지만, 우리의 코가 냄새를 맡기 위해 라만 분광법 같은 방법을 쓸 수 있다고 생각한 사람은 아무도 없었다. 어쨌든 흩어진 빛을 모아서 모종의 생물학적 분광기로 분석해야 할 뿐만 아니라, 애초에 광원도 있어야 했다.

게다가 다이슨 가설의 더 심각한 결점이 드러났다. 코로는 화학적

니모의 집을 찾아서

으로 구조가 완전히 동일하고 라만 스펙트럼이 일치하는 거울상 분자들을 쉽게 구별할 수 있다는 사실이 발견된 것이다. 이를테면 주로 오렌지 냄새가 나는 리모넨 분자는 오른손 방향 분자라고 묘사할 수 있다. 그러나 디펜텐dipentene이라고 하는 거의 동일한 분자는 '왼손 방향' 거울상 분자다(그림 5.3에서 아래쪽에 있는 색칠된 영역은 각각 책장 아래쪽(a)과 위쪽(b)을 향하는 탄소-탄소 결합을 나타낸다). 디펜텐은 리모넨과 분자의 결합이 동일하기 때문에 라만 스펙트럼이 같지만, 냄새는 완전히 달라서 테레빈유turpentine 같은 냄새가 난다. 왼손과 오른손 방향의 형태가 있는 분자는 키랄성chiral●이 있다고 말하며, 이런 분자는 종종 다른 냄새가 난다. 키랄성을 띠는 다른 화합물로는 카르본carvone이 있다. 딜과 캐러웨이 같은 식물의 씨앗에서 발견되는 카르본은 캐러웨이의 향을 만들며, 카르본의 거울상 분자는 스피어민트 같은 냄새가 난다. 이런 화합물은 라만 스펙트럼의 분석을 통해서는 구별할 수 없지만, 냄새를 맡아보는 것만으로도 쉽게 구별될 것이다. 적어도 한 가지는 분명했다. 후각은 분자의 진동 감지에만 의존하지는 않는다.

치명적으로 보이는 이런 결함으로 인해, 후각의 진동 가설은 20세기 후반의 대부분을 자물쇠와 열쇠 가설의 그늘에 가려져 있었다. 그럼에도 소수의 열광적인 지지자들은 최선을 다해서 진동 가설을 옹호했다. 이를테면 캐나다의 화학자인 로버트 H. 라이트는 같은 결합으로 이루어져 있지만 냄새는 다른 왼손과 오른손 분자 문제를 해결할 가능성이 있는 해답을 제안했다. 그는 후각 수용체 자체가 (왼손 방향

● 키랄 분자는 포갤 수 없는 거울상을 갖는다.

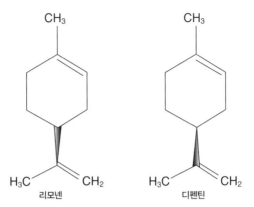

그림 5.3 리모넨(ⓐ)과 디펜틴(ⓑ)은 냄새가 전혀 다른 거울상 분자다. 두 분자는 아래쪽에 있는 기의 방향만 다르다. 리모넨에서는 책장 아래쪽을 향하고 있지만(아래쪽을 가리키는 결합), 디펜틴에서는 책장 위쪽을 향하고 있다(위를 향하는 결합). 디펜틴 분자를 뒤집으면 리모넨처럼 이 기를 책장 아래쪽으로 향하게 할 수는 있지만, 그러면 이중결합이 오른쪽이 아닌 왼쪽으로 가게 되므로 두 분자는 여전히 다를 것이다. 이 두 분자는 장갑의 왼손과 오른손 짝에 비유할 수 있다.

과 오른손 방향이 있는) 키랄성을 지닐 가능성이 있다고 지적했다. 따라서 어떤 냄새 분자를 왼손 방향이나 오른손 방향의 수용체로 잡으면, 그 결합의 진동은 서로 다르게 감지될 것이다. 음악에 비유하면, 왼손잡이 기타리스트인 지미 헨드릭스(후각 수용체를 나타낸다)는 보통 기타(키랄성 냄새 분자)의 넥neck이 오른쪽을 향하도록 잡았다. 반면 오른손잡이 기타리스트인 에릭 클랩턴은 기타(거울상 분자를 나타낸다)의 넥이 왼쪽을 향하도록 잡았다.● 두 연주자는 거울상 기타로 같은 리프riff를 연주할 수 있다(같은 진동을 일으킨다). 그러나 만약 마이크(후각 수용체에서 진동을 감지하는 부분을 나타낸다)가 연주자의 왼쪽에 고

● 사실 헨드릭스는 오른손잡이 기타를 거꾸로 들고 연주했다. 그러나 기타 줄도 거꾸로 매었기 때문에, 줄의 위치는 왼손잡이 기타를 칠 때와 같았을 것이다.

니모의 집을 찾아서

정되어 있었다면, 미이크에 잡히는 소리는 미묘하게 다를 것이다. 마이크에 대한 기타줄(분자의 결합)의 위치가 상대적으로 다르기 때문이다. 라이트의 제안에 따르면, 키랄성 후각 수용체는 화학결합이 오른손 형태일 때에만 진동수를 감지할 수 있다. 그는 후각 수용체가 기타 연주자처럼 오른손 형태나 왼손 형태가 있다고 주장했다. 그러나 생물학적 진동 감지 장치가 실제로 어떻게 작동하는지는 아직 아무도 모른다. 후각의 과학에서 진동 가설은 여전히 주변부에 머물러 있다.

한편 형태 가설에도 문제는 있다. 이미 말했던 것처럼, 형태는 전혀 다르지만 냄새는 같은 분자나, 형태는 비슷하지만 냄새는 전혀 다른 분자를 설명하기가 어렵다. 고든 셰퍼드와 모리 겐사쿠는 이 문제와 씨름하기 위해 1994년에 '약한 형태weak shape' 또는 오도토프odotope라 불리는 가설을 내놓았다.[5] 셰퍼드와 모리는 후각 수용체가 분자의 형태 전체를 인식하는 것이 아니라 부분적인 기의 형태를 확인하기 위해 필요하다고 제안했다. 이 점이 이 가설과 전통적인 형태 가설의 가장 중요한 차이점이다. 이를테면 앞서 지적했듯이, 그림 5.2에서 머스크 향을 내는 화합물은 모두 탄소 원자와 산소 원자의 이중결합을 갖고 있었다. 오도토프 가설의 제안에 따르면, 전체 분자 구조가 아니라 이런 화학적 하위 구조가 후각 수용체에 인식되는 것이다. 이 가설은 냄새의 분석적 특성을 잘 설명하지만, 같은 기를 포함하면서 배열이 다른 분자를 다룰 때에는 진동 가설과 마찬가지로 많은 문제가 있다. 따라서 오도토프 가설과 진동 가설은 둘 다 뼈대가 같지만 기의 배열이 다른 분자들의 냄새가 어떻게 다를 수 있는지를 설명하지 못한다. 이를테면 바닐린vanillin(천연 바닐라의 기본 구성 성분)과 이소바닐린isovanillin은 둘 다 6각 탄소 고리로 구성되며, 세 개의 동일한 기

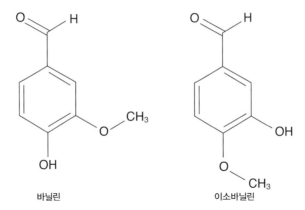

바닐린   이소바닐린

그림 5.4 바닐린과 이소바닐린처럼 동일한 화학적 기본 구조를 갖고 있는 분자라도 대단히 다른 냄새가 날 수 있다.

가 이 고리의 서로 다른 위치에 부착된다(그림 5.4). 오도토프 가설의 예측에 따르면, 동일한 기는 같은 냄새를 내야 한다. 그러나 바닐린은 바닐라 향과 비슷한 반면, 이소바닐린은 진한 페놀phenol 냄새(소독약 냄새)가 난다.

이런 문제를 다루기 위해서, 형태 가설을 주장하는 사람들은 일반적으로 오도토프 가설과 전체적인 키랄형 인식 메커니즘의 결합을 제안한다. 그럼에도 거울상 분자가 실제로 같은 냄새를 갖는 경우도 똑같이 많다는 것을 여전히 설명하지 못한다.● 이는 거울상 분자들이 같은 수용체에 의해 인식되고 있다는 것을 암시한다. 이 수용체 분자를 손에 비유하면, 왼쪽과 오른쪽 장갑이 모두 맞는 손이라고 할 수 있다. 완전히 말도 안 되는 이야기처럼 들린다.

● 이를테면 (4S, 4aS, 8aR)-(K)-지오스민geosmin과 이것의 거울상 분자인 (4R, 4aR, 8aS)-(C)-지오스민은 둘 다 "흙 같은 퀴퀴한" 냄새가 난다.

니모의 집을 찾아서

양자 코로 냄새 맡기

형태의 인식은 직관적으로 쉽게 이해할 수 있다. 우리는 장갑을 끼거나, 열쇠를 자물쇠에 넣고 돌리거나, 스패너로 너트를 조일 때마다 일상적으로 상보적 형태와 만난다. 항체, 호르몬, (3장에서 작용을 확인했던) 효소의 수용체, 그 외 다른 생체분자도 기본적으로 원자와 분자의 기하학적 배열을 통한 상호작용을 하는 것으로 알려져 있다. 따라서 후각의 형태 가설이 많은 생물학자에게 열렬한 지지를 받는 것도 당연하다. 이 생물학자들 중에는 후각 수용체로 노벨상을 수상한 리처드 액설과 린다 벅도 포함된다.

진동을 기반으로 하는 의사소통은 우리에게 훨씬 덜 친숙하다. 그러나 우리의 감각 중 적어도 두 가지는 진동을 바탕으로 한다. 바로 시각과 청각이다. 눈이 빛의 진동수를 감지하는 방법과 귀가 공기의 진동수를 기록하는 방법에 관한 물리학은 꽤 잘 이해되고 있다. 반면 코가 어떤 방식으로 분자의 진동수를 감지하는지에 관해서는 최근까지 아무도 감을 잡지 못했다.

루카 투린은 1953년 레바논에서 태어났고 유니버시티 칼리지 런던에서 생리학을 공부했다. 졸업 후 프랑스 국립과학연구센터에서 연구하기 위해 프랑스로 간 투린은 파리의 백화점인 갤러리 라파예트에서 일종의 후각적 계시를 경험했다. 향수 매장의 한 귀퉁이에 진열되어 있던 일본 시세이도 사의 신제품 향수인 농브르 누아르Nombre Noir에 대해 투린은 다음과 같이 묘사했다. "장미와 제비꽃의 중간쯤이었지만, 두 향의 달콤함은 흔적도 없이 사라지고, 대신 거의 성스러울 정도로 금욕적인 스페인삼나무 향이 뒤에 깔린다. 동시에 건조하지 않고, 맑은 청량감에 반짝이는 것처럼 보였다. 마치 깊이 있는 빛을 발하는 스테인드글라스 창문 같았다."[6] 일본 향수와의 조우에서 영감을 얻은 투린은 일생 동안 콧속으로 들어온 분자가 어떻게 이런 좋은 느낌을 만들어낼 수 있는지에 관한 비밀을 밝히기 위해 노력했다.

다이슨과 마찬가지로, 투린도 진동 스펙트럼과 향 사이의 상관관계가 단지 우연은 아닐 것이라고 확신했다. 그는 후각 수용체가 분자의 진동을 감지하리라는 다이슨의 주장이 옳을 거라고 확신했다. 그러나 다이슨과 달리, 그는 아직은 추측일 뿐이지만 대단히 그럴듯한 분자 메커니즘을 제안했다. 이 메커니즘에서는 생체분자가 전자의 양자 터널링을 통해서 화학결합을 감지할 수 있었다.[7]

1장에서 나왔던 터널링을 기억할 것이다. 이 기이한 양자역학의 특성은 전자나 양성자 같은 입자가 파동처럼 움직여서 전통적인 경로로는 통과할 수 없는 장벽을 스며나올 수 있는 능력에서 유래한다. 3장에서 우리는 터널링이 어떻게 여러 효소 반응에서 중요한 역할을 하는지를 알아봤다. 투린은 향의 비밀을 밝히기 위해 고심하던 중, 우연히 비탄력적 전자 터널링 분광법inelastic electron tunnelling spectroscopy(IETS)이라는 새로운 분석 화학 기술을 묘사한 논문을 보게 되었다. IETS에서는 아주 좁은 간격을 사이에 두고 두 개의 금속판을 마주 놓는다. 두 금속판 사이에 전압을 가하면, 한쪽 금속판은 전자가 모여 음전하로 하전되고(공여체), 반대편의 양전하로 하전된 금속판(수용체)으로 인해 인력이 생길 것이다. 고전물리학적으로 생각하면, 전자는 전기가 흐를 수 없는 두 금속판 사이의 간격을 뛰어넘을 만한 에너지가 부족하다. 그러나 전자는 양자적 대상이다. 만약 간격이 충분히 좁으

니모의 집을 찾아서

면 전자는 공여체에서 수용체로 양자 터널링을 할 수 있다. 이 과정에서 전자는 에너지를 얻거나 잃지 않기 때문에, 이 과정을 탄력적 터널링elastic tunnelling이라고 부른다.

그러나 여기에는 중요한 부가 조건이 있다. 공여체에서 수용체로 전자의 탄력적 터널링이 일어나려면 전자가 들어갈 틈이 정확히 같은 값의 에너지를 가지고 있어야만 한다. 만약 수용체에 있는 가장 가까운 틈이 에너지가 더 적으면, 전자는 도약을 하기 위해서 에너지의 일부를 잃어야만 할 것이다. 이 과정을 비탄력적 터널링이라고 한다. 그러나 버려진 에너지는 어딘가 다른 곳으로 가야만 한다. 그렇지 않으면 전자는 터널링을 할 수 없다. 만약 두 금속판 사이에 어떤 화학물질이 있으면, 전자는 여분의 에너지를 그 화학물질에 전달할 수 있기 때문에 터널링이 가능하다. 이 작용은 금속판 사이에 있는 분자의 결합이 버려지는 에너지와 진동수가 일치하기만 하면 일어난다. 이런 식으로 여분의 에너지를 전달함으로써, '비탄력적' 터널링을 하는 전자들은 에너지가 조금 적어진 상태로 수용체 금속판에 도달한다. 따라서 비탄력적 전자 터널링 분광법은 공여체 금속판을 출발하는 전자와 수용체 금속판에 당도한 전자 사이의 에너지 차를 분석해서 어떤 화학물질의 분자 결합의 특성을 조사할 수 있다.

다시 음악에 비유해보자. 만약 현악기를 연주해본 적이 있다면, 줄을 건드리지 않고도 공명을 이용해서 소리를 낼 수 있다는 점을 알 것이다. 실제로 이 현상을 이용해서 기타를 조율할 수도 있다. 아주 가벼운 종잇조각을 접어 기타줄 가운데 하나 위에 놓고 인접한 다른 줄에서 같은 음을 튕기면, 줄을 건드리지 않고도 종잇조각을 튀게 할 수 있다. 일단 기타 줄을 정확하게 조율하고 줄을 튕겨 공기를 진동시키면, 공기의 진동은 튕기지 않은 줄로 전달되고, 튕기지 않은 줄은 이에 공명해서 진동을 시작하기 때문이다. IETS에서는 두 금속판 사이에 있는 물질에서 도약이 일어날 수 있는 진동수로 정확히 맞춰져 있어야만 공여체에서 전자가 튀어나갈 수 있다. 사실 터널링을 하는 전자가 두 금속판 사이에서 양자적 여행을 하는 사이에 분자의 결합 하나를 튕김plucking으로써 에너지를 잃는 것이다.

투린은 후각 수용체가 이와 비슷한 방식으로 작동한다고 제안했다. 다만 IETS 판과 그 사이의 공간을 후각 수용체라는 하나의 분자가 대신한다고 생각했다. 그는 전자가 처음에는 수용체 분자의 전자 공여 위치에 있을 거라고 예상했다. IETS에서와 마찬가지로, 전자는 같은 분자 내의 전자 수용 위치로 터널링을 할 수 있지만, 그는 이 작용이 두 위치 사이의 에너지 차이로 인해 방해를 받는다고 생각했다. 그러나 만약 후각 수용체가 알맞은 진동수의 결합을 갖고 있는 냄새 분자를 포집하면, 전자는 터널링을 통해 공여 위치에서 수용 위치로 뛰어넘어갈 수 있으며, 동시에 결합 중 하나를 튕길 수 있는 적당량의 에너지를 냄새 분자에 전달한다는 것이다. 터널링을 통해서 수용 위치로 넘어간 전자는 고정되어 있던 G 단백질 분자 어뢰를 발사시켜서 후각 뉴런의 점화를 일으키고, 그 결과 신호가 뇌로 전달되어 우리는 오렌지 향을 '경험'한다는 것이 투린의 가설이다.

투린은 자신의 양자 진동 가설에 대한 다량의 정황 증거를 축적했다. 이를테면 앞서 언급했던 것처럼, 황-수소 화합물은 대개 지독한 계란 썩는 냄새를 풍기는데, 이 화합물들에는 모두 진동수가 약 76테라헤르츠(초당 76조 회 진동)인 황-철 결합이 있다. 그의 가설은 중요한 예측을 내놓는다. 진동수가 76테라헤르츠인 결합이 있는 화합물

니모의 집을 찾아서

은 모두 형태에 관계없이 계란 썩는 냄새가 나야 한다는 것이다. 안타깝게도 그 계열에서는 같은 진동수의 결합을 가진 화합물이 대단히 드물었다. 투린은 진동수가 같은 분자에 관한 분광학 문헌을 철저히 조사했다. 마침내 그는 일반적으로 보란borane이라 불리는 수소화붕소 화합물의 말단에 있는 붕소-수소 결합이 78테라헤르츠로 진동한다는 것을 발견했다. 이 값은 S-H의 진동수인 76테라헤르츠와 무척 가깝다. 그렇다면 보란은 무슨 냄새가 났을까? 분광학 문헌에는 이에 대한 언급이 없었고, 보란은 쉽게 구해서 냄새를 맡을 수 있는 물질이 아니었다. 그러나 그는 오래된 문헌에서 유황 냄새를 묘사할 때 종종 활용되는 "사악한satanic" 냄새가 난다는 표현을 발견했다. 실제로 붕소와 수소 원자로만 이루어진 데카보란decaborane(화학식은 $B_{10}H_{14}$) 같은 보란은 황이 없음에도 황화수소처럼 계란 썩는 악취를 풍기는 유일한 물질로 알려져 있다.

말 그대로 수천 가지 냄새가 있는 화학물질 중에서 황화수소와 같은 악취를 풍기는 유일한 물질이 진동수마저 같다는 발견은 냄새의 진동 가설을 뒷받침하는 강력한 증거가 되었다. 조향사들은 수십 년 동안 분자에서 향기의 비밀을 밝히기 위해 애써왔다. 투린은 어떤 화학자도 해내지 못한 시도를 했다. 가설 하나만으로 냄새를 예측할 방법을 고안한 것이다. 이는 화학적으로 볼 때, 향수병의 형태만 보고 향을 예측하는 것이나 마찬가지였다. 또한 투린의 가설은 생체분자가 분자의 진동을 감지한다는 생물학적으로 그럴듯한 양자 메커니즘을 내놓았다. 그러나 "그럴듯한 메커니즘"으로는 충분하지 않다. 이 메커니즘은 정확했을까?

코 전쟁

진동 가설은 데카보란 덕분에 어느 정도 고무적인 성공을 거두었다. 그럼에도 여전히 형태 가설과 비슷한 문제를 겪고 있었다. 이를테면 거울상 분자(리모넨과 디펜텐 같은 것)는 냄새가 전혀 다르지만 동일한 진동 스펙트럼을 갖고 있었다. 투린은 자기 가설의 또 다른 예측을 검증하기로 결심했다. 효소 작용의 터널링 이론(3장)에서, 가장 흔한 형태의 수소 원자를 중수소 같은 더 무거운 동위원소로 바꿔서 동적 동위원소 효과를 이용한 실험을 했던 일을 기억할 것이다. 투린은 "독한 오렌지 꽃이나 산사나무 향과 비슷한…… 톡 쏘는 달콤한 향"을 갖고 있다고 묘사되는 아세토페논acetophenone 향으로 비슷한 기법을 시도했다. 그는 이 화합물의 탄소-수소 결합에서 수소 원자를 중수소로 바꾼 여덟 가지 화합물로 구성된 세트를 비싼 값을 주고 구입했다. 더 무거운 원자는 더 굵은 기타줄처럼 더 낮은 주파수에서 진동할 것이다. 일반적인 탄소-수소 결합은 85~93테라헤르츠의 높은 진동수에서 진동한다. 그러나 수소를 중수소로 치환하면, 탄소-중수소 결합의 주파수는 약 66테라헤르츠로 떨어진다. 따라서 '중수소화된' 화합물은 수소로 이루어진 같은 화합물과는 상당히 다른 진동 스펙트럼을 갖는다. 그런데 냄새도 다를까? 투린은 실험실의 문을 잠그고 조심스럽게 냄새를 비교했다. 그는 "냄새가 달랐다"고 확신했다. "중수소가 들어간 쪽은 덜 달콤하고 용제와 더 비슷한 향이 났다"고 묘사했다.[8] 각각의 화합물을 세심하게 정제한 이후에도 그는 수소와 중수소 화합물의 냄새가 크게 다르다고 확신했고, 자신의 가설이 옳다는 것이 입증되었다고 주장했다.

니모의 집을 찾아서

투린의 연구는 투자자들의 주목을 받았고, 이런 투자자들의 자금 지원으로 플렉시트럴Flexitral이라는 새로운 회사가 설립되었다. 이 회사는 그의 양자 진동 개념을 활용해서 새로운 향을 제조하는 일에 전념했다. 작가인 챈들러 버는 냄새의 분자 메커니즘을 밝히기 위한 투린의 여정을 묘사한 책을 쓰기도 했고,[9] BBC에서는 그의 연구에 관한 다큐멘터리를 제작하기도 했다.

그러나 많은 사람, 특히 형태 가설 추종자들은 여전히 그의 가설을 받아들이지 못하고 있었다. 록펠러 대학의 레슬리 보스홀과 안드레아스 켈러는 일반적인 아세토페논과 중수소로 치환된 아세토페논의 냄새를 맡는 실험을 반복했다. 그러나 이번에는 대단히 예민한 투린의 후각이 아닌, 25명의 평범한 피험자에게 시향을 시키고 두 화합물의 냄새를 구별할 수 있는지를 조사했다. 결과는 모호했다. 냄새의 차이가 없다는 것이었다. 2004년에 『네이처 신경과학Nature Neuroscience』에 발표된 그들의 논문[10]에는 냄새의 진동 가설이 "과학적으로 전혀 신빙성이 없다"고 설명한 논평과 함께 실려 있었다.

의학 연구자라면 알겠지만, 인간의 판단은 온갖 복잡한 문제로 엉망이 될 수 있다. 이를테면 피험자의 기대와 경험이 실험보다 우선시되기도 한다. 이런 문제를 피하기 위해서, 그리스 알렉산더 플레밍 연구소의 에프티미오스 스코울라키스가 이끄는 연구팀과 루카 투린을 포함한 MIT의 연구자들은 처신을 훨씬 잘하는 종으로 실험 대상을 바꾸기로 결정했다. 이 종은 바로 실험실에서 교배된 초파리다. 연구팀이 설계한 실험은 이 장 초반에 설명했던 가브리엘레 게를라흐의 산호초 물고기 수로 선택 실험의 초파리 판에 해당되었다. 이들은 이 실험을 초파리 'T자 미로T maze' 실험이라고 불렀다. T자의 세로획에 해당되는 길을 따라 교차점까지 유인된 초파리는 왼쪽과 오른쪽 중 어느 방향으로 날아갈지를 선택해야 할 것이다. 두 방향에서는 각기 다른 냄새가 뿜어져 나오기 때문에, 각 방향으로 향하는 초파리의 수를 조사하면 초파리가 왼쪽과 오른쪽에서 오는 냄새를 구별할 수 있는지를 밝혀낼 수 있을 것이다.

연구진은 먼저 초파리가 아세토페논의 냄새를 맡을 수 있는지를 조사했다. 확실히 초파리는 냄새를 맡을 수 있었다. 미로의 오른쪽 갈래 끝에 아세토페논을 살짝만 발라놓아도 거의 모든 초파리가 아세토페논의 과일 향이 있는 쪽으로 날아갔다. 그다음, 연구진은 아세토페논의 수소 원자를 중수소로 치환했다. 그러나 조금 색다르게, 여덟 개의 수소 원자 중에서 세 개, 다섯 개, 또는 여덟 개 모두를 중수소로 치환한 화합물에 대해 개별적으로 실험했다. 각각의 실험에서 미로 맞은편에는 항상 치환하지 않은 아세토페논을 두었다. 결과는 놀라웠다. 초파리는 중수소 세 개가 치환된 아세토페논에서만 양 방향을 무작위로 향했고, 다섯 개나 여덟 개가 치환된 아세토페논이 있었을 때에는 모두 중수소 아세토페논의 반대 방향으로 향했다. 초파리는 보통 아세토페논과 중수소로 치환된 아세토페논의 냄새 차이를 구별할 수 있는 듯 보였고, 중수소 아세토페논의 냄새를 좋아하지 않는 것 같았다. 연구진은 두 가지 추가 냄새 실험을 통해서 초파리가 옥타놀octanol에서는 수소와 중수소 사이의 차이를 구별할 수 있지만, 벤즈알데하이드benzaldehyde에서는 그렇지 않다는 것을 알아냈다. 초파리가 후각을 이용해 중수소 결합을 알아차린다는 것을 증명하기 위해, 연구자들은 기능하는 후각 수용체가 없는 돌연변이 초파리로도 실험을 했다. 예상대로 이 후각 상실anosmic● 돌연변이는 수소와 중수소 냄새 물질 사이의 차이를 전혀 구별하지 못했다.

심지어 연구자들은 파블로프식 조건 형성 장치를 이용해서 발에 약한 전기 충격을 줌으로써, 초파리가 특정 형태의 화학물질에 대해 벌칙을 연상하도록 훈련시키기도 했다. 그러자 이 연구진은 더 놀라운 진동 가설 실험을 수행할 수 있었다. 먼저 진동수가 66테라헤르츠인 탄소-중수소 결합이 있는 화합물을 피하도록 초파리를 훈련시켜서, 이런 기피 경향이 우연히 진동수가 같은 전혀 다른 화합물에도 일반화될 수 있는지를 밝히고자 했다. 이들은 그럴 수도 있다는 결과를 얻었다. 이 연구진의 발견에 따르면, 탄소-중수소 결합의 화합물을 피하도록 훈련된 초파리는 니트릴nitrile이라는 화합물도 피했다. 니트릴은 탄소-중수소 결합과 진동수가 같은 탄소-질소 결합을 갖고 있지만, 화학적으로 전혀 달랐다. 적어도 초파리에 대해서 후각의 진동 요소를 강력하게 지지하는 이 연구는 2011년 권위 있는 과학 저널인 『미국 국립과학원 회보Proceedings of the National Academy of Science』에 실렸다.[11]

이듬해에 스코울라키스와 투린은 유니버시티 칼리지 런던의 연구자들과 함께, 인간도 진동을 이용해 냄새를 맡는지에 관한 민감한 문제로 되돌아왔다. 연구팀은 대단히 민감한 투린의 후각에만 의존하지 않고, 냄새를 맡을 11명의 피험자를 모집했다. 이들은 먼저 보스홀과 켈러의 결과를 확인했다. 보스홀과 켈러의 피험자들은 아세토페논의 탄소-중수소 결합을 냄새로 구별하지 못했다. 그러나 연구자들은 여덟 개의 탄소-수소 결합만으로는 신호가 매우 약해서 일반적

● 향을 감지하지 못하는 장애를 일컫는 말인 후각상실증anosmia에서 유래한다. 인간의 경우 대개 후각상피의 외상과 연관이 있지만, 드물게 유전적 형태도 알려져 있다.

인 후각을 가진 사람들이 구별하기는 어려울 수도 있다고 추측했다. 그래서 이들은 더 복잡한 머스크 향 분자(그림 5.2 참고)를 조사하기로 했다. 머스크 향 분자에는 28개 이상의 수소 원자가 있으며, 이 수소 원자들은 모두 중수소로 치환될 수 있었다. 이번에는 아세토페논으로 실험했을 때와 달리, 11명의 피험자 모두 정상적인 머스크 향과 완전히 중수소로 치환된 머스크 향 사이의 차이를 쉽게 구별할 수 있었다. 어쩌면 정말 인간도 분자의 진동수 차이를 냄새로 구별할지도 모른다.

물리학자, 냄새를 맡다

—

양자 진동 가설에 대한 비판 중 하나는 이론적 토대가 모호하다는 점이었다. 이제는 그 이론적 토대가 유니버시티 칼리지 런던의 물리학 연구팀에 의해 설명되고 있다. 이들은 2007년에 터널링 가설을 뒷받침하는 양자 계산을 "빈틈없이" 수행하고, "근본적인 물리학은 물론 관찰된 냄새의 특성과도 일치하여 후각 수용체가 어떤 일반적 속성을 갖고 있음을 규정한다"는 결론을 내렸다.[12] 연구팀의 일원인 제니퍼 브룩스는 여기서 한 걸음 더 나아가, 신경이 쓰이는 소소한 문제에 대한 해결책을 제안하기도 했다. 바로 진동수는 같아도 냄새는 완전히 다른 리모넨과 디펜틴 같은 거울상 분자(그림 5.3)와 관련된 문제다.

사실 브룩스의 지도교수이자 정신적 스승인 고故 마셜 스토넘은 카드 결제 모형swipe card model이라 불리는 학설을 최초로 내놓은 인물이었다. 그의 세대에서는 영국 최고의 물리학자로 꼽히는 스토넘은 핵

니모의 집을 찾아서

인전에서부터 양자컴퓨터와 생물학에 이르기까지 관심 분야의 폭도 아주 넓었다. 또 이 장의 주제에 걸맞게, 그는 음악에도 조예가 깊어서 프렌치호른을 연주하기도 했다. 이들의 학설은 후각 수용체의 형태와 냄새 분자에서 결합의 진동이 둘 다 후각 작용에서 역할한다는 로버트 H. 라이트의 발상을 양자역학적으로 정교하게 다듬은 것이다. 이들은 후각 수용체의 결합 부위가 신용카드 결제기와 같은 역할을 한다고 제안했다. 카드를 긁으면 마그네틱 선이 카드 결제기에 전류를 일으켜서 카드가 읽히는 것이다. 그러나 아무것이나 카드 결제기에 다 맞진 않는다. 모양과 두께가 적당해야 하고 마그네틱 띠가 알맞은 자리에 있어야 한다. 심지어 사용도 하기 전부터, 기계가 그 카드를 인식하는지 확인하기 전부터 그래야 한다. 브룩스와 동료 연구진은 후각 수용체가 이와 비슷한 방식으로 작동한다고 제안했다. 이들의 주장에 따르면, 카드 결제기에 카드가 들어맞는 것처럼 냄새 분자는 먼저 왼손이나 오른손 키랄성 결합 부위와 들어맞아야 한다. 따라서 같은 분자의 왼손과 오른손 이성질체처럼, 같은 결합을 갖고 있어도 형태는 다른 냄새 물질은 서로 다른 수용체와 결합할 것이다. 먼저 각각의 냄새 분자가 상보적인 후각 수용체와 맞아떨어져야만, 진동에 의해 유발되는 전자 터널링이 일어나서 후각 수용체 뉴런이 점화될 가능성이 생긴다. 그러나 왼손 분자는 왼손 수용체만 점화시키게 될 것이므로, 오른손 수용체를 점화시키는 오른손 분자와는 다른 냄새가 날 것이다.

마지막으로 다시 음악 비유로 돌아가보자. 기타는 냄새 분자이고, 기타줄은 튕겨져야 하는 분자의 결합이라고 한다면, 에릭 클랩턴이나 지미 헨드릭스는 수용체라고 볼 수 있다. 둘 다 같은 분자의 음률을 연주할 수는 있지만, 먼저 분자의 방향에 맞는 수용체를 만나야만 한다. 마치 오른손잡이 기타리스트는 오른손잡이 기타를 잡아야만 하는 것처럼 말이다. 그래서 리모넨과 디펜틴은 같은 진동수를 갖고 있어도, 각각 왼쪽이나 오른쪽 후각 수용체와 결합해야 하는 것이다. 수용체가 다르면 뇌와 연결되어 있는 영역도 다르므로 다른 냄새가 날 것이다. 이와 같은 형태와 양자 진동 인식의 조합은 거의 모든 실험 자료와 일치하는 모형을 제공한다.

물론 이 모형이 실험 자료와 맞아떨어진다는 사실로 인해서 양자역학이 후각의 토대가 된다는 것 자체가 증명되진 않는다. 이 실험 자료들은 형태와 진동이 모두 연관된 어떤 후각 작용의 가설에 대한 강력한 증거를 제공할 뿐이다. 아직까지 양자 터널링이 냄새와 연관 있는지를 직접적으로 검증한 실험은 없었다. 그러나 적어도 지금까지는, 전자의 비탄력적 양자 터널링은 단백질이 냄새 분자의 진동을 어떻게 감지할 수 있는지를 설득력 있게 설명해주는 유일한 메커니즘이다.

후각이라는 퍼즐에서 아직까지 찾지 못한 중요한 조각은 후각 수용체의 구조다. 후각 수용체의 구조를 알면, 여러 중요한 문제의 해답을 찾기가 더 수월해질 것이다. 이런 문제들은 후각 수용체의 결합 부위가 각각의 냄새 분자에 얼마나 편안하게 잘 들어맞는지, 후각 수용체 분자에서 비탄력적 전자 터널링이 일어날 수 있는 적절한 위치에 전자 공여체와 수용체가 배치되어 있는지와 같은 것들이다. 그러나 세계 유수의 구조생물학 연구팀들이 수년간 노력을 기울였음에도 불구하고, 아직까지는 효소(3장)나 광합성 색소 단백질(4장)에서 양자역학적 메커니즘을 밝힌 것과 같은 방식의 연구를 할 정도로 후각 수용체를 분리해낸 곳은 없었다. 문제는 후각 수용체가 세포막에 박혀 있

니모의 집을 찾아서

는 상태가 해파리가 해수면에 떠 있는 상태와 비슷하다는 점이다. 후각 수용체 단백질을 막에서 추출하는 것은 해파리를 바다에서 건져 내는 것과 비슷해서, 형태를 유지하지 못하게 된다. 게다가 아직까지 아무도 수용체가 세포막에 박혀 있는 동안 단백질의 구조를 결정하는 방식을 밝히지 못했다.

따라서 많은 논란이 남아 있지만, 초파리와 인간이 일반적인 화합물과 중수소 화합물의 냄새를 어떻게 구별할 수 있는지를 설명하는 이 유일한 가설의 토대가 되는 것은 비탄력적 전자 터널링이라는 양자역학적 메커니즘이다. 최근의 실험을 통해서 밝혀진 바에 따르면, 초파리와 인간뿐 아니라 다른 곤충과 물고기까지도 냄새로 수소와 중수소 결합의 차이를 구별할 수 있다. 이렇게 다양한 동물에서 발견되고 있다면, 양자 후각 작용은 대단히 널리 퍼져 있을 가능성이 크다. 인간, 초파리, 흰동가리, 그리고 다른 여러 동물은 어쩌면 전자가 공간의 한 지점에서 사라졌다가 금세 다른 지점에 나타나는 능력을 이용해서 '물질적 실재로부터 오는 메시지'를 감지하거나 먹이를 찾거나 짝짓기를 하거나 집을 찾아가고 있을지도 모른다.

6장

나비, 초파리, 그리고 양자울새

조류 나침반 | 양자 스핀과 유령 같은 작용 | 유리기에서 방향의 의미

1912년에 캐나다 토론토에서 태어난 프레드 어쿠하트는 부들이 무성한 습지 가장자리에 위치한 학교에 다녔다. 그는 몇 시간이고 곤충을 관찰하곤 했는데, 특히 갈대밭에 살고 있는 나비들을 좋아했다. 그가 제일 좋아한 계절은 초여름이었다. 북아메리카의 상징이며 친숙한 주황색과 검은색 날개 무늬를 갖고 있는 제왕나비monarch butterfly 수천 마리가 이 습지를 찾아오기 때문이었다. 제왕나비는 이 습지에 자생하는 박주가리 무리milkweed의 식물을 먹으며 여름 동안 그곳에 머물다가 가을이 되면 어디론가 날아갔다. 어린 프레드는 제왕나비들이 어디로 가는지 무척 궁금했다.

어른이 되면 대개는 어릴 적 생각을 떨쳐버린다고들 하지만, 프레드는 그렇지 않았다. 그는 어른이 되어서도 제왕나비가 어디서 겨울을 나는지 늘 궁금했다. 토론토 대학에서 동물학을 전공하고 마침내 교수가 되자, 프레드는 어릴 적 품었던 의문으로 되돌아왔다. 그 무렵 그는 노라 패터슨과 결혼했는데, 동료 동물학자인 그녀 역시 나비를 좋아했다.

프레드와 노라는 전통적인 표지 기술을 이용해서 사라지는 제왕나비의 비밀을 밝히려고 시도했다. 이 일은 간단치 않았다. 울새의 인식표는 다리에 달고 고래의 인식표는 지느러미에 고정시키면 되지만, 얇고 섬세한 나비의 날개에는 인식표를 부착하기가 매우 어려웠다. 부부의 연구팀은 스티커를 이용해서 나비 날개에 인식표를 붙이는 실험을 했다. 그러나 인식표가 날개에서 떨어진다든가, 인식표가 붙어 있으면 나비가 잘 날지 못했다. 그러다가 1940년이 되자, 이들은 한 가지 해결책을 생각해냈다. 새로 산 유리그릇의 긁어도 잘 떨어지지 않는 상표와 비슷한 작은 스티커 인식표였다. 이들은 이 새로운 인식표를 수백 마리의 제왕나비에 붙인 다음 풀어주기 시작했다. 인식표에는 식별 번호와 함께, "토론토 대학 동물학과로 보내시오"라는 발견자를 위한 지시 사항이 적혀 있었다.

그러나 북아메리카에는 수백만 마리의 제왕나비가 있었고 어쿠하트 부부는 둘뿐이었다. 그래서 이들은 자원봉사자를 모집했고, 1950년대가 되자 수천 명의 나비 애호가 모임이 조직되었으며, 이들은 수천만 마리의 나비에 인식표를 붙인 다음 풀어주고 다시 잡아서 기록하는 과정을 차례로 반복했다. 프레드와 노라가 나비를 채집하고 풀어준 위치를 추적한 지도를 계속 갱신해나가자, 점차 하나의 유형이 드러나기 시작했다. 토론토 지역에서 출발한 나비는 미국 북동부에서 텍사스를 지나 남서쪽으로 향하는 대각선 경로를 따라 채집되는 경향이 나타났다. 그러나 어쿠하트 부부는 수없이 많은 현장 답사를 했지만, 미국 남부에서 제왕나비가 겨울을 나는 최종 목적지를 확인할 수는 없있다.

　마침내 부부는 더 남쪽으로 눈을 돌렸다. 낙담한 노라는 1972년 멕시코의 신문들에 그들의 계획에 관한 글을 쓰고, 목격담을 보고하고 인식표 작업을 도울 자원봉사자를 구했다. 1973년 2월, 멕시코시티의 케네스 C. 브루거로부터 도움을 주겠다는 편지가 도착했다. 그는 자신의 애견인 콜라와 함께 늦은 저녁에 캠핑카를 타고 멕시코 시골 지역에서 나비를 찾아보겠다고 썼다. 1년 뒤인 1974년 4월, 브루거는 멕시코 중부의 시에라 마드레 산맥에서 엄청난 수의 제왕나비를 봤다고 알려왔다. 같은 해 말에는 시에라에 있는 도로를 따라서 수많은 나비의 사체와 파편들이 있다고 알려왔다. 노라와 프레드는 아마 새떼가 지나가던 제왕나비 무리를 먹이로 삼았을 것이라고 답장을 보냈다.

　1975년 1월 9일 저녁, 케네스는 어쿠하트 부부에게 전화를 걸어서 조금 들뜬 목소리로 새로운 소식을 전했다. "산속 개벌지 옆 상록수림에서 제왕나비 수백만 마리의 (…) 새로운 군집을 발견했다!"는 이야기였다. 케네스는 당나귀에 짐을 싣고 가던 멕시코인 벌목꾼들이 붉은 나비 떼를 봤다는 제보를 해주었다고 말했다. 노라와 프레드는 내셔널지오그래픽 협회의 지원으로 그동안 좀처럼 찾을 수 없었던 제왕나비의 월동지를 기록하기 위해 1976년 1월에 멕시코로 원정을 떠났다. 도착 다음 날, 부부는 마을을 벗어나서 3000미터 높이의 "나비 산" 등반을 시작했다. 이제 노년에 접어든 부부에게(프레드는 예순네 살이었다) 이런 높은 산을 오르는 일은 녹록지 않았고, 이들은 자신들이 정상에 오를 수 있을지 염려스러웠다. 그럼에도 토론토의 햇살에 날개를 반짝이며 팔락이던 나비들에 대한 두근거리는 기억을 가슴에 안고, 마침내 그들은 정상에 도착했다. 산 정상은 향나무와 호랑가시나무가 듬성듬성 자라는 고원이었다. 그곳에 나비는 없었다. 지치고 낙담한 이들은 오야멜전나무(멕시코 중부에 자생하는 전나무의 일종)가 가득한 개벌지를 지나다가 드디어 반평생을 찾아 헤매던 것을 발견했다. "사방에 나비 떼가 가득했다. 조용하게 반半 휴면 상태에 빠져 있는 나비들은 오야멜전나무의 줄기와 가지를 감싸고 있었고, 광활한 지면을 뒤덮고 있었다." 한동안 이들은 이 엄청난 장관에 입을 다물지 못하고 멍하니 서 있었다. 프레드는 부러진 나뭇가지에서 떨어진 나비 사체로부터 "토론토 대학 동물학과로 보내시오"라는 지시 사항이 적힌 흰색 인식표를 찾아냈다. 이 나비에 인식표를 붙인 사람은 미네소타 채스카에 사는 짐 길버트라는 자원봉사자였다. 채스카는 그곳에서 3200킬로미터나 떨어진 곳이었다![1]

제왕나비의 여행은 규모가 가장 큰 동물 이동 중 하나로 인식되어 있다. 해마다 9월에서 11월 사이에 수백만 마리의 제왕나비가 캐나다 남동부를 출발해서 남서쪽으로 향한다. 이 나비들은 사막과 대초원과 들판과 산을 가로지르는 수천 킬로미터의 여행을 하게 될 것이다. 지질학적으로 볼 때 가까운 거리인 약 80킬로미터 떨어진 텍사스의 이글패스와 델리오 사이의 골짜기를 마치 바늘귀를 통과하듯 지나서 멕시코 중부에 위치한 10여 개의 높은 산봉우리에 마침내 안착한다. 그리고 한랭한 멕시코의 산 정상에서 월동한 다음, 봄이 되면 여름철 먹이터로 돌아가기 위해 지금까지 지나온 길을 다시 거슬러 올라가는 여정에 나선다. 무엇보다 놀라운 점은 이 여정 전체에 참여하는 제왕나비가 한 마리도 없다는 점이다. 도중에 번식을 하기 때문에, 토론토로 돌아오는 제왕나비는 처음에 캐나다를 떠났던 제왕나비의 손자인

나비, 초파리, 그리고 양자울새

셈이다.

　제왕나비는 어떻게 수천 킬로미터의 길을 정확하게 날아서 조상들이 예전에 방문했던 목적지에 닿을 수 있을까? 이것 역시 이제 막 풀리기 시작한 자연의 거대한 불가사의 중 하나다. 다른 모든 이주 동물과 마찬가지로, 제왕나비도 시각 및 후각과 연관된 다양한 감각을 이용한다. 태양 나침반도 이런 감각에 포함되는데, 태양 나침반은 낮 동안 태양이 이동하는 위치를 일日주기 시계circadian clock를 통해 보정할 수 있다. 모든 동식물이 갖고 있는 생화학 과정인 일주기 시계는 24시간 이내로 진동하면서 밤낮의 주기를 추적한다.

　일주기 시계는 밤에는 잠이 오고 아침에는 잠이 깨는 느낌의 원인으로 우리에게 친숙하다. 또 장거리 비행기 여행으로 인해 일주기 시계의 리듬이 깨지면, 시차증을 겪기도 한다. 지난 20여 년 사이, 일주기 시계의 작동 방식에 관해서 대단히 흥미로운 사실들이 잇따라 발견되었다. 그중에서도 가장 놀라운 발견 하나를 꼽자면, 빛이 계속 비치는 조건에 격리된 피험자는 외적인 신호가 없어도 대략 24시간 주기를 유지한다는 사실이다. 마치 우리 몸에 생체 시계, 즉 일주기 시계가 내장되어 있는 것 같다. 이런 내장된 시계, 우리 몸의 '페이스메이커pacemaker'인 일주기 감각은 뇌 안쪽에 파묻혀 있는 뇌하수체 샘에 위치하고 있다. 피험자들은 빛이 계속 비치는 조건에서도 대략 24시간 주기를 유지하지만, 그들의 생체 시계는 실제 하루 길이와는 점점 더 차이가 생긴다. 그래서 피험자들이 잠을 자고 깨어 있는 시간의 주기는 외부인들과는 일치하지 않을 것이다. 그래도 자연광에 노출되기만 하면, 피험자들의 생체 시계도 실제 명-암 주기에 맞춰서 금방 재조정되며, 이 과정을 동조entrainment라고 한다.

제왕나비의 태양 나침반은 태양의 고도와 하루 중 시간을 비교해서 작동하는데, 이 관계는 위도와 경도에 따라 변한다. 제왕나비도 우리와 마찬가지로 생체 시계를 갖고 있으며, 이 생체 시계는 빛에 의해 자동적으로 조절되어 장거리 이동을 하는 동안 해가 뜨고 지는 시간의 변화를 보정할 것이다. 그런데 제왕나비는 몸의 어디에서 일주기 감각을 느끼는 것일까?

어쿠하트 부부가 발견한 것처럼, 나비는 이 연구를 하기에 가장 쉬운 동물이 아니다. 앞 장에서 냄새를 맡고 길을 찾는 미로 실험에서 만났던 초파리, 드로소필라_Drosophila_가 훨씬 편한 실험 곤충이다. 초파리는 번식이 대단히 빠르고 쉽게 성숙할 수 있다. 초파리도 우리처럼 명암 주기로 일주기 리듬을 조절한다. 1998년, 유전학자들은 빛에 노출되어도 일주기 리듬이 영향을 받지 않는 돌연변이 초파리를 발견했다.[2] 연구자들은 이 돌연변이가 크립토크롬이라는 눈 단백질이 암호화된 유전자에 발생했다는 것을 알아냈다. 광합성 복합체에서 단백질 뼈대가 엽록소 분자를 단단히 지탱하고 있는 것처럼(4장을 보라), 크립토크롬 단백질은 청색광을 흡수하는 FAD(플라빈 아데닌 디뉴클레오티드_flavin adenine dinucleotide_)라는 색소 분자를 둘러싸고 있다. 광합성에서와 마찬가지로, 크립토크롬도 빛을 흡수하면 전자가 튀어나오고, 그로 인해 발생한 신호가 초파리의 뇌로 전달되어 초파리의 생체 시계가 밤낮의 일주기와 일치하도록 조절된다. 1998년에 발견된 돌연변이 초파리는 이 단백질을 잃었기 때문에, 그 초파리의 생체 시계는 더 이상 밤낮의 주기적 변화를 조절하지 못한 것이다. 한마디로 일주기 감각을 잃은 것이다.

이와 유사한 크립토크롬 색소는 훗날 인간을 포함한 다른 여러 동물의 눈에서도 발견되었다. 심지어 식물과 광합성 미생물에서도 발견되는데, 하루 중 광합성에 가장 적합한 때를 예측하는 데 도움이 된다. 어쩌면 이런 발견은 빛 감지 감각이 수십억 년 전에 살았던 미생물이 일주 리듬과 세포활동을 동조시키기 위해 진화된 아주 오래된 감각이라는 사실을 의미할지도 모른다.

크립토크롬은 제왕나비의 더듬이에서도 발견된다. 처음에는 눈 색소가 왜 더듬이에 있는 것인지 당혹스러웠다. 그러나 곤충의 더듬이는 후각과 청각뿐 아니라 기압과 중력까지도 감지하는 실로 놀라운 감각기관이다. 곤충의 일주기 감각도 여기에 포함될 수 있을까? 이 가설을 검증하기 위해, 과학자들은 일부 나비의 더듬이를 검은색으로 칠해서 빛 신호를 받아들이지 못하게 했다. 더듬이에 검은 칠을 한 나비는 더 이상 밤낮 주기와 태양 나침반을 동조시키지 못했다. 따라서 제왕나비의 더듬이에는 생물학적 시계가 들어 있는 것으로 보였다. 놀랍게도, 제왕나비의 더듬이에 들어 있는 시계는 몸의 나머지 부분을 제거해도 빛에 동조할 수 있었다.

크립토크롬은 제왕나비에서 빛의 동조를 담당하고 있었을까? 안타깝게도 나비의 유전자는 초파리의 유전자처럼 쉽게 돌연변이를 일으킬 수 없었다. 그래서 2008년, 매사추세츠 대학의 스티븐 레퍼트와 동료 연구진은 차선책을 택했다. 이들은 돌연변이 초파리의 결함이 있는 크립토크롬 유전자를 제왕나비의 건강한 유전자로 치환해서, 초파리가 일주기 리듬을 빛에 동조시키는 능력을 회복했다는 것을 증명했다.[3] 만약 제왕나비의 크립토크롬이 초파리의 몸에서 시간을 지킬 수 있게 해준다면, 제왕나비가 길을 잃지 않고 토론토에서 멕시코까지 곧장 날아가는 데 매우 중요한 생체 시계를 맞추는 일에도 효과가 있을 가능성이 매우 컸다.

하지만 여기서 양자역학과 관계있는 것은 무엇일까? 그 답은 동물 이동의 또 다른 측면인 '자기 수용 감각'과 연관이 있다. 1장에서 확인했듯이, 지구의 자기장을 감지하는 능력인 자기 수용 감각은 초파리와 나비를 포함한 다양한 생물이 갖고 있는 것으로 알려져 있으며, 특히 울새의 자기 수용 감각은 양자생물학의 상징이다. 2008년에는 울새의 자기 감각이 빛과 연관 있다는 게 명확해졌지만(이에 관해서는 나중에 다룰 것이다), 이 빛 수용체의 특성은 명확하지 않았다. 스티븐 레퍼트는 궁금했다. 초파리가 빛을 감지해서 일주기 리듬을 맞출 수 있게 해주는 크립토크롬이 자기 수용 감각과도 관련 있을 가능성이 있을까? 이 가능성을 알아보기 위해서, 그는 가브리엘레 게를라흐가 후각을 활용하는 흰동가리의 길 찾기를 증명하고자 이용했던 수로 선택 실험(5장)과 비슷한 방식의 실험을 수행했다. 레퍼트의 실험에서는 실험동물이 감각 신호를 이용해서 두 경로 중 먹이가 있는 쪽을 선택해야 한다.

연구자들은 당분을 상으로 주면 초파리가 자기장이 있는 곳으로 가도록 훈련시킬 수 있다는 것을 발견했다. 자기장을 띠는 방향과 자기장을 띠지 않는 방향으로 날아갈 수 있는 선택권이 주어지면(먹이가 없으므로, 후각은 아무 역할도 하지 않는다), 초파리는 자기장을 띠는 방향을 선택한다. 초파리가 자기장을 감지하는 것은 분명하다. 그렇다면 크립토크롬과 연관이 있었을까? 연구자들은 유전자 조작을 통해 크립토크롬을 상실한 돌연변이 초파리는 양쪽 경로를 비슷하게 선택한다는 것을 발견함으로써, 크립토크롬이 초파리의 자기 감각에 필수적이라는 것을 증명했다.

레퍼트의 연구진은 2010년 논문에서는 초파리의 크립토크롬 유전자를 제왕나비의 크립토크롬 유전자로 바꿔도 자기 감각을 계속 유지한다는 사실도 증명했다.[4] 이것은 제왕나비도 지구 자기장을 감지하는 데 크립토크롬을 이용할지도 모른다는 것을 나타낸다. 실제로 같은 연구진이 2014년에 발표한 한 논문에서는 제왕나비도 우리가 1장에서 만났던 유럽울새처럼, 빛에 의존한 경사나침반을 갖고 있으며 이것을 이용해 오대호에서 멕시코의 산 정상까지 길을 찾아간다는 것을 증명했다. 그리고 예상대로, 그 나침반은 더듬이 속에 있었다.[5]

그런데 빛 색소는 어떻게 보이지 않는 자기장도 감지할까? 이 문제의 해답을 얻기 위해서는 우리의 유럽울새 친구에게 다시 돌아가야 한다.

조류 나침반

—

1장에서 지적했던 것처럼, 우리 지구는 자기장의 영향이 내핵에서 사방 수천 킬로미터 공간까지 뻗어나가는 거대한 자석이다. 자화된 둥근 공간, 즉 '자기권magnetosphere'은 지구의 모든 생명체를 보호한다. 자기권이 없었다면, 태양이 뿜어내는 에너지 입자의 폭풍인 태양풍으로 인해서 지구의 대기는 오래전에 사라졌을 것이기 때문이다. 일반적인 막대자석의 자기장과 달리, 지구의 자기장은 용융 상태인 지구 핵 속의 철에서 유래하기 때문에 시간의 흐름에 따라 바뀐다. 이 자력의 정확한 기원은 복잡하지만, 지구-다이나모 효과geo-dynamo effect가 원인인 것으로 여겨지고 있다. 지구-다이나모 효과로 인해서 지구의 핵에 있는 액체 금속의 순환으로 전류가 생성되고, 이 전류가 다시 자기장을 생성한다는 것이다.

그래서 지구의 생명체는 이런 자기장의 보호 아래 살아가고 있다. 그러나 생명체에 대한 자기장의 유용성은 여기서 끝이 아니다. 과학자들은 많은 종이 자기장을 활용할 기발한 방법들을 진화시켜왔다는 사실을 한 세기 전부터 알고 있었다. 인간 선원들이 수천 년 전부터 대양을 항해할 때 지구의 자기장을 활용했던 것처럼, 해양과 육상 포유류, (우리의 울새 같은) 조류, 곤충을 포함한 지구상의 수많은 생명체는 지구 자기장을 감지하고 길 찾기에 이용하기 위한 감각을 수백만 년에 걸쳐 진화시켜왔다.

이 능력에 대한 최초의 증거를 내놓은 인물은 러시아의 동물학자인 알렉산드르 폰 미덴도르프(1815~1894)였다. 그는 몇 종의 철새가 도착하는 장소와 시기를 기록하고, 이 자료를 토대로 여러 개의 곡선을 지도에 나타냈다. 미덴도르프는 이 곡선을 이세핍테시스 isepiptesis(동시 도착 선)라고 불렀다. 그는 새의 도착 방향을 나타내는 이 곡선들에서 "일반적으로 수렴하는 북쪽"이 자북을 향한다고 추론했다. 그의 발견은 1850년대에 발표되었다. 당시 그는 철새가 지구 자기장을 이용해 자신의 위치를 정한다고 제안하면서, 철새는 "바람이 불거나 날이 궂거나 밤이 되거나 구름이 끼어도" 길을 찾을 수 있는 "하늘의 항해자들"이라고 말했다.[6]

대부분의 다른 19세기 동물학자들은 그의 생각에 회의적이었다. 역설적이게도, 초자연적 현상 같은 더 비과학적인 개념을 받아들이려는 과학자들조차 자기장이 생명체에 영향을 줄 수 있다는 것을 믿지 않았는데, 그런 이들 중에는 19세기 말의 저명한 과학자들도 있었

나비, 초파리, 그리고 양자울새

다. 이를테면 미국의 심리학자이자 신령 연구가인 조지프 재스트로는 1886년 7월에 "자기 감각의 존재The existence of a magnetic sense"라는 제목의 짧은 논문을 『사이언스』지에 발표했다. 그는 인간이 자기장에 아무런 영향을 받을 수 없다는 것을 검증하기 위해서 자신이 수행한 실험을 묘사했지만, 어떤 것에 대한 감응성도 발견하지 못했다고 보고해야 했다.

재스트로로부터 빠르게 시간을 돌려서 20세기로 들어오면, 미국의 물리학자인 헨리 이글리의 연구와 만나게 된다. 그는 제2차 세계대전 동안 미 육군 통신대US Army Signal Corps를 위한 연구를 수행했다. 조류의 항행은 군의 관심사였다. 여전히 전서구homing pigeon가 서신 전달에 이용되었고, 항공학자들은 새의 항행 능력을 배우고 싶어했기 때문이다. 그러나 새가 어떻게 집을 찾아가는지에 대한 비밀은 좀처럼 밝혀지지 않았다. 이글리는 전서구가 지구의 자전과 자기장을 둘 다 감지할 수 있을 것이라는 학설을 내놓았다. 그는 전서구의 뇌 속에는 위도와 경도가 모두 표시되는 '항법용 격자무늬navigational grid work'가 있을 것이라고 주장했다. 심지어 그는 자신의 학설을 검증하기 위해서, 비둘기 열 마리에는 날개에 작은 자석을 부착하고 다른 열 마리에는 무게가 같고 자성은 없는 구리선을 부착하는 실험을 했다. 날개에 구리선을 부착한 비둘기는 열 마리 중 여덟 마리가 집으로 돌아왔지만, 날개에 자석을 부착한 비둘기는 열 마리 중 한 마리만 겨우 둥지로 돌아올 수 있었다. 이글리는 비둘기가 길을 찾기 위해 자기장을 이용하므로, 자석이 길 찾기에 방해가 될 수 있다는 결론을 내렸다.[7]

처음에 이글리의 실험 결과는 터무니없는 것으로 묵살되었다. 그러나 이후 여러 연구자는 광범위한 동물들이 지구 자기장에 대한 타고

난 감수성을 이용해서 정확한 방향 감각을 갖고 있다는 것을 합리적 의심을 넘어 명확하게 규명했다. 이를테면 바다거북sea turtle은 특별히 눈에 띄는 지형지물이 없어도 대양 한가운데에 있는 먹이터에서 수천 킬로미터 떨어진 번식지로 매번 똑같이 돌아올 수 있다. 게다가 연구자들은 바다거북의 머리에 강력한 자석을 부착하면 길 찾기 감각이 손상된다는 것을 증명했다. 1997년, 뉴질랜드 오클랜드 대학의 한 연구팀은 무지개송어rainbow trout가 코에 위치한 자기 수용 감각 세포를 이용한다고 제안한 논문을 『네이처』에 발표했다.[8] 만약 이 제안이 옳은 것으로 밝혀지면, 무지개송어는 지구 자기장의 방향을 냄새 맡을 수 있는 동물의 첫 사례가 될 것이다! 미생물은 지구 자기장의 도움으로 탁한 물속에서 길을 찾는다. 식물처럼 이동을 하지 않는 생물마저 자기 수용 감각을 보유하고 있는 것으로 보인다.

　동물에게 지구 자기장을 감지하는 능력이 있다는 사실은 이제 의심의 여지가 없다. 문제는 그 방법이다. 지구 자기장은 매우 약할뿐더러 일반적으로는 몸속에서 일어나는 어떤 화학반응에 영향을 줄 것 같지도 않아 보인다. 이 문제에 관해서는 기본적으로 두 가지 가설이 있는데, 두 가설 다 서로 다른 동물 종과 연관이 있다. 첫 번째 가설은 이 감각이 전통적인 자석 나침반처럼 기능한다는 것이고, 두 번째 가설은 자기 수용 감각이 화학적 나침반에 의해 작용한다는 것이다.

　동물의 몸속 어딘가에 전통적 나침반 형태의 메커니즘이 있다는 첫 번째 가설은 많은 동물과 미생물이 미세한 자철석magnetite(자연적으로 자성을 띠는 산화철 광물) 결정을 지니고 있다는 것이 발견되면서 지지를 받았다. 이를테면 해양의 진흙 퇴적물 속에서 자기 감각을 이용해 자신의 위치를 정하는 세균은 몸속에 총알 모양의 자철석 결정이 가득 들어 있다.

1970년대 후반이 되자, 자철석은 지구 자기장의 도움을 받아 길을 찾는다고 알려진 다양한 동물 종의 몸에서 발견되었다. 특히 길을 찾아가는 새로 가장 유명한 전서구는 윗부리에 있는 뉴런 속에서 발견된 것처럼 보였다.[9] 이것은 전서구의 뉴런이 자철석 결정에서 받아들인 자기 신호에 반응하고 그 신호를 뇌로 보내고 있다는 것을 암시하는 발견이었다. 더 최근의 연구에서는, 자철석이 채워진 뉴런이 있는 비둘기의 윗부리에 작은 자석을 부착하면 비둘기가 방향 감각을 잃고 지구 자기장을 추적하는 능력을 상실한다는 것이 밝혀졌다.[10] 마침내 자기 수용 감각의 위치가 어디인지 밝혀진 것처럼 보였다.

그러나 2012년에 MRI 스캐너를 이용해서 전서구 부리의 3차원 구조를 자세히 연구한 새로운 논문이 『네이처』에 등장하면서 다시 원점으로 돌아갔다. 이 논문에서 내린 결론에 따르면, 전서구 부리의 자철석 함유 세포는 자기 수용 감각과는 아무 관련이 없다는 게 거의 확실시되었다. 철분을 함유한 이 세포는 병원균에 대한 면역 작용을 하는 대식세포macrophage로, 지금까지 알려진 바로는 감각 인식을 하지 않는다.[11]

이 시점에서 우리는 시간을 되돌려, 1장에서 만났던 독일의 놀라운 조류학자인 볼프강 빌치코의 이야기로 다시 거슬러가야 한다. 빌치코는 조류의 길 찾기에 대해 1958년부터 관심을 갖기 시작했다. 당시 그는 프랑크푸르트 대학을 기반으로 한 연구진에 합류했다. 이 연구진을 이끌던 조류학자, 프리츠 메르켈은 동물의 자기 감각을 연구하는 몇 안 되는 과학자 중 한 사람이었다. 그의 제자인 한스 프로메가 이미 증명한 바에 따르면, 어떤 새들은 특징이 없는 닫힌 공간에서도 방향을 정할 수 있었다. 이 결과는 새들의 길 찾기 능력이 시각적 단서를 기반으로 하지 않는다는 점을 보여주었다. 프로메는 두 가지 가능성 있는 메커니즘을 제안했다. 새들이 항성으로부터 오는 일종의 전파 신호를 수신하고 있거나 지구의 자기장을 감지할 수 있다는 것이다. 볼프강 빌치코는 후자일 것이라고 추측했다.

1963년 가을, 빌치코는 유럽울새로 실험을 시작했다. 기억하다시피, 유럽울새는 일반적으로 유럽 남부와 북아프리카 사이에서 이동을 한다. 빌치코는 이동 중인 울새를 잡아서 자기장이 차단되는 방에 넣은 다음, 인공적으로 만든 약한 정靜자기장에 노출시켰다. 이런 자기장은 헬름홀츠 코일Helmholtz coil이라는 장치를 이용해서 만드는데, 지구의 자기장을 흉내 내면서도 자기장의 세기와 방향은 바꿀 수 있다. 그가 발견한 것은 가을이나 봄에 이동하다가 잡힌 울새가 쉴 새 없이 움직인다는 것과 인공 자기장에서 이동 방향과 일치하는 쪽의 구석에 모여 있다는 것이었다. 2년간의 끈질긴 노력 끝에, 1965년에 그는 울새가 인공 자기장의 방향에 민감하다는 것을 증명한 조사 결과를 발표했다. 그래서 그는 울새가 비슷한 방법으로 지구 자기장을 감지할 수 있을 것이라고 추측했다.

이 실험으로 조류의 자기 수용 감각이라는 생각은 어느 정도 신뢰를 얻었고, 후속 연구도 촉발되었다. 그러나 동시에 이 감각이 어떻게 작용하는지, 지극히 약한 지구 자기장이 실제로 동물의 몸에 어떻게 영향을 주는지에 대해 희미하게라도 아는 사람은 아무도 없었다. 과학자들은 자기 수용 감각기관이 동물의 체내에서 어디에 위치하는지에 대해서도 합의를 이루지 못했다. 게다가 몇몇 동물 종에서 전통적인 자석 나침반 메커니즘을 암시하는 자철석 결정이 발견된 후에도,

나비, 초파리, 그리고 양자울새

유럽울새의 길 찾기 능력은 여전히 불가사의였다. 유럽울새의 몸속 어디에서도 자철석이 발견되지 않았기 때문이다. 유럽울새의 자기 수용 감각에는 전통적인 자석 나침반과는 맞지 않는 몇 가지 곤혹스러운 특징이 있는데, 특히 눈을 가리면 길 찾기 능력을 상실해서 지구 자기장을 "봐야" 한다는 것을 암시했다. 유럽울새는 어떻게 자기장을 보는 것일까?

1972년에 빌치코 부부(이 무렵 볼프강은 아내인 로스비타와 공동 연구를 시작했다)는 유럽울새의 나침반이 이전에 연구되었던 것들과는 전혀 다르다는 사실을 발견했다. 자화된 바늘이 달린 일반적인 나침반에서는 바늘의 한쪽 끝(S극)은 지구 자기장의 북극을 향하고 다른 쪽 끝은 남극을 향한다. 그러나 자석의 극을 구별하지 못하는 다른 종류의 나침반도 있다. 1장에서 이런 나침반을 경사나침반이라고 불렀음을 기억할 것이다. 경사나침반은 극에 관계없이 가장 가까이에 있는 극을 가리킨다. 그래서 어떤 극인지는 몰라도, 극의 방향을 향하고 있는지, 아니면 극에서 멀리 떨어져 있는지만 알려줄 수 있다. 이런 종류의 정보를 제공하는 방법 중 하나는 지표면에 대한 자기력선의 각도를 측정하는 것이다(그림 6.1). 이 경사각(그래서 이름이 경사나침반이다)이 거의 수직이면(지면을 향하면) 극에 가까운 것이지만, 지면과 수평을 이루면 적도인 것이다. 적도와 극지방 사이에서는 자기력선이 가까운 극을 가리키면서 90도 이하의 각도로 기울어져 있다. 따라서 무엇을 이용하든 이 각도를 측정하기만 하면 경사나침반의 기능을 할 수 있고, 방향 정보를 제공할 수 있다.

빌치코 부부는 1972년 실험에서 울새들을 자기장이 차단된 방에 가두고 인공 자기장에 노출시키는 실험을 했다. 가장 중요한 결과는,

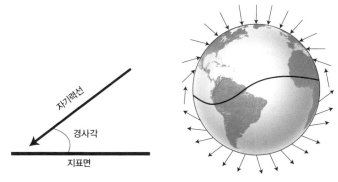

그림 6.1 지구의 자기력선과 경사각

자석을 180도 돌려서 자기장의 극을 역전시키는 것은 새들의 행동에 아무런 영향도 끼치지 않는다는 사실이었다. 유럽울새는 어떤 극이든 관계없이, 상대적으로 가장 가까운 극 쪽으로 방향을 정했다. 따라서 전통적인 자석 나침반은 지니고 있지 않은 것으로 밝혀졌다. 이 1972년 논문은 유럽울새의 자기 수용 감각이 정말로 경사나침반이었다는 것을 확실히 규명했다. 그러나 그 작동 방식은 불가사의로 남아 있었다.

그러던 1974년, 볼프강과 로스비타는 코넬 대학으로부터 초청을 받았다. 그들을 초청한 이는 미국의 조류 이동 전문가인 스티븐 엠렌이었다. 엠렌은 저명한 조류학자인 아버지 존 엠렌과 함께, 1960년대에 엠렌 깔때기Emlen funnel●라고 알려진 특별한 새장을 개발했다. 뒤집힌 원뿔 모양을 하고 있는 엠렌 깔때기의 바닥은 스탬프 판으로 되어 있고, 경사진 벽면의 안쪽은 잉크를 흡수하는 압지로 싸여 있다(그

● 1950년대의 위대한 미식축구 선수인 엠렌 터넬Emlen Tunnell과 혼동해서는 안 된다.

나비, 초파리, 그리고 양자울새

림 6.2). 만약 새가 경사진 벽에서 날개를 퍼덕이거나 뛰어오르면, 벽에 남아 있는 발자국을 보고 어느 쪽 벽으로 깔때기를 빠져나가려고 했는지를 알 수 있다. 코넬 대학에서 빌치코 부부가 연구한 종은 북아메리카에 서식하는 작은 멧새의 일종인 유리멧새indigo bunting였다. 유리멧새도 유럽울새처럼 일종의 체내 나침반을 이용해서 이동한다. 엠렌 깔때기 속 유리멧새의 행동에 대한 빌치코 부부의 1년에 걸친 연구는 1976년에 발표되었고,[12] 유리멧새도 유럽울새처럼 지구 자기장을 감지할 수 있다는 것이 명확히 밝혀졌다. 볼프강 빌치코는 코넬 대학에서의 이 첫 논문이 이들의 연구에서 약진의 순간이었다고 평가한다. 철새의 체내에 자석 나침반이 있다는 것을 명확하게 밝힘으로써, 전 세계의 선구적인 여러 조류학자로부터 주목을 받았기 때문이다.

1970년대 중반에는 생물학적 자석 나침반이 어떻게 작용할지에 관한 단서를 갖고 있는 사람이 아무도 없었다. 그러나 1장에서 확인한 것처럼, 빌치코 부부와 스티븐 엠렌이 그들의 연구 결과를 발표한 그해에 독일의 화학자인 클라우스 슐텐은 자기 수용 감각을 빛에 접목

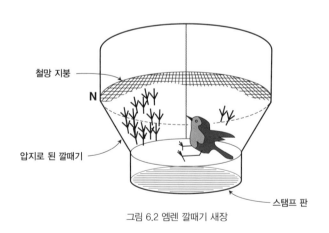

그림 6.2 엠렌 깔때기 새장

시킨 화학적 메커니즘을 제안했다. 슐텐은 하버드 대학에서 화학물리학으로 박사학위를 받고 유럽으로 돌아온 직후, 괴팅겐에 위치한 막스 플랑크 생물물리화학 연구소에서 일자리를 얻었다. 그곳에서 그는 빛에 노출되어 빠른 삼중항 반응으로 만들어진 전자가 양자 얽힘을 일으킬 수 있을 것이라는 가능성에 흥미를 느꼈다. 그의 계산에 따르면, 얽힘이 정말로 화학반응과 연관 있다면 이 반응들의 속도는 외부 자기장에 의해 영향을 받아야 했다. 그래서 그는 자신의 가설을 증명할 방법을 제안했다.

슐텐은 자신의 생각을 거리낌 없이 이야기하고 다녔기 때문에, 막스 플랑크 연구소에서 약간 정신 나간 사람 취급을 받았다. 그의 문제는 그가 종이와 연필과 컴퓨터로 연구하는 이론물리학자라는 점이었다. 확실히 그는 실험복을 입고 자신의 생각을 증명할 실험을 수행할 수 있는 화학자는 아니었다. 따라서 그는 이론가의 위치에서 멋진 생각을 제안할 수는 있었지만, 그의 가설이 옳은지를 검증하기 위해서는 바쁜 실험실 일정을 쪼개서 대신 실험해줄 친절한 실험가를 찾아야만 하는 처지였다. 슐텐은 동료 화학자를 한 사람도 설득할 수 없었다. 아무도 슐텐이 제안한 실험이 성공할 것이라고 믿지 않았다.

그는 이 모든 회의론의 근원에 연구소의 실험실 관리자인 후베르트 스태르크가 있다는 것을 알았다. 슐텐은 용기를 내 스태르크의 사무실을 찾아갔고, 마침내 이 견고한 회의론의 원인을 알아냈다. 스태르크는 이미 그 실험을 했었고, 자기장은 아무 영향이 없다는 것을 확인한 터였다. 슐텐은 큰 충격을 받았다. 진화생물학자인 토머스 헉슬리의 묘사처럼, 그의 가설도 "추악한 사실에 죽임당한…… 아름다운 가설"에 추가될 운명을 겪을 것만 같았다.

나비, 초파리, 그리고 양자울새

낙담한 슐텐은 스태르크에게 실험을 수행해주어 고맙다는 인사를 전하고 사무실을 나오려다가 되돌아가서 그 실망스러운 자료를 볼 수 있는지 물었다. 스태르크가 자료를 보여주었을 때, 슐텐은 갑자기 기분이 좋아졌다. 슐텐은 스태르크가 놓쳤던 것을 알아차렸다. 자료에 나타난 사소하지만 중요한 문제는 슐텐이 완벽하게 예측했던 것이었다. 그는 이렇게 회상했다. "내 예상과 정확히 들어맞았다. 그래서 나는 대단히 기뻤다. 순식간에 재앙이 행복으로 바뀌었다. 내가 무엇을 찾아야 할지 알고 있었기 때문이다. 그는 그렇지 못했다."[13]

슐텐은 자신의 논문이 획기적인 과학 논문이 될 것을 확신하면서 즉시 집필에 착수했다. 그러나 곧바로 또 다른 충격에 빠졌다. 한 학회 모임에서 뮌헨 공과대학의 마리아엘리자베트 미헬바이얼레와 술을 한잔 하던 중, 미헬바이얼레 역시 정확히 똑같은 실험을 수행했다는 것을 알게 된 것이다. 슐텐은 도덕적으로 난처한 처지에 놓았다. 자신이 발견한 것을 밝혀서 미헬바이얼레가 먼저 논문을 쓰기 위해 곧장 뮌헨으로 돌아가게 할 수도 있었다. 아니면 핑계거리를 만들어서 꽁지 빠지게 괴팅겐으로 달려간 다음, 자신의 결과를 먼저 발표할 수도 있었다. 그러나 만약 아무 말도 없이 내뺀 다음 먼저 발표를 해버리면, 훗날 미헬바이얼레는 슐텐이 자신의 발상을 훔쳤다고 비난할 수도 있었다. 당시 그는 "만약 내가 알고 있는 것을 말하지 않으면, 그녀는 내가 실험을 하기 위해 돌아갔다고 생각할지도 모른다"고 여겼다.[14] 결국 슐텐은 미헬바이얼레에게 자신도 비슷한 연구를 했다고 털어놓았다. 두 과학자는 학회 일정을 모두 끝낸 다음, 각자의 집으로 돌아가서 양자 얽힘의 기이한 특성이 화학반응에 영향을 줄 수 있다는 발견을 설명하는 논문을 썼다(슐텐의 논문이 미헬바이얼레의 것보다 조금 먼저 발표되었다).

슐텐의 1976년 논문[15]은 막스 플랑크 연구소에서 연구했던 신종 빠른 삼중항 반응의 속도가 양자 얽힘 때문이라고 제안했다. 그러나 그는 이 획기적인 논문에서 화학반응이 자기장에 민감하다는 것을 명확하게 증명한 스태르크의 실험 자료도 소개했다. 두 가지 큰 결과를 "손에 넣었으니" 대개의 과학자는 이 정도로 만족했을 것이다. 그러나 서른 살도 채 되지 않았던 슐텐은 젊은 혈기가 남아 있었고, 조금 더 무모한 행동에 나섰다. 빌치코의 울새 이동 연구와 만족스러운 생물학적 나침반 메커니즘에 대한 문제점을 알게 된 그는 자신의 스핀하는 전자가 이런 메커니즘을 제공할 수 있다는 것을 깨달았다. 그래서 그는 1978년 논문에서 조류 나침반이 양자-얽힘 유리기 쌍 메커니즘quantum-entangled radical pair mechanism에 의존한다고 제안했다.

당시에는 그의 제안을 진지하게 받아들인 사람이 거의 없었다. 슐텐의 막스 플랑크 연구소 동료들은 그가 또 정신 나간 생각을 하고 있다고 여겼다. 그가 처음에 논문을 보냈던 최고의 과학 저널인 『사이언스』의 편집자들도 그의 논문을 대수롭지 않게 여기고, "덜 용감한 과학자라면 이런 생각은 폐지함에 집어넣을 것이다"라고 논평했다.[16] 이에 대해 슐텐은 다음과 같은 반응을 보였다. "나는 머리를 긁적이면서 '이 생각은 아주 위대하거나 완전히 멍청하거나 둘 중 하나야'라고 생각했다. 나는 위대한 생각이라고 결론 내렸고 서둘러 독일 저널에 발표했다!"[17] 그러나 당시 그의 학설을 알고 있던 대부분의 과학자는 슐텐의 추정이 자기 수용 감각을 비과학적이고 초자연적으로 설명했다고 치부했다.

슐텐과 빌치코의 연구가 새들의 길 찾기 방식을 설명하는 데 어떻게 도움이 됐는지를 알아보기 전에, 우리는 신비스러운 양자세계로 되돌아가서 1장에서 간단히 설명했던 얽힘 현상을 자세히 살펴봐야 한다. 얽힘이란 것이 매우 특이해서 아인슈타인조차 옳지 않다고 주장했다는 것을 기억할 터이다. 하지만 그 전에 우리는 양자세계의 또 다른 기이한 특성인 '스핀'을 먼저 소개하고자 한다.

양자 스핀과 유령 같은 작용

—

양자역학에 관한 많은 대중 과학서가 아원자 세계의 기이함을 강조하기 위해서 '양자 스핀' 개념을 이용한다. 여기서 우리는 그러지 않기로 했다. 그 이유는 아마 이런 생각이 일상의 언어를 사용해서 개념화할 수 있는 것과는 매우 동떨어져 있기 때문일 것이다. 그러나 더는 미룰 수 없으니, 이제 시작해보자.

지구가 자전하면서 태양 주위를 공전하듯이, 전자와 다른 아원자 입자들도 스핀이라고 부르는 특성을 갖고 있다. 그런데 이 스핀은 일반적인 개념과는 거리가 있다. 하지만 1장에서 살짝 언급했듯이, '양자 스핀'은 테니스공이나 행성 같은 회전하는 물체에 대한 일상의 경험을 토대로 우리가 시각화할 수 있는 것과는 전혀 다른 것이다. 우선 스핀하는 전자의 속도에 관해 이야기하는 것은 진짜 무의미하다. 전자의 스핀은 두 가지 가능한 값 중 하나만 택할 수 있기 때문이다. 양자 수준에서 에너지가 양자화되는 것처럼 스핀도 양자화되는 것이다. 쉽게 말해서 전자는 시계 방향이나 반시계 방향 중 한쪽으로만 회전하는 것이라고 볼 수 있으며, 이는 일반적으로 '업up' 스핀 또는 '다운

down' 스핀 상태라고 부르는 것에 해당된다. 그리고 양자세계이기 때문에, 관찰을 하지 않을 때에는 전자가 동시에 두 방향으로 모두 스핀할 수 있다. 우리는 이런 스핀 상태를 업 스핀과 다운 스핀의 중첩(이를테면 결합 또는 혼합)이라고 한다. 어떤 의미에서 보면, 이 특성은 전자가 동시에 두 장소에 있을 수 있다는 말보다 더 기이하게 들릴 수 있다. 하나의 전자가 어떻게 시계 방향과 반시계 방향으로 동시에 회전할 수 있다는 것일까?

이런 양자 스핀 개념이 얼마나 반직관적인지를 강조하기 위해서 눈여겨봐야 할 것이 있다. 전자는 360도 회전을 하면 원래 상태로 돌아오지 않는다. 처음 상태로 돌아오려면 온전히 두 번을 회전해야 한다. 이 이야기가 기이하게 들리는 까닭은 우리가 전자를 아주 작은 테니스공 같은 구체라고 생각하는 경향이 있기 때문이다. 그러나 테니스공은 거시세계에 살고 있으며, 전자가 속한 아원자 양자세계에는 다른 규칙이 적용된다. 사실 전자는 작은 구체도 아니며, 심지어 크기가 있다고 말할 수도 없다. 따라서 양자 스핀은 테니스공의 회전처럼 '진짜'이지만, 우리에게 친숙한 일상세계에는 대응할 만한 것이 없고 묘사도 불가능하다.

그러나 이것이 단순히 책과 이해할 수 없는 물리학 강연 속에만 존재하는 추상적인 역학적 개념이라고 생각해서는 안 된다. 모든 전자는 우리 몸속에서, 그리고 우주 어디에서나 이런 기이한 방식으로 스핀한다. 만약 그렇지 않았다면, 우리 자신을 포함해서 우리가 아는 모든 세상이 존재할 수 없었을 것이다. 그 까닭은 양자 스핀이 과학에서 가장 중요한 원리 중 하나의 핵심 역할을 하기 때문이다. 그 원리는 바로 모든 화학의 토대가 되는 파울리 배타 원리Pauli Exclusion

Principle다.

파울리 배타 원리의 중요한 결과 중 하나는, 만약 한 원자나 분자에서 짝을 이루고 두 전자의 에너지가 같으면(분자를 지탱하는 화학결합이 원자들 사이에 공유된 전자에 의해 이루어진다는 3장의 내용을 떠올려보자) 이 두 전자는 반대의 스핀을 갖고 있어야 한다는 것이다. 그러면 두 전자의 스핀이 상쇄된다고 생각할 수 있고, 이것은 딱 한 가지 상태만 나타낼 수 있으므로 스핀 일중항 상태spin singlet state라고 부른다. 원자와 대부분의 전자 속에 들어 있는 전자쌍은 일반적으로 이런 상태에 있다. 그러나 만약 두 전자가 같은 에너지 준위에서 서로 짝을 이루지 않으면, 이 두 전자는 같은 방향의 스핀을 가질 수 있다. 이런 상태를 스핀 삼중항 상태spin triplet state●라고 하며, 슐텐이 연구했던 반응도 이와 같은 경우였다.●●

일란성 쌍둥이는 멀리 떨어져 있어도 서로의 감정 상태를 감지할 수 있다는 대단히 미심쩍은 주장을 들어본 적이 있을 것이다. 왠지 이 주장은 쌍둥이가 과학적으로는 아직 설명할 수 없는 심령적 관점으로 연결되어 있다는 생각으로 이어진다. 주인이 집에 오고 있다는 것을 개가 어떻게 정확히 알아차리는지에 관한 것도 비슷한 주장으로 설명되었다. 분명히 말하지만, 이런 설명에는 과학적 요소가 전혀 없다. 그럼에도 일부에서는 이런 현상을 양자역학과 연결 지으려는 우

● 양자역학 전문가가 아니라면, 여기서 '삼중항triplet'이라는 용어는 특히 하나의 전자쌍을 가리키고 있기 때문에 혼동을 일으킬 수 있다. 그래서 간단히 설명하려고 한다. 하나의 전자는 1/2의 스핀을 갖고 있다고 말한다. 따라서 한 쌍의 전자가 서로 반대의 스핀을 갖고 있으면 그 값이 상쇄된다(1/2-1/2=0). 이것을 스핀 일중항 상태라고 말한다. 그러나 만약 스핀의 방향이 같으면 그 값이 더해진다(1/2+1/2=1). '삼중항'이라는 용어는 1의 합성 스핀이 세 방향을 가리킬 수 있다는 사실을 나타낸다(위, 아래, 평행).
●● 하나의 산소 분자에서 두 원자를 붙들고 있는 두 개의 홀전자는 일반적으로 스핀 삼중항 상태에 있다.

를 범하고 있다. 그러나 (여러 차례 말했듯이) 이런 '원거리 동시 작용'은 고전적인 우리의 일상세계에서는 볼 수 없지만, 양자 영역의 중요한 특징이다. 전문 용어로는 이 특징을 비국소성nonlocality 또는 얽힘이라고 하며, '여기'에서 일어난 뭔가가 동시에 '저기'에도 영향을 주는 것이다. '저기'가 얼마나 떨어져 있는지는 중요하지 않다.

한 쌍의 주사위를 생각해보자. 주사위 두 개를 던져서 같은 수의 쌍이 나올 확률은 쉽게 구할 수 있다. 한 주사위의 수가 정해진 상황에서, 다른 주사위에서 같은 수가 나올 확률은 6분의 1이다. 이를테면 첫 번째 주사위에서 4가 나올 확률은 6분의 1이고, 두 번째 주사위에서도 4가 나올 확률은 36분의 1이다($1/6 \times 1/6 = 1/36$). 따라서 두 주사위를 던져서 같은 수의 쌍이 나올 확률은 당연히 6분의 1이다. 그리고 6분의 1을 열 번 곱하면 연달아서 같은 수의 쌍이 열 번 나올 확률을 구할 수 있는데(수의 종류는 관계없다. 4 다음에 1의 쌍이 이어져도 된다), 그 값은 약 6000만 분의 1이다! 영국에 살고 있는 모든 사람이 주사위 한 쌍을 열 번씩 던졌을 때, 열 번 모두 같은 수의 쌍이 나오는 사람은 통계적으로 볼 때 딱 한 명뿐이라는 뜻이다.

그런데 던질 때마다 항상 같은 수의 쌍이 나오는 주사위 한 쌍이 당신에게 생겼다고 해보자. 두 주사위를 던졌을 때 나오는 실제 수는 무작위인 것처럼 보인다. 던질 때마다 대체로 바뀌지만, 두 주사위는 항상 이리저리 굴러서 같은 수가 된다. 아마 분명히 속임수가 있으리라고 의심할 것이다. 이 주사위들에 어떤 정교한 메커니즘이 내장되어 있어서, 미리 프로그램된 순서를 따라 수가 나오도록 조작되어 있는 것은 아닐까? 이 가설을 검증하기 위해서, 먼저 주사위를 하나만 던진 다음 주사위를 두 개씩 함께 던진다. 미리 프로그램된 순서가 있

나비, 초파리, 그리고 양자올새

었다면 이제 순서가 어긋나버렸으므로, 속임수는 먹히지 않을 것이다. 그러나 이런 꾀를 내봐도 주사위에서는 계속 같은 수가 나온다.

다른 가능성도 있다. 주사위를 던질 때마다 주사위가 원격 신호를 교환하면서 다시 동기화를 하는 것이다. 이런 메커니즘은 꽤 정교한 기술을 요할 것 같지만, 적어도 상상은 해볼 수 있다. 그러나 모든 메커니즘은 아인슈타인의 상대론에 의한 제약을 받기 때문에, 어떤 신호도 빛보다 빠르게 진행할 수는 없을 것이다. 이 제약을 이용하면 주사위들 사이에 오가는 신호가 있는지를 알아볼 수 있다. 할 일이라고는 주사위를 던지는 동안 어떤 동기화 신호를 교환할 시간 여유가 없도록 두 주사위를 충분히 떼어놓는 것뿐이다. 그러므로 주사위 하나는 지구에서, 다른 하나는 화성에서 동시에 던진다고 상상해보자. 빛이 지구와 화성까지 이동하려면 가장 가까운 경로를 거치더라도 4분이 걸리므로, 동기화 신호도 비슷한 시간만큼 지연될 것이다. 이 동기화 신호를 제거하는 방법은 간단하다. 두 주사위를 그 시간보다 더 자주 던지면 된다. 그러면 주사위들을 던지는 사이에 어떤 신호에서도 동기화가 일어날 수 없을 것이다. 만약 그래도 숫자들이 계속 일치한다면, 이 두 주사위 사이에는 아인슈타인의 유명한 제약을 무시하는 긴밀한 연결이 존재하는 것이 분명하다.

행성 간에 주사위 던지기 실험은 수행된 적이 없지만, 비슷한 실험이 양자적으로 얽힌 입자들을 대상으로 지구에서 수행된 적은 있다. 그리고 서로 떨어져 있는 입자들은 우리가 주사위 실험에서 상상한 것과 같은 종류의 재주를 부릴 수 있었다. 그 입자들의 상태는 거리에 관계없이 서로 연관성을 나타낼 수 있었다. 양자세계의 이런 기이한 특징은 아인슈타인의 제한 속도를 존중하지 않는 것처럼 보인다. 두 입자가 얼마나 떨어져 있는지에 관계없이, 한 곳에 있는 입자가 동시에 다른 곳에 있는 입자에 영향을 줄 수 있기 때문이다. 슈뢰딩거는 이런 현상을 묘사하기 위해서 '얽힘'이라는 용어를 만들었다. 그 역시 아인슈타인과 마찬가지로, 아인슈타인이 "원거리에서 일어나는 유령 같은 작용"이라고 부른 이 작용을 달가워하지 않았다. 그러나 이들의 회의론에도 불구하고, 양자 얽힘은 여러 실험을 통해서 사실로 입증되었다. 이제 양자 얽힘은 양자역학의 가장 근본적인 개념 중 하나로 자리매김했으며, 물리학과 화학 같은 여러 분야에 적용되고 있다. 그리고 앞으로는 생물학에도 적용될지 모른다.

양자 얽힘이 생물학과 어떻게 얽히게 되는가를 이해하기 위해서는 두 가지 개념을 결합시켜야 한다. 첫 번째 개념은 떨어져 있는 두 입자 사이의 동시적 연결, 즉 얽힘이다. 두 번째 개념은 하나의 양자 입자가 둘 이상의 서로 다른 상태로 동시에 중첩될 수 있는 능력이다. 가령 어떤 전자가 동시에 두 방향으로 스핀할 수 있으면, 우리는 이 전자가 '업 스핀'과 '다운 스핀'이 중첩된 상태에 있다고 말한다. 이 두 개념의 결합은 한 원자 속에 있는 전자들이 얽혀 있고, 전자마다 두 가지 상태의 스핀이 중첩되어 있는 것이다. 어떤 전자도 스핀의 방향은 뚜렷하지 않지만, 어떤 일을 하는지에 관계없이, 두 전자는 짝을 이루는 전자의 스핀에 의해 영향을 주고받는다. 그러나 같은 원자 속에 들어 있는 전자쌍들은 항상 일중항 상태라는 것을 기억하자. 항상 반대의 스핀을 갖고 있다는 뜻이다. 하나는 업 스핀 상태이고, 다른 하나는 다운 스핀 상태여야 한다. 따라서 두 전자 다 동시에 업 스핀과 다운 스핀이 중첩되어 있는 상태이지만, 기이한 양자적 방식에 의해 스핀의 방향은 항상 반대여야 한다.

나비, 초파리, 그리고 양자울새

이제 서로 얽혀 있는 두 전자를 분리해보자. 이 전자들은 더 이상 같은 원자 속에 있지 않다. 만약 우리가 한 전자의 스핀 상태를 측정하려고 하면, 우리는 그 전자가 어떤 방향으로 스핀할지를 선택하게 하는 것이다. 측정 결과, 이 전자가 업 스핀 상태였다고 해보자. 두 전자는 서로 얽힌 일중항 스핀 상태였기 때문에, 다른 전자는 다운 스핀 상태여야만 한다. 그러나 측정 전에는 두 전자 모두 업 스핀과 다운 스핀 상태가 중첩되어 있었다는 것을 기억하자. 측정 후, 두 전자는 완전히 다른 상태가 된다. 한 전자가 업 스핀 상태이면 다른 전자는 다운 스핀 상태가 되는 것이다. 따라서 두 번째 전자는 동시에 양방향으로 스핀하는 중첩 상태에 있다가, 건드리지도 않았는데 곧바로 다운 스핀 상태로 바뀐다. 우리는 짝을 이루는 전자의 상태를 측정만 했을 뿐이다. 게다가 원칙적으로는 두 번째 전자가 얼마나 멀리 떨어져 있는지는 중요하지 않다. 우주 반대편에 있더라도 효과는 같을 것이다. 얽혀 있는 한 쌍의 전자 중 한쪽만 측정하면, 다른 전자는 아무리 멀리 떨어져 있어도 중첩 상태가 곧바로 붕괴된다.

어쩌면 당신에게 (약간은!) 도움이 될지도 모를 유용한 비유가 하나 있다. 한 쌍의 장갑이 있다고 해보자. 이 장갑은 한 짝씩 상자에 봉해져 있는데, 두 상자는 수 킬로미터 떨어져 있다. 당신은 두 상자 중 하나를 갖고 있으며, 상자를 열기 전까지는 당신이 갖고 있는 장갑이 왼쪽인지 오른쪽인지 알지 못한다. 당신이 상자를 열어서 장갑이 오른쪽이라는 사실을 확인하면, 열지 않은 다른 상자 속에 있는 장갑은 상자가 아무리 멀리 떨어져 있어도 왼쪽이라는 것을 곧바로 알게 된다. 여기서 결정적으로 중요한 점은 당신이 알고 있는 것만 바뀌었다는 사실이다. 멀리 떨어져 있는 상자에 들어 있던 장갑은 당신이 상자를 열든지 열지 않든지 항상 왼짝이었다.

양자 얽힘은 다르다. 측정 전에는 두 전자 다 뚜렷한 스핀 방향을 갖지 않았다. 업 그리고 다운 스핀이 양자적으로 중첩된 상태에 있던 전자는 오로지 (얽혀 있는 전자 중 한쪽을) 측정하는 행위로 인해서 뚜렷하게 업 또는 다운 스핀 상태를 갖는 전자로 바뀔 뿐이다. 반면 장갑의 경우는 이미 확실하게 존재하고 있던 장갑의 상태를 알지 못하고 있는 것에 불과하다. 한 전자에 대한 양자적 측정은 그 전자가 업 또는 다운 스핀 중 하나를 '선택'하게 만든다. 뿐만 아니라 그 '선택'은 그 전자의 쌍둥이 전자가 아무리 멀리 떨어져 있어도 상반된 상태를 적용하게 만든다.

여기에 훨씬 미묘한 세부 요소가 하나 더 첨가되어야 한다. 이미 논의했던 것처럼, 일중항 상태로 결합된 두 전자는 서로 짝을 이뤄서 반대 방향으로 스핀하며, 삼중항 상태에서는 같은 방향으로 스핀한다. 만약 같은 원자 안에서 일중항 상태인 전자쌍의 전자 하나가 인접한 원자로 도약하면, 이 전자의 스핀 방향이 바뀔 수 있다. 그러면 남아 있던 쌍둥이 전자와 스핀의 방향이 같아져서 삼중항 스핀 상태가 만들어진다. 그러나 이 두 전자는 이제 서로 다른 원자에 있어도, 여전히 섬세한 얽힘 상태를 유지하면서 양자역학적으로 짝을 이룬다.

그러나 이곳은 양자세계이므로, 다른 원자로 도약한 전자가 스핀의 방향을 바꿀 수 있다는 것이 확실히 바꾼다는 것을 의미하지는 않는다. 각각의 원자는 여전히 두 방향으로 모두 스핀하는 중첩 상태에 있으면서, 동시에 일중항과 삼중항의 중첩 상태로도 존재할 것이다. 같은 방향으로도 스핀하면서 동시에 반대 방향으로도 스핀한다는 것이다!

조금 혼란스러울 수도 있겠지만 이제 사전 준비는 어느 정도 됐으니, 양자생물학 분야에서 가장 기이하면서 가장 유명한 개념을 소개할 차례가 되었다.

유리기에서 방향의 의미
—

이 장 도입부에서는 지구의 자기장 같은 약한 뭔가가 어떻게 화학반응의 결과를 바꿀 정도로 충분한 에너지를 제공하고, 그로 인해서 울새에게 날아갈 방향을 알려주는 것과 같은 생물학적 신호를 만들 수 있는지에 관한 문제를 논의했다. 옥스퍼드 대학의 화학자인 피터 호어는 매우 멋진 비유를 통해서 이런 극단적인 민감도가 어떻게 가능한가를 설명했다.

무게 1킬로그램짜리 화강암 벽돌이 하나 있다고 가정해보자. 파리한 마리가 이 벽돌을 뒤집을 수 있을까? 상식적으로 생각하면, 그럴 가능성은 확실히 없을 것이다. 그런데 만약 내가 이 벽돌을 아슬아슬하게 모서리로 세웠다고 해보자. 이 상태로는 당연히 불안정할 테니, 벽돌은 저절로 왼쪽이나 오른쪽으로 넘어가려고 할 것이다. 이제 이렇게 위태롭게 서 있는 벽돌 오른쪽에 파리가 와서 앉았다고 해보자. 파리가 전달하는 에너지는 미약하겠지만, 벽돌이 왼쪽보다는 오른쪽으로 넘어가게 하는 원인이 되기에는 충분할 것이다.[18]

이 이야기가 우리에게 알려주는 것은, 미약한 에너지는 중요한 효과를 낼 수 있지만 그런 효과를 내려면 그 에너지가 작동하는 계는 두 가지 서로 다른 결과가 대단히 정교한 균형을 이루고 있어야만 한다는 것이다. 따라서 아주 미약한 지구 자기장의 영향을 감지하기 위해서는 아슬아슬하게 균형을 이루고 있는 화강암 벽돌과 비슷한 화학적 상태가 필요하다. 그런 상태라면 미세한 자기장 같은 최소한의 외부 자극만으로도 극적인 효과를 일으킬 수 있을 것이다.

그리고 여기서 클라우스 슐텐의 빠른 삼중항 반응이 다시 등장한다. 원자들 사이의 전기적 결합이 종종 전자쌍의 공유를 통해서 일어난다는 점을 기억할 것이다. 이 전자쌍은 항상 얽혀 있으며 거의 항상 일중항 스핀 상태에 있다. 다시 말해서, 두 전자가 반대 방향의 스핀을 갖고 있다는 것이다. 그런데 놀랍게도, 이 두 전자는 원자들 사이의 결합이 끊어져도 얽혀 있을 수 있다. 이제 유리기(free radical)라 불리는 상태가 되는 분리된 전자들은 서로 멀리 떨어져서 두 전자 중 하나의 스핀이 뒤집힐 수도 있다. 그러면 이제는 다른 원자에 있는 얽힌 전자들은 슐텐의 빠른 삼중항 반응에서처럼, 단일항과 삼중항이 중첩된 상태에 있게 된다.

이런 양자 중첩의 중요한 특징은 동등한 균형을 이룰 필요가 없다는 점이다. 우리가 포착하는 얽힌 전자쌍이 일중항이나 삼중항 상태일 확률은 동등하지 않다. 그리고 결정적으로, 이 두 확률 사이의 균형은 외부 자기장에 민감하다. 실제로 분리된 전자쌍의 방향에 대해 자기장이 이루는 각도는 일중항이나 삼중항 상태로 전자쌍이 포착될 가능성에 강한 영향을 미친다.

유리기 쌍은 대단히 불안정한 편이기 때문에 유리기의 전자들은

나비, 초파리, 그리고 양자울새

종종 다시 결합해서 화학반응의 산물을 형성할 것이다. 그러나 자기장에 그렇게 민감해도, 형성된 산물의 정확한 화학적 특성은 일중항-삼중항 균형에 의해 결정된다. 이것이 어떻게 작용하는지를 이해하려면, 이 반응에서 유리기 중간 단계의 상태가 아슬아슬하게 균형을 이루고 있는 화강암 벽돌과 같다고 생각해야 한다. 이 상태에서 화학반응은 대단히 위태롭게 균형을 이루고 있기 때문에, 지구 자기장과 같은 100마이크로테슬라 이하의 미약한 자기장이라도 벽돌에 앉은 파리처럼 일중항/삼중항 상태라는 동전 던지기가 화학반응의 산물을 생산하는 방향으로 넘어가도록 영향을 줄 수 있다.[19] 적어도 여기에는 자기장이 화학반응에 영향을 줄 수 있는 메커니즘이 있었고, 그래서 슐텐은 새들에게 자기 나침반이 있다고 주장한 것이다.

그러나 슐텐은 자신이 제안한 유리기 쌍의 반응이 새의 몸속 어디에서 일어나고 있는지 전혀 알지 못했다. 막연한 짐작으로는 뇌 속에 있어야 가장 이치에 맞을 것 같았다. 그러나 이 반응이 작용하려면 먼저 유리기 쌍이 만들어져야만 한다(말하자면 화강암 벽돌을 모서리로 세워야 하는 것이다). 슐텐은 1978년 하버드 대학에서 자신의 연구를 소개하면서 괴팅겐에서 자기 연구팀과 수행한 실험을 설명했는데, 이 실험에서는 얽힌 유리기 전자쌍을 만들기 위해 레이저 펄스를 이용했다. 청중 가운데에는 훗날 노벨 화학상을 수상하게 될 저명한 과학자인 더들리 허슈바크가 있었다. 강연이 끝났을 때, 허슈바크는 가벼운 농담조로 다음과 같이 물었다. "그런데 클라우스, 새에는 레이저가 어디에 있죠?" 이런 대단한 교수의 질문에는 합리적인 답을 내놓아야 한다고 부담을 느꼈던 슐텐은 만약 유리기 쌍을 활성화시키는 데 정말로 빛이 필요하다면 아마 이 반응은 새의 눈에서 일어날 것이라고 말했다.

슐텐의 유리기 쌍 논문이 발표되기 1년 전인 1977년, 마이크 리스크라는 옥스퍼드 대학의 한 물리학자가 또 다른 『네이처』 논문을 통해서 정말로 자기장 감각의 근원이 눈 속에 있는 광수용체일지 모른다는 추측을 내놓았다.[20] 더 나아가 그는 로돕신rhodopsin이라는 색소가 그 일을 담당한다고 제안했다. 볼프강 빌치코는 리스크의 논문을 읽고 흥미를 느꼈다. 그러나 빛이 조류의 자기 수용 감각에서 어떤 역할을 한다는 것을 암시할 만한 실험적 증거가 없었다. 그래서 그는 리스크의 생각에 대한 검증에 착수했다.

당시 빌치코는 전서구를 대상으로 실험하고 있었다. 전서구가 집에서 멀어지는 동안, 나중에 집으로 되돌아오는 길을 찾는 데 이용할 자기장 정보를 수집하는지를 알아보는 실험이었다. 그는 전서구를 멀리 보내는 동안 자기장의 교란을 일으키면 다시 풀어놓았을 때 집을 찾는 능력이 엉망이 된다는 것을 발견했다. 리스크의 학설에서 영감을 받은 빌치코는 다시 실험을 수행하기로 결심했다. 이번에는 자기장을 교란시키지 않았다. 대신 빛을 완전히 차단한 상자에 넣은 전서구들을 폴크스바겐 버스 지붕에 싣고 운반했다. 이 전서구들은 집으로 돌아오는 길을 찾는 데 어려움을 겪었고, 이로써 전서구가 집으로 돌아오는 길을 찾는 자기장 지도를 그리기 위해서는 빛의 도움이 필요하다는 것이 입증되었다.

1986년, 프랑스령 알프스에서 열린 한 학회에서 빌치코는 마침내 클라우스 슐텐을 만났다. 그때까지 이들은 울새의 자기 수용 감각도 눈으로 들어오는 빛에 의존한다고 굳게 믿었지만, 자기장의 생화학적 효과에 관심 있는 다른 모든 사람과 마찬가지로, 이들 역시 유리기 쌍 가설이 옳다고 확신하지 못했다. 사실 아무도 유리기 쌍이 눈의 어디에서 형성될지 짐작하지 못했다. 그러던 중 1998년, 색소 단백질인 크립토크롬이 초파리의 눈에서 발견되었다. 이 장 앞부분에서 설명했듯이, 크립토크롬은 초파리의 일주 리듬을 빛과 동조시키는 역할을 담당하는 것으로 증명되었다. 결정적으로, 크립토크롬은 빛과 상호작용을 하는 동안 유리기를 형성할 수 있는 종류의 단백질로 알려져 있었다. 이 사실은 슐텐과 그의 동료 연구진의 마음을 사로잡았고, 이들은 크립토크롬이 그동안 밝혀지지 않았던 조류의 화학적 나침반의 수용체라고 제안했다. 이들의 연구는 2000년에 발표되었고, 양자생물학 논문의 고전이 되었다.[21] 논문의 주저자는 당연히 토어스텐 리츠였다. 1장에서 소개했던 리츠는 당시 클라우스 슐텐의 지도 아래 박사과정 연구를 하고 있었다. 현재 어바인 캘리포니아 대학 물리학과 소속인 토어스텐 리츠는 오늘날 자기 수용 감각 분야의 세계적 전문가 중 한 사람이다.

이 2000년 논문은 두 가지 면에서 중요하다. 첫째, 이 논문은 크립토크롬을 화학적 나침반의 후보로 지목했다. 둘째, 비록 추정이기는 하나 지구 자기장에서 새의 위치 결정이 새가 보는 것에 어떤 영향을 미칠지를 아름답고도 자세히 묘사했다.

이들의 추정에서 첫 단계는 FAD라는 감광색소 분자가 청색광의 광자를 흡수하는 것이다. FAD는 크립토크롬 단백질 속에 들어 있으며, 이 장 앞부분에서 만났다. 설명했듯이, 이 광자의 에너지는 FAD 분자 속에 있는 원자 중 하나에서 전자를 튀어나오게 하는 데 쓰이며, 전자가 빠져나간 자리는 비어 있게 된다. 이 빈자리는 다른 전자에 의해 채워질 수 있는데, 이 전자는 크립토크롬 단백질 내에 있는 트립토판tryptophan이라는 아미노산의 얽힌 전자쌍으로부터 공여된다. 그러나 공여된 전자는 원래 짝과 얽힌 채로 남아 있을 가능성이 있다. 따라서 이 얽힌 전자쌍은 일중항/삼중항이 중첩된 상태를 형성할 수 있고, 이것이 클라우스 슐텐이 발견한 자기장을 민감하게 감지할 수 있는 화학적 계다. 일중항/삼중항 상태의 아슬아슬한 균형은 지구 자기장의 세기와 각도에 대단히 예민하게 반응해서, 새가 어느 방향으로 날아가는지에 따라 화학반응에 의해 만들어지는 최종 산물의 조성이 달라진다. 화강암 벽돌이 어느 방향으로 쓰러지는지에 해당되는 이 차이는 아직 확실히 밝혀지지 않은 어떤 메커니즘을 통해서, 가장 가까운 지구 자기장의 극이 어디에 있는지를 알려주는 신호를 만들어 새의 뇌로 전달한다.

리츠와 슐텐이 제안한 이런 유리기 쌍 메커니즘이 대단히 아름다운 것은 분명하다. 하지만 진짜로 그랬을까? 당시에는 크립토크롬이 빛에 노출되면 유리기를 만들 수 있다는 증거조차 없었다. 그러나 2007년, 독일의 헨리크 무리첸이 이끄는 올덴부르크 대학 연구팀이 보린휘파람새garden warbler의 망막에서 크립토크롬 분자를 분리해내는 데 성공했고, 크립토크롬이 청색광에 노출되었을 때에는 오래 지속되는 유리기 쌍이 정말로 만들어진다는 것을 증명했다.[22]

이런 자기장 '시각'이 새에게 어떻게 보일지 우리는 전혀 알 길이 없다. 그러나 크립토크롬이 하는 일은 색각을 담당하는 옵신opsin과 로돕신 같은 색소와 비슷할 가능성이 있으므로, 아마 새가 바라보는 하늘은 (일부 곤충에게 보이는 자외선처럼) 우리 눈에는 보이지 않는 특별한 색깔로 가득할 것이고, 이 색깔은 지구 자기장과 연관이 있을 것이다.

나비, 초파리, 그리고 양자울새

토어스텐 리츠가 2000년 자신의 학설을 제안했을 당시에는 크립토
크롬이 자기 수용 감각과 관련 있다는 증거가 전혀 없었다. 그러나 이
제는 스티븐 레퍼트와 그의 동료들의 연구 덕분에, 초파리와 제왕나
비가 외부 자기장을 감지하는 방식이 이 색소와 관련 있다는 것이 알
려졌다. 2004년에는 울새의 눈에서 세 가지 유형의 크립토크롬 분자
가 발견되었다. 그리고 2013년에는 빌치코 부부(이들은 볼프강이 은퇴한
뒤에도 여전히 활발한 연구를 하고 있다)가 닭●의 눈에서 추출한 크립토
크롬이 흡수하는 빛의 진동수가 자기 수용 감각에서 중요한 것으로
밝혀진 진동수와 같다는 점을 증명한 논문을 발표했다.[23]

　　하지만 이 과정이 과연 양자역학에 의존해서 작동할까? 2004년에
토어스텐 리츠는 빌치코 부부와 함께, 전통적인 자석 나침반과 화학
적 나침반의 차이를 유리기 메커니즘을 기반으로 구별하기 위한 연구
에 착수했다. 당연히 나침반은 자성을 띠는 것에 방해를 받을 수 있
다. 자석 근처에서 나침반을 들고 있으면, 나침반은 북쪽이 아니라 자
석 방향을 가리킬 것이다. 일반적인 막대자석에서 형성되는 자기장은
시간이 지나도 바뀌지 않는다는 의미로 정자기장이라고 한다. 그러나
막대자석으로도 진동하는 자기장 또한 만들 수 있다. 가령 막대자석
을 회전시켜서 이런 자기장을 만들면 흥미로운 일이 벌어진다. 전통
나침반은 진동하는 자기장에 의해 교란되지만, 나침반의 바늘이 따라
갈 수 있을 정도로 진동이 느릴 때에만 영향을 받는다. 만약 진동 속
도가 대단히 빨라서 1초에 수백 회가 된다면, 나침반 바늘이 더 이상
따라갈 수 없어서 진동의 영향은 0에 수렴된다. 따라서 전통 나침반

● 당연히 닭은 야생에서도 이동을 하지 않는다. 그래도 여전히 자기 수용 감각을 보유하고 있는 것
으로 여겨진다.

은 진동 자기장의 진동수가 작을 때에는 방해를 받지만 진동수가 클 때에는 그렇지 않다.

그러나 화학적 나침반은 판이한 반응을 보일 것이다. 화학적 나침반이 일중항과 삼중항 상태가 중첩되어 있는 유리기 쌍에 의해 결정된다는 제안이 있었음을 기억할 것이다. 두 상태는 에너지가 다르고 에너지는 진동수와 연관이 있기 때문에, 이 계는 에너지를 고려하면 진동수가 초당 수백만 회 범위일 것으로 예상된다. 이것이 어떤 상태인지를 고전적 사고방식을 통해 좀더 쉽게 상상해보면, (정확히 옳은 설명은 아니지만) 얽혀 있는 전자쌍이 일중항과 삼중항 상태를 1초에 수백만 번씩 오가는 것이라고 말할 수 있다. 이 상태에서 계는 공명 과정에 의해 진동하는 자기장과 상호작용을 할 수는 있지만, 자기장의 진동수가 유리기 쌍의 진동수와 같아야만 가능하다. 앞에서처럼 음악 비유를 활용하자면, 음이 맞아야in tune만 하는 것이다. 그다음 공명에 의해 계로 에너지가 유입되고, 일중항과 삼중항 상태 사이의 아슬아슬한 균형이 깨지면서 화학적 나침반의 방향이 결정된다. 간단히 말해서, 화강암 벽돌이 넘어가면서 지구 자기장이 감지되는 것이다. 따라서 전통적인 자기 나침반과는 대조적으로, 유리기 쌍 나침반은 대단히 빠른 속도로 진동하는 자기장에 의해 교란이 일어난다.

리츠–빌치코 연구팀은 유리기 쌍 가설의 이런 명백한 예측을 검증하기 위한 실험에 착수했다. 이들은 유럽울새의 나침반이 진동수가 높은 자기장에 민감한지, 아니면 낮은 자기장에 민감한지를 알아보려고 했다. 이들은 유럽울새가 이동을 시작하는 봄까지 기다렸다가, 새들을 엠렌 깔때기 새장 속에 집어넣었다. 그들은 다양한 방향과 다양한 진동수의 자기장을 적용한 다음, 어떤 자기장이 울새의 길 찾기 능

나비, 초파리, 그리고 양자울새

력을 교란시키는지를 관찰했다.

결과는 놀라웠다. 1.3메가헤르츠(초당 130만 번 진동)로 맞춰진 자기장은 지구 자기장보다 수천 배 약해도 새의 길 찾기 능력을 교란시킬 수 있었다. 그러나 자기장 진동수의 증가나 감소는 별로 영향을 미치지 않았다. 따라서 이 자기장이 울새의 나침반 속에 있는 진동수가 대단히 높은 뭔가와 공명하고 있는 것처럼 보였다. 확실히 자석을 기반으로 하는 전통 나침반이 아닌, 일중항과 삼중항 상태가 중첩된 얽힌 유리기 쌍과 일치하는 무엇이었다. 이런 흥미로운 결과[24]가 만약 옳다면, 얽힌 유리기 쌍은 결어긋남에 노출되어도 최소 1마이크로초 (100만 분의 1초) 동안은 견딜 수 있다는 점 역시 증명되는 것이다. 그렇지 않으면 수명이 너무 짧아서 적용된 진동 자기장의 변화를 경험하지 못할 것이기 때문이다.

그러나 이 결과의 의미는 최근 들어 의심받고 있다. 올덴부르크 대학의 헨리크 무리첸 연구진은 광범위한 전기 기구에서 나오는 인위적인 전자기 잡음이 대학 캠퍼스에서 새들이 살고 있는 나무집 속으로 스며들어서 새들의 자기 나침반 능력을 교란시킨다는 것을 증명했다. 그러나 나무집에 알루미늄을 씌워 도시의 전자기 잡음을 약 99퍼센트 차단하면 능력이 회복되었다. 결정적으로, 이들의 결과는 진동하는 전자기장의 붕괴 효과가 어떻든 간에 좁은 주파수 범위에 한정되지 않을 수도 있다는 것을 암시한다.[25]

따라서 이 계에는 여전히 불가사의로 남아 있는 특징들이 있다. 이를테면 울새의 나침반은 진동 자기장에 왜 그렇게 민감해야 하는지, 어떻게 유리기는 생물학적 차이를 만들어낼 정도로 오랫동안 얽힌 상태를 유지할 수 있는지와 같은 것이다. 그러나 2011년, 옥스퍼드 대학의 블래트코 베드럴 연구실에서 나온 한 논문은 주어진 유리기 쌍 나침반에 대한 양자론적 계산을 제시하면서, 중첩과 얽힘이 최소 수십 마이크로초 동안 유지되어야 한다는 것을 증명했다. 이것은 비슷한 여러 인공 분자계에서 유지할 수 있는 시간을 크게 뛰어넘는다. 그리고 울새에게 어느 방향으로 날아야 할지를 알려줄 수 있을 정도로 충분히 길다.[26]

이런 놀라운 연구들을 계기로 자기 수용 감각에 대한 관심이 폭발했고, 이제는 여러 종류의 조류, 닭새우spiny lobster, 매가오리stingray, 상어, 큰고래fin whale, 돌고래, 꿀벌, 심지어 미생물을 포함한 수많은 종이 자기 수용 감각을 갖고 있다는 것이 증명되었다. 대부분 아직까지는 관련된 메커니즘이 연구되진 않고 있지만, 크립토크롬과 연관된 자기 수용 감각은 이제 우리의 용감무쌍한 울새에서부터 앞서 언급했던 초파리와 닭, 그리고 식물을 포함한 그 외 다른 생물에게서도 발견되고 있다.[27] 2009년 체코의 한 연구진은 이질바퀴American cockroach에도 자기 수용 감각이 있으며, 이 감각 역시 유럽울새와 마찬가지로 고주파의 진동 자기장에 의해 교란된다는 것을 증명했다.[28] 2011년 한 학회에서 소개된 후속 연구 결과에서는 이질바퀴의 나침반이 기능적인 크립토크롬을 필요로 한다는 것이 밝혀졌다.

자연에 널리 분포하고 있는 어떤 공통된 메커니즘과 능력의 발견은 그것이 하나의 공통 조상으로부터 전해 내려왔음을 암시한다. 그러나 닭과 울새와 초파리와 식물과 바퀴의 공통 조상은 아주 먼 옛날에 살았다. 적어도 5억 년은 됐을 것이다. 따라서 양자 나침반은 아주 오래됐을 것이다. 아마 우리가 3장에서 만났던 T. 렉스와 함께 백악기의 늪지를 어슬렁거렸던 공룡과 파충류에게도 길을 찾는 능력을 제공했을 것이다(울새 같은 현대 조류가 공룡의 후손이라는 점을 기억하자). 페름기의 바다를 헤엄치던 물고기, 캄브리아기의 바다 밑바닥을 기어다니거나 파고들던 고대의 절지동물들, 어쩌면 모든 생물의 조상이었던 선캄브리아기의 미생물도 이런 능력을 갖고 있었을지 모른다. 지구 역사 대부분의 기간에 아인슈타인이 말한 멀리서 일어나는 유령 같은 작용은 지구를 돌아다니는 생명체들이 길을 찾는 데 도움이 되었던 것으로 보인다.

7장

양자 유전자

—

충실도 | 배신 | 기린, 완두콩, 초파리 | 양성자를 이용한 암호 | 양자 도약 유전자?

지구상에서 가장 추운 곳은 흔히 생각하듯이 남극이 아니라 남극에서 약 1300킬로미터 떨어진 남극 동부 빙상의 한가운데에 있다. 그곳은 겨울철이면 기온이 섭씨 영하 수십 도까지 떨어지는 게 다반사다. 지구상에서 측정된 가장 낮은 온도는 1983년 7월 21일 '추위의 남극Southern Pole of Cold'이라는 지역에서 기록된 섭씨 영하 82.9도였다. 이렇게 낮은 온도에서는 강철이 산산조각 나고, 디젤 연료를 기계톱으로 잘라야 한다.

공기 중의 수분까지도 모두 얼려버리는 이런 극단적인 추위는 얼어붙은 대지 위로 쉴 새 없이 부는 강풍과 함께 남극 동부를 지구상에서 가장 혹독한 곳으로 만들었을 것이다.

그러나 그곳이 내내 그렇게 혹독했던 것만은 아니다. 남극 대륙을 형성하는 육괴陸塊는 한때 곤드와나Gondwana라는 초대륙의 일부분이었고, 적도 근방에 위치해 있었다. 이곳을 뒤덮고 있던 종자고사리,

은행나무, 소철의 두터운 식생은 코뿔소처럼 생긴 리스트로사우루스 Lystrosaurus 같은 초식성 파충류와 공룡의 먹이가 되었다. 그러나 약 8000만 년 전에 육괴가 분리되기 시작했고, 그중 한 조각이 남쪽으로 떠내려가다가 마침내 남극에 자리를 잡았다. 이것이 바로 남극 대륙이다. 그 뒤 약 6500만 년 전에 거대한 소행성이 지구를 강타해서 공룡과 거대 파충류를 모두 쓸어버렸고, 지구에 남아 있는 생태적 공간은 온혈동물인 포유류의 차지가 되었다. 소행성 충돌 지점에서 아주 멀리 떨어져 있었지만, 남극 대륙의 동물상과 식물상도 급격히 바뀌어서 소철과 고사리가 사라지고 낙엽수림이 들어섰다. 이곳에는 오늘날엔 멸종한 유대류, 파충류, 조류가 살고 있었는데, 자이언트펭귄도 그중 하나였다. 빠르게 흐르는 강과 깊은 호수에는 경골어류가 가득했고, 계곡에는 절지동물이 득실거렸다.

그러나 온실 기체가 감소하면서 남극 대륙의 온도도 함께 떨어졌다. 해류의 순환은 냉각을 가속화시켰고, 약 3500만 년 전에는 강 표면과 내륙의 호수가 겨울에 얼기 시작했다. 그 후 1500만 년 전 무렵이 되자, 마침내 겨울에 얼었던 얼음이 여름에도 녹지 않았고, 강과 호수는 단단히 얼어 있는 상층부 아래에 갇히게 되었다. 지구가 지속적으로 냉각되면서 남극 대륙의 표면에는 거대한 빙상이 점점 더 확장되었다. 그사이 모든 육상 포유류와 파충류와 양서류가 절멸했고, 대지와 강과 호수는 수 킬로미터 두께의 거대한 빙상 아래에 파묻혔다. 그 후로 남극 대륙은 얼어 있는 채로 남아 있다.

남극에 최초로 발을 디딘 사람은 19세기 미국의 바다표범 사냥꾼인 존 데이비스 선장이었고, 영구 정착지가 생긴 것은 20세기 이후의 일이었다. 일부 국가에서 연구 기지를 건설하면서 경쟁적으로 영유권을 주장하기 시작했기 때문이다. 최초의 남극 기지인 소련의 미르니 기지는 1956년 2월 13일 해안 근처에 건설되었고, 그로부터 2년 뒤에는 지구 자기장의 남극인 자남점에 기지를 세울 목적으로 원정대가 파견되었다. 원정대는 눈 폭풍과 눈사태 및 극도의 추위(섭씨 영하 55도)와 산소 부족에 시달렸지만, 마침내 남반구의 여름인 12월 16일에 자남점에 도착해서 보스토크 기지를 건설했다.

그 이래로 이 연구 기지에는 지질과 기상을 관측하는 과학자 및 기술자로 이루어진 20~25명의 인원이 상주하고 있다. 이 기지의 주된 목적 중 하나는 빙하에 구멍을 뚫어서 과거 기후에 관한 기록을 얻는 것이다. 1970년대에는 952미터 깊이까지 뚫고 들어가서, 마지막 빙하기였던 수만 년 전의 얼음에 닿았다. 1980년대에는 새로운 시추 장비가 도입되면서 연구자들은 2202미터 깊이까지 파고 들어갈 수 있었다. 1998년이 되자 3623미터 깊이에 이르렀다. 깊이 3킬로미터가 넘는 구멍 속에 42만 년 전의 얼음이 깔려 있는 것이다.

그러나 그 후에는 시추가 중단되었다. 시추공의 훨씬 아래쪽에 뭔가 이상한 것이 감지되었기 때문이다. 보스토크 기지 아래에 예사롭지 않은 뭔가가 있다는 사실은 이미 20여 년 전인 1974년에 발견되었다. 당시 이 지역에서는 영국이 지진파를 이용한 지질 조사를 했는데, 빙상 아래 약 4킬로미터 지점에 위치한 1만 제곱킬로미터 넓이의 광대한 영역에서 기이한 측정치가 관측되었다. 러시아의 지리학자인 안드레이 페트로비치 카피스타는 이것이 빙상 아래에 갇혀 있는 거대한 호수일 것이라는 제안을 내놓았다. 그리고 이 호수는 엄청난 빙하의 압력과 아래로부터 올라오는 지열 에너지로 인해 액체 상태로 남아 있을 것이라고 추측했다. 1996년 이 지역에 대한 위성 측정을 통해 빙하 아래 호수의 존재가 드러나면서 카피스타의 제안이 마침내 사실로 확인되었다. 보스토크 호수라고 이름 붙여진 이것은 (액체 상태의 수면에서 바닥까지의) 수심이 500미터이고, 면적은 약 2만 제곱킬로미터 넓이의 온타리오 호와 비슷하다.

얼음 속에 파묻혀 있는 고대의 호수로 인해 보스토크 기지에서의 시추활동은 완전히 다른 의미의 중요성을 띠게 되었다. 시추공을 통해서 독특한 환경에 가까이 다가가는 셈이었다. 보스토크 호수는 지표면으로부터 적어도 수십만 년● 동안 격리되어 있던 잃어버린 세계였다. 호수가 격리되기 전 호수에서 번성했던 모든 동물과 식물과 균류와 미생물은 완전한 어둠과 추위 속에 갇혀서 무슨 일을 겪었을까? 다 멸종했을까? 아니면 일부 생명체가 살아남아 수 킬로미터 두께의 얼음 밑에서 살아가는 생활에 적응할 수 있었을까? 이런 강인한 생명체는 극한의 환경에 대처해야 했을 것이다. 매서운 추위와 완전한 어둠 속에 있었고, 두꺼운 빙상의 무게에 짓눌려 수압은 지표에 있는 호수에 비해 300배 이상 높았다. 그러나 놀라울 정도로 다양한 생명체가 지옥 불처럼 뜨거운 화산의 가장자리, 산성 호수, 수천 미터 깊이의 해구와 같은 뜻밖의 장소에서 근근이 삶을 이어가고 있다. 보스토크 호수도 자체적인 극한 생물extremophile●● 생태계를 유지할 가능성이 있었다.

두꺼운 빙상 아래에서 발견된 호수는 약 8억 킬로미터 떨어진 곳에서의 또 다른 발견 덕택에 중요성이 더 커졌다. 1980년, 보이저 2호

● 보스토크 호수를 덮고 있는 빙하의 바닥은 40만 년 전 이전에 만들어졌지만, 호수 자체는 더 오랫동안 얼어 있었을 것이다. 현재의 빙하가 예전의 빙하를 대체한 것인지, 아니면 간빙기 동안 호수가 얼지 않았던 것인지는 분명하지 않다.
●● (우리의 관점에서 볼 때) 극단적인 환경에서 살아가는 유기체.

양자 유전자

우주선은 목성의 위성인 유로파Europa의 표면 사진을 찍었다. 얼음으로 뒤덮인 유로파의 표면은 그 아래에 액체 상태의 대양이 있다는 것을 드러내는 확실한 증거였다. 수 킬로미터 두께의 빙하 아래에 수십만 년 동안 파묻혀 있던 물속에서 생명이 살아갈 수 있다면, 깊숙이 감춰져 있는 유로파의 대양도 외계 생명체를 품을 수 있을 것이다. 보스토크 호수에 살고 있는 생명체에 대한 탐색은 지구 외 다른 행성에서의 생명체 탐색이라는 더욱 짜릿한 과정을 위한 예행연습이 되었다.

1996년, 시추 작업은 호수 표면을 딱 100미터 앞두고 중단되었다. 등유로 뒤범벅된 드릴의 날과 접촉함으로써 태고의 깨끗한 물이 지표면의 화학물질과 미생물 및 동식물에 오염되는 것을 방지하기 위해서였다. 그러나 보스토크 호수의 물은 이전에 추출된 얼음 코어core를 통해서 이미 연구된 적이 있었다. 호수의 물은 열류thermal current에 의해 순환되므로, 호수의 얼음 천장에서는 응고와 융해가 끊임없이 반복되고 있다. 이 과정은 호수가 막힌 이래로 계속되기 때문에 호수의 천장은 빙하가 아닌 결빙된 호수의 물로 형성되어 있는 것이다. 착빙accretion ice이라고 하는 이 얼음 천장은 호수의 액체 표면 위로 수십 미터까지 뻗어 있다. 초기 시추 작업에서 추출된 코어들은 이 깊이까지 관통했고, 2013년에는 보스토크 착빙에 관한 최초의 상세 연구 결과가 발표되었다.[1] 이 연구의 결론은 얼음에 갇혀 있는 호수 속에는 복잡한 유기체 망이 형성되어 있다는 것이었다. 단세포 세균, 균류, 원생동물을 포함하는 이 유기체 망에는 조개와 지렁이류 및 말미잘 같은 더 복잡한 생물들도 있고, 심지어 절지동물까지 있었다. 과학자들은 이 생물들이 어떤 물질대사를 활용하는지를 확인할 수 있었고, 서식지와 생태적 특징까지도 예측할 수 있었다.

이 장에서 우리가 초점을 맞추고자 하는 것은 부정할 수 없는 매력을 지닌 보스토크 호수의 생물학적 특성이 아니라, 수천 년, 아니 수백만 년 동안 격리된 어떤 생태계가 살아남을 수 있었던 수단이다. 실제로 보스토크 호수는 일종의 소우주라고 생각할 수 있다. 지구 자체도 태양의 광자 외에는 외부로부터의 유입이 40억 년 동안 거의 차단되어 있었지만, 대규모 화산 폭발과 운석 충돌 및 기후 변화라는 어려움을 이기고 풍성하며 다양한 생태계를 유지해왔다. 어떻게 생명은 수십억 년 동안 극단적 환경 변화를 극복하고 다양성을 꽃피우며 번성해왔을까?

그 단서는 보스토크 생물학 연구팀이 연구한 어떤 물질에서 찾을 수 있다. 호수의 얼음 속에서 불과 수 마이크로그램 추출된 이 물질은 지구상 모든 생명의 연속성과 다양성에서 결정적인 물질이며, 알려진 우주에서 가장 특별한 분자를 포함하고 있다. 우리는 이 물질을 DNA라고 부른다.

보스토크 DNA에 대한 연구는 미국의 볼링그린 주립대학 연구팀에서 수행하고 있다. 호수의 물에서 발견된 수백만 조각의 DNA 분자 서열을 해독하기 위해서, 이들은 예전에 인간 유전체 해독에 이용되었던 DNA 서열 분석 기술을 활용했다. 그다음 이들은 보스토크의 DNA 서열을 데이터베이스의 유전자 서열과 비교했다. 데이터베이스에는 지구 전체에서 수집된 유기체 수천 종의 유전체를 해독한 DNA 서열이 들어 있었다. 연구진은 보스토크 DNA 서열 중 다수가 지상에 살고 있는 세균과 균류와 절지동물과 그 외 다른 생명체의 유전자와 일치하거나 대단히 비슷하다는 것을 발견했다. 특히 이 생명체들은 차가운 호수나 깊고 어두운 해구처럼 보스토크 호수와 조금 비슷

양자 유전자

한 환경에 살았다. 이와 같은 유전자의 유사성을 통해서, 이들은 얼음 아래에 특징적인 DNA를 남긴 유기체들의 습성과 특성을 경험적으로 추측해볼 수 있었다.

그러나 보스토크 호수의 유기체들이 수만 년에서 수십만 년 동안 갇혀 있었다는 점을 기억하자. 이 유기체들과 지상의 유기체들 사이에 나타난 DNA 서열의 유사성은 이들의 공통 조상이 호수와 거기에 서식하는 생물들이 얼음 아래에 갇히기 이전 남극 대륙의 동물상과 식물상에 살았던 유기체였기 때문일 수도 있다. 그 후 이 조상 유기체의 유전자 서열이 얼음 위아래에서 독립적으로 수천 세대에 걸쳐 복제되고 있었던 것이다. 그러나 잇달아 수천 번의 복제가 일어났음에도, 동일한 유전자에서 유래한 두 형태는 거의 동일하게 남아 있었다. 유기체의 형태와 특징과 기능을 결정하는 복잡한 유전 정보가 얼음 위와 아래, 양쪽 다에서 수십만 년에 걸쳐 거의 오류 없이 충실하게 전달되었다.

유전 정보가 한 세대에서 다음 세대로 스스로를 충실하게 복제할 수 있는 이런 능력을 우리는 유전이라고 부르며, 유전은 당연히 생명의 중심이다. DNA라는 문자로 쓰인 유전자에 암호화되는 단백질과 효소는 물질대사를 거쳐 살아 있는 모든 세포의 모든 생체분자를 만든다. 이런 생체분자에는 식물과 미생물의 광합성 색소에서부터 동물의 후각 수용체, 조류의 신비로운 자기 나침반, 사실상 모든 생명체의 모든 특징이 포함된다. 많은 생물학자는 자가 복제가 생명을 정의하는 특징이라고 주장할 것이다. 그러나 생명체는 먼저 스스로를 만들라는 명령을 복제하지 않으면 스스로를 복제할 수 없다. 따라서 유전 과정, 즉 유전 정보의 고충실도high-fidelity 복제가 생명을 가능하게 만드는 것이다. 유전 정보가 어떻게 그처럼 충실하게 한 세대에서 다음 세대로 전달되는지와 관련된 유전의 신비에서 에르빈 슈뢰딩거는 유전자가 양자역학적 존재임을 확신했다는 2장의 내용을 기억할 것이다. 그런데 그는 옳았을까? 유전을 설명하기 위해 양자역학이 정말로 필요할까? 이제 우리는 이 문제를 생각해볼 것이다.

충실도

—

우리는 자신의 유전체를 정확히 복제하는 생명체의 능력을 당연시하는 경향이 있지만, 사실 이 능력은 가장 놀라우면서 중요한 생명의 특성 중 하나다. DNA 복제에서 우리가 돌연변이라고 부르는 실수가 일어날 비율은 일반적으로 10억 분의 1도 되지 않는다. 이런 예사롭지 않은 정확도가 어느 정도인지를 가늠해보기 위해, 이 책에 약 100만 개의 글자와 문장 부호 및 빈칸이 있다고 생각해보자. 이제 이 정도 크기의 책 1000권이 있는 도서관에서, 모든 책의 글자와 빈칸을 하나하나 충실하게 베끼는 일을 하고 있다고 상상해보자. 얼마나 많은 실수를 하게 될까? 중세의 필경사들이 했던 일이 정확히 이것이다. 이들은 인쇄기가 발명되기 전까지 필사본을 만드는 데 최선을 기울였다. 최선을 다했음에도, 필경사들의 필사본이 실수투성이였다는 것은 중세 문헌의 여러 필사본에서 드러난다. 물론 컴퓨터는 대단히 정확하고 충실하게 정보를 복사할 수 있지만, 그러기 위해서는 최첨단 전기전자 기술이 필요하다. 축축하고 물컹한 물질로 복사기를 만든다고 상상해보라. 복사된 정보를 읽고 쓰는 과정에서 얼마나 많은 실수를

양자 유전자

할 것 같은가? 하지만 이 축축하고 물컹한 물질이 우리 몸속 세포 중 하나이고 그 정보가 DNA에 암호화되어 있다면, 오류가 일어날 확률은 10억 분의 1보다 작아진다.

생명에서 고충실도 복사는 대단히 중요하다. 살아 있는 조직이 특별한 복잡성을 유지하기 위해서는 똑같이 복잡한 일단의 명령이 필요하므로, 한 번의 실수도 치명적일 수 있기 때문이다. 우리 세포 속에 들어 있는 유전체는 1만5000개의 유전자가 암호화된 30억 개의 유전 문자로 구성되어 있다. 그러나 보스토크의 빙하 아래 살고 있는 가장 단순한 자기복제 미생물의 유전체조차 수백만 개의 유전 문자로 쓰인 수천 개의 유전자로 구성되어 있다. 대부분의 유기체는 세대마다 돌연변이가 몇 개씩 일어나지만, 다음 세대에서 심각한 문제로 이어지는 경우는 손에 꼽을 정도로 드물다. 우리 인간도 유전병을 겪거나 독자 생존이 불가능한 자손이 나올 수 있다. 또한 혈구세포, 피부세포와 같은 우리 몸속 세포들은 복제될 때마다 DNA도 함께 복제해서 딸세포에 삽입해야 한다. 이 과정에서 오류가 생기면 암에 걸린다.●

그러나 양자역학이 어떻게 유전의 중심이 되었는지를 이해하기 위해서는 먼저 1953년의 케임브리지 대학을 찾아가봐야 한다. 그해 2월 28일, 프랜시스 크릭은 이글 펍으로 뛰어들어와서 자신과 제임스 왓슨이 "생명의 비밀을 발견했다"고 선언했다. 이듬해에 이들은 하나의 구조를 밝힌 기념비적인 논문을 발표했다.2 이 논문에서 설명된 단순한 규칙들은 생명에 대한 가장 근본적인 두 가지 비밀, 생물학적 정보가 어떻게 암호화되고 어떻게 유전되는지에 대한 해답을 제공했다.

●암은 세포 성장을 조절하는 유전자의 돌연변이로 인해서 일어나는데, 세포의 성장이 억제되지 않아 종양으로 나아가는 것이다.

유전암호의 발견에 관한 여러 설명에서 주로 강조하는 특징은 DNA가 이중나선 구조를 적용한다는 점이다. 그러나 이것은 누가 뭐라 해도 부차적인 특징이다. 정말 놀랍고 아름다운 DNA의 구조는 당연히 과학에서 가장 상징적인 표상 중 하나로 T셔츠와 웹사이트에 등장하며, 심지어 건축물로 재현되기도 했다. 그러나 이중나선은 근본적으로 뼈대에 불과하다. DNA의 진짜 비밀은 이중나선 뼈대가 지탱하고 있는 것에 있다.

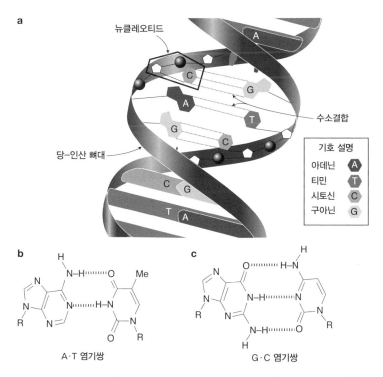

그림 7.1 DNA의 구조: (a) 왓슨과 크릭의 이중나선 구조. (b) A와 T라는 유전 문자의 결합을 자세히 본 모습. (c) G와 C라는 유전 문자의 결합을 자세히 본 모습. 두 사례 모두 양성자를 공유하는 수소결합을 하는데, 이 수소결합은 두 염기 사이를 연결하는 점선으로 나타냈다. 이런 왓슨과 크릭의 표준(일반) 염기 결합에서, 각 염기는 호변이성을 띠지 않는 정상적인 형태다.

양 자 유 전 자

2장에서 간단히 살펴보았듯이, DNA의 나선 구조(그림 7.1)는 당-인산의 뼈대로 이루어져 있다. 그리고 이 뼈대는 DNA의 실질적인 메시지를 전달하는 구아닌(G), 시토신(C), 티민(T), 아데닌(A)이라는 염기로 구성된 핵산의 가닥이다. 왓슨과 크릭은 일직선으로 이어지는 이 서열이 하나의 암호를 형성한다는 것을 인식하고, 이 암호가 유전암호일 것이라고 제안했다.

이 역사적인 논문의 마지막 줄에서, 왓슨과 크릭은 DNA 구조가 생명의 또 다른 중대한 미스터리도 해결해줄 것이라고 제안했다. "우리의 눈길을 사로잡은 것은 우리가 가정했던 특별한 염기의 결합이 유전 물질의 복제 메커니즘을 암시할 수도 있다는 점이었다." 그들의 눈길을 사로잡은 이중나선의 결정적 특징은 두 개의 가닥 중 한 가닥에 들어 있는 정보, 즉 염기 서열이 다른 가닥의 것과 상보적이라는 점이었다. 한쪽 가닥에 있는 A는 항상 다른 쪽 가닥의 T와 결합하고, G는 항상 C와 결합한다. 두 가닥의 염기들 사이의 이런 특별한 결합 (A:T쌍, G:C쌍)은 수소결합이라고 하는 약한 화학결합에 의해 일어난다. 두 분자를 서로 붙여주는 이 '풀'은 본질적으로 공유된 양성자인데, 이것이 우리 이야기의 중심이다. 따라서 수소결합의 특성에 대해서는 조금 더 자세히 살펴볼 것이다. 그러나 결합된 DNA 가닥 사이의 결합이 약하다는 점은 곧바로 복제 메커니즘을 연상시킨다. 두 가닥은 쉽게 분리되어 저마다 주형으로 작용할 수 있고, 각각의 주형은 상보적인 짝과 결합해서 원래의 이중나선과 똑같은 복사본을 두 개 만드는 것이다. 세포분열에서 유전자가 복사될 때 일어나는 작용이 정확히 이것이다. 상보적인 정보를 담고 있는 이중나선의 두 가닥이 분리되면, 각각의 가닥에는 DNA 중합효소DNA polymerase라는 효소가 접근한다. 그다음 한쪽 가닥에 부착된 이 효소는 뉴클레오티드 사슬을 따라 이동하면서, 각각의 유전 문자를 거의 정확하게 읽고 상보적인 염기를 삽입해서 새로운 가닥을 만들어나간다. A가 있으면 T를 삽입하고, G가 있으면 C를 삽입하는 식으로 계속해나가면서, 완전한 상보적인 복사본을 만든다. 이 과정은 다른 편 가닥에서도 반복되며, 이렇게 만들어진 원래 이중나선의 복사본은 두 딸세포에 하나씩 전달된다.

이런 믿기지 않을 정도로 단순한 과정이 지구상 모든 생명의 번식을 지탱하고 있는 것이다. 그런데 슈뢰딩거는 1944년에 유전의 이런 각별한 고충실도가 고전적인 법칙으로는 설명 불가능하다고 주장했다. 그의 주장에 따르면, 유전자는 '무질서 속의 질서' 규칙을 기반으로 하는 규칙성을 나타내기에는 너무 작았다. 그는 유전자가 일종의 비주기성 결정aperiodic crystal이어야 한다고 제안했다. 유전자는 비주기성 결정일까?

소금 알갱이 같은 결정은 독특한 형태를 갖는 경향이 있다. 염화나트륨(일반적인 소금) 결정은 정육면체인 반면, 물 분자는 육각기둥의 형태로 얼어서 놀라울 정도로 다양한 모양의 눈송이를 만든다. 이런 형태는 결정 내부에서 분자들의 배열 방식에 따라 결정되므로, 궁극적으로는 분자의 형태를 결정하는 양자 법칙에 의해 결정되는 것이다. 그러나 일반적인 결정은 대단히 규칙적이기는 하지만 특별한 정보가 암호화되어 있지는 않다. 마치 벽지의 무늬처럼 모두 똑같은 단위가 반복되고 있기 때문이다. 따라서 단순한 규칙으로 결정 전체를 묘사할 수 있다. 슈뢰딩거는 유전자를 비주기성 결정으로 부르자고 제안했다. 즉, 일반적인 결정이 비슷한 분자 구조가 반복되는 결정이라면,

비주기성 결정은 반복 사이의 간격 혹은 주기가 다르거나(그래서 '비주기성'이다) 반복되는 구조가 다른 결정이다. 그래서 벽지보다는 무늬가 더 복잡한 걸개그림에 가깝다. 슈뢰딩거의 제안은 이렇게 단위화되어 반복된 구조에는 유전 정보가 암호화되어 있고, 양자 수준에서는 결정과 같은 질서를 암호화한다는 것이다. 이 제안이 왓슨과 크릭의 모형이 발표되기 10년 전에 나왔다는 점을 기억하자. 유전자의 구조는 커녕 유전자가 무엇으로 만들어져 있는지조차 알려지지 않았던 시절이다.

슈뢰딩거는 옳았을까? 우선 확실히 꿰뚫어봤던 점은 DNA 암호가 정말로 반복적인 구조로 이루어져 있다는 점이다. DNA 염기라는 이 반복적인 구조는 어떤 의미에서 보면 비주기적이며, 반복되는 각각의 단위에는 서로 다른 네 염기 중 하나가 올 수 있다. 슈뢰딩거의 예측대로, 유전자는 정말로 비주기성 결정이었다. 그러나 비주기성 결정이 반드시 양자 수준에서 정보를 암호화할 필요는 없다. 사진 건판 위의 불규칙적인 알갱이는 은염silver salt 결정으로 만들어지며, 이들은 양자가 아니다. 유전자가 양자적 존재라는 슈뢰딩거의 생각도 옳은지를 확인하기 위해서는 DNA 염기의 구조를 더 자세히 살펴봐야 한다. 특별히 더 유심히 봐야 할 것은 T와 A, C와 G라는 상보적인 염기쌍의 결합이 나타내는 특성이다.

유전암호를 담고 있는 DNA 염기쌍은 상보적인 염기를 연결하는 화학결합에 뿌리를 두고 있다. 앞서 언급한 것처럼, 수소결합이라 불리는 이 결합은 하나의 양성자에 의해 형성된다. 본질적으로 수소 원자의 핵인 양성자는 수소결합을 하는 두 원자 사이에 공유되는데, 두 원자는 서로 다른 가닥의 상보적인 염기 속에 하나씩 들어 있다.

두 염기가 수소결합에 의해 붙들려서 짝을 이루는 것이다(그림 7.1).
염기 A는 염기 T와 짝을 이룬다. 각각의 A에는 T와 수소결합을 하는
바로 그 위치에 양성자가 있기 때문이다. 염기 A는 염기 C와는 짝을
이룰 수 없다. 수소결합을 할 수 있는 정확한 위치에 양성자가 없기
때문이다.

이렇게 양성자를 매개로 한 뉴클레오티드 염기의 결합이 유전암호
가 되어 복제되고 세대에서 세대로 전달되는 것이다. 게다가 이것은
한번 쓰고 파괴되는 '일회용' 암호표에 쓰인 암호문처럼 정보를 한 번
만 전달하는 것이 아니다. 유전암호는 세포가 살아 있는 동안 끊임없
이 읽혀서 단백질 기계 장치에 생명의 엔진을 만들기 위한 명령을 내
려야 하고, 그렇게 함으로써 세포의 다른 모든 활동을 세심하게 조
정한다. 이 과정을 수행하는 효소인 RNA 중합효소RNA polymerase는
DNA 중합효소와 마찬가지로 DNA 사슬을 따라가면서 이렇게 암호
화된 양성자의 배치를 읽는다. 쪽지의 의미나 책의 줄거리가 종이에
쓰인 글자의 배치로 읽히는 것과 마찬가지로, 이중나선에서 양성자의
배치 역시 생명이라는 이야기를 결정한다.

스웨덴의 물리학자인 페르올로브 뢰브딘은 어찌 보면 지금은 당연
한 사실을 최초로 지적했다. 바로 양성자의 배치가 고전 법칙이 아닌
양자역학에 의해 결정된다는 사실이다. 그러므로 생명 현상을 가능
케 해주는 유전암호는 양자 암호일 수밖에 없다. 슈뢰딩거는 옳았다.
유전자는 양자 문자로 기록되고, 유전의 충실도를 지켜주는 것은 고
전 물리 법칙이 아니라 양자 법칙이다. 결정의 형태가 궁극적으로는
양자 법칙에 의해 결정되듯이, 코의 형태와 눈의 색깔과 그 밖의 여러
특징은 부모로부터 물려받은 DNA의 분자 구조 내에서 작동하는 양

자 법칙에 의해 결정된다. 슈뢰딩거의 예측대로, 생명은 유기체 전체의 구조와 행동에서 DNA 가닥 위의 양성자 배치로 이어지는 질서, 즉 질서 속의 질서를 통해 작동한다. 그리고 바로 이 질서가 유전의 충실도를 책임진다.

그러나 양자 복제자도 가끔은 실수를 한다.

배신
—

유전암호의 복제 과정이 항상 완벽했다면, 생명은 여러 어려움을 극복하고 지구에서 진화하며 적응할 수 없었을 것이다. 이를테면 수십만 년 전에 온화했던 남극의 호수에서 헤엄치던 미생물은 비교적 따뜻하고 밝은 환경에서의 생활에 적응했을 것이다. 이 세계가 얼음 천장으로 막혔을 때, 이 미생물이 100퍼센트의 충실도로 유전체를 복제했다면 분명히 사라졌을 것이다. 그러나 많은 미생물이 복제 과정에서 약간의 실수를 저질러 자신과 살짝 다른 돌연변이 자손을 만든다. 이런 돌연변이 자손들 중에서는 더 춥고 더 어두운 환경에서의 생존을 위한 장비를 더 잘 갖춘 돌연변이가 번성했을 것이다. 그리고 완벽하다고는 할 수 없는 복제가 수천 번 반복되면서, 갇힌 미생물의 후손은 지하 호수에서의 생활에 점점 더 잘 적응하게 되었을 것이다.

보스토크 호수 안에서 일어난 돌연변이(DNA 복제 실수)를 통한 이런 적응 과정은 수십억 년에 걸쳐 지구 전역에서 일어났던 과정의 축소판이다. 지구는 오랜 역사를 지나오는 동안, 거대한 화산 폭발에서부터 빙하기, 운석 충돌에 이르는 여러 차례의 중요한 파국을 겪었다.

만약 복제 실수를 통해서 변화에 적응하지 못했다면, 생명은 사라지고 말았을 것이다. 돌연변이는 지구상에 처음 진화한 단순한 미생물들을 엄청난 다양성을 지닌 오늘날의 생물권으로 변모시킨 유전적 변화의 원동력이기도 하다. 충분한 시간만 주어진다면, 약간의 배신이 언젠가는 도움이 될 수도 있다.

에르빈 슈뢰딩거의 1944년 저서인『생명이란 무엇인가?』에는 유전의 충실도가 양자역학 때문이라는 것 말고도 또 다른 대담한 제안이 담겨 있다. 슈뢰딩거의 추측에 따르면, 돌연변이는 유전자 내에서 일어나는 일종의 양자 도약일 수도 있었다. 이런 일이 가능할까? 이 질문에 답하기 위해서는 먼저 진화론의 중심에 있는 논란을 탐구해야 한다.

기린, 완두콩, 초파리
—

흔히 찰스 다윈이 진화를 '발견'했다고 말하지만, 유기체가 지질 시대에 걸쳐 변해왔다는 사실은 다윈이 등장하기 적어도 1세기 전부터 화석을 연구하는 자연학자들에게는 친숙한 사실이었다. 실제로 찰스 다윈의 할아버지인 이래즈머스 다윈은 진화론자라고 해도 손색없었다. 그러나 다윈 이전에 가장 유명한 진화 이론을 내놓은 사람은 장바티스트 피에르 앙투안 드 모네 슈발리에 드 라마르크라는 거창한 이름을 지닌 프랑스의 한 귀족일 것이다.

1744년에 태어난 라마르크는 원래 예수회 사제 수련을 했다. 그의 아버지는 겨우 말 한 마리를 살 수 있을 정도의 유산을 남긴 채 죽었고, 그렇게 산 말을 타고 군인이 된 그는 포메라니아 전쟁에 출전해서 프러시아와 전투를 벌였다. 그러나 부상을 입어 군인으로서의 장래가 불투명해지자, 파리로 돌아와서 은행원이 되었다. 라마르크는 은행원으로 일하는 동안 짬을 내 의학과 식물학을 연구하다가, 결국 왕실 정원(오늘날 파리 식물원)의 식물학 조교 자리를 얻어 그곳에서 일하던 중, 그의 고용주가 프랑스 혁명으로 인해 단두대형을 당하게 되었다. 그러나 라마르크는 혁명 이후에도 건재해서 파리 대학의 학과장 자리를 얻었고, 그곳에서 그의 관심은 식물에서 무척추동물로 옮겨갔다.

라마르크는 가장 저평가되고 있는 위대한 과학자 중 한 사람이다. 적어도 서구세계에서는 그렇다. 그는 (생명을 뜻하는 그리스어인 bios에서 딴) '생물학biology'이라는 용어를 만들었을 뿐 아니라, 다윈이 등장하기 반세기 전에 그럴듯한 진화 변화 메커니즘을 제공하는 진화 학설을 내놓기도 했다. 라마르크는 유기체가 환경에 반응해서 일생 동안 자신의 몸을 변형시킬 수 있다고 지적했다. 이를테면 고된 노동에 익숙한 농민은 은행원에 비해 일반적으로 근육이 더 발달하는데, 라마르크는 이렇게 획득된 변화가 자손들에게 유전되어 진화적 변화를 일으킬 수 있다고 주장했다. 그의 주장 가운데 가장 유명하면서도 가장 조롱받는 것은 나무에서 높은 곳에 매달린 잎을 뜯기 위해 목을 길게 뻗고 있는 가상의 영양에 대한 사례다. 라마르크는 길어진 목이라는 획득 형질을 물려받은 영양의 후손이 동일한 과정을 거쳐 마침내 기린으로 진화했을 것이라고 제안했다.

적응된 변화가 유전된다는 라마르크의 학설은 일반적으로 서구세계에서는 조롱을 받았다. 동물이 살아가는 동안 획득한 형질은 대체로 유전되지 않는다는 증거가 풍부했기 때문이다. 이를테면 수백 년 전에 오스트레일리아로 이주했던 흰 피부의 북유럽 사람들은 야외에서 많은 시간을 보내면 대개 햇볕에 그을리지만, 그들의 아이는 선조들과 마찬가지로 흰 피부를 갖고 태어날 것이다. 강한 태양빛에 반응해서 적응된 변화는 확실히 유전되지 않는다. 그래서 라마르크의 진화설은 1859년 『종의 기원』이 출간된 후에는 다윈의 자연선택설에 가려져 빛을 잃었다.●

오늘날 강조되고 있는 진화론은 다윈의 진화론인 적자생존 개념이다. 거침없는 자연의 작용으로 완벽하지 않은 자손들로부터 적응을 더 잘하는 후손으로 다듬어진다는 것이다. 그러나 자연선택은 완전한 진화 이야기의 절반에 불과하다. 진화가 성공하려면 자연선택이 작용할 변이가 있어야만 한다. 다윈에게는 이 점이 가장 큰 수수께끼였다. 우리가 이미 알고 있듯이, 유전의 특징은 충실도가 대단히 높다는 것이기 때문이다. 언뜻 생각하면 부모와 다른 모습을 하고 있는 유성생식 유기체는 그렇지 않은 것 같지만, 유성생식은 이미 존재하는 부모의 형질을 뒤섞어서 자손을 만드는 것일 뿐이다. 사실 19세기 초반에는 유성생식에서 형질이 뒤섞이는 것은 물감이 뒤섞이는 것과 흡사하다고 생각했다. 만약 수백 가지 다양한 색의 물감통을 놓고 두 색을 절반씩 섞는 과정을 반복하면, 결국 수백 개의 물감통은 모두 회색이 될 것이다. 즉 각각의 변이는 개체군의 평균이 되는 방향으로 모두 뒤섞일 것이다. 그러나 다윈은 지속적으로 유지되고 실질적으로 추가도 될 수 있는 변이를 필요로 했다. 그래야만 변이가 진화적 변화

● 물론 다윈의 자연선택설은 영국의 위대한 자연학자이자 지리학자인 앨프리드 러셀 월리스의 이름을 따서 월리스의 자연선택설이라고도 부를 수 있다. 월리스는 열대 지방을 여행하면서 말라리아열을 앓는 동안, 사실상 다윈과 똑같은 발상을 내놓았다.

양자 유전자

의 근원이 될 수 있기 때문이었다.

다윈은 유전되는 작은 변이에 자연선택이 작용함으로써 진화가 매우 점진적으로 진행된다고 믿었다.

자연선택은 극도로 작은 유전 가능한 변형의 보존과 축적에 의해 작용할 수 있으며, 각각의 변형은 그것이 보존된 개체에 유익해야 한다. 현대 지질학에서 단 한 번의 대홍수로 거대한 계곡이 패였다는 시각이 거의 사라지고 있듯이, 만약 자연선택이 진짜 원리라면 새로운 유기체가 끊임없이 창조된다거나 유기체의 구조에 갑작스럽고 큰 변형이 일어난다는 믿음도 사라질 것이다.[3]

그러나 이런 진화 원료의 공급원인 "극도로 작은 유전적 변형"은 엄청난 불가사의였다. 유전되는 특징이 있는 기이함이나 '변종sport'은 19세기 생물학자들 사이에서도 잘 알려져 있었다. 이를테면 다리가 매우 짧은 양이 18세기 후반에 뉴잉글랜드의 한 목장에서 태어나 앵콘Ancon이라는 다리가 짧은 품종의 양으로 개량되었다. 앵콘 양은 담장을 뛰어넘을 수 없기 때문에 기르기가 더 쉬웠다. 그러나 다윈이 생각하기에, 이런 변종은 진화의 동력이 될 수는 없었다. 변화의 폭이 너무 크고, 야생에서는 생존할 수 없을 것 같은 괴상한 생명체가 만들어지는 경우도 더러 있었기 때문이다. 다윈의 학설이 작용하기 위해서는, 더 작고 덜 극적이며 유전 가능한 변이가 필요했다. 다윈은 이 문제를 진정으로 해결하지 못한 채 생을 마감했다. 사실 그의 만년에 출간된 『종의 기원』 판에서는 유전될 수 있는 작은 변이를 만들어내기 위해 라마르크 진화설의 형태에 의존하기도 했다.

이 문제의 해답 일부는 다윈 생전에 이미 발견되어 있었다. 그 해답을 발견한 사람은 우리가 2장에서 만났던 오스트리아의 수사이자 식물 교배학자인 그레고어 멘델이다. 완두콩을 이용한 멘델의 실험은 완두콩의 형태나 색깔에 나타나는 작은 변이가 실제로 안정적으로 유전된다는 것을 증명했다. 결정적으로 이 형질들은 혼합되는 것이 아니라 세대에서 세대로 정말로 교배가 일어났고, 형질이 우성이 아니라 열성일 경우에는 세대를 건너뛰기도 했다. 멘델은 생물학적 형질이 암호화되어 있는 별개의 유전'인자'가 생물학적 변이를 일으킨다고 제안했다. 이 유전인자는 오늘날 우리가 유전자라고 부르는 것이다. 따라서 유성생식은 물감통이 아닌 형형색색의 온갖 구슬이 들어 있는 단지를 섞는 것이라고 생각해야 한다. 각 세대에서 교배가 일어나는 것은 한 단지의 구슬 절반을 다른 단지의 구슬 절반과 교환하는 것이다. 수천 세대가 지나도 각각의 구슬이 색을 뚜렷하게 유지하듯이, 형질 역시 수천 수백 세대가 지나도 변함없이 전달될 것이다. 따라서 유전자는 자연선택이 작용할 수 있는 안정적인 변이의 공급원이 된다.

멘델의 연구는 그의 생전에는 대체로 무시되었고, 그 뒤로는 잊혔다. 우리가 알고 있는 한 다윈은 혼합 문제의 해결책이 될 수 있었던 멘델의 '유전인자' 학설을 알지 못했다. 따라서 진화를 일으킬 유전 가능한 변이의 공급원을 찾는 문제로 인해 다윈 진화론에 대한 지지는 19세기 후반으로 갈수록 점차 수그러들었다. 그러나 20세기가 되자, 멘델의 생각이 일부 식물학자에 의해 부활되었다. 이 식물학자들은 식물의 잡종 교배를 연구하다가 변이의 유전을 관장하는 법칙을 발견했다. 뭔가 새로운 것을 발견했다고 생각한 모든 훌륭한 과학자가 그러하듯이, 이들도 자신들의 결과를 발표하기 전에 기존 문헌들을 탐색했다. 그러다가 자신들이 발견한 유전 법칙을 멘델이 이미 수십 년 전에 설명해놓았다는 것을 알고는 크게 놀랐다.

오늘날 '유전자'●라 불리는 멘델 인자의 재발견은 다윈의 혼합 수수께끼에 대한 해답을 제공했지만, 장기적인 유전적 변화를 일으키기 위해 필요한 새로운 유전적 변이의 공급원을 찾는 문제는 곧바로 해결되지 않았다. 유전자는 변형 없이 유전되는 것처럼 보였기 때문이다. 자연선택은 각 세대에서 유전자 구슬의 혼합 비율을 바꿀 수는 있지만, 스스로 새로운 구슬을 만들 수는 없다. 이 난국을 타개한 사람은 멘델 유전학을 재발견한 식물학자 중 한 명인 휘호 더프리스였다. 그는 감자밭을 걷다가 완전히 새로운 달맞이꽃*Oenothera Lamarckiana* 변종을 발견했다. 이 변종은 다른 달맞이꽃에 비해 키가 더 컸고, 꽃잎 모양은 우리에게 익숙한 심장형이 아니라 타원형이었다. 더프리스는 이 달맞이꽃이 '돌연변이'임을 인식했다. 게다가 이 돌연변이 형질이 자손에게 전달되어 유전된다는 것도 증명했다.

유전학자인 토머스 헌트 모건은 더프리스의 돌연변이 연구를 1900년대 초반에 자신의 컬럼비아 대학 실험실로 옮겨왔다. 그의 실험 대상은 언제나 쉽게 다룰 수 있는 초파리였다. 모건과 그의 연구진은 강한 산성 용액, X선, 독성 화학물질 따위에 초파리를 노출시켜 돌연변이를 만들었다. 마침내 1909년 흰색 눈의 초파리가 번데기에서 나옴으로써, 모건의 연구진은 더프리스의 이상한 달맞이꽃과 마찬가지로 돌연변이 형질도 멘델의 유전자처럼 교배된다는 것을 증명했다.

● '유전학genetics'이라는 용어는 영국의 유전학자이자 멘델 학설의 제안자인 윌리엄 베이트슨이 1905년에 만들었다. '유전자gene'라는 용어는 그로부터 4년 뒤 덴마크의 식물학자인 빌헬름 요한센이 겉으로 드러나는 개체의 모양(표현형phenotype)과 그 유전자(유전자형genotype)를 구별하기 위해서 만들었다.

멘델 유전학과 돌연변이 이론이 다윈의 자연선택과 결합되면서, 마침내 신다윈주의 종합 이론neo-Darwinian synthesis이라 불리는 것이 탄생했다. 유전 가능한 변이의 궁극적 공급원으로 받아들여진 돌연변이는 대체로 미미한 효과를 내거나 때로는 해롭기도 하지만, 이따금 부모에 비해 더 적합한 돌연변이가 나오기도 한다. 그다음 자연선택 과정이 작용해서 적응을 잘 못 하는 돌연변이는 개체군에서 도태되고, 더 성공적인 변이는 살아남아 증식한다. 마침내 더 적응을 잘한 돌연변이는 표준norm이 되며, 진화는 "극도로 작은 유전 가능한 변형의 보존과 축적"에 의해 진행된다.

신다윈주의 종합 이론의 핵심 요소는 돌연변이가 무작위로 일어난다는 원리다. 변이는 환경 변화에 반응해서 만들어지는 것이 아니다. 따라서 환경이 변할 때, 종은 무작위적인 과정에서 알맞은 돌연변이가 나올 때까지 기다려야만 그 변화를 따라갈 수 있다. 이와 달리, 라마르크의 진화설은 유전 가능한 적응이 환경 변화에 반응해서 일어난다고 제안했다. 이를테면 환경 변화로 인해 기린의 목이 더 길어지고, 그 이후에 유전된다는 것이다.

20세기 초반에는, 신다윈주의자들이 확신하는 것처럼 유전 가능한 변이가 무작위적으로 일어나는지, 아니면 라마르크의 생각처럼 환경 변화에 반응해서 만들어지는지가 명확히 밝혀지지 않았었다. 모건이 독성 화학물질이나 방사선을 초파리에 처치해서 돌연변이를 일으켰다는 것을 생각해보자. 어쩌면 초파리는 이런 환경적 문제에 대한 반응으로, 어려운 환경에서 살아남는 데 도움이 되는 새로운 변이를 만들어냈는지도 모른다. 라마르크의 기린처럼, 초파리도 목을 늘리는 것에 해당되는 변화를 일으킨 다음, 이 적응된 형질이 유전 가능

양자 유전자

한 돌연변이로 후손에게 전달되는 것이다.

제임스 왓슨의 박사학위 지도교수였던 샐버도어 루리아와 막스 델브뤼크는 1943년에 인디애나 대학에서 대립되는 이 두 학설에 대한 검증에 착수했다. 당시에는 진화 연구에 선호되는 실험 대상이 초파리에서 세균으로 바뀌고 있었다. 세균은 실험실에서 쉽게 배양할 수 있고 한 세대가 더 짧기 때문이다. 세균은 바이러스에 감염될 수도 있지만, 반복적으로 바이러스에 노출되면 돌연변이를 획득해 빠르게 내성을 진화시킨다는 것도 알려져 있었다. 이런 상황은 대립되는 신다윈주의설과 라마르크설의 검증에 이상적이었다. 루리아와 델브뤼크는 신다윈주의설의 예측대로 바이러스 감염에 내성을 지닌 세균 돌연변이체가 개체군 내에 이미 존재하고 있는지, 아니면 라마르크설의 예측대로 바이러스에 의한 환경 변화에 반응해서만 나타나는지를 알아보기 위한 실험을 했다. 루리아와 델브뤼크의 발견에 따르면, 바이러스가 있든 없든 세균의 돌연변이는 꽤 비슷한 비율로 나타났다. 다시 말해서, 돌연변이율은 환경의 선택압에 영향을 받지 않았다. 이 실험으로 이들은 1969년에 노벨상을 수상했고, 현대 진화생물학의 초석이 된 돌연변이의 무작위성 원리를 확립했다.

그러나 1943년에 루리아와 델브뤼크가 이 실험을 수행하고 있을 때에도, 유전자 구슬이 무엇으로 만들어져 있는지는 아무도 몰랐다. 하다못해 구슬 하나가 다른 구슬로 바뀌는 돌연변이를 일으키는 물리적 메커니즘조차 알려져 있지 않았다. 그러다가 1953년에 왓슨과 크릭이 이중나선의 비밀을 밝히면서 모든 것이 바뀌었다. 유전자 구슬은 DNA로 이루어져 있었다. 그러자 돌연변이가 무작위적이라는 원리가 완벽하게 납득되었다. 방사선이나 돌연변이 유발 화학물질 같은 잘 알려져 있는 돌연변이 원인들은 DNA 분자를 따라 무작위로 손상을 일으키는 경향이 있었다. 그래서 어떤 유전자가 영향을 받는지, 유익한 변화가 일으키는지 여부에 상관없이 돌연변이가 일어나는 것이었다.

DNA의 구조에 대한 두 번째 논문4에서, 왓슨과 크릭은 호변이성 tautomerization이라는 과정을 제안했다. 분자 내에서 양성자의 이동과 관련된 현상인 호변이성도 돌연변이의 원인이 될 수 있었다. 여기까지 이 책을 읽은 독자라면, 이제는 양성자 같은 기본 입자의 이동과 연관된 과정은 양자역학적이라는 것을 분명히 알 것이다. 그렇다면 슈뢰딩거는 옳았을까? 돌연변이는 일종의 양자 도약일까?

양성자를 이용한 암호

그림 7.1 아래쪽에 있는 그림을 한 번 더 살펴보자. 짝을 이루는 두 염기에서 양성자를 공유하는 수소결합이 두 원자(산소인 O 또는 질소인 N) 사이에 점선으로 그려져 있다. 하지만 양성자는 입자다. 그런데 왜 점을 찍지 않고 점선으로 나타낼까? 그 이유는 당연히 양성자가 입자성과 파동성을 둘 다 지닌 양자적 존재이기 때문이다. 따라서 양성자는 비편재화되어 있다. 즉 두 염기 사이에서 너울거리는 파동처럼 행동한다. 그림 7.1에서 H의 위치는 양성자가 가장 있을 법한 위치를 나타내는데, 두 염기의 중간이 아니라 한쪽에 더 치우쳐 있다. 이런 비대칭성은 대단히 중요한 DNA의 특징을 만든다.

염기쌍 하나를 생각해보자. 이를테면 한 가닥에는 A가 있고, 다른 가닥에는 T가 있는 A-T 염기쌍은 두 개의 수소결합(양성자)에 의해 형성된다. 여기서 한 양성자는 A의 질소 원자에 더 가깝고 다른 양성자는 T의 산소 원자에 더 가까우면, A:T 수소결합이 형성된다(그림 7.2a). 그러나 양자세계에서 '더 가깝다'는 것은 모호한 개념이라는 점을 기억하자. 양자세계에서 입자들은 위치가 고정되어 있지 않고 대단히 다양한 장소에 존재할 확률을 범위로 나타낸다. 이 범위에는 터널링을 통해서만 도달할 수 있는 장소도 포함된다. 만약 같은 염기를 함께 붙들고 있는 두 양성자가 각각 수소결합의 반대편 위치로 넘어가면, 둘 다 반대편에 있는 염기와 더 가까워질 것이다. 그 결과 만들어지는 다른 형태의 염기를 호변이성체tautomer라고 부른다(그림 7.2b). 따라서 각각의 DNA 염기는 왓슨과 크릭의 이중나선 구조에 나타난 것과 같은 일반적인 표준 형태로도 존재할 수 있고, 양성자의 위치가 뒤바뀐 희귀한 호변이성체의 형태를 취할 수도 있다.

그러나 DNA에서 수소결합을 형성하는 양성자가 유전암호의 복제에 이용되는 염기쌍의 특이성을 담당한다는 점을 기억하자. 따라서

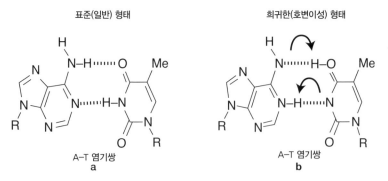

그림 7.2 (a) 양성자가 일반적인 위치에 있는 표준 A-T 염기쌍. (b) 쌍을 이룬 양성자가 이중나선 건너편으로 도약해서 A와 T 모두 호변이성체의 형태를 나타낸다.

암호에 이용되는 양성자 두 개가 다 (건너편으로) 움직이면, 사실상 유전암호를 고치는 효과를 낸다. 이를테면 DNA 가닥의 문자가 T(티민)일 때는 정상적인 형태라면 A와 짝을 이루는 것이 맞다. 그러나 만약 T와 A 사이에 양성자 위치가 둘 다 바뀌면 호변이성체 형태가 될 것이다. 물론 양성자가 되돌아갈 수도 있지만, 희귀한 호변이성체• 형태가 된 순간에 때마침 DNA 가닥이 복제되고 있다면 새로운 DNA 가닥에 잘못된 염기가 끼어들어갈 수도 있다. 호변이성체 T는 A가 아닌 G와만 짝을 이룰 수 있으므로, 새로운 가닥에는 예전에 A가 있던 자리에 G가 들어갈 것이다. 마찬가지로 DNA가 복제되고 있을 때 호변이성 상태에 있는 A는 T가 아닌 C와 짝을 이루게 될 것이므로, 새로운 가닥에는 예전에 T가 있던 자리에 C가 있게 될 것이다(그림 7.3). 두 경우 다 새로 형성된 DNA 가닥에 돌연변이를 갖게 된다. 즉, 자손에게 전달될 DNA 서열에 변화가 일어나는 것이다.

이 가설은 정말 그럴싸했지만, 직접적인 증거를 얻기가 어려웠다. 그러나 왓슨과 크릭의 논문이 발표된 지 거의 60년 후인 지난 2011년 미국 듀크 대학 의료센터의 연구진은 양성자가 호변이성 위치에 있어서 잘못 결합된 DNA 염기가 정말로 DNA 중합효소(새로운 DNA를 만드는 효소)의 활성 부위에 잘 들어맞는다는 것을 증명했다. 따라서 이렇게 잘못 결합된 DNA 염기가 새로 복제되는 DNA에 편입되어 돌연변이를 일으킬 가능성이 있다.[5]

그러므로 양성자의 위치가 바뀐 호변이성체는 돌연변이의 동력, 더 나아가 진화의 동력인 것으로 보인다. 그런데 양성자를 어긋난 위치로

• 구아닌과 티민의 호변이성체 형태는 양성자의 위치에 따라 에놀enol형 또는 케토keto형으로 알려져 있다. 반면 시토신과 아데닌의 호변이성체는 케토형 또는 아미노amino형으로 알려져 있다.

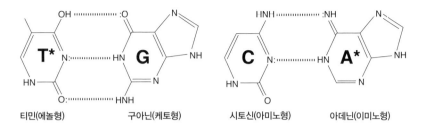

티민(에놀형)   구아닌(케토형)   시토신(아미노형)   아데닌(이미노형)

그림 7.3 그림에서 T*로 나타낸 호변이성체(에놀형)에서, T는 원래 짝인 A가 아닌 G와 짝을 이룰 수 있다. 마찬가지로 A의 호변이성체 형태(A*)는 T 대신 C와 짝을 이룰 수 있다. 만약 이런 실수가 DNA 복제가 일어나는 동안 끼어들어온다면 돌연변이가 초래될 것이다.

움직이게 하는 것은 무엇일까? 확실한 '고전적' 가능성은 양성자들이 주위에서 끊임없이 일어나는 분자의 진동에 의해 이따금 '흔들리는' 정도일 것이다. 그러나 여기에는 충분한 열에너지가 있어야만 '흔들림'이라는 추진력을 공급할 수 있다. 3장에서 다뤘던 효소-촉매 반응에서처럼, 어떤 작용이 일어나기 위해서는 양성자가 가파른 에너지 장벽을 뛰어넘어야 한다. 아니면 양성자가 근처에 있는 물 분자와의 충돌로 위치가 바뀌었을 수도 있다. 그러나 DNA에서 암호화에 이용되는 양성자 주위에는 이런 강력한 효과를 일으킬 물 분자가 별로 없다.

하지만 다른 방법이 있다. 이것은 효소가 전자와 양성자를 전달하는 과정에서 중요한 역할을 하는 것으로 밝혀졌던 방법이다. 전자와 양성자 같은 아원자 입자의 파동성은 양자 터널링을 일으킬 가능성이 있다. 위치가 모호한 입자는 에너지 장벽으로 새어나갈 수 있다. 3장에서 우리가 확인한 바에 따르면, 효소는 전자와 양성자의 양자 터널링을 활용하기 위해서 터널링을 일으키도록 분자들을 충분히 가까이 가져다놓았다. 왓슨과 크릭의 중요한 논문이 발표되고 10년 후, 이 장 초반에 등장했던 스웨덴의 물리학자인 페르올로브 뢰브딘은 양자 터널링이 수소결합에서 양성자를 다른 방식으로 움직여 호변이성체, 즉 돌연변이 뉴클레오티드를 만들 수 있을 것이라 제안했다.

중요한 점은 DNA 돌연변이가 다양한 메커니즘에 의해 일어날 수 있다는 것이다. 이런 메커니즘에는 화학물질, 자외선, 방사성 붕괴 입자, 심지어 우주선宇宙線에 의한 손상이 포함된다. 이 모든 변화는 분자 수준에서 일어나며, 따라서 양자역학적 과정과 연관이 있을 수밖에 없다. 그러나 아직까지 양자역학이 돌연변이에서 어떤 역할을 한다는 사실을 나타내는 조짐은 없다. 만약 양자 터널링이 DNA 염기에서 호변이성체의 형성과 연관 있다는 것이 증명된다면, 이는 엄청나게 짜릿한 발견이 될 것이다.

그러나 DNA 염기의 호변이성체는 자연적인 DNA 염기 전체의 약 0.01퍼센트라고 알려져 있다. 대략 이 정도 비율로 실수를 일으킬 가능성이 있는 것이다. 이는 자연에서 우리가 발견하는 돌연변이율인 10억 분의 1에 비해 훨씬 높다. 따라서 만약 호변이성체 염기가 이중나선에 정말로 존재한다면, 대부분의 오류는 다양한 오류 수정('교정 proofreading') 과정에 의해 제거됨으로써 DNA 복제의 높은 충실도를 보장하는 데 도움이 될 것이다. 그렇더라도 이렇게 양자 터널링에 의해 일어난 오류가 오류 수정 장치를 용케 피하면 자연적으로 일어나는 돌연변이의 급원이 되어 지구상 모든 생명의 진화를 일으킬지도 모른다.

돌연변이 이면에 있는 메커니즘을 발견하는 것은 우리가 진화를 이해하기 위해서도 중요하지만, 돌연변이로 인한 유전병이나 암세포의 발생에 관한 통찰을 얻을 수도 있다. 그러나 양자 터널링 관련 실험은 알려진 다른 돌연변이 유발 화학물질이나 방사선을 이용하는 실험처

양자 유전자

럼 쉽게 일으키거나 끝낼 수 없다는 문제점이 있다. 그래서 터널링이 일어날 때와 그렇지 않을 때의 돌연변이율을 측정해서 차이가 있는지를 알아보는 것이 쉽지 않다.

그렇지만 다른 방식으로도 돌연변이의 양자역학적 기원을 감지할 수 있을 것이다. 그중 하나는 고전적인 정보와 양자 정보 사이의 차이를 알아보는 것이다. 고전적인 정보는 메시지의 변화 없이 반복적으로 읽을 수 있지만, 양자계는 항상 측정에 의해 교란된다. 따라서 DNA 중합효소가 암호를 정하는 양성자의 위치를 결정하기 위해 DNA 염기를 자세히 살피는 것은 양자 측정을 수행하는 것이다. 원칙적으로는 물리학자가 실험실에서 양성자의 위치를 측정하는 것과 아무런 차이가 없는 것이다. 이 두 과정 다 측정은 확실히 영향을 끼친다. 하이젠베르크의 불확정성 원리의 주장에 따르면, 모든 양자적 측정은 세포 내 DNA 중합효소에 의한 것이든 가이거 계수기Geiger counter에 의한 것이든 측정되는 입자의 상태를 변화시킬 수밖에 없다. 만약 그 입자의 상태가 유전암호의 문자와 일치하면, 잦은 측정은 암호의 변화를 일으켜 돌연변이를 초래할 가능성이 있다. 이것에 관한 증거는 있을까?

DNA가 복제될 때에는 유전체 전체가 복사되지만, 대부분의 유전자 해독reading은 DNA 복제 과정이 아니라 유전 정보가 단백질 합성을 지시하는 과정에서 일어난다. 이 과정의 첫 단계는 DNA에 암호화된 정보가 DNA의 사촌 격인 RNA로 복사되는 전사transcription다. 그다음 RNA는 단백질 합성 장치로 이동해서 단백질을 만든다. 이것이 두 번째 단계인 번역translation이다. 우리는 이 과정을 DNA 복제에서 유전 정보의 복사와 구별하기 위해 DNA 해독이라고 부를 것이다.

해독 과정의 중요한 특징은 일부 유전자가 다른 유전자에 비해 훨씬 더 자주 해독된다는 것이다. 전사를 하는 동안 DNA 암호를 해독하는 것이 양자적 측정이라면, 더 빈번하게 해독되는 유전자는 측정으로 유발되는 작은 변화가 더 많아져서 돌연변이율이 더 높아질 것이라고 예측할 수 있다. 몇몇 연구에서는 정말로 이런 현상을 발견했다고 주장했다. 이를테면 미국 애틀랜타의 애머리 대학의 아브히지트 다타와 수 징크스로버트슨은 효모 세포의 유전자 하나를 조작해, 세포에서 유전자를 몇 번만 해독해 소량의 단백질을 만들게 하거나 여러 번 해독해서 다량의 단백질을 만들게 했다. 그들은 더 많이 해독되는 유전자의 돌연변이율이 30배 높다는 것을 발견했다.[6] 생쥐의 세포를 이용한 연구에서도 비슷한 효과가 발견되었고,[7] 인간 유전자를 이용한 최근 연구에서도 가장 자주 해독되는 유전자가 돌연변이도 가장 많은 경향이 있다는 결론이 내려졌다.[8] 이 결과가 양자역학적 측정 효과와 일치하기는 하지만, 그렇다고 양자역학이 관련되어 있음을 증명하는 것은 물론 아니다. DNA의 해독과 관련된 생화학 반응들이 여러 다양한 방식으로 유전자의 분자 구조를 흩뜨리거나 손상시켜서, 양자역학의 도움 없이도 돌연변이를 일으킬 수 있다.

양자역학이 생화학 과정에 개입하는지를 알아보기 위해서는 양자역학이 없으면 생화학 반응이 일어나기 어렵거나 불가능하다는 증거가 있어야만 한다. 사실 우리 두 사람은 이런 종류의 수수께끼에서 처음으로 양자역학이 생물학에서 하고 있을지도 모르는 역할에 흥미를 느꼈다.

양자 유전자

양자 도약 유전자?

—

1988년 9월 『네이처』에는 세균유전학 논문 한 편이 발표되었다. 논문의 저자는 보스턴에 위치한 하버드 공중보건대학원에서 연구하던 저명한 유전학자인 존 케언스였다.[9] 이 논문은 신다윈주의 진화론의 기본 원리를 부정하고 있는 것처럼 보였다. 유전적 변이의 원인인 돌연변이는 무작위로 일어나며, 진화의 방향은 자연선택에 의해 결정된다는 이 원리는 바로 '적자생존의 원리'였다.

옥스퍼드에서 수학한 영국의 의사이자 과학자인 케언스는 오스트레일리아와 우간다에서 연구하다가, 1961년에 안식년을 맞아 뉴욕 주의 유명한 콜드 스프링 하버 연구소로 갔다. 그는 1963년에서 1968년까지, 당시에 막 등장한 분자생물학의 온상이었던 이 연구소의 소장을 역임했다. 특히 1960년대와 1970년대에 이곳에서는 샐버도어 루리아, 막스 델브뤼크, 제임스 왓슨 같은 과학자들이 연구하고 있었다. 사실 케언스는 왓슨을 이전에 만난 적이 있었다. 그로부터 몇 년 전 옥스퍼드에서 만났을 당시 왓슨은 부스스한 차림새로 횡설수설 발표를 했고, 케언스는 그다지 큰 인상을 받지 못했다. 과학계에 길이 남을 인물 중 한 사람인 왓슨의 전체적인 인상에 대해 케언스는 "그가 완전히 골통nutter이라고 생각했다"고 말했다.[10]

케언스는 콜드 스프링 하버 연구소에서 몇 가지 기념비적인 연구를 수행했다. 이를테면 그는 DNA 복제가 어떻게 한 지점에서 시작되어 선로 위를 움직이는 기차처럼 염색체를 따라 이동하는지를 증명했다. 그는 결국 제임스 왓슨에게도 호감을 갖게 된 것이 분명한데, 1966년에 두 사람은 분자생물학의 발전에서 세균 바이러스의 역할에 관한 책을 함께 편집했기 때문이다. 케언스는 1990년대에는 앞서 소개되었던 루리아와 델브뤼크의 노벨상 수상 연구에 흥미를 느꼈다. 이 연구는 유기체가 먼저 무작위 돌연변이를 일으킨 다음 환경 변화에 노출된다는 것을 증명하는 듯 보였다. 케언스는 루리아와 델브뤼크의 실험 설계에는 부족한 부분이 있다고 판단했다. 이 실험 설계를 통해서, 바이러스에 내성을 지닌 세균 돌연변이가 바이러스에 노출됨으로써 발생하는 것이 아니라 개체군 내에 이미 존재하고 있다는 것을 증명해야 했다.

케언스의 지적에 따르면, 바이러스에 대한 내성을 미리 갖고 있지 않은 세균은 바이러스로 인해서 빠르게 사라질 것이기 때문에, 환경 변화에 적응할 수 있는 새로운 돌연변이를 개발할 시간이 없을 것이다. 그래서 그는 세균이 환경 변화에 반응해서 돌연변이를 개발할 기회를 더 많이 제공할 수 있는 다른 실험 설계를 내놓았다. 그는 치명적인 바이러스에 대한 내성을 부여하는 돌연변이를 찾는 대신, 세균을 굶긴 다음 살아남아서 증식하게 만드는 돌연변이를 찾았다. 루리아와 델브뤼크처럼, 케언스 역시 소수의 돌연변이에서 곧바로 증식이 일어나는 것을 관찰했다. 이 돌연변이가 개체군 내에 이미 존재하고 있었다는 것을 보여주는 결과였다. 그러나 루리아와 델브뤼크의 연구와는 대조적으로, 케언스는 나중에 돌연변이가 더 많이 나타나는 것을 관찰했다. 확실히 굶주림에 반응한 것이다.

케언스의 결과는 돌연변이가 무작위로 일어난다는 확고부동한 원리를 부정하고 있었다. 그의 실험은 돌연변이가 편리에 의해 나타나는 경향이 있다는 사실에 대한 증명처럼 보였다. 그의 발견은 라마르크 진화설을 지지하는 듯했다. 굶주린 세균은 라마르크가 상상한 영

양자 유전자

양처럼 목이 길어지지는 않았지만, 환경의 어려움에 반응해서 유전 가능한 변형, 즉 돌연변이를 만들어내는 것처럼 보였다.

케언스의 실험 결과는 곧 다른 과학자들에 의해서도 확인되었다. 그러나 당시의 유전학과 분자생물학으로는 이 현상을 설명할 수 없었다. 세균을 비롯한 사실상 거의 모든 생물에서, 어떤 유전자가 언제 돌연변이를 일으킬지를 선택할 수 있게 해주는 메커니즘은 알려져 있지 않았다. 게다가 이 발견은 분자생물학의 중심 원리라 불리는 것에도 모순되는 듯 보였다. 중심 원리에 의하면, 정보는 전사가 일어나는 동안 DNA에서부터 세포나 유기체의 환경 속에 있는 단백질 방향으로 일방적으로 흐른다. 만약 케언스의 결과가 옳다면, 세포에서는 유전 정보가 역방향으로도 흐를 수 있어야 한다. 다시 말해서, 환경이 DNA에 쓰인 정보에 영향을 줄 수도 있어야 한다.

케언스의 논문은 엄청난 논쟁을 불러왔고, 이 발견을 이해하려고 시도한 소논문들이 『네이처』에 쇄도했다. 존조는 세균유전학자로서 '적응 돌연변이adaptive mutation' 현상이 알려졌을 때 무척 당황스러워했다. 당시 존 그리빈이 쓴 양자역학에 관한 대중서인 『슈뢰딩거의 고양이를 찾아서In Search of Schrödinger's Cat』[11]를 읽고 있던 그는 양자역학, 그중에서도 특히 수수께끼 같은 양자 측정 과정이 케언스의 결과에 대한 설명을 제공할 수 있을지를 곰곰이 생각했다. 존조는 유전암호가 양자 문자로 쓰여 있다는 뢰브딘의 주장도 잘 알고 있었다. 따라서 뢰브딘이 옳다면, 케언스가 실험한 세균의 유전체는 양자계로 고려되어야 할 것이다. 만약 그렇다면, 돌연변이가 존재하고 있었냐는 질문은 그 자체로 양자 측정이 되는 셈이다. 케언스의 이상한 결과가 계를 교란시키는 양자 측정의 효과로 설명될 수 있을까? 이 가능성을 탐구하기 위해서는 케언스의 실험 설계를 더 자세히 살펴봐야 한다.

케언스는 양분으로 젖당만 들어 있는 겔로 만든 배양 접시에 수백만 마리의 대장균E. coli●을 배양했다. 유전자 하나에 문제가 있는 특정 대장균 균주는 젖당을 먹을 수 없어서 굶주릴 수밖에 없었다. 그러나 이 균주는 죽지 않고 겔 표면 여기저기에 보였다. 케언스가 놀랐던 것이자 논란의 원인이 된 것은 이 균주가 그 상태로 그렇게 오래 있지 않았다는 점이다. 며칠 뒤 관찰했을 때에는 겔 표면에 콜로니 colony(고형 배지에서 육안으로 볼 수 있는 세균의 집단―옮긴이)가 형성되었다. 각각의 콜로니는 결함이 있는 젖당 활용 유전자의 DNA 암호에서 오류를 바로잡는 돌연변이가 일어난 개체의 자손들로 구성되어 있었다. 돌연변이체 콜로니는 페트리 접시가 다 마를 때까지 며칠에 걸쳐서 지속적으로 나타났다.

일반적인 진화론에 따르면, 루리아―델브뤼크 실험의 사례처럼 대장균 세포가 진화하려면 개체군 내에 돌연변이체가 미리 존재하고 있어야만 한다. 이런 돌연변이들이 진짜로 실험 초기에 조금 나타나기는 했지만, 며칠 뒤에 등장한 풍성한 젖당 대사 콜로니를 설명하기에는 너무 적었다. 이 콜로니는 젖당 환경에 놓인 이후에 나타났다(이런 환경에서는 돌연변이가 이 세균의 적응에 이득을 제공할 수 있으므로 '적응 돌연변이'가 된다).

케언스는 전반적인 돌연변이율 증가와 같은 현상에 대한 소소한 설명은 생략했다. 그는 돌연변이가 어떤 이득을 제공하는 환경에서만 적응 돌연변이가 일어나리라는 점도 입증했다. 그러나 그의 결과는

● 에스케리키아 콜리Escherichia coli.

고진 분자생물학으로는 설명될 수 없었다. 고전 분자생물학에 의하면, 돌연변이는 젖당의 존재 유무에 관계없이 같은 비율로 일어나야 했다. 그러나 뢰브딘의 주장처럼 유전자가 본질적으로 양자 정보계라면, 젖당의 존재는 양자 측정이 될 가능성이 있다. 이 세균의 DNA에 돌연변이가 있는지 없는지를 드러내기 때문이다. 양자 수준에서 일어나는 사건은 양성자 하나의 위치에 의해 결정된다. 케언스가 관찰한 돌연변이율의 차이는 양자 측정으로 설명될 수 있었을까?

존조는 서리 대학 물리학과에 자신의 생각에 대한 면밀한 조사를 요청하기로 결심했다. 청중 가운데에는 짐이 있었다. 짐은 회의적이었지만 그래도 호기심을 느꼈다. 존조와 짐, 우리 두 사람은 이 생각에 양자적 근거가 있는지를 함께 조사하기로 의기투합했고, 마침내 적응 돌연변이를 설명할 수 있다고 제안한 '얼렁뚱땅hand-wavy'● 모형을 1999년 『바이오시스템Biosystems』 지에 발표했다.[12]

이 모형은 양성자가 양자역학적으로 행동할 수 있다는 전제에서 출발한다. 따라서 굶주린 대장균 세포의 DNA에 있는 양성자들은 가끔씩 호변이성(돌연변이) 위치로 터널링했다가 원래 위치로 쉽게 되돌아올 수 있을 것이다. 양자역학적으로, 이 계는 터널링이 일어난 상태와 그렇지 않은 상태라는 두 상태가 중첩되어 있는 것으로 봐야 하며, 양성자는 두 위치에 걸쳐 퍼져 있는 파동함수로 묘사되어야 한다. 그러나 그 모양은 비대칭을 이뤄서, 양성자는 돌연변이가 일어나지 않은 위치에서 발견될 확률이 훨씬 더 높다. 여기서 양성자가 어디에 있는지를 기록할 수 있는 실험적 측정 장비나 기구는 없다. 다만 우리가

●엄격한 수학적 체계가 부족하다는 의미를 나타낸다.

4장에서 논의했던 측정 과정이 주위 환경에 의해 수행되는 것이다. 이런 측정은 항상 일어나고 있다. 이를테면 단백질 합성 장치에 의한 DNA의 해독은 양성자가 수소결합에서 정상(증식을 하지 않는다) 또는 호변이성(증식을 한다) 위치 중 어느 쪽으로 갈지를 '결심하게' 만든다. 그리고 대부분은 정상 위치에서 발견될 것이다.

케언스의 대장균 배양 접시가 동전 상자라고 상상해보자. 여기서 각각의 동전은 젖당 활용 유전자 속의 중요한 뉴클레오티드 염기에 있는 양성자를 나타낸다.● 이 양성자는 앞면 혹은 뒷면 중 하나로 존재할 수 있다. '앞면'은 호변이성이 아닌 정상 상태에 해당되고, '뒷면'은 희귀한 호변이성 상태에 해당된다. 우리는 모든 동전의 앞면이 위를 향한 상태에서 시작한다. 즉 모든 양성자가 호변이성이 아닌 상태에서 실험을 시작하는 것이다. 그러나 양자역학적으로 양성자는 정상 상태와 호변이성 상태가 항상 중첩되어 있다. 따라서 이 가상의 양자 동전도 마찬가지로 앞면과 뒷면이 중첩된 상태로 존재할 것이며, 대체로 정상 상태인 앞면이 위를 향할 확률이 더 많다. 그러나 양성자는 결국 세포 내 주위 환경에 의해 측정되어 위치를 선택할 수밖에 없다. 일종의 분자 동전 던지기라고 상상할 수 있는 이 과정에서는 앞면이 나올 확률이 압도적으로 높다. 이 DNA에서는 가끔씩 복제가 일어날 것이다.●● 그러나 새로운 DNA 가닥에는 거기에 있는 유전 정보, 즉 거의 항상 결함이 있는 효소의 정보만 암호화될 것이므로, 이

● 실제로 염기쌍을 붙들고 있는 수소결합은 두 개 이상이지만, 논의의 편의를 위해 한 개로 단순화한다.

●● 굶거나 스트레스를 받는 세포는 DNA 복제를 계속 시도하겠지만, 이런 복제는 구할 수 있는 자원이 한정되어 있기 때문에 중단될 가능성이 크다. 그래서 유전자 몇 개에 해당되는 짧은 가닥만 만들어진다.

양자 유전자

세포는 계속 굶주릴 것이다.

그러나 이 동전이 양자 입자인 DNA 가닥에 있는 양성자를 나타낸다는 것을 기억하자. 따라서 측정하고 난 뒤라도, 양자세계로 되돌아가서 원래의 양자 중첩을 재확립할 수 있다. 그러므로 우리의 동전은 한 번 던져져서 윗면이 나온 이후에도 계속 던져지고 또 던져질 것이다. 그리고 언젠가는 뒷면도 나올 것이다. 이 상태에서 DNA가 복사된다면, 이번에는 활성화된 효소가 만들어질 것이다. 그러나 젖당이 없는 상태에서는 아직 별 차이가 나타나지 않을 것이다. 젖당이 없으면 이 유전자는 쓸모가 없기 때문이다. 세포는 계속 굶주릴 것이다.

그러나 만약 젖당이 존재하면 상황은 완전히 달라진다. 세포에서 만들어진 바뀐 유전자가 젖당을 소비해서 성장과 복제를 가능하게 해주기 때문이다. 양자 중첩 상태로 되돌아가는 것은 더 이상 불가능할 터이다. 이 계는 고전세계에서 돌연변이 세포로 포착되었고, 이것은 되돌릴 수 없다. 이 상황은 뒷면이 나온 희귀한 동전을 젖당이 존재할 때에만 상자에서 꺼내 '돌연변이'라고 표시된 다른 상자에 넣는 것이라고 상상할 수 있다. 상자에 남아 있는 동전(대장균 세포)들은 계속 던져지다가 뒷면이 나올 때마다 꺼내서 돌연변이 상자로 옮겨질 것이다. 돌연변이 상자에는 동전이 점점 더 쌓여갈 것이다. 이것을 다시 실험으로 해석하면, 이 실험에서는 젖당으로 성장할 수 있는 돌연변이가 계속 나타날 것이다. 정확히 케언스의 관찰대로다.

우리는 이 모형을 1999년에 발표했지만, 그리 큰 관심을 끌지는 못했다. 존조는 이에 좌절하지 않고, 생물학과 진화에서 양자역학의 더 다양한 역할을 주장하는 『양자적 진화Quantum Evolution』라는 책을 썼다.[13] 그러나 당시는 효소에서의 양성자 터널링이나 광합성에서의 양자 결맞음이 아직 확인되기 전이었다. 그래서 과학자들은 특이한 양자적 현상이 돌연변이와 연관 있다는 생각에 당연히 회의적이었다. 사실 우리는 몇 가지 문제점을 무시했다.[14] 게다가 적응 돌연변이라는 현상도 만신창이가 되었다. 케언스의 실험에서 굶주린 대장균 세포는 죽었거나 죽어가는 대장균이 남긴 양분으로 겨우 연명하다가 가끔씩 복제를 하고 DNA 교환도 한다는 것이 밝혀졌다. 적응 돌연변이에 대한 전통적인 설명들은 몇 가지 과정이 결합되어 증가된 돌연변이율을 설명하는 주장처럼 보이기 시작했다. 즉, 모든 유전자에서 돌연변이율이 전반적으로 증가하고, 세포가 죽고 죽은 세포에서는 돌연변이 DNA가 방출되고, 마지막으로 살아남은 세포가 돌연변이 젖당 유전자를 선택적으로 흡수해서 자신의 유전체에 포함시킨다는 것이다.[15]

이런 '전통적인' 설명이 적응 돌연변이를 충분히 밝힐 수 있는지는 아직 불분명하다. 케언스의 논문이 나온 이래로 25년 동안, 여전히 수수께끼로 남아 있는 이 현상의 메커니즘을 대장균뿐 아니라 여러 다른 미생물에서 조사한 논문이 계속 등장하고 있다.[16] 현재 상황으로 볼 때, 아직까지 우리는 적응 돌연변이와 관련해서 양자 터널링의 가능성을 완전히 배제할 수는 없다. 그래도 지금으로서는 그것이 유일한 설명이라고는 주장할 수 없다.

양자역학과 적응 돌연변이는 강한 연관성이 있을 필요성이 없었기에, 우리는 최근 한 걸음 뒤로 물러나 돌연변이에서 양자 터널링의 역할에 관한 더 근본적인 의문을 조사하기로 했다. 앞에서 나왔듯이, 돌연변이와 연관된 양자 터널링의 경우는 뢰브딘에 의해 처음으로 이론적 토대가 만들어졌고, 그 후 몇 가지 이론적 연구[17]와 '모형 염기쌍model base pairs'을 이용한 실험적 연구를 통해 보강되었다. 이 모형 염기쌍이라는 화학적 설계는 DNA 염기와 결합 특성은 같지만 실험적으로 다루기가 더 편했다. 그러나 아직까지는 아무도 양성자 터널링으로 돌연변이가 일어난다는 것을 증명하지 못했다. 문제는 돌연변이의 다른 몇 가지 원인과 돌연변이 수정 메커니즘mutation repair mechanism이 경쟁할 것이라는 점이다. 돌연변이 수정 메커니즘의 역할은 아직까지 밝혀지진 않았지만, 만약 정말로 존재한다면 모든 것이 더 어려워진다.

이 문제를 조사하기 위해 존조는 3장에서 설명했던 효소 실험에서 실마리를 얻었다. '동적 동위원소 효과'의 발견을 통해서 양성자 터널링과의 연관성을 추론했던 내용을 기억할 것이다. 만약 효소 반응의 속도 증가가 양자 터널링과 연관 있다면, (양성자 하나인) 수소의 원자핵이 (양성자 하나와 중성자 하나로 구성된) 중수소의 원자핵으로 치환될 때에는 속도가 느려져야 한다. 양자 터널링은 터널링을 하려는 입자의 질량 증가에 대단히 민감하기 때문이다. 존조는 현재 돌연변이에 대해서 이와 비슷한 접근을 시도하고 있다. H_2O가 아닌 중수소화된 물인 D_2O를 이용해서 돌연변이율이 달라지는지를 조사하고 있는 것이다. 우리가 이 책을 집필하고 있는 지금은 돌연변이율이 치환에 따라서 정말로 달라지는 것처럼 보인다. 그러나 이 효과가 정말로 양자 터널링 때문이라는 확신을 얻으려면 더 많은 연구가 이루어져야 한다. 수소를 중수소로 치환하면, 특별히 양자역학적 설명에 의지하지 않아도 되는 여러 다른 생화학 과정이 영향을 받을 수 있기 때문이다.

짐은 DNA 이중나선 구조에서 양성자의 양자 터널링이 이론적 토대 위에서 실현 가능한지에 대한 조사에 초점을 맞추고 있다. 이론물리학자들은 이와 같은 복잡한 문제와 씨름할 때 단순화된 모형을 만들려고 한다. 이 모형은 수학적으로 다루기 쉬우면서도 그 계나 과정의 가장 중요한 특징이라고 여겨지는 것들을 유지하고 있어야 한다. 그다음에 실제 계를 더 흉내 내기 위한 세부적인 것들이 추가될수록 모형의 정교함과 복잡성이 증대될 수 있다.

이 문제에서 수학적 분석을 위한 출발점으로 선택한 모형은 두 개의 용수철에 의해 붙들려 있는 하나의 공(양성자를 나타낸다)으로 나타낼 수 있다(그림 7.4). 마주 보고 있는 편 벽에 부착되어 있는 두 용수철은 서로 반대 방향으로 공을 잡아당기고 있다. 공은 두 용수철이 잡아당기는 힘이 같아지는 위치에 있으려는 경향이 있다. 따라서 한쪽 용수철이 다른 용수철보다 조금 더 힘이 세면(덜 늘어나면), 공은 힘이 센 용수철이 부착된 벽과 가까운 곳에 위치할 것이다. 그러나 용수철에는 약간의 '탄성'이 있으므로, 공이 덜 안정적인 다른 벽 쪽으로 이동하는 것도 가능할 터이다. 이런 상태는 양자물리학에서 이중 위치에너지 우물double potential energy well이라 부르는 것에 해당되며, DNA 가닥에서 암호를 정하는 양성자의 상황을 보여준다. 그림에서 왼쪽 우물은 정상 위치의 양성자에 해당되는 반면, 오른쪽 우물은 약간 더 드문 호변이성 상태를 나타낸다. 고전적으로 생각하면 양성자는 주로 왼쪽 우물에서 발견되지만, 만약 외부 에너지원에서 충분한 자극만 주어진다면 가끔씩 다른 (호변이성) 쪽으로 넘어갈 수 있을 것이다. 그러나 항상 두 우물 중 한 곳에서만 발견될 것이다. 그런데 양자역학에서는 꼭대기까지 기어오를 에너지가 충분치 않아도 양성자가 저절로 장벽을 통과할 수 있는데, 꼭 자극이 필요한 것도 아니다. 이뿐만이 아니다. 그로 인해 양성자는 동시에 두 위치 상태에 중첩되어 있을 수 있다.

당연히 그림을 그리는 것이 상황을 정확하게 묘사하는 수학적 모형을 써내려가는 것보다 훨씬 더 쉽다. 양성자의 행동을 이해하기 위해서는 이 위치에너지 우물의 형태, 즉 에너지 면energy surface을 대단히 정확하게 나타내야 한다. 이것은 소홀히 넘길 문제가 아니다. 에너지 면의 정확한 형태가 여러 변수를 결정하기 때문이다. 수소결합은 수백 수천 개의 원자로 구성되는 크고 복잡한 DNA 구조의 일부이면서, 물 분자와 다른 화합물들로 이루어진 세포라는 온탕 속에 담겨 있다. 더 나아가 분자 진동, 열적 요동, 효소에 의해 개시되는 화학반응, 심지어 자외선이나 전리 방사선ionizing radiation까지도 DNA 결합의 행동에 직간접적으로 영향을 줄 수 있다.

이런 수준의 복잡성과 씨름하기 위해 짐의 박사과정 학생인 애덤 가드비어는 강력한 수학적 접근법을 활용하고 있다. 이 접근법은 현재 물리학자와 화학자들 사이에서 가장 인기 있는 밀도 함수 이론

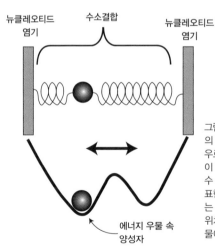

뉴클레오티드 염기   수소결합   뉴클레오티드 염기

에너지 우물 속 양성자

그림 7.4 두 DNA 염기를 연결하는 수소결합의 양성자는 그림처럼 두 용수철 사이에서 좌우로 진동하고 있는 것으로 생각할 수 있다. 이 양성자는 두 종류의 안정된 위치에 있을 수 있는데, 여기서는 이중 위치에너지 우물로 표현했다. 왼쪽 우물(돌연변이가 일어나지 않는 위치에 해당)은 이 오른쪽 우물(호변이성 위치)보다 조금 더 깊어서 양성자는 왼쪽 우물에 위치하기가 더 쉽다.

density functional theory(DFT)이라는 방법이다. DFT는 DNA 염기쌍의 구조 정보를 가능한 만큼 최대한 계산에 고려함으로써 수소결합 에너지 우물의 형태를 대단히 정확하게 계산할 수 있게 해준다. DFT의 역할은 DNA 주위의 원자들이 밀리고 당겨지고 흔들림으로써 수소결합에 작용하는 모든 힘을 묘사하는 것이라고 생각할 수 있다. 그다음 이 정보는 시간에 따른 양성자 터널링 행동을 계산하는 데 쓰인다. DNA 주위의 원자들과 물 분자의 존재로 인해 복잡성이 추가되고, 이 복잡성은 양성자의 행동과 다른 DNA 가닥으로 넘어가려는 양자 터널링 능력에 끊임없이 영향을 준다. 그러나 이런 외적 환경의 끊임없는 영향도 양자역학 방정식에 포함될 수 있다. 이 글을 쓸 당시인 2014년 여름, 가드비어의 계산은 A–T 결합에서 두 양성자가 호변이성 위치로 넘어가는 것이 가능하긴 하나 터널링이 일어날 확률은 꽤 낮다는 것을 암시했다. 그러나 이론적 모형은 세포 내 주위 환경의 작용이 터널링 과정을 방해하기보다는 적극적으로 돕고 있음을 보여준다.

그렇다면 지금 이 순간 우리는 양자역학과 유전학 사이의 연관성에 대해 무엇을 추측할 수 있을까? 우리는 양자역학이 유전에서 매우 중요하다는 것을 확인했다. 우리의 유전암호는 양자 입자에 쓰여 있기 때문이다. 에르빈 슈뢰딩거가 예측했듯이, 양자 유전자에는 지금 껏 살았던 모든 미생물과 모든 동물과 식물의 고전적 기능 및 구조가 암호화된다. 이는 우연도 아니며, 무의미한 것도 아니다. 만약 유전자가 고전적 구조를 하고 있었다면, 이렇게 충실도가 높은 유전자의 복사는 결코 작동하지 않았을 것이다. 이들은 너무 작기 때문에 양자 규칙에 영향을 받을 수밖에 없다. 유전자의 양자적 특성은 보스토

양자 유전자

크 호수의 미생물이 수천 년에 걸쳐 그들의 유전체를 충실하게 복제할 수 있게 해주었다. 마찬가지로 우리 조상들도 그들의 유전자를 수백만 년에 걸쳐 그렇게 복사할 수 있었고, 그렇게 우리 지구에서 생명이 동트던 수십억 년 전까지 거슬러 올라간다. 수십억 년 전에 양자세계에서 정보를 암호화하는 재주를 발견하지 못했다면, 생명은 지구상에 살아남아 진화하지 못했을 것이다. 한편 진화에서 대단히 중요한 역할을 하는 유전 정보 복제의 배신infidelity인 유전자의 돌연변이에 양자역학이 직접적이고도 중요한 역할을 하는지에 관해서는 조금 더 지켜볼 일이다.

8장

마음
—

의식은 얼마나 기이한가? | 생각의 역학 | 마음은 어떻게 물질을 움직일까?

큐비트 계산 | 미세소관을 이용한 연산? | 양자 이온 통로?

장마리 쇼베는 프랑스의 고대 지역인 오베르뉴에서 태어났지만, 그가 다섯 살이 되었을 때 그의 부모는 동남쪽에 있는 아르데슈로 이사를 왔다. 아르데슈는 강과 깊은 골짜기가 석회암 지대를 가로지르는 경관이 장관을 이루는 지역이었다. 장마리는 제2차 세계대전의 철모를 쓰고 친구들과 아르데슈 계곡의 큰 강을 따라 늘어서 있는 크고 작은 동굴들을 탐험하던 열두 살 때 평생 열정을 바칠 대상을 찾았다. 열네 살이 된 그는 학교를 그만두고 처음에는 석공 일을 시작했다. 그 다음에는 철물점 점원을 거쳐 나중에는 경비원이 되었다. 그러나 노르베르 카스트레의 『지하의 내 삶My Life Underground』에서 영감을 받은 장마리는 어릴 적 꿈을 잊지 않고 주말마다 암벽을 오르거나 컴컴한 동굴로 들어가면서, 언젠가는 미답의 동굴 속에 숨겨진 보물을 가장 먼저 찾아내는 사람이 되리라고 상상했다. "미지의 세계는 언제나 우리를 이끌었다. 동굴을 따라 걷노라면 무엇을 찾게 될지 전혀 모른다.

다음 모퉁이에서 길이 끝날지 아니면 환상적인 뭔가를 발견하게 될지."[1]

1994년 12월 18일 토요일, 마흔두 살의 장마리와 동굴을 함께 탐험하는 친구들인 엘리에트 브뤼넬데샹, 크리스티앙 일레르에게는 여느 때와 다름없는 주말이 시작되었다. 그들은 뭔가 새로운 것을 찾아 계곡을 돌아다녔다. 오후가 다 가고 공기가 점점 차가워질 무렵, 그들은 시르크 데스트르라고 알려진 지역을 탐험하기로 결심했다. 시르크 데스트르에는 오후의 햇살이 엷게 비쳤고, 그래서 추운 겨울날 계곡의 그늘진 곳에 비해 대체로 더 따뜻했다. 세 친구는 노새가 다니던 옛길을 따라갔다. 산기슭을 휘감고 돌아가는 길 양옆으로 우거진 가시나무와 회양목과 헤더꽃 수풀이 골짜기 초입에 있는 퐁다르크의 멋진 경치와 어우러졌다. 그들은 덤불숲을 헤치고 나아가기 위해 씨름하다가, 바위틈에서 너비 25센티미터, 깊이 75센티미터 정도의 작은 구멍을 발견했다.

이 구멍은 동굴 탐험가들에게는 말 그대로 어서 들어오라는 표시였다. 그래서 그들은 그 구멍을 비집고 동굴 속으로 들어갔다. 동굴 속 공간은 길이가 몇 미터에 불과했고, 그들이 겨우 똑바로 서 있을 수 있는 정도의 높이였다. 거의 곧바로, 그들은 동굴 안쪽에서 희미하게 바람이 들어오는 것을 느꼈다. 동굴 탐사를 해본 사람이라면, 보이지 않는 굴에서 들어오는 따뜻한 바람의 느낌을 잘 알 것이다. 경험 많은 동굴 탐험가들은 대부분 숨어 있는 통로들을 잘 안다. 그런 통로에는 가느다란 손전등 불빛 한 가닥도 미치지 않는다. 그러나 그 작은 동굴 속의 바람은 알려져 있던 통로에서 들어오는 것이 아니었다. 이들은 동굴 안쪽에서부터 차례로 돌을 치우면서 바람이 들어오는

마음

위치를 알아냈다. 공기의 통로는 아래쪽으로 곧장 수직으로 이어졌다. 몸집이 가장 작은 일원인 엘리에트가 먼저 로프를 이용해서 어둠 속에 있는 좁은 수직 동굴을 더듬어 내려갔다. 우선 그녀는 넓은 입구를 앞에 두고 다시 올라왔다. 엘리에트는 자신이 매달린 곳에서부터 흙바닥까지의 거리가 약 10미터라는 것을 알 수 있었다. 그녀의 손전등은 불빛이 너무 약해져서 멀리 있는 벽까지 비치지는 않았지만, 어둠 속에서 돌아오는 메아리는 그 동굴이 매우 크다는 것을 알려주었다.

그들은 흥분을 감출 수 없었지만, 절벽 아래에 주차되어 있던 자신들의 차에 가서 사다리를 가져와야 했다. 다시 구멍으로 돌아와서 사다리를 펼친 다음, 장마리는 처음으로 동굴 바닥에 닿았다. 정말로 큰 동굴이었다. 높이와 너비가 족히 50미터씩은 되었고, 아찔할 정도로 아름다운 흰색 방해석 기둥이 있었다. 세 사람은 어둠 속에서, 자연 그대로의 환경을 건드리지 않기 위해 서로의 발자국을 밟으면서 조심스럽게 앞으로 나아갔다. 엄청난 양의 조개껍데기와 오래전에 죽은 곰들의 뼈와 이빨이 진흙 바닥을 파서 만든 고대의 겨울 안식처에 흩어져 있었다.

엘리에트는 손전등 불빛에 동굴 벽의 모습이 드러나자 그만 울음을 터뜨렸다. 그녀가 찾아낸 붉은 황토의 선은 작은 매머드 모양을 이루고 있었다. 세 친구가 말없이 벽을 따라 걷는 동안, 곰과 사자와 맹금류와 매머드와 코뿔소의 형상이 차례로 불빛에 비쳤고, 인간의 손자국도 찍혀 있었다. 쇼베는 "'이건 꿈이야, 이건 꿈이야'라는 생각이 계속 들었다"고 회상했다.[2]

손전등의 불빛이 약해지자 이들은 왔던 길을 되돌아서 동굴 밖으로 기어 나온 다음, 엘리에트의 집으로 차를 몰고 와서 엘리에트의 딸인 카롤과 함께 저녁 식사를 했다. 그러나 이들이 매우 흥분해서 자신들이 본 것에 대해 두서없이 횡설수설하며 설명하자, 카롤은 강한 호기심을 느끼고 그 경이로운 광경을 직접 볼 수 있도록 당장 동굴에 데려가달라고 졸랐다.

어둠이 짙게 깔린 후, 그들은 다시 동굴 속으로 들어왔다. 이번에는 더 강력한 손전등을 갖고 온 덕분에 동굴 전체의 장관이 다 드러났다. 몇몇 동굴은 말, 오리, 올빼미, 사자, 하이에나, 표범, 사슴, 매머드, 야생 염소, 들소 같은 갖가지 동물로 장식되어 있었다. 대부분의 그림은 놀라울 만큼 사실적으로 그려져 있었다. 숯으로 음영을 넣고, 머리를 겹쳐서 원근을 나타냈으며, 진짜로 감정이 느껴지는 자세를 하고 있다. 그 그림들 속에는 조용히 수심에 잠겨 한 줄로 늘어서 있는 말들, 크고 둥그스름한 발을 갖고 있는 귀여운 아기 매머드, 돌진하고 있는 한 쌍의 코뿔소가 있었다. 어떤 코뿔소는 다리를 일곱 개나 그려서 달려가는 모습을 표현하기도 했다.

지금은 쇼베 동굴이라 불리는 이곳은 세계에서 가장 중요한 선사시대 미술 유적 중 하나로 꼽힌다. 이 동굴은 고대인들의 발자국까지 그대로 남아 있을 정도로 원래 상태를 그대로 유지하고 있기 때문에, 섬세한 환경을 보존하기 위해서 봉쇄되어 보호되고 있다. 접근이 엄격히 통제되어 있으므로, 아주 운 좋은 소수의 사람만 동굴 속으로 들어갈 수 있었다. 독일의 영화감독인 베르너 헤어초크도 이런 운 좋은 사람들 중 한 명이었다. 그의 2011년 영화인 「잊힌 꿈의 동굴Cave of Forgotten Dreams」은 3만 년 전 이 동굴에 살았던 빙하기 수렵인들의 놀라운 바위그림을 가장 가까이에서 감상할 기회일 것이다.

마음

우리가 이 장에서 탐구하고 싶은 것은 바위그림 자체가 아니라, 헤어초크 감독의 영화 제목에서 가장 잘 연상될 것 같은 어떤 수수께끼다. 그림을 보면, 그 그림들이 눈에 보이는 것을 단순히 묘사한 게 아님을 분명히 알 수 있다. 그 그림들은 종종 움직임의 느낌을 끌어내고, 바위 굴곡을 이용해서 동물의 모습을 거의 3차원적으로 묘사한다.● 그 화가(들)는 단순히 대상을 그린 것이 아니라, 생각을 그렸다. 쇼베 동굴 벽에 안료를 문지르던 인간들은 우리와 마찬가지로 세상을 생각하고 그들이 있는 자리를 생각하던 사람들이었다. 그들에게도 의식意識이 있었다.

그런데 의식이란 무엇일까? 이 질문을 놓고 철학자와 예술가와 신경생물학자들은 격론을 벌여왔고, 우리 같은 보통 사람들도 아마 의식이 있는 한 이 문제에서 헤어나지 못할 것이다. 이 장에서 우리는 어떤 엄격한 정의도 시도하지 않는 비겁한 방식을 택하게 될 것이다. 사실 우리가 볼 때, 이런 특이한 생물학적 현상을 이해하기 위한 탐구는 종종 그것을 정의해야 한다는 편협한 강요에 의해 방해를 받는다. 생물학자들은 생명 자체의 유일한 정의조차 합의를 끌어내지 못한다. 그렇다고 해서 세포와 이중나선과 광합성과 효소와 그 외 수많은 생명 현상의 특성에 대한 규명을 멈추게 할 수는 없다. 오늘날 살아 있다는 것의 의미에 관해 많은 것을 밝힌 이런 현상들 중에는 양자역학에 의해 유발되는 것도 많이 있다.

이 책 앞부분에서 우리는 새롭게 규명된 여러 사실을 탐구했지만, 지금까지 다룬 자기 나침반, 효소의 작용, 광합성, 유전, 후각 작용

●많은 영화 애호가에게 충격적이게도, 헤어초크 감독의 작품은 3D 영화다.

따위는 모두 전통적인 화학과 물리학의 용어로 논의될 수 있다. 이에 반해 양자역학은, 특히 많은 생물학자의 관점에서 볼 때, 그리 익숙하지 않을 것이다. 그럼에도 현대 과학의 틀에 완전히 딱 맞아떨어진다. 게다가 우리의 직감 혹은 상식으로는 이중 슬릿 실험이나 양자 얽힘에서 무슨 일이 벌어지는지 잘 감이 잡히지 않더라도, 양자역학의 토대가 되는 수학은 정확하고 논리적이며 엄청나게 강력하다.

그러나 의식은 다르다. 우리가 지금껏 언급했던 것 중 어떤 유의 과학과 어떻게 맞는지 아무도 알지 못한다. '의식consciousness'이라는 용어가 포함된 (제대로 된) 수학 공식은 없다. 게다가 촉매나 에너지 전달과 달리, 의식은 아직까지 무생물에서 발견된 적이 없다. 의식은 모든 생명의 특성일까? 대부분의 사람은 신경계가 있는 생명체만 의식을 갖고 있다고 생각할 것이다. 그렇다면 신경계는 어느 정도나 필요할까? 흰동가리는 고향 산호초를 간절히 그리워할까? 유럽울새는 겨울이 되면 남쪽으로 날아가고픈 충동을 정말로 느끼는 것일까? 아니면 드론과 같은 자동 비행 장치에 불과한 것일까? 애완동물을 키우는 사람들은 대부분 자신의 개나 고양이나 말에게 의식이 있다고 확신한다. 그렇다면 의식은 포유류에서 나타났을까? 사랑앵무나 카나리아를 키우는 많은 사람은 자신의 애완동물 역시 그 새들을 쫓는 고양이와 마찬가지로 의식과 성격을 갖고 있다고 믿는다. 그러나 만약 의식이 조류와 포유류 모두에게서 일반적이라면, 이 두 종류의 동물은 의식을 가진 공통 조상으로부터 그 특성을 물려받았을 것이다. 이 공통 조상은 아마 양막류amniote라 불리는 원시적인 파충류의 일종으로, 3억 년 전에 나타나서 조류와 포유류와 공룡의 조상이 되었을 것이다. 그렇다면 우리가 3장에서 만났던 티라노사우루스 렉스는 트라이아스기의 늪지대에 빠졌을 때 공포를 경험했을까? 그리고 더 원시적인 동물은 정말로 의식이 없을까? 수족관을 소유하고 있는 사람들은 물고기나 문어 같은 연체동물이 의식을 갖고 있다고 주장할 것이다. 그러나 이 모든 동물 무리의 조상을 찾기 위해서는 척추동물이 등장한 5억 년 전의 캄브리아기까지 거슬러 올라가야 한다. 의식은 그렇게 오래된 것일까?

당연히 우리는 알 길이 없다. 애완동물의 주인들도 짐작만 할 뿐이다. 인간다운 행동과 진짜 의식을 어떻게 구별하는지 아는 사람은 아무도 없기 때문이다. 의식이 있다는 것이 무엇인지 알지 못하면, 우리는 어떤 생명 형태가 그 특성을 갖고 있는지를 결코 알 수 없을 것이다. 따라서 우리는 순진한 접근법으로 이런 주장과 논쟁을 피하고, 지구상에 의식이 등장한 시기나 동물계에 있는 우리 친척들이 자기 인식을 갖는지 여부와 같은 질문을 완전히 불가지론 상태로 남겨둘 것이다. 우리는 이 장 도입부에서 고대의 동굴 벽에 곰이나 들소나 야생말을 그린 우리 조상들에게 분명히 의식이 있었다고 주장했다. 그렇다면 미생물이 원시의 진흙 속에서 처음 등장했던 약 30억 년 전과 초기의 현생 인류가 동굴 벽에 동물을 그렸던 수만 년 전 사이의 어느 시점에 유기체가 어떤 물질로 구성되는지에 따라 기이한 성질 하나가 등장했고, 그 물질들 중 일부는 의식이 되었다. 이 장에서 우리의 목표는 이런 일이 어떻게, 그리고 왜 일어나는지를 고찰하고, 양자역학이 의식의 등장에서 중요한 역할을 했다는 논란에 대해 조사하는 것이다.

먼저 우리는 앞 장과 비슷한 분위기로, 이처럼 인간의 가장 신비스러운 현상을 설명하기 위해 양자역학에 의지할 필요가 있는지에 관한 질문을 던질 것이다. 일부에서 생각하듯이, 의식은 신비스럽고 분명하게 정의하기 어려우며, 양자역학도 신비스럽고 분명하게 정의하기 어렵기 때문에 이 두 가지는 어떤 식으로든 연관이 있어야 한다는 관점을 적용하는 것만으로는 확실히 부족하다.

의식은 얼마나 기이한가?

—

어쩌면 우리가 우주에 관해 알고 있는 가장 기이한 사실은 우리가 엄청나게 많은 것을 알고 있다는 점일 것이다. 이는 우리의 두개골로 감싸인 곳 중 일부분이 지니고 있는 대단히 특별한 특성인 의식 덕분이다. 의식은 대단히 기이한데, 그 이유는 이 기이한 특성의 기능이 전혀 명확하지 않다는 점 때문만은 아니다.

철학자들은 종종 좀비의 존재를 상상함으로써 이런 문제를 탐구한다. 좀비는 인간처럼 동굴 벽에 그림을 그리고 책을 읽는 따위의 활동을 할 수 있지만, 내적 생활이 전혀 없다. 팔다리의 운동을 일으키는 기계적 계산 외에 그들의 머릿속에는 어떤 것도 들어 있지 않다. 좀비는 자각이나 경험의 감각이 없는 자동인형automaton이다. 좀비와 같은 존재가 이론적으로 가능하기는 하다. 그 근거가 되는 사실은 걷기, 자전거 타기, 악기 연주에 필요한 움직임 같은 우리 몸의 여러 작용이 자각이나 경험의 기억 없이 무의식적으로 수행될 수도 있다는 점이다(다른 생각을 하면서도 그 일을 수행할 수 있다는 뜻이다). 사실 이런 활동을 수행하면서 우리의 행동을 의식하면 오히려 헷갈린다. 적어도 이런 행동을 할 때는 의식이 거추장스러운 것처럼 보인다. 그런데 무의식적으로 수행할 수 있는 활동이 존재한다면, 인간이 수행하는 모든 활동을 자동 조종 장치를 통해서 하는 생명체를 상상해보는 것도 가능하지 않을까?

그럴 것 같지는 않다. 인간이 수행하는 어떤 활동은 의식이 반드시 필요해 보이기 때문이다. 이를테면 자연 언어 같은 것이다. 자동 조종 장치와 대화를 하는 것은 상상하기가 대단히 어렵다. 까다로운 계산을 하거나 십자말풀이를 하는 것도 어려울 터이다. 만약 의식이 없었다면, 우리의 빙하기 화가(임의로 이 화가는 여성이라고 가정하자)가 자기 앞에 놓인 평범한 동굴 벽에 들소를 그릴 수 있었으리라고는 상상도 할 수 없다. 이런 모든 의식적인 행동의 공통점은 생각idea에 의해 일어난다는 것이다. 이런 생각으로는 어떤 단어에 대한 생각이나 어떤 문제에 대한 해결책, 또는 빙하기 사람들에게 들소가 지니는 의미와 같은 것이 있다. 사실 쇼베 동굴 벽은 가장 강력한 생각의 적용에 대해 많은 증거를 제공한다. 그중 몇몇은 완전히 새로운 개념을 형성한다. 이를테면 돌출된 바위에 상체는 들소이고 하체는 인간의 몸을 가진 가상의 동물이 그려져 있다. 이런 사물은 의식을 지닌 존재만이 창조할 수 있었을 것이다.

그렇다면 생각은 무엇일까? 우리의 목적을 위해서, 우리는 생각이 복잡한 정보를 나타낸다고 가정할 것이다. 이 정보는 우리 의식 속에서 종합되어 우리에게 의미 있는 개념을 형성한다. 이를테면 쇼베 동굴 벽에 그려진 반인반수의 형상은 그것이 무엇인지는 모르지만 그 동굴에 거주하던 사람들에게는 의미가 있었을 것이다. 이처럼 복잡한 정보가 압축된 하나의 생각은 모차르트가 한 곡의 음악을 작곡하는 방식에 대한 묘사에서도 지적되었다. 그는 "아무리 긴 곡이라도 머릿

속에서는 이미 완성되어 있다. 그다음에 그것이 눈 깜짝할 사이에 내 마음에 포착되는 것이다……. 세부적으로 작업된 다양한 부분이 연달아서 하나씩 떠오르는 것이 아니라, 완성된 형태로 통째로 떠오른다."[3] 의식은 복잡한 정보의 '다양한 부분'을 함께 '포착'할 수 있다. 그래서 그 의미가 '통째로' 파악된다. 의식은 우리 마음이 단순한 자극이 아닌, 생각과 개념에 의해 움직이게 한다.

그런데 복잡한 신경 정보는 어떻게 우리 의식 속에서 결합되어 하나의 생각을 형성할까? 이런 의문이 바로 의식의 첫 번째 수수께끼이며, 종종 결합 문제binding problem라고 불린다. 결합 문제는 우리 뇌의 서로 다른 영역에 암호화된 정보가 우리 의식 속에서 어떻게 합쳐지는지에 관한 것이다. 결합 문제는 대개 시각이나 다른 감각 정보로 표현된다. 이를테면 루카 투린이 시세이도의 향수인 농브르 누아르의 향에 대해 묘사한 인상을 떠올려보자. "장미와 제비꽃의 중간쯤이었지만 두 향의 달콤함은 흔적도 없이 사라지고, 대신에 거의 성스러울 정도로 금욕적인 스페인삼나무 향이 뒤에 깔린다." 투린이 경험한 이 향수는 저마다 특별한 후각 수용체 뉴런을 점화시키는 서로 다른 냄새smell들의 혼합물이 아니라, 시가와 제비꽃 같은 온갖 보조 개념을 통해서 연상되는 느낌note과 분위기tone로 이루어진 하나의 향기aroma였다. 마찬가지로 시각과 청각을 통해 경험하는 것도 서로 다른 색깔과 질감이나 음의 높낮이가 아니라, 감각이 통합되어 형성된 들소 한 마리, 나무 한 그루, 한 사람에 대한 인상과 기억과 개념이다.

우리의 선사시대 화가가 진짜 들소를 관찰하고 있다고 상상해보자. 화가의 눈과 귀와 코, 그리고 만약 죽은 들소라서 만질 수 있었다면 손가락의 촉각 수용체가 냄새와 형태와 색깔과 질감과 움직임과 소리를 포함하는 이 들소의 감각적 인상을 다각도로 포착했을 것이다. 5장에서 우리는 냄새가 후각기관을 통해 어떻게 포착되는지에 관해 논의했다. 후각 뉴런과 결합하는 각각의 냄새 분자가 신경의 '점화'를 일으킨다는 것을 기억할 터이다. 신경 점화는 신경섬유(빗자루처럼 생긴 신경세포의 손잡이 부분)를 따라 코 안쪽에 있는 후각상피에서 뇌에 있는 후각 신경구로 전기 신호를 보내는 것이다. 이런 신경 점화 과정은 이 장의 후반부에서 자세히 알아볼 것이다. 이 과정이 우리의 사고 과정에서 양자역학의 잠재적 연관성을 이해하는 데 가장 중요하기 때문이다. 그러나 지금은 들소에서 나와 화가의 콧속으로 들어간 냄새 분자를 생각하자. 후각 수용체와 결합된 냄새 분자는 '전기 펄스electrical pulse'를 일으키고, 이 펄스는 신경섬유를 전선으로 삼아 이동한다. 이 과정은 모스 부호의 전달 과정과 조금 비슷하다. 그러나 모스 부호가 점과 선으로 이루어져 있다면, 신경 전달은 점, 그러니까 순간 신호blip로만 이루어진 셈이다.

일단 화가의 뇌에 도착한 후각 신경 신호는 더 많은 신경의 점화(더 많은 순간 신호)를 일으켰다. 순간 신호는 한 신경에서 다른 신경으로 넘어가는데, 각각의 신호는 일종의 전신 중계국처럼 작용한다. 다른 감각 자료도 비슷하게 순간 신호로 포착되었다. 이를테면 화가의 눈에서 망막을 가득 채우고 있는 간상세포와 원추세포(후각 뉴런처럼 특화된 뉴런이지만, 냄새 분자가 아니라 빛에 반응한다)는 시신경을 통해 뇌의 시각피질로 순간 신호들을 연달아 보냈을 것이다. 그리고 후각 뉴런이 각각의 냄새 분자에 반응하는 것처럼, 시각 뉴런은 화가의 망막에 닿는 형상의 특별한 특징에만 반응했다. 어떤 시각 뉴런은 특별한 색깔이나 음영에 반응했을 것이고, 또 다른 시각 뉴런은 경계나 선이나 특정 질감에 반응했을 것이다. 화가의 내이에 있는 청각 뉴런도 비슷한 방식으로 소리에 반응했다. 어쩌면 창에 찔린 들소의 거친 숨소리를 들었을지도 모른다. 그리고 털가죽의 감촉은 기계적 감각 신경mechanosensitive nerve이 포착했을 것이다. 이 모든 사례에서, 각각의 감각 뉴런은 고유한 특징을 지닌 감각 입력에만 반응했을 것이다. 이를테면 어떤 특별한 청각 뉴런은 귀를 통해서 들어오는 소리에 특정 주파수가 포함되어 있을 때에만 점화되었을 것이다. 그러나 자극원이 무엇이든 관계없이, 각각의 신경에서 발생하는 신호는 모두 전기 펄스다. 이 전기 펄스는 감각기관에서 뇌의 특별한 영역까지 순간 신호를 일으키면서 이동했을 것이다. 이 특별한 영역에서 신호는 곧바로 운동 명령을 출력할 수도 있다. 그러나 화가의 관찰 기억이 보관된 뉴런들 사이의 연결을 변형시킬 수도 있다. 이런 변형을 일으키는 "함께 연결되어 함께 점화하는 뉴런neurons that fire together wire together" 원리가 우리 뇌에서 기억이 암호화되는 방식의 토대가 되는 것으로 추측된다.

중요한 점은 인간의 뇌에 있는 약 1000억 개의 뉴런 속 어디에도 감각에서 출발한 이런 엄청난 순간 신호들의 흐름이 종합되어 들소라고 의식되는 인상을 형성하는 곳이 없다는 점이다. 사실 여기서 '흐름stream'이라는 표현도 적절하지 않다. 흐름이라고 하면 그 흐름 내에 정보가 모이는 곳pooling이 있음을 암시하는데, 뉴런에는 그런 곳이 없기 때문이다. 오히려 각각의 신경 신호는 별개의 신경에 갇혀 있다. 따라서 신경을 흐름이라고 생각해서는 안 된다. 대신 1000억 개의 뉴런이 수조 개의 연결을 이루면서 복잡하게 얽혀 있는 뇌 속에서 연속적인 순간 신호들이 서로 다른 신경 가닥을 따라 이동하는 가운데 전달되고 있다고 생각해야 한다. 결합 문제는 이 모든 개별적인 순간 신호들에 암호화된 정보를 어떻게 들소라는 통합된 지각으로 만들어낼 수 있는지를 이해하는 것이다.

게다가 감각적 인상만 결합해야 하는 것도 아니다. 의식의 재료는 환경에서 얻어낸 감각 자료가 아니라 의미 있는 개념이다. 이를테면 들소는 고약한 냄새를 풍기는 털북숭이지만 경외스럽고 대단히 웅장하다. 모든 것은 저마다 수없이 많은 복합적인 정보를 담고 있다. 이런 모든 부가적인 생각이 감각적 인상과 합쳐져야만 고약한 냄새를 풍기는 털북숭이지만 경외스럽고 웅장한 들소에 대한 인상이 되고, 우리의 구석기 시대 화가는 그 인상을 떠올려서 그림으로 재현할 수 있는 것이다.[4]

결합 문제를 감각적 인상보다는 생각이라는 면에서 설명하는 것은, 우리를 의식 문제의 핵심으로 안내하는 것이다. 바로 생각이 마음을 어떻게 움직이고, 그로 인해서 몸을 어떻게 지배하는지에 관한 수수께끼다. 우리는 이 석기 시대의 화가가 정확히 어떤 생각을 품고 동굴 벽에 물감을 칠했는지를 결코 알 수 없을 것이다. 들소의 형상이 어두침침한 동굴 구석에 생기를 불어넣어주리라고 생각했는지도 모르고, 아니면 동물 그림이 동료 사냥꾼들의 사냥 성공률을 높여주리라고 믿었는지도 모른다. 그러나 우리가 확신할 수 있는 것은 들소를 그리겠다는 결정이 자신의 생각이라는 믿음이 있었을 것이라는 점이다.

하지만 생각은 어떻게 물질을 움직일 수 있을까? 완전히 고전적 대상으로 이해하면, 뇌는 감각의 입력을 통해서 정보를 받아들인 다음, 그 정보를 처리해서 출력을 생성한다. 이는 마치 컴퓨터(또는 좀비)와 흡사하다. 그런데 우리의 의식, 우리의 자발적 행동을 일으킨다고 확신하는 '자아self'라는 감각의 순간 신호들은 어디에서 얽히는 것일까? 이런 의식이라는 것은 정확히 무엇이며, 우리 뇌의 물질과 어떻게 상호작용을 하기에 우리의 팔다리와 혀를 움직이게 할 수 있을까? 의식, 즉 자유의지는 완전히 결정론적인 우주에서는 상상할 수 없다. 인과 법칙은 하나의 원인에서 오로지 하나의 결과만 허용하기 때문이다. 이런 끊임없는 인과의 사슬은 쇼베 동굴에서부터 빅뱅까지 그대로 이어져 올라간다.

장마리는 자신과 친구들이 쇼베 동굴의 그림을 처음 본 순간을 다음과 같이 묘사한다. "우리만 있는 것이 아니라는 느낌을 강하게 받았다. 화가들의 영혼과 정신이 우리 주위를 감싸고 있었다. 우리는 그들의 존재를 느낄 수 있다고 생각했다."[5] 분명 이들은 영적 경험이라고 부를 만한 뭔가를 경험했다. 인간이나 동물의 두개골 내부에서 우리가 관찰할 수 있는 것은 축축하고 물렁물렁한 조직뿐이다. 들소의 속을 채우고 있는 것 역시 별반 다르지 않다. 그러나 그것이 살아 있는 우리의 두개골 속에 있을 때에는 물질세계에 존재하지 않을 것 같은 개념을 경험하고 인식하게 한다. 그리고 이런 경험과 인식의 영묘한 재료인 우리의 의식은 알 수 없는 방식으로 우리의 뇌 속 물질이 우리의 행동(적어도 우리의 느낌)을 일으키게 한다. 심신 문제mind-body problem 또는 의식의 어려운 문제hard problem of consciousness와 같은 다양한 이름으로 불리는 이 수수께끼는 확실히 우리의 모든 존재에서 가장 심원한 미스터리다.

이 장에서 우리는 이 심원한 미스터리에 대해 양자역학이 어떤 해답을 제공할 수 있는지를 물을 것이다. 우리는 먼저 의식에 관한 생각들이 사실상 대단히 사변적이라는 점을 짚고 넘어가야 한다. 의식이 무엇인지, 또는 어떻게 작용하는지를 정확히 알고 있는 사람은 아무도 없다. 신경과학자, 심리학자, 컴퓨터 과학자, 인공지능 연구자들은 의식을 설명하기 위해서는 인간 두뇌의 복잡성을 뛰어넘는 뭔가가 필요하다는 점에 대해서조차 의견 일치를 보지 못했다.

우리의 출발점은 아르데슈의 석회암에 새겨진 들소의 형태를 이끌어낸 뇌에서 일어난 과정이 될 것이다.

생각의 역학

—

여기서는 3만 년 전의 동굴 벽에 그려진 붉은 황토의 선에서부터 연속적인 인과의 고리를 거꾸로 추적할 것이다. 이 추적은 그 선을 그린 화가의 팔에서 일어난 근육 수축에서부터 그 근육 수축을 일으킨 신경 자극impulse을 거쳐서, 그 신경을 점화시킨 뇌의 자극과 일련의 운동 사건을 일으킨 감각 입력까지 거슬러 올라갈 것이다. 우리의 목표는 의식이 이런 인과의 고리 중 어디에서 입력되는지를 정확히 밝히는 것이다. 그러면 양자역학이 이 사건에서 어떤 역할을 할 수 있는지를 조사할 수 있다.

아주 오래전에 곰 가죽 같은 것을 뒤집어쓴 미지의 화가가 어두침침한 쇼베 동굴을 둘러보는 풍경을 상상해보자. 바위그림은 동굴 깊숙한 곳에서 발견되었으므로, 화가는 횃불과 안료 통을 들고 동굴 속으로 들어가야만 했을 것이다. 어느 순간, 화가는 통 속에 들어 있는 색색의 목탄을 손가락에 찍어 동굴 벽에 문질러서 들소의 형태를 만들었다.

동굴 벽을 가로지르는 화가의 팔 동작은 미오신이라는 근육 단백질에 의해 시작되었다. 효소인 미오신은 화학에너지를 이용해서 근육 수축의 동력을 공급한다. 본질적으로 근육 수축은 근섬유들이 다른 근섬유들 사이로 미끄러져 들어가게 하는 것이다. 자세한 근육 수축 메커니즘은 수백 명의 과학자가 수십 년에 걸쳐 연구해왔고, 나노 규모의 생물공학과 생물역학의 경이로움을 보여주는 사례다. 그러나 이 장에서는 근육 수축의 세부적인 내용에 관한 멋진 이야기는 넘어가도록 하고, 생각처럼 순간적인 뭔가가 어떻게 근육 수축을 일으킬 수 있는지에 관한 의문에 집중하도록 하자(그림 8.1).

이 의문에 대한 즉답은 그렇지 않았다는 것이다. 화가의 팔에서 근섬유의 수축이 실제로 일어난 순간은 양전하를 띠는 나트륨 이온이

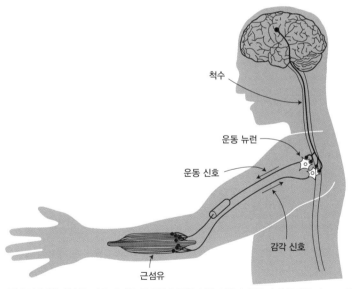

그림 8.1 뇌에서 척수를 따라 내려와 근섬유에 닿은 신경 신호가 근육 수축을 일으키고, 그로 인해서 팔 같은 사지가 움직인다.

마음

근육세포로 급히 유입되었을 때였다. 근육세포는 막의 안쪽보다 막 바깥쪽에 나트륨 이온이 더 많아서, 마치 작은 건전지처럼 막을 사이에 두고 전압차가 발생한다. 그러나 막에는 이온 통로ion channel라고 불리는 작은 구멍들이 있는데, 이 이온 통로가 열리면 나트륨 이온이 세포 내로 들어온다. 화가의 팔에서 근육 수축을 일으킨 것은 이런 전기의 유입 과정이었다.

인과관계 사슬을 거슬러 올라가는 과정의 다음 단계는 그 순간 근육에서 이온 통로를 열리게 한 원인은 무엇인지에 관한 문제다. 이 문제의 답은 운동신경motor nerve이다. 화가의 팔 근육에 부착된 운동신경에서 신경전달물질이라는 화학물질이 방출되었고, 이 물질이 이온

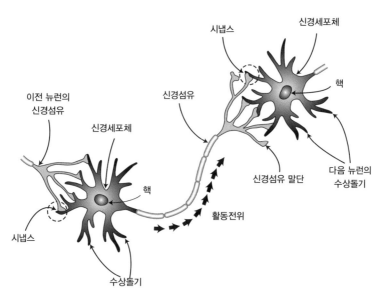

그림 8.2 신경은 세포체에서부터 신경섬유를 따라 신경 말단으로 전기 신호를 보낸다. 신경 말단에서 전기 신호는 시냅스로 신경전달물질의 방출을 일으킨다. 다음 뉴런의 신경세포체에서는 이 신경전달물질을 받아들여 신경 점화를 일으킨다. 신경 신호는 이런 과정을 거쳐 한 뉴런에서 다음 뉴런으로 전달된다.

통로를 순간적으로 열리게 했다. 그렇다면 운동신경이 신경전달물질을 방출하게 만든 원인은 무엇이었을까? 신경 말단에서는 활동전위action potential라고 하는 전기 신호가 올 때마다 신경전달물질을 방출한다(그림 8.2). 근본적으로 모든 신경 신호는 활동전위다. 따라서 우리는 활동전위가 어떻게 작용하는지를 더 자세히 살펴봐야 한다.

뱀처럼 아주 길고 가느다란 모양을 하고 있는 신경세포, 즉 뉴런은 세 부분으로 구성되어 있다. 머리에 해당되는 부분에는 거미 모양의 신경세포체cell body가 있는데, 여기서부터 활동전위가 시작된다. 그다음 활동전위는 신경섬유(후각 뉴런에서 '빗자루 손잡이' 부분)라고 하는 가느다란 중간 부분을 따라 신경 말단 쪽으로 이동하고, 신경 말단에서 신경전달물질 분자가 방출된다(그림 8.2). 신경섬유는 작은 전선처럼 생겼지만, 전기 신호를 전달하는 방식은 음전하를 띠는 전자가 단순히 구리선을 따라서 흐르기만 하는 전선보다 훨씬 영리한 방식을 활용한다.

근육세포와 마찬가지로, 신경세포에도 대체로 세포 내부보다는 외부에 양전하를 띠는 나트륨 이온이 더 많다. 이런 차이를 유지하고자 신경세포는 막을 통해 세포 바깥으로 나트륨 이온을 퍼낸다. 그 결과 세포막을 사이에 두고 100분의 1볼트 정도의 전압차가 형성된다. 미미한 차이 같지만, 세포막은 두께가 몇 나노미터에 불과하다는 점을 기억하자. 따라서 매우 가까운 거리에 생기는 전압이다. 이것을 1미터로 환산하면 100만 볼트의 전위차(전압과 같다)가 형성된다는 뜻이다. 바꿔 말하면, 1센티미터 사이를 두고 1만 볼트라는 엄청난 전압이 형성되는 것과 같은데, 이 정도 전압이면 자동차의 연료 점화 장치에 필요한 불꽃도 충분히 만들어낼 수 있다.

화가의 운동신경에서 머리 쪽 끝인 신경세포체는 시냅스synapse(그림 8.2)라는 구조와 연결되어 있다. 시냅스는 신경과 신경을 연결하는 일종의 배선함이다. 이전 뉴런이 시냅스로 방출한 신경전달물질 분자의 양만큼 신경-근육 연접부nerve-muscle junction에서도 신경전달물질이 방출된다. 그러면 신경세포체를 둘러싸고 있는 막의 이온 통로가 열리고, 그 결과 양이온이 막 내부로 유입되면서 전압이 크게 떨어진다.

시냅스에서 약간의 이온 통로가 열리면서 일어나는 전압 감소는 대부분 큰 영향이 없을 것이다. 그러나 만약 다량의 신경전달물질이 당도하면, 이온 통로가 많이 열릴 것이다. 그로 인해 다량의 양이온이 세포 안으로 유입되면 막 전위가 임계점인 −0.04볼트 이하로 떨어진다. 막 전위가 이렇게 낮아지면 다른 이온 통로가 작동하기 시작한다. 이 통로를 전압 의존성 이온 통로voltage-gated ion channel라고 하는데, 신경전달물질이 아니라 막을 경계로 하는 전압차에 민감하다는 뜻이다. 우리의 화가를 예로 들어보자. 화가의 신경세포체에서 전압이 임계점 이하로 떨어지면, 이런 이온 통로가 모두 열리면서 더 많은 양의 이온이 신경세포 내부로 밀려들어오고, 그로 인해서 막의 그 부분에서는 단락이 일어난다. 신경에서 기다란 전선에 해당되는 부분인 신경섬유는 이런 전압 의존성 이온 통로로 둘러싸여 있다. 따라서 신경세포체에서 단락이 시작되면, 막에서는 일종의 도미노 현상이 일어난다. 단락, 즉 활동전위가 신경을 타고 빠르게 이동해서 신경 말단에 도착하는 것이다(그림 8.3). 이 단락은 신경 말단에서 신경근 연접부neuromuscular junction로 신경전달물질의 방출을 자극해 이 화가가 동굴 벽에 들소의 윤곽선을 그릴 수 있도록 팔 근육을 수축시켰다.

이 묘사를 통해서, 신경 신호가 전선을 따라 이동하는 전기 신호와 어떻게 다른지를 알 수 있을 것이다. 신경에서는 전하의 이동인 전류가 신경섬유와 같은 방향으로 이동하지 않고 활동전위의 방향과 수직을 이룬다. 다시 말해서, 세포막에 있는 이동 통로를 통해서 전류가 막의 바깥쪽에서 안쪽으로 흐르는 것이다. 또 첫 번째 이온 통로가 열리면서 활동전위가 나타나자마자, 이온 통로가 다시 닫히고 이온 펌프가 작동해서 원래의 막전위가 회복된다. 따라서 신경 신호는 막의 이온 통로가 열리고 닫히는 파장이 신경세포체에서 신경 말단 방향으로 이동하는 것이라고 볼 수도 있다. 즉, 전기적인 순간 신호가 움직이는 것이다.

운동신경세포의 신경-신경 연접부는 대부분 척수에 위치하고 있다. 척수는 수백 수천 개의 신경으로부터 오는 신경전달물질 신호를 받아들인다(그림 8.1). 이 연접부(시냅스)로 신경전달물질을 방출하는

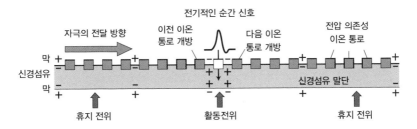

그림 8.3 활동전위는 신경세포막에 있는 전압 의존성 이온 통로를 통해서 신경섬유를 따라 이동한다. 휴지 상태일 때 양이온은 막의 안쪽보다는 바깥쪽에 더 많다. 그러나 이전 신경의 활동전위에 의해 전압의 변화가 일어나면서 이온 통로가 개방되고, 양전하를 띠는 나트륨 이온이 막 내부로 유입된다. 이런 활동전위는 막전위를 일시적으로 역전시킨다. 이런 순간적인 전기 신호는 다음 이온 통로의 개방을 일으키고, 일종의 도미노 현상처럼 차례차례 전기 자극을 다음 신경으로 전달하다가 결국에는 신경 말단에 닿는다. 신경 말단에서 당도한 전기 자극은 신경전달물질의 방출을 일으킨다. 활동전위가 지나가면, 이온 펌프는 통상적인 휴지 상태로 돌아온다.

어떤 신경은 신경세포체에 있는 이온 통로를 열어서 운동신경의 점화 가능성을 증가시킨다. 반면, 어떤 신경은 이온 통로를 닫는 경향이 있다. 이 과정에서 각각의 신경세포체는 입력 값을 토대로 하나의 출력을 산출하는 컴퓨터의 논리 게이트logic gate처럼 작용하는 듯 보인다. 따라서 만약 뉴런이 논리 게이트와 같다면, 수십억 개의 뉴런으로 구성된 뇌는 일종의 컴퓨터라고 생각할 수 있을 것이다. 적어도 계산주의 마음이론computational theory of mind이라는 학설에 동의하는 대부분의 인지신경과학자는 이렇게 가정한다.

그러나 우리는 지금 너무 앞서가고 있다. 아직 우리는 뇌에 이르지도 않았다. 화가의 운동신경은 신경-신경 연접부에서 신경 점화의 원인이 되는 다량의 신경전달물질을 넘겨받을 것이다. 이 신경전달물질은 주로 화가의 뇌와 연결된 신경에서 유래한다. 인과관계의 사슬을 따라서 거슬러 올라가면, 이런 신경의 앞부분에서는 여러 입력을 토대로 신경의 점화 여부를 결정했을 것이다. 그리고 이렇게 입력되는 신호를 계속 거슬러 올라가다보면, 마침내 화가의 눈과 귀와 코와 촉각 수용체의 입력 신호를 받아들인 신경과 살아 있거나 죽은 들소의 관찰을 통해서 감각 입력을 받아들였을 기억 중추에 이를 것이다. 감각의 입력과 운동의 출력 사이에 있는 뇌의 신경망neural network은 들소의 형체를 그리는 데 필요한 정확한 운동 출력을 만들어낼지 말지에 대한 결정을 내리는 계산을 수행했다.

그러므로 이제 우리는 화가가 동굴 벽을 향해 팔을 뻗도록 근육 수축을 일으킨 일련의 사건 전체를 이해했다. 하지만 우리가 뭔가를 빠뜨린 걸까? 지금까지 우리는 감각의 입력에서 기억 중추를 거쳐 운동의 출력으로 이어지는 기계적인 인과관계 전체의 연결을 설명했다. 이

것은 동물이 기계에 불과하다는 데카르트의 주장(2장에서 다뤘다)과 같은 종류의 메커니즘이다. 우리가 한 일은 그의 지렛대와 도르래를 신경과 근육과 논리 게이트로 바꾼 것뿐이다.

그러나 데카르트는 영적 존재, 즉 영혼이 인간 행동의 궁극적 동인이라고 생각했다는 점을 기억하자. 이런 일련의 입력—출력 사건에서 영혼은 어디에 존재할까? 지금까지 우리가 묘사한 화가는 좀비일 뿐이다. 동굴 벽에 의미심장한 들소를 표현해야만 했던 그녀의 의식, 그녀의 생각은 입력과 출력 사이에 일어난 일련의 사건 중 어디에 깃들어 있었을까? 이 문제는 뇌과학의 가장 큰 수수께끼로 남아 있다.

마음은 어떻게 물질을 움직일까?

—

대부분의 사람이 생각하는 이원론dualism은 대략 마음/영혼/의식이 신체와 다르다는 믿음이라고 묘사될 수 있을 것이다. 그러나 20세기에는 이원론이 과학계에서 신망을 잃었고, 이제 대부분의 신경생물학자들은 심신이 하나이며 같은 것이라는 믿음인 일원론monism을 선호한다. 이를테면 신경과학자인 마르셀 킨스본은 "의식이 있다는 것은 특별한 상호 기능 상태에 있는 신경 회로망을 갖는 것과 같다"고 주장했다.6 그러나 앞에서 지적했던 것처럼, 컴퓨터의 논리 게이트는 뉴런과 상당히 비슷하다. 그렇다면 (1000억 개의 뉴런으로 이루어진 인간의 뇌에 비교하면 여전히 작은 규모이지만) 약 10억 명의 사용자가 촘촘히 연결되어 있는 인터넷 같은 컴퓨터망에서 인식의 징후가 전혀 나타나지 않는 이유는 무엇일까? 실리콘을 기반으로 하는 컴퓨터는 좀비인데, 어째서 살덩이를 기반으로 하는 컴퓨터는 의식을 갖고 있는 것일까? 이 것은 단순히 복잡성과 인터넷이 아직은 따라갈 수 없는● 우리 뇌세포 의 '상호연관성interconnectedness' 문제일까? 아니면 의식은 완전히 다른 종류의 계산이라는 것일까?

물론 의식에 관한 다양한 설명이 있으며, 이런 주제를 다루는 책은 수없이 많다. 그러나 이 책에서 우리는 대단히 논란을 일으키지만 매 력적이면서 우리 주제와도 가장 잘 어울리는 주장에 초점을 맞출 것 이다. 바로 의식이 양자역학적 현상이라는 것이다. 이와 관련해서 가 장 유명한 주장은 옥스퍼드 대학의 수학자인 로저 펜로즈가 내놓았 다. 그는 1989년에 발표된 『황제의 새 마음The Emperor's New Mind』이라 는 책에서 인간의 마음이 양자컴퓨터라고 주장했다.

4장에서 다뤘던 양자컴퓨터에 관한 이야기를 떠올려보면, 2007년 의 한 『뉴욕 타임스』 기사에는 식물이 양자컴퓨터라는 주장이 실려 있었다. MIT의 연구자 모임에서도 결국에는 미생물과 식물의 광합성 계가 양자컴퓨터에서 필요로 하는 것과 유사한 작업을 정말로 수행 할 가능성도 있다는 생각을 갖게 되었다. 하지만 대단히 명석한 그들 의 두뇌 역시 양자세계에서 작동하고 있었을까? 이 의문을 탐구하기 위해서는 먼저 양자컴퓨터가 무엇이고, 어떻게 작동하는지를 좀더 자 세히 알아봐야 한다.

● 인터넷의 크기는 쉽게 추정할 수 없지만, 현재 각각의 웹페이지는 평균적으로 100개 이하의 다른 페이지와 연결된다. 반면 뉴런은 수천 개의 다른 뉴런과 연결된다. 따라서 연결이라는 면에서 볼 때, 웹페이지 사이의 연결은 약 1조 개이며, 인간의 뇌에서 뉴런들 사이의 연결은 그보다 약 100 배 더 많다. 그러나 인터넷은 몇 년마다 규모가 두 배씩 증가하므로, 10년 안에는 인간 뇌의 복 잡성에 필적할 것으로 예상된다. 그러면 인터넷도 의식을 갖게 될까?

큐비트 계산

오늘날 우리가 생각하는 컴퓨터는 정보를 처리하고 조작하는 명령을 전달할 수 있는 일종의 전자 장비다. 이 과정은 켜고 끄는 것이 가능한 전기 스위치 집단을 통해서 이루어지며, 각각의 스위치는 1 또는 0 같은 2진수(비트)를 암호화할 수 있다. 이런 스위치들을 배열하면 논리 명령을 수행하는 회로를 만들 수 있고, 이 회로들을 조합해서 더하기와 빼기 같은 산술적 계산을 수행하거나 뉴런에서 설명했던 것과 같은 논리 게이트를 열고 닫는 작용에 이용할 수 있다. 이처럼 전기적인 디지털 컴퓨터의 크나큰 장점은 같은 작업을 수동으로 하는 것에 비해 속도가 훨씬 빠르다는 점이다. 전자계산기의 계산 속도는 손가락 셈이나 암산이나 필산과는 비교가 되지 않는다.

그러나 전자계산기는 계산이 특별히 빠르긴 하나 무수한 확률이 중첩되는 양자세계의 복잡성을 따라가지는 못한다. 이 문제를 극복하기 위해서 노벨상 수상 물리학자인 리처드 파인먼은 가능성 있는 해결책을 내놓았다. 그는 양자세계에서 계산을 수행하는 양자컴퓨터를 제안했다.

양자컴퓨터가 어떻게 작동할 수 있을지를 알아보기 위해서, 먼저 고전 컴퓨터의 '비트'를 일종의 구球나침반으로 나타내면 유용할 것이다. 나침반의 바늘이 1(북극)이나 0(남극)을 가리키는 이 나침반은 180도로 뒤집히는 스위치처럼 두 상태 사이를 오갈 수 있다(그림 8.4a). 컴퓨터의 중앙처리장치CPU는 이런 1비트짜리 스위치가 수백만 개 모여서 이루어져 있으므로, 전체적인 계산 과정은 수많은 구나침반이 180도로 뒤집힐 수 있는 스위치 규칙의 복합적인 집합(알고리즘)이라고 예상할 수 있다.

양자컴퓨터에서는 비트에 해당되는 것을 큐비트qubit라고 한다. 큐비트는 고전적인 구•와 비슷하지만, 180도 뒤집히기만 하는 것이 아니다. 공간 속에서 임의의 각도로 회전할 수도 있고, 양자역학적으로 동시에 여러 방향을 가리키는 양자 결맞음 중첩 상태가 될 수도 있다 (그림 8.4b). 이렇게 유연성이 증가함으로써 큐비트는 전통적인 비트보다 더 많은 정보를 암호화할 수 있다. 그러나 계산 능력 향상 효과의 진가는 큐비트를 결합시키면 확인할 수 있다.

전통적인 비트의 상태는 인접한 비트에 아무런 영향을 주지 않지만, 큐비트는 양자 얽힘을 일으킬 수도 있다. 얽힘은 결맞음보다 양자적으로 한 단계 위라는 6장의 내용을 기억할 것이다. 얽힘이 일어나면 양자 입자는 개체성을 잃고, 하나의 양자에 일어난 일이 동시에 다른 모든 양자에까지 영향을 미친다. 양자컴퓨터의 관점에서 볼 때, 얽힘은 각각의 큐비트 구가 다른 큐비트 구와 고무줄 같은 끈••으로 연결되어 있는 모습으로 시각화할 수 있다(그림 8.4c). 이제 이 구 가운데 하나를 회전시킨다고 상상해보자. 얽혀 있지 않으면, 이 회전은 이웃한 큐비트에 영향을 주지 않을 것이다. 그러나 만약 우리의 큐비트가 다른 큐비트와 얽혀 있다면, 회전은 다른 큐비트와 연결된 모든 끈의 장력을 변화시킬 것이다. 이렇게 얽혀 있는 모든 끈의 계산 자원 computational resource은 큐비트의 수에 따라 기하급수적으로 증가한다. 다른 말로 하면, 매우 빠른 속도로 증가한다는 뜻이다.

● 물리학도인 독자를 위해서, 여기서 말하는 것이 블로흐 구Bloch sphere라는 것을 밝힌다.
●● 실제로 이 끈이 나타내는 얽힌 큐비트의 진폭과 위상 사이의 수학적 관계는 슈뢰딩거의 방정식에서 구현되었다.

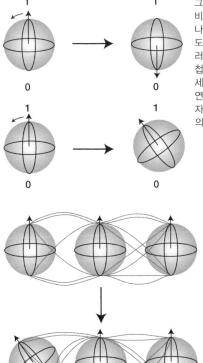

그림 8.4 (a) 1에서 0으로 바뀌는 고전적인 비트는 고전적인 구에서는 180도 회전으로 나타낸다. (b) 큐비트는 구에서 임의의 각도로 회전하는 것으로 나타낼 수 있다. 그러나 결맞은 큐비트는 여러 개의 회전이 중첩될 수도 있다. (c) 세 개의 결맞은 큐비트. 세 큐비트의 얽힌 상호작용은 구의 표면에 연결되어 있는 가상의 끈으로 나타난다. 양자 계산을 수행하는 것은 회전으로 인한 끈의 장력이다.

기하급수적 증가가 어느 정도인지를 가늠해볼 수 있는 이야기가 하나 있다. 어떤 황제가 체스의 발명에 크게 흡족해서 발명자에게 원하는 상을 내리겠노라고 약속했다. 약삭빠른 발명가는 체스판의 첫째 칸에는 한 알, 둘째 칸에는 두 알, 셋째 칸에는 네 알과 같은 식으로 한 칸마다 두 배씩 쌀알을 늘려가면서 64개의 칸을 모두 채워달라고 청했다. 꽤 소박한 청이라고 생각한 황제는 흔쾌히 승낙하고 시종들에게 쌀을 가져오라고 명했다. 그러나 쌀알을 세는 동안, 황제는 이

내 자신이 큰 실수를 했다는 걸 깨달았다. 쌀알은 첫째 줄에서는 겨우 128알(2^8-1)이었고, 둘째 줄 끝에서도 1킬로그램이 채 안 되는 3만 2768알에 불과했다. 그러나 그다음 칸에서부터 킬로그램이 곱절로 증가하기 시작했다. 셋째 줄 끝에 이르자, 쌀의 무게가 0.5톤이 넘는다는 것을 알고 황제는 경악했다. 다섯째 줄 끝에 당도했을 때에는 나라 전체를 파산시킬 만한 양이 되었다! 사실 64번째 칸에 도달하면 922경3372조368억5477만5808($2^{64}-1$)개의 쌀알이 필요했을 것이다. 무게로 환산하면 약 2305억8430만921톤으로, 이는 인류 역사 전체에 걸쳐 전 세계에서 수확된 쌀의 양을 모두 합친 것과 비슷하다.

황제의 문제는 수가 계속 두 배로 늘어나는 것이 기하급수적 증가를 가져온다는 것을 깨닫지 못했다는 점이다. 이것을 다른 방식으로 표현하면, 어떤 수가 이전 수의 크기에 비례해서 증가하는 것이다. 기하급수적 증가는 폭발적 증가다. 장기판의 칸 수에 따라 기하급수적으로 증가했던 옛날이야기 속의 쌀알처럼, 양자컴퓨터 성능의 규모도 큐비트의 수에 따라 기하급수적으로 증가한다.

이는 비트의 수에 따라 선형linear으로만 성능이 증가하는 고전 컴퓨터와는 대단히 다르다. 예를 들어 8비트짜리 컴퓨터에 1비트를 추가하면 능력이 8분의 1배 더 증가할 것이다. 컴퓨터의 성능을 두 배로 증가시키려면 비트의 수를 두 배로 늘려야 한다. 그러나 양자컴퓨터에서는 1큐비트만 추가해도 성능이 두 배가 되어서, 황제의 곳간을 거덜냈던 것과 같은 종류의 기하급수적 증가를 일으킬 것이다. 만약 딱 300개의 원자로 이루어진 300큐비트 양자컴퓨터에서 결맞음과 얽힘이 유지될 수만 있다면, 특정 작업에서는 전 우주만 한 크기의 고전 컴퓨터보다 더 뛰어난 성능을 발휘할 수도 있을 것이다!

정말 대단한 일이다. 그러나 양자컴퓨터가 작동하려면 큐비트는 다른 큐비트와만 (눈에 보이지 않는 얽힌 '끈'을 통해서) 계산 수행을 위한 상호작용을 해야 한다. 즉, 환경과 완전히 격리되어야 한다는 뜻이다. 문제는 외부 세계와의 어떤 상호작용도 큐비트를 환경과 얽히게 만들 것이라는 점이다. 그러면 큐비트를 잡아당기는 끈이 사방으로 더 많이 형성될 것이라고 예상할 수 있다. 큐비트를 서로 다른 온갖 방향으로 잡아당기고 있는 이 끈들은 큐비트 사이의 끈들과 경쟁을 일으켜서, 큐비트가 수행하고 있는 계산에 간섭할 것이다. 본질적으로 이것은 결어긋남 과정이다(그림 8.5). 아주 미약한 상호작용만으로도, 환경은 큐비트 사이에 얽혀 있는 끈들을 이런 혼란 상태에 빠뜨려서 결맞음을 멈추게 한다. 큐비트의 양자 끈이 사실상 끊어지면서, 큐비트는 고전적인 비트처럼 개별적으로 행동할 것이다.

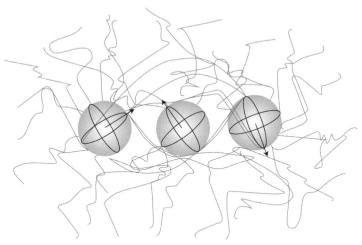

그림 8.5 양자컴퓨터의 결어긋남은 큐비트의 얽힘이 환경의 끈과 뒤엉키면서 일어나는 것이라고 생각할 수 있다. 이리저리 밀고 당겨지는 큐비트는 더 이상 큐비트끼리만의 얽힘에 반응하지 않는다.

마음

양자물리학자들은 읽힌 큐비트에서 결맞음을 유지하기 위해 최선을 다하고 있다. 세심하게 통제되는 대단히 특별한 물리계로 연구를 하고, 소량의 원자에 큐비트를 부호화하고, 계를 절대 0도 근처까지 냉각시키고, 환경의 영향을 차단하기 위해 대단히 광범위하게 그들의 장비를 피복으로 둘러싼다. 이들은 이런 접근법을 활용해서 어느 정도 중요한 성과를 올렸다. 2001년, IBM과 스탠퍼드 대학의 과학자들은 7큐비트 '시험관 양자컴퓨터test tube quantum computer'를 만들었다. 이 컴퓨터는 쇼어 알고리즘Shor's Algorithm이라는 기발한 코드를 실행할 수 있었다. 1994년에 피터 쇼어라는 수학자가 양자컴퓨터를 실행시키기 위해 특별히 고안한 쇼어 알고리즘은 대단히 효율적인 방식으로 소인수분해(주어진 숫자를 소수의 곱으로 나타내는 것)를 실행할 수 있었다. 이는 엄청난 약진이었고, 세계 전역에서 대서특필되었다. 그러나 아직 걸음마 단계에 불과했던 이 양자컴퓨터는 첫 가동에서 간신히 15의 소인수(3과 5)를 계산한 정도에 불과했다.

지난 10년에 걸쳐, 몇몇 정상급 물리학자와 수학자와 공학자들이 점점 더 규모가 큰 양자컴퓨터를 만들기 위해 매진했지만, 발전은 더뎠다. 2011년, 중국 연구자들은 단 4큐비트를 이용해서 143(13×11)을 소인수분해 했다. 미국 연구팀이 예전에 그랬듯이, 중국 연구팀도 원자의 스핀 상태에 큐비트가 암호화되는 계를 이용했다. 이와는 전혀 다른 접근 방식을 개척해온 캐나다의 D-웨이브에서는 전기 회로 속 전자의 운동에 큐비트를 암호화했다. 2007년, D-웨이브는 스도쿠sudoku 퍼즐과 그 외 패턴 부합pattern matching 문제, 그리고 최적화 문제를 해결할 수 있는 16-큐비트 상용 양자컴퓨터를 최초로 개발했다고 주장했다. 2013년 NASA, 구글, 미국 대학 우주 연구협회

Universities Space Research Association(USRA)는 D-웨이브가 제작한 512-큐비트의 양자컴퓨터를 공동으로 구매했다(구매액은 알려지지 않았다). NASA는 이 컴퓨터를 태양계 밖의 행성을 연구하는 데 활용할 계획이다. 그러나 D-웨이브가 지금까지 다뤄온 문제들은 모두 기존 컴퓨터로 해결할 수 있는 것이었고, 여러 양자컴퓨터 전문가는 D-웨이브의 기술이 진짜 양자컴퓨터 계산인지를 확신하지 못하고 있다. 게다가 진짜 양자컴퓨터가 맞는다고 해도, D-웨이브의 설계로 만들어진 컴퓨터는 고전 컴퓨터보다 조금도 빠르지 않았다.

개발자들이 어떤 접근법을 선택했는지에 관계없이, 현재의 초보적인 양자컴퓨터를 더 유용하게 변화시키려는 이들은 엄청난 도전에 직면해 있다. 가장 큰 문제는 규모의 확대다. 큐비트가 추가될 때마다 양자컴퓨터는 계산 능력이 두 배로 증가하지만, 양자 결맞음과 얽힘을 유지하는 일도 두 배로 어려워진다. 원자를 더 냉각시켜야 하고, 더 효과적인 차단을 해야 한다. 게다가 수조 분의 1초 동안의 결맞음 상태는 유지하기가 점점 더 어려워진다. 가장 단순한 계산조차 끝내지 못하고 결어긋남이 일어나기 십상이다. (그러나 이 글을 쓰는 시점에 실온에서 원자핵 스핀 상태의 양자 결맞음 기록은 무려 39분이다.[7]) 그러나 우리가 확인한 것처럼, 생체 세포는 광합성에서 엑시톤을 전달하거나 효소에서 전자와 양성자를 전달할 수 있을 정도로 충분히 오랫동안 결어긋남의 발생을 차단한다. 마찬가지로, 뇌에서도 양자 계산을 수행할 수 있도록 중추신경계가 결어긋남의 발생을 차단할 수 있을까?

미세소관을 이용한 연산?

뇌가 양자컴퓨터라는 펜로즈의 초기 주장은 무척 의외의 방향에서 나왔다. 이 주장은 오스트리아의 수학자인 쿠르트 괴델이 내놓은 유명한(적어도 수학계에서는 그렇다) 불완전성 정리incompleteness theorem에서 유래했다. 이 정리는 1930년대의 수학자들에게 대단히 충격적이었는데, 당시 수학자들은 참인 명제는 참이고 거짓인 명제는 거짓이라는 것을 증명할 수 있는 강력한 공리axiom를 발견하기 위한 프로그램을 야심차게 준비하고 있었다. 기본적으로 이 프로그램은 연산 전체가 내부적으로 일관되고 자기모순이 없어야 했다. 얼핏 들으면 수학자나 철학자들만 생각할 것 같지만, 이것은 그때나 지금이나 논리 분야에서 꾸준히 중요한 문제다. 괴델의 불안정성 정리는 이런 시도가 실패할 수밖에 없다는 것을 증명했다.

괴델의 정리는 먼저 자연 언어나 수학 같은 논리 체계로는 증명할 수 없는 참명제가 만들어질 수 있다는 것을 증명했다. 별로 대단할 것 없어 보이는 이 주장에는 대단히 지대한 영향을 가져올 의미가 숨어 있다. 언어 같은 익숙한 논리 체계를 생각해보자. 언어를 통한 추론은 "모든 인간은 죽는다. 소크라테스는 인간이다" 같은 명제를 통해서 "소크라테스는 죽는다"와 같은 결론을 내릴 수 있게 해준다. 마지막 명제가 첫 번째와 두 번째 명제를 논리적으로 따른다는 것은 대수 규칙의 간단한 집합(A=B이고 B=C이면 A=C이다)만 주어지면 쉽게 알 수 있고, 형식적으로 증명하기도 쉽다. 그러나 괴델의 증명에 따르면, 수학적 정리를 증명할 수 있을 정도로 복잡한 논리 체계에는 기본적으로 한계가 있다. 규칙을 적용하면 참 명제를 만들어낼 수 있지만, 이런 명제는 그 명제를 처음 만들 때 이용된 것과 같은 도구로는 증명될 수 없다.

이는 무척 기묘하게 보이며, 실제로도 그렇다. 그러나 중요한 것은, 괴델의 정리는 어떤 참 명제들이 단순히 증명될 수 없다는 의미가 아니라는 점이다. 어떤 규칙의 집합에서 만들어진 증명할 수 없는 명제는 다른 규칙의 집합을 통해서는 참인지를 증명할 수 있을지도 모른다는 의미를 내포한다. 이를테면 참이지만 언어로는 증명할 수 없는 명제가 대수 규칙으로는 증명될 가능성이 있을지도 모르며, 그 반대도 가능하다.

물론 이것은 지나치게 단순화된 설명이므로, 이 주제의 미묘한 특징들을 제대로 보여주지는 못한다. 이 주제에 관심이 있다면, 인지과학자인 더글러스 호프스태터의 1979년도 저서를 읽어보면 좋을 것이다.[8] 이 책에서는 『황제의 새 마음』에서 펜로즈가 펼친 주장이 괴델의 불완전성 정리를 출발점으로 삼았다는 점이 중요하다. 먼저 펜로즈는 고전 컴퓨터가 명제를 만들기 위해서는 수학적 형식의 논리 체계(컴퓨터 알고리즘)를 이용한다고 지적했다. 괴델의 정리에 따르면, 고전 컴퓨터는 증명할 수 없는 참 명제를 만들어낼 수도 있을 것이다. 그러나 펜로즈는 참이지만 증명할 수 없는 컴퓨터의 명제들을 인간(적어도 수학자라는 종족의 일원들)은 증명할 수 있다고 주장한다. 그러므로 인간의 마음이 단순한 고전 컴퓨터를 능가한다는 것이 그의 주장이다. 그는 그 이유가 비非연산 능력non-computability이라는 과정을 수행할 수 있기 때문이라고 생각한다. 그다음 그의 가정은 이런 비연산 능력에 양자역학에 의해서만 충족될 수 있는 특별한 뭔가가 필요하다는 것이다. 결국 의식에는 양자컴퓨터가 필요하다고 주장하는 것이다.

물론 이것은 어려운 수학직 명제가 아니더라도 확률을 토대로 하기에는 무척 대담한 주장이며, 이 문제에 대해서는 나중에 다시 다룰 것이다. 그러나 펜로즈는 『황제의 새 마음』의 후속작인 『마음의 그림자The Shadows of the Mind』에서 뇌가 양자세계에서 계산에 이용할 것으로 추측되는 물리적 메커니즘을 제안하기에 이르렀다.[9] 그는 애리조나 대학의 마취학과 심리학 교수인 스튜어트 해머로프●와 함께, 뉴런에서 발견되는 미세소관microtubule이라는 구조가 양자 뇌의 큐비트일 것이라고 주장했다.[10]

미세소관은 튜불린tubulin이라는 단백질로 이루어진 긴 끈이다. 해머로프와 펜로즈는 이 긴 끈에 꿰어진 구슬인 튜불린 단백질이 확장과 수축이라는 최소 두 가지의 다른 형태 사이를 오갈 수 있으며, 결정적으로는 양자적 대상처럼 행동해서 두 가지 형태를 동시에 취하는 중첩 상태로 존재할 수 있다고 주장했다. 마치 큐비트처럼 말이다. 그뿐만이 아니다. 이들은 한 뉴런 속에 있는 튜불린 단백질이 다른 수많은 뉴런 속의 튜불린 단백질과 얽혀 있다고도 가정했다. 얽힘이 '원거리에서 일어나는 유령 같은 작용'으로 아주 멀리 떨어져 있는 대상들을 잠재적으로 연결한다는 것을 기억할 터이다. 만약 인간의 뇌 속에 있는 수십억 개의 뉴런 사이에 이런 유령 같은 연결이 가능하다면, 떨어져 있는 신경에 암호화된 모든 정보가 결합될 수 있을 것이다. 그러면 결합 문제도 해결되고, 포착하기 어렵지만 특별히 강력한 양자컴퓨터의 능력도 의식에 제공될 수 있다.

펜로즈-해머로프의 의식 학설에는 이외에 더 많은 내용이 있다.

●존조는 그의 책 『양자적 진화』에서 스튜어트 해머로프의 이름을 틀리게 쓴 일을 사죄할 기회를 갖고 싶어했다.

그중에는 논란의 여지가 큰 것도 있는데, 중력의 연관성●에 관한 제 안도 그중 하나다. 그런데 이 학설을 신뢰할 수 있을까? 우리를 비롯 해서 대부분의 신경생물학자와 양자물리학자는 그의 학설을 거의 믿지 않는다. 가장 뚜렷한 이유 중 하나는 앞서 설명했던 내용과 연관이 있다. 바로 뇌에서 신경을 따라 정보가 전달되는 방식에 대한 묘사 때문이다. 이 묘사에서는 미세소관이 언급된 적이 없다. 그럴 필요가 없기 때문이다. 지금까지 알려진 바로는, 미세소관은 신경 정보 처리에서 어떤 직접적인 역할도 하지 않는다. 미세소관은 각각의 뉴런을 구조적으로 지탱하고, 신경전달물질을 수송한다. 그러나 신경망을 기반으로 뇌에서 계산을 담당하는 정보 처리 과정과는 연관이 없는 것으로 생각된다. 따라서 미세소관이 우리 생각의 기본 물질일 것 같지는 않다.

그러나 뇌의 미세소관이 결맞은 양자 큐비트의 후보로 대단히 부적절한 더 중요한 이유는 너무 크고 복잡하다는 점일 것이다. 앞 장에서 우리는 광합성계, 효소, 작은 수용체, DNA, 새의 미묘한 자기 수용 기관에 이르는 광범위한 생물계에서 양자 결맞음과 얽힘과 터널링의 사례를 알아봤다. 그러나 이 모든 경우에서 중요한 특징은 계의 '양자' 성분(엑시톤, 전자, 양성자, 유리기)이 단순하다는 점이다. 하나 또는 소수의 입자로 구성되며, 원자 규모 거리에서 자신의 임무를 수행한다. 이것은 살아 있는 계는 소수의 입자와 연관된 양자 규칙을 따

●이것도 어려운 개념이지만, 펜로즈는 충분히 복잡한 (그래서 더 거대한) 양자계를 가정함으로써 양자역학의 측정 문제에 대해 완전히 색다른 해석을 제안했다. 시공간에서 복잡한 양자계에 가해지는 중력의 영향은 교란을 일으켜서 파동함수를 붕괴시킨다. 그 결과 양자계는 고전적인 계로 변하고, 이 과정에서 우리의 생각이 만들어진다는 것이다. 이 특별한 학설의 자세한 내용은 펜로즈의 책에 잘 묘사되어 있다. 그러나 감히 말하자면, 양자물리학계에서는 그의 제안을 지지하는 사람이 많지 않다.

마음

를 가능성이 클 것이라는 슈뢰딩거의 70년 전 통찰과도 일치한다.

그러나 펜로즈-해머로프 학설은 수백만 개의 입자로 구성된 단백질 분자 전체가 양자 중첩과 얽힘 상태에 있으며, 같은 미세소관뿐 아니라 다른 미세소관을 구성하는 튜불린 단백질도 마찬가지라고 제안한다. 이 튜불린 단백질 역시 수백만 개의 입자로 구성되며, 뇌 전체에는 이런 튜불린 단백질로 이루어진 신경세포 수십억 개가 존재한다. 이는 크게 있을 법하지 않은 이야기다. 뇌의 미세소관에서 결맞음을 측정한 사람은 아무도 없지만, 하나의 미세소관에서조차 양자 결맞음을 몇 피코초 이상 유지하기 어렵다는 계산 결과가 있다.[11] 이 정도 시간은 뇌의 계산에 어떤 영향을 주기에는 너무 짧다.•

그러나 펜로즈-해머로프의 양자 의식 학설의 더 근본적인 문제는 아마 뇌가 양자컴퓨터라는 펜로즈의 원래 주장일 것이다. 그가 이 주장을 토대로, 인간이 컴퓨터로는 할 수 없는 괴델의 명제를 증명할 수 있다고 단언했다는 것을 기억할 터이다. 그러나 이 주장은 인간의 뇌 속에 있는 양자컴퓨터가 고전 컴퓨터보다 괴델 명제들을 더 잘 증명할 수 있어야만 양자컴퓨터가 된다는 의미를 내포한다. 이 주장은 근거가 전혀 없을 뿐 아니라, 대부분의 연구자는 그 반대라고 믿고 있다.[12]

사실 인간의 뇌가 고전 컴퓨터보다 괴델 명제들을 더 잘 증명할 수 있다는 것은 전혀 명확하지 않다. 인간은 컴퓨터가 만들어낸 증명 불가능한 괴델 명제가 참이라는 것을 증명할 수 있을지 모른다. 하지만 컴퓨터 역시 인간의 마음이 만들어낸 증명 불가능한 괴델 명제가 참

• 1피코초는 1조 분의 1(10^{-12})초다.

이라는 것을 증명할 수 있을지 모른다. 괴델의 정리는 어떤 논리 체계가 자체의 명제들을 증명하는 능력만을 제한한다. 다른 논리 체계에서 만들어진 괴델 명제를 증명하는 능력에는 제한이 없다.

그런데 이것은 양자역학이 뇌에서 아무런 역할도 하지 않는다는 의미가 될까? 우리 몸의 다른 곳에서는 양자의 작용이 그렇게 많이 일어나는데, 우리 생각은 고전세계의 증기기관과 같은 작용에 의해 일어난다니, 이것이 가당한 이야기인가? 아마 그렇지는 않을 것이다. 최근 연구자들의 제안에 따르면, 양자역학은 인간의 마음이 작동하는 방식에서도 결정적인 역할을 할 것으로 추정된다.

양자 이온 통로?

—

뇌에서 양자역학적 현상이 일어날 가능성이 있는 위치는 뉴런의 세포막에 있는 이온 통로다. 앞서 설명한 것처럼, 뉴런의 세포막은 뇌에서 정보를 전달하는 활동전위, 즉 신경 신호의 조정을 담당한다. 따라서 뉴런의 세포막은 신경 정보 처리 과정에서 중추적인 역할을 한다. 이온 통로는 길이가 10억 분의 1미터(1.2나노미터)이고, 너비는 그 절반에 불과하다. 그래서 이온들은 일렬로 통과해야 하지만, 1초에 1억 개라는 엄청난 속도로 이동한다. 게다가 이 통로는 대단히 선택적이다. 이를테면 칼륨 이온이 세포 내로 들여보내는 일을 담당하는 통로에서 나트륨 이온을 통과시키는 비율은 칼륨 이온 1만 개당 하나에 불과하다. 나트륨 이온이 칼륨 이온보다 약간 더 작은데도 말이다. 그래서 칼륨 이온만큼 충분히 큰 뭔가만 쉽게 운반될 수 있을 거라는 순진한 추측을 할 수도 있다.

　이런 대단히 빠른 운반 속도는 유난히 선택적으로 운반되는 특성과 결합되어서 활동전위의 속도를 지탱하고, 그로 인해 우리의 생각이 우리 뇌에서 전달된다. 그러나 이온이 어떻게 이처럼 빠르고 선택적으로 전달되는지에 관해서는 수수께끼로 남아 있는 부분이 있다. 여기에 양자역학이 도움이 될까? 우리는 광합성에서 양자역학이 에너지 전달을 강화할 수 있다는 것을 (4장에서) 이미 발견했다. 양자역학은 뇌에서도 에너지 전달을 강화할 수 있을까? 2012년, 잘츠부르크 대학의 신경과학자인 구스타프 베르노이더는 빈 공과대학 원자연구소Atom Institute의 요한 줌하머와 함께 전압 의존성 이온 통로를 통과하는 이온에 대한 양자역학적 모의실험을 수행했다. 이들은 이온 통로를 통과할 때 이온이 비편재화되어서(넓게 퍼져서) 입자보다는 결맞은 파동에 더 가까워진다는 것을 알아냈다. 또한 이런 이온의 파동은 대단히 높은 주파수로 진동하고, 일종의 공명 과정을 이용해서 주위의 단백질에 에너지를 전달한다. 따라서 이온 통로는 효과적인 이온 냉각기ion refrigerator로 작용함으로써 이온의 운동에너지를 절반으로 줄인다. 이런 효과적인 이온 냉각은 결어긋남을 미리 방지해 이온이 비편재화된 양자 상태를 유지하는 데 도움을 주고, 그 결과 이온 통로를 통해 급속한 양자 전달이 일어날 수 있도록 촉진한다. 또한 선택도에도 기여를 하는데, 칼륨이 나트륨으로 바뀌면 냉각도가 크게 달라지기 때문이다. 보강 간섭은 칼륨 이온의 전달을 촉진할 수 있는 반면, 상쇄 간섭은 나트륨 이온의 전달을 방해할 수 있다. 이 연구팀의 결론에 따르면, 양자 결맞음은 신경의 이온 통로를 통한 이온의 구성에서 "없어서는 안 되는" 역할을 하며, 따라서 우리의 사고 과정에서

필수적인 부분이다.[13]

우리가 눈여겨봐야 할 것은 이 연구자들이 양자 결맞음 이온이 신경에서 큐비트와 같은 역할을 할 수 있다거나 의식에서 어떤 역할을 할 수 있다고 제안하지 않는다는 점이다. 언뜻 보면 이들이 의식의 문제 해결에 어떤 기여를 하는지 알기 어렵다. 그러나 펜로즈—해머로프 가설의 미세소관과 달리, 적어도 이온 통로는 뉴런의 연산 과정 중 활동전위를 일으키는 단계에서 확실한 역할을 하고 있다. 따라서 이온 통로의 상태는 신경세포의 상태를 반영한다. 만약 신경이 점화되어 있으면 이온 통로에서는 이온들이 빠르게 흐르고 있을 것이다(이 이온들이 양자 파동처럼 움직인다는 점을 기억하자). 반면 신경이 휴지 상태에 있으면, 이온 통로 속에 있는 이온들은 움직이지 않을 것이다. 우리 뇌에서 점화된 뉴런과 점화되지 않은 뉴런의 총합은 우리의 생각을 모종의 방식으로 부호화할 것이기 때문에, 우리의 생각은 신경세포를 드나드는 이온의 양자적 흐름의 총합으로 표현되고 부호화된다고 할 수 있다.

그런데 각각의 사고 과정은 어떻게 의식적이고 사리에 맞는 생각을 만들어내는 일과 결합될 수 있을까? 그것이 양자적이든 고전적이든 관계없이, 이온 통로 하나로는 사고 과정의 테두리 안으로 들어오는 모든 정보를 암호화해서 들소 같은 복잡한 대상을 시각적으로 표현하는 결과를 이끌어낼 수는 없다. 의식에서 어떤 역할을 하기 위해서는, 이온 통로들이 어떻게든 연결되어 있어야 할 것이다. 여기에 양자역학이 도움이 될 수 있을까? 어쩌면 그럴지도 모른다. 만약 한 이온 통로 속에 있는 이온이 그 통로를 따라서도 결맞음을 일으킬 뿐 아니라, 인접한 통로나 근처에 있는 다른 신경세포에 있는 이온과도 결맞음을 일으키고, 심지어 얽혀 있기까지 하다면 가능할까? 그럴 가능성은 거의 희박하다. 이온 통로와 그 내부에 있는 이온은 펜로즈-해머로프의 미세소관 가설과 흡사한 문제를 겪을 것이다. 하나의 이온 통로가 같은 신경세포 안의 인접한 통로와 얽힐 수 있다는 상상은 해볼 수 있다. 그러나 다른 신경세포에 있는 이온 통로 사이의 얽힘으로 결합 문제가 해결되리라는 것은 따뜻하고 축축하고 대단히 역동적이며 걸어굿남을 유발하는 환경인 살아 있는 뇌에서는 전혀 기대할 수 없다.

따라서 만약 얽힘이 이온 통로에서 양자 수준의 정보를 결합시킬 수 없다면, 그 일을 할 만한 다른 장소가 있을까? 아마 있을 것이다. 전압-의존성 이온 통로는 당연히 전압에 선택적이다. 전압에 따라 열리고 닫힌다는 뜻이다. 그러나 뇌 전체에는 모든 신경의 전기적 활동에 의해 형성된 자체적인 전자기장이 가득하다. 이 자기장은 뇌전도 electroencephalography(EEG)나 뇌자도magnetoencephalography(MEG) 같은 뇌 검사 기술로 감지할 수 있으며, 뇌에서 어떤 부위가 특별히 복잡하고 풍부한 정보를 갖고 있는지를 단번에 알려준다. 대부분의 신경과학자는 뇌의 계산에서 전자기장이 할지도 모르는 잠재적 역할을 간과해왔다. 그 이유는 자기장이 증기기관차의 경적과 같다고 생각했기 때문이다. 뇌 활동의 산물이지만, 뇌 활동에는 아무런 영향을 주지 않는다는 것이다. 그러나 존조를 포함한 몇몇 과학자는 최근 들어, 뇌 속에 분산되어 있는 물질 입자가 의식으로 바뀌는 현상을 전자기장과 접목시키면 결합 문제를 해결하고 의식을 설명할 여지를 만들 수도 있다는 의견을 내놓았다.[14]

이들이 예상하는 작동 방식을 이해하기 위해서, 먼저 장field의 의미에 관해 조금 더 이야기를 해야 할 것 같다. 이 용어는 원래 들판이나 운동장처럼 넓게 펼쳐진 공간을 의미하는 일반적인 쓰임새에서 유래했다. 물리학에서 '장'이라는 용어는 본질적으로 같은 의미이지만, 대개는 어떤 대상이 움직일 수 있는 에너지장을 일컫는다. 중력장에서는 질량을 갖고 있는 뭔가가 움직이며, 전기장이나 자기장에서는 전기적으로 하전된 자기 입자가 움직인다. 신경의 이온 통로에 있는 이온이 바로 이런 입자다. 19세기에 제임스 클러크 맥스웰은 전기와 자기가 전자기electromagnetism라는 동일한 현상의 두 가지 특징이라는 것을 발견했다. 그래서 우리는 전기장과 자기장을 합쳐서 전자기장이라고 부른다. 한 변에는 에너지가 있고 다른 변에는 질량이 있는 아인슈타인의 유명한 공식 $E=mc^2$은 에너지와 물질이 서로 바뀔 수 있다는 것을 증명했다. 따라서 아인슈타인 공식에서 좌변에 해당되는 뇌의 전자기 에너지장은 뉴런을 구성하는 물질과 마찬가지로 실제로 존재한다. 그리고 뉴런의 점화에 의해 발생하므로, 뇌에서 뉴런 점화 유형과 정확히 똑같은 정보가 암호화된다. 그러나 뉴런의 정보는 순간 신호를 일으키는 뉴런 속에만 갇혀 있는 반면, 이 순간 신호에 의해서 발생하는 모든 전기적 활동은 뇌의 전자기장 내에 있는 모든 정보를 통합한다. 어쩌면 이것이 결합 문제를 해결할 수 있을지도 모른다.[15] 게다가 전압-의존성 이온 통로를 여닫음으로써, 전자기장은 그 이온 통로로 이동하는 양자 결맞음 이온들과 짝을 이룬다.

전자기장 의식 가설이 처음 제안된 21세기의 시작 무렵에는 뇌의 전자기장이 우리의 생각과 행동을 일으키는 뉴런의 점화 유형에 영향을 줄 수 있다는 직접적인 증거가 없었다. 그러나 몇몇 연구소에서 수행된 실험을 통해, 우리 뇌에서 발생하는 전자기장과 구조와 세기가 비슷한 외부 전자기장이 뉴런 점화에 실제로 영향을 미친다는 것이 최근에 증명되었다.[16] 실제로 선사시장은 신경 점화를 조정하는 일을 하는 것으로 추정된다. 즉, 여러 뉴런을 동조synchrony 상태로 만들어서 모두 함께 점화시키는 것이다. 이 발견이 암시하는 바는 뉴런 점화로 발생한 뇌 자체의 전자기장이 다시 뉴런 점화에 영향을 미치는 일종의 자기 참조 순환self referencing loop이 일어난다는 것이다. 많은 이론가는 자기 참조 순환이 의식의 필수 요소라고 주장하고 있다.[17]

뇌의 전자기장에 의한 신경 점화의 동조화도 의식의 수수께끼라는 맥락에서 대단히 중요하다. 의식과 연관이 있다고 알려진 신경 활동 중에서도 대단히 희귀한 특징으로 꼽히기 때문이다. 우리는 누구나 물건 더미 속에서 빤히 보이는 물체, 이를테면 안경 같은 것을 찾지 못하고 헤매다가 나중에 그 자리에서 발견한 경험이 있다. 우리가 물건 더미를 뒤지는 동안, 그 물체가 암호화된 시각 정보는 우리 눈을 통해서 우리 뇌를 따라 이동했다. 그런데 무슨 까닭에서인지 우리는 찾고 있던 물체를 보지 못했다. 그 물체를 의식하지 못한 것이다. 그러나 나중에는 그것이 보인다. 처음에 그 물체를 의식하지 못한 순간과 나중에 같은 시야 안에 있는 물체를 의식한 순간 사이에 우리 뇌에서는 어떤 변화가 일어났을까? 놀랍게도 뉴런 점화 자체는 변화가 없어 보인다. 안경을 보는지에 관계없이 뉴런은 점화된다. 그러나 안경을 발견하지 못할 때에는 뉴런 점화가 동조되지 않은 것이고, 안경을 발견할 때에는 동조가 일어난 것이다.[18] 전자기장은 뇌의 서로 다른 부분에 있는 결맞은 이온 통로들을 모두 함께 끌어당겨서 동조 점화를 일으킴으로써, 무의식을 의식적 사고로 이행시키는 역할을 할 수도 있을 것이다.

의식을 설명하면서 텔레파시 같은 이른바 '초자연적 현상paranormal

phenomenon'의 도움을 받지 않으려면, 뇌의 전자기장이나 양자 결맞음 이온 통로와 같은 생각의 도움을 받아야 한다는 점을 강조하고자 한다. 단일한 뇌의 내부에서 일어나는 신경 과정에 영향을 미칠 수 있는 것은 이 두 개념뿐이기 때문이다. 이 개념들은 다른 뇌와의 소통은 허용하지 않는다! 게다가 펜로즈의 괴델 주장을 다루면서 지적한 것처럼, 의식의 설명에서 양자역학이 절대적으로 필요하다는 증거는 사실상 없다. 우리가 이 책에서 다뤘던 효소의 작용이나 광합성 같은 다른 생물학적 현상은 그렇지 않았다. 우리는 양자역학의 기이한 특성이 굉장히 다양한 중요한 생명 현상과 연관이 있다는 것을 발견했다. 그런데 생명의 가장 신비로운 산물인 의식에서 양자역학을 배제해야 할까? 판단은 독자들에게 맡기겠다. 양자 결맞음 이온 통로와 전자기장을 포함해서, 지금까지 우리가 설명한 개요는 확실히 추정에 불과하다. 그러나 적어도 뇌에서 양자세계와 고전세계를 연결하는 그 럴싸한 고리를 제공한다.

따라서 이것을 마음속에 두고, 화가의 머리에서 손으로 이어지는 일련의 사건을 완성하기 위해 다시 프랑스 남부의 어두운 동굴 속으로 돌아가자. 화가는 회색의 외곽선 위로 햇불의 불빛이 일렁이는 동굴 벽을 바라보고 서 있다. 빛과 바위의 조화는 화가의 의식에서 들소의 이미지를 불러낸다. 이것만으로도 그녀의 머릿속에서는 한 가지 생각이 창조되기에 충분하다. 어쩌면 화가의 뇌 속에서 일어나는 전자기장의 변동이 수많은 뉴런 속에 있는 결맞은 이온 통로들을 한꺼번에 열리게 함으로써 동시에 점화를 일으킬지도 모른다. 이런 동시적인 신경 신호는 그녀의 뇌 전체에 활동전위를 일으키고, 시냅스 연결을 통해 전달되는 신호는 척수를 타고 내려가 신경-신경 연접부를 지나 운동신경에 이른다. 운동신경에서는 화가의 팔 근육에 부착되어 있는 신경–근육 연접부에 신경전달물질을 배출한다. 근육이 수축하면서 그녀의 손에서는 조화로운 운동이 일어나고, 목탄의 선은 동굴 벽에 들소의 형태를 그려낸다. 그리고 아마 더 중요한 것은, 이런 행동에 착수하게 된 원인이 자신의 의식 속에 깃들어 있는 생각 때문이라는 사실을 화가가 인식하고 있다는 점일 것이다.

3만 년 후, 장마리 쇼베가 같은 동굴의 벽에 손전등을 비춘 덕분에 오래전에 죽은 예술가의 뇌 속에서 생동하던 생각은 다시 한번 의식을 가진 인간의 마음속 뉴런을 따라 깜박이고 있다.

9장

생명은 어떻게 시작되었는가

—

끈끈한 문제 | 곤죽에서 세포로 | RNA 세계

그렇다면 양자역학이 도움이 될 수 있을까?

최초의 자기복제자는 어떤 모습이었을까?

……만약에(어디까지나 만약에!) 온갖 종류의 암모니아와 인산염과 빛과 열과 전기 따위가 제공되는 따뜻한 작은 연못이 있다고 상상할 수 있다면, 여기서 화학적으로 형성된 단백질 화합물은 곧바로 더 복잡한 변화를 겪을 수도 있을 텐데…….

—찰스 다윈, 조지프 후커에게 보낸 편지 중에서, 1871

그린란드는 특별히 푸르지 않다. 기원후 982년경, 덴마크의 바이킹으로 알려진 붉은 에이리크Erik the Red는 살인죄의 처벌을 피해서 아이슬란드에서 서쪽으로 배를 타고 도망치던 중 이 섬을 발견했다. 그러나 그가 그린란드의 최초의 발견자는 아니었다. 석기 시대였던 기원전 2500년부터 캐나다 동부에서 온 사람들이 이미 이 섬에 여러 번 당도했었다. 그러나 혹독한 그린란드의 환경으로 인해 이런 초기 문화는 사라졌고, 희미한 흔적만 남아 있다. 에이리크는 이곳에서 더 잘 지내

게 되기를 바랐다. 그가 당도한 시기는 날씨가 좀더 온화했던 이른바 중세 온난기Medieval Warm Period였다. 그래서 그는 푸른 초원이 펼쳐지면 서쪽으로부터 동포들을 불러들일 것이라 믿고 이 섬에 그린란드라는 현재의 이름을 붙였다. 그의 계획은 효과를 봤다. 곧 수천 명의 이주민이 정착했고, 적어도 처음에는 번성하는 듯 보였기 때문이다. 그러나 온화한 시기가 끝나자, 그린란드에는 더 전형적인 북대서양 기후가 다시 찾아왔다. 중심부의 만년설은 점점 더 넓어졌고, 결국에는 섬의 80퍼센트를 뒤덮었다. 날씨가 갈수록 험악해지면서 그린란드 주민들은 길고 좁은 해안 지대의 얇은 토양층에서 스칸디나비아식 농경방식을 유지하기 위해 분투했지만, 수확량과 가축의 규모는 점차 줄어들었다.

얄궂게도, 바이킹 이주민들이 실패를 겪고 있을 때와 거의 같은 시기에 또 다른 이주의 물결이 있었다. 섬 북쪽에서 살고 있던 이누이트 (에스키모)는 정교한 수렵과 사냥술을 이용해서 이곳의 환경에 잘 적응했다. 만약 바이킹이 이누이트의 생존 전략을 도입했다면 살아남을 수 있었겠지만, 두 민족 사이의 접촉에 관해 남아 있는 기록이라고는 칼에 찔린 이누이트가 피를 많이 흘렸다는 바이킹 정착민의 이야기뿐이다. 이 관찰 내용으로 미루어, 바이킹이 북쪽 이웃으로부터 뭔가를 배우려는 의지가 있었다고 보기는 어렵다. 결국 바이킹 정착촌은 15세기 후반 무렵에 붕괴되었고, 마지막까지 남아 있던 소수의 정착민들은 인육으로 연명했을 것으로 추측된다.

그러나 덴마크인들은 서쪽에 있던 전초기지를 결코 잊지 않았고, 18세기 초가 되자 정착민들과 새롭게 유대를 다지기 위해 원정대를 보냈다. 이들이 찾은 것이라고는 폐허가 된 농장과 묘지뿐이었지만,

생명은 어떻게 시작되었는가

원정대의 방문은 원주민인 이누이트와 함께하는 더 성공적인 정착의 토대를 확립했다. 그리고 마침내 그린란드라는 근대 국가가 되었다. 오늘날 그린란드의 경제는 주로 어업에 의존하는 이누이트 경제를 기초로 성장했지만, 광물 자원의 잠재력이 점점 더 인정을 받고 있다. 1960년대에 덴마크의 그린란드 지질조사소Danish Geological Survey of Greenland는 빅 맥그레거라는 젊은 뉴질랜드 출신 지질학자에게 수도인 고트호프(현재는 누크로 이름이 바뀌었다)와 가까운 그린란드의 남서부에 대한 지질 조사를 맡겼다.

맥그레거는 갑판도 없는 작은 배를 타고 복잡한 피오르 지역을 수년간 돌아다녔다. 그의 몸집만 한 좁은 배에는 현지인 선원 두 명과 때로는 손님이 탔고, 초기 이누이트 정착민의 것과 다르지 않은 야영과 사냥과 낚시 도구들, 그리고 지질학 장비들이 빈틈없이 들어차 있었다. 맥그레거가 층서학stratigraphy의 표준 기술을 이용해서 내린 결론에 따르면, 이 지역의 암석은 열 개의 연속적인 층으로 이루어져 있으며, 가장 오래되고 가장 깊은 곳에 있는 지층은 '매우 오래된 것'일 가능성이 컸다. 어쩌면 30억 년 이상 되었을 수도 있었다.

1970년대 초반, 맥그레거는 자신이 채집한 오래된 암석 표본을 옥스퍼드 대학 스티븐 무어배스의 실험실로 보냈다. 무어배스는 암석의 방사성 연대측정법radiometric dating으로 명성을 쌓은 과학자였다. 방사성 연대측정법은 방사성 동위원소와 붕괴 생성물의 비율에 의존해서 연대를 추정하는 방법이다. 이를테면 우라늄 238의 반감기는 약 45억 년이다(여러 핵종을 거쳐 결국에는 납의 안정된 동위원소가 된다). 지구의 나이가 약 40억 년이기 때문에, 암석 속에 들어 있는 천연 우라늄의 농도가 절반으로 줄어들려면 지구의 나이와 거의 맞먹는 시간이 걸릴 것이다. 그러므로 과학자는 어떤 암석 표본에서 이 동위원소들의 비율을 측정하면 그 암석이 얼마나 오래되었는지를 계산할 수 있다. 그리고 스티븐 무어배스는 1970년대에 바로 이 기술을 이용해 편마암gneiss이라는 종류의 암석 표본을 분석했다. 이 편마암은 맥그레거가 그린란드 남서부 해안지역인 아미소크Amîtsoq에서 채집한 것이다. 놀랍게도, 이 편마암은 지금까지 보고된 어떤 육상 광물이나 암석보다 더 많은 비율의 납을 함유하고 있는 것으로 밝혀졌다. 대단히 높은 비율의 납이 발견되었다는 사실은 아미소크의 편마암이 맥그레거의 추측대로 "매우 오래된 것"이라는 뜻이었다. 연대가 최소 37억 년인 이 편마암은 그 이전에 지구상에서 발견된 그 어떤 암석보다 오래되었다.

이 발견에 크게 충격을 받은 무어배스는 맥그레거의 원정에 동참하기 위해 그린란드로 갔다. 1971년, 두 사람은 내륙 빙상의 가장자리에 있는 이수아 지역을 찾아보기로 결심했다. 이 지역은 사실상 거의 조사되지 않은 외딴곳이었다(그림 9.1을 보라). 이들은 먼저 맥그레거의 작은 배를 타고 빙산이 가득한 고트호프 피오르를 지나야 했다. 그곳은 바이킹 정착민들이 중세에 위태로운 삶을 겨우 이어가던 곳이었다. 그다음에는 지역 광산 회사가 소유한 헬리콥터를 타고 이동했다. 이 광산 회사 역시, 항공 자기 조사를 통해서 철광석이 풍부할 것으로 추정된 이 지역에 관심이 많았다. 과학자들의 발견에 따르면, 이수아 지역의 녹암greenstone 속에는 현무암질 베개 용암basaltic pillow lava이라고 알려진 수많은 베개 모양의 돌덩이가 많았고, 진흙과 기체가 바닷물 속에 직접 분출되면서 형성된 사문석serpentine이 많았다. 흔히 말하는 진흙 화산mud volcano이었다. 이 암석들 역시 연대가 최소

생명은 어떻게 시작되었는가

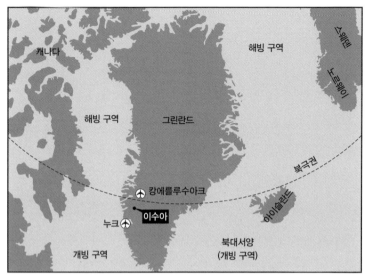

그림 9.1 그린란드 지도. 이수아의 위치가 나타나 있다.

얼마 지나지 않아서부터 따뜻한 액체 상태의 바다와 얕은 바다 밑바닥의 열수분출구hydrothermal vent에서 부글부글 솟아오르는 진흙 화산 (그림 9.2)을 갖고 있었다는 것이 명백히 증명되었다.

그러나 진짜 놀라운 사실은 코펜하겐에 위치한 지질박물관의 연구원인 미니크 로싱이 이수아의 녹암에서 탄소 동위원소 비율을 측정하면서 드러났다. 이수아의 녹암은 약 0.4퍼센트의 탄소를 함유하고 있었다. 두 종류의 탄소 동위원소인 ^{13}C와 ^{12}C의 비율을 측정하자, 더 무겁고 희귀한 ^{13}C 동위원소의 양이 예상보다 훨씬 적은 것으로 발견되었다. 대기 중의 이산화탄소 같은 무기 탄소 공급원에서는 ^{13}C가

● 지구는 약 45억 년 전에 태양의 찌꺼기들이 응축되어 만들어졌지만, 단단한 지각은 그로부터 약 5억 년 후에 형성된 것으로 여겨진다.

그림 9.2 트리니다드에 위치한 오늘날의 진흙 화산. 비슷한 진흙 화산의 거품 속에서 최초의 생명이 솟아나 이수아의 녹암 속에 흔적을 남겼을 수 있을까?

사진: Michael C. Rygel

견되었다. 대기 중의 이산화탄소 같은 무기 탄소 공급원에서는 ^{13}C가 차지하는 비율이 약 1퍼센트이지만, 광합성은 더 가벼운 동위원소인 ^{12}C를 식물과 미생물의 생물질에 포함시키는 것을 선호하므로, 일반적으로 ^{13}C 농도가 낮다는 것은 유기물의 존재를 나타내는 지표가 된다. 이 결과는 37억 년 전에 이수아의 진흙 화산을 둘러싸고 있던 따뜻한 물속에 유기체가 살고 있었음을 암시한다. 이 유기체는 오늘날의 식물처럼, 대기 중이나 물속에 녹아 있는 이산화탄소에서 탄소를 얻고, 그 탄소를 활용해 세포를 구성하는 탄소 화합물을 만들었을 수도 있다는 것이다.

이수아 암석에 관한 가설은 논란의 여지가 있지만, 낮은 ^{13}C 비율

생명은 어떻게 시작되었는가

이 반드시 생명체의 존재를 의미한다고는 확신하지 못하는 과학자가 많다. 회의론의 상당 부분은 38억 년 전에는 지구가 극심한 고난을 겪고 있었다는 사실에서 유래한다. '후기 운석 대충돌기Late Heavy Bombardment'라고 알려진 이 시기에는 소행성과 행성이 지구에 주기적으로 충돌했고, 충돌 시 발생한 에너지는 지표수를 모두 증발시키기에 충분했다. 아마 대양에 살고 있던 것을 모두 사라지게 했을 것이다. 고대 광합성 유기체 같은 것의 화석이 발견된다면 당연히 사실로 받아들여지겠지만, 이수아의 암석은 오랜 시간에 걸쳐 심하게 변형되었기 때문에 화석 같은 것은 전혀 알아볼 수 없다. 최소 수억 년은 훌쩍 뛰어넘어야만, 생명의 존재 증거는 확인 가능한 고대 미생물 화석의 형태로 확실하게 나타난다.

결정적인 증거는 없지만, 많은 사람은 이수아의 동위원소 자료가 최초의 지구 생명을 암시한다고 믿고 있다. 게다가 열수분출구에서 따뜻한 염기성 바닷물이 솟아오르는 이수아의 진흙 화산은 확실히 생명이 등장하기에 이상적인 환경을 제공한다. 이 바닷물에는 무기 탄소가 풍부하게 용해되어 있었을 것이며, 사문석에 뚫려 있는 수많은 작은 구멍은 하나하나가 미세 환경microenviroment이 되어 소량의 유기물을 농축시키고 안정화시켰을 것이다. 어쩌면 생명은 정말로 그린란드의 진흙 속에서 처음 영글었는지도 모른다. 문제는 방법이다.

끈끈한 문제

—

흔히 말하는 과학의 3대 불가사의는 우주의 기원, 생명의 기원, 의식의 기원이다. 양자역학은 우주의 기원과 밀접한 연관이 있으며, 앞에서 논의했듯이 의식의 기원과도 연관 가능성이 있다. 그리고 앞으로 알게 될 것처럼, 생명의 기원을 설명하는 과정에도 양자역학이 도움이 될지 모른다. 그러나 그 전에 먼저 비非양자적 설명이 생명의 기원을 완벽하게 설명해줄 수 있는지를 확인해야 한다.

수 세기 동안 생명의 기원에 관해 고민해온 과학자, 철학자, 신학자들은 신에 의한 창조로부터 우주에서 유래한 생명의 씨앗이 우리 행성에 뿌려졌다는 이른바 범종설panspermia theory에 이르는 다양한 생명의 기원설을 내놓았다. 더 엄격한 과학적 접근은 19세기에 들어와서 찰스 다윈 같은 과학자들에 의해 시작되었다. 다윈은 '따뜻한 작은 연못' 같은 곳에서 일어나는 화학적 과정이 살아 있는 물질의 창조로 이어질지 모른다고 제안했다. 다윈의 추측을 기반으로 하는 정식 학설은 20세기 초반에 러시아의 알렉산드르 오파린과 영국의 J. B. S. 홀데인이 각각 독립적으로 내놓았다. 오늘날 이 학설은 일반적으로 오파린-홀데인 가설Oparin-Haldane hypothesis로 알려져 있다. 이들의 제안에 따르면, 수소와 메탄과 수증기가 풍부했던 초기 지구의 대기가 번개나 태양 복사나 화산의 열에 노출되면 단순한 유기화합물의 혼합물이 형성되었다. 그다음에 이 유기화합물이 원시 대양에 축적되어 따뜻하고 묽은 유기물 수프가 만들어졌고, 수백만 년 동안 바닷물 속을 이리저리 돌아다니다가 이수아의 진흙 화산 위로 흘러간 유기물 수프가 우연히 진흙 화산의 성분들과 결합해서 마침내 자가 복제 능력이라는 특별한 특성을 지닌 새로운 분자가 만들어졌다는 것이다.

홀데인과 오파린은 원시 복제자primodial replicator의 등장이 우리가 알고 있는 생명의 기원을 이끈 중요한 사건이었다고 제안했다. 그 뒤로 이어진 성공은 모두 다윈주의 자연선택이 주관했을 것이다. 매우 단순한 존재였던 이 복제자는 복제 과정에서 실수가 잦았고, 많은 돌연변이가 만들어졌을 것이다. 이 돌연변이 복제자들은 더 많은 복제자를 만들기 위한 화학물질을 놓고 돌연변이가 일어나지 않은 복제자들과 경쟁을 벌였을 것이다. 이 경쟁에서 가장 성공을 거둔 복제자가 가장 많은 수의 자손을 남기고, 분자 수준의 과정에서 일어난 다윈주의 자연선택을 통해서 복제자 무리는 더 효율적이고 더 복잡해지는 방향으로 나아갔을 것이다. 펩티드 같은 부수적인 분자를 획득한 복제자는 효소와 같은 촉매 작용이 일어나 복제 과정에서 이득을 얻었을 것이다. 어떤 복제자는 오늘날의 생체 세포처럼 지질막으로 이루어진 소포vesicle(액체나 기체가 채워진 작은 주머니)로 둘러싸여, 변화무쌍한 외부 환경으로부터 스스로를 지키게 되었을 수도 있다. 일단 막으로 둘러싸이자, 세포 내부는 생체 물질을 직접 만들기 위한 생화학적 변화, 즉 물질대사를 유지하면서 생산된 물질이 외부로 새어나가는 것을 방지할 수도 있었을 것이다. 최초의 생체 세포는 환경과 분리되어 있는 동안 내부 상태를 유지하고 지속하는 능력과 함께 탄생했을 것이다.

오파린-홀데인 가설은 생명이 어떻게 지구에서 시작될 수 있었는지를 이해하기 위한 과학적 사고틀을 제공했다. 그러나 수십 년 동안 이 학설은 검증되지 않은 채로 방치되었다. 그러다 두 미국인 화학자가 관심을 갖게 되었다.

1950년대의 해럴드 유리는 뛰어나지만 많은 논란을 몰고 다닌 과학자였다. 그는 1934년에 중수소의 발견으로 노벨상을 수상했다. 3장에서 소개했듯이, 수소의 동위원소인 중수소는 효소의 동적 동위원소 효과 연구에 활용되었고, 그 결과 효소의 작용이 양자 터널링과 연관이 있다는 것이 증명되었다. 동위원소 정제가 전문 분야였던 유리는 1941년에 핵폭탄 개발 계획인 맨해튼 계획에서 우라늄 농축 책임자로 임명되었다. 그러나 유리는 맨해튼 계획의 목적과 진행 과정에서의 비밀주의에 환멸을 느꼈고, 나중에는 일본에 폭탄 투하를 하지 않도록 해리 S. 트루먼 대통령을 설득하려고도 했다. 히로시마와 나가사키에 폭탄이 떨어진 후에는 대중적 주간지인 『콜리어스Collier's』에 핵무기의 위험을 경고하는 내용을 담은 「나는 겁쟁이다I'm a frightened man」라는 제목의 글을 기고하기도 했다. 또한 그는 시카고 대학에 있던 1950년대에는 매카시의 공산주의자 '마녀 사냥'을 적극적으로 반대했다. 그는 트루먼 대통령에게 탄원서를 써서, 소련에 원자폭탄의 비밀을 넘긴 간첩이라는 혐의로 재판을 받고 사형이 선고된 줄리어스 로젠버그와 에설 로젠버그의 구명을 위해 힘쓰기도 했다.

오파린-홀데인 가설의 검증과 관련된 또 다른 인물은 미국의 화학자인 스탠리 밀러다. 1951년에 시카고 대학에서 박사과정 학생으로 이 검증에 참여한 밀러는 원래 "원자폭탄의 아버지"라 불리는 에드워드 텔러의 지도로 항성 내부에서 원소 핵합성nucleosynthesis에 관한 문제를 연구하고 있었다. 1951년 10월, 생명의 기원에 관한 해럴드 유리의 강연은 밀러의 인생을 바꿔놓았다. 이 강연에서 유리는 오파린-홀데인 가설의 실행 가능성에 관해 설명하면서 누군가는 그 실험을 해야 한다고 추천했다. 이 가설에 매료되어 텔러의 실험실을 나온 밀러는 유리에게 자신의 지도 교수가 되어 이 실험의 수행을 도와달라고 설득했다. 유리는 오파린-홀데인 가설을 검증하겠다는 이 열정적인 학생의 계획을 처음에는 조금 미심쩍어했다. 유리는 무기화학반응을

생명은 어떻게 시작되었는가

통해서 감지될 징도의 유기분자가 만들어지려면 수백만 년이 걸릴지도 모른다고 생각했다. 그런데 밀러에게 주어진 시간은 고작 박사과정 3년이었다! 그럼에도 유리는 밀러에게 6개월에서 1년 동안 필요한 재료와 실험 공간을 마련해주었다. 그러면 만약 이 실험이 아무런 성과를 거두지 못해도, 밀러가 더 안전한 연구 주제로 갈아탈 시간이 생길 터였다.

생명이 기원한 초기 지구의 조건을 만들기 위해서, 밀러는 빈 병에 대양을 나타내는 물을 넣고 원시 대기에 있었으리라고 생각한 메탄과 수소와 암모니아와 수증기를 채웠다. 그다음에는 이 혼합물에 번개 대신 전기 불꽃을 점화시켰다. 실험 결과는 밀러를 비롯해서 과학계 전체를 경악시켰다. 원시 대기에 번개를 일으킨 지 겨우 일주일 만에, 밀러의 병 속에는 단백질의 구성 성분인 아미노산이 만들어졌다. 1953년 『사이언스』에 발표된 이 실험을 설명한 논문[1]에는 밀러가 단독 저자로 소개되어 있다. 해럴드 유리는 발견의 영예를 박사과정 제자에게 모두 돌리는 대단히 이례적인 태도를 취했다.

유리의 사심 없는 행동에도 불구하고 밀러-유리 실험으로 알려진 이것은 실험실에서 이루어진 생명 창조의 첫걸음으로 묘사되었고, 생물학의 기념비적 사건으로 남아 있다. 자기복제를 하는 분자는 전혀 생성되지 않았지만, 언젠가는 밀러의 아미노산 '원시' 수프에서 펩티드와 복잡한 단백질이 중합될 것이라고 대체로 믿었다. 그리고 충분히 긴 시간과 넓은 바다만 주어진다면, 결국에는 오파린-홀데인 복제자가 만들어질 것이라고도 믿었다.

1950년대 이래로, 밀러-유리 실험은 다양한 방식으로 반복되어왔다. 수십 명의 과학자가 저마다 다른 기체 혼합물과 화학물질, 에너지원을 이용해서 아미노산뿐 아니라 당과 심지어 소량의 핵산도 만들어냈다. 그러나 그로부터 반세기도 더 지난 지금, 어떤 실험실의 원시 수프에서도 오파린—홀데인의 원시 복제자는 아직 만들어지지 않았다. 그 이유를 이해하기 위해 우리는 밀러의 실험을 좀더 자세히 들여다봐야 한다.

첫 번째 문제는 밀러가 만들어낸 화합물 혼합체의 복잡성이다. 생성된 유기물 중 다수가 유기화학자들에게 친숙한 복잡한 타르$_{tar}$ 형태를 하고 있었다. 이런 형태의 물질은 유기화학자들이 복잡한 화합물 합성 절차를 엄격하게 통제하지 못해서 산물이 제대로 만들어지지 않았을 때 종종 볼 수 있다. 사실 이와 비슷한 형태의 타르는 집에서도 쉽게 만들 수 있다. 저녁 식사거리를 태우기만 하면 된다. 냄비 바닥에 눌어붙어 잘 닦이지 않는 거무튀튀한 것이 밀러의 타르와 조성이 비슷하다. 이런 화합물 혼합체의 문제점은 이런 물질로는 타르처럼 질척한 것 외의 다른 무언가를 만들어내기가 지독히 힘들다는 것이다. 화학적으로 볼 때, 이것은 '생산적$_{productive}$'인 것이 아니다. 너무 복잡한 탓에, 다른 여러 화합물과 반응하는 경향이 있는 아미노산 같은 특별한 화합물을 무의미한 화학반응의 숲에서 길을 잃게 만들기 때문이다. 수 세기 동안 수백만 명의 조리사와 수천 명의 화학과 대학원생이 이런 곤죽 같은 유기물을 만들어왔고, 그 결과물은 고된 설거지 거리에 지나지 않는다.

생명은 어떻게 시작되었는가

곤죽에서 세포로

원시 수프를 만들기 위해서 이 세상의 모든 냄비 바닥에 눌어붙어 있는 것을 긁어낸 다음, 이 엄청난 양의 복잡한 유기 분자를 바다만 한 부피의 물에 용해시킨다고 상상해보자. 이제 그린란드의 진흙 화산 몇 개와 번개의 불꽃을 에너지원으로 추가하고 휘저어보자. 얼마나 오랫동안 휘저으면 생명이 창조될까? 100만 년? 1억 년? 1000억 년?

이런 화학적 곤죽과 비슷하게 생긴 가장 단순한 생명체도 대단히 복잡하다. 생명체는 곤죽과 달리 고도로 조직화되어 있다. 곤죽을 시작 물질로 이용해서 조직화된 생명체를 만드는 과정의 문제점은 원시 지구에서 구할 수 있는 임의의 열역학적 힘(2장에서 다뤘던 당구공 같은 분자운동)이 질서를 창조하기보다는 파괴하는 경향이 있다는 점이다. 닭을 냄비에 넣고 끓이면 닭고기 수프를 만들 수 있다. 그러나 지금껏 통조림 닭고기 수프를 냄비에 붓고 끓여서 닭은 만든 사람은 없다.

물론 생명은 닭(또는 달걀)에서 시작하지 않았다. 현존하는 가장 기본적인 자기복제 유기체는 그 어떤 새보다 훨씬 단순하다.● 이 가장 단순한 유기체는 미코플라즈마mycoplasma다(크레이그 벤터의 합성 생명체 실험의 소재가 된 세균이다). 그러나 이런 생명체라도 극히 복잡한 생명 형태다. 이 세균의 유전체에는 거의 500개의 유전자가 암호화되어 있으며, 이 유전자는 비슷한 수의 단백질을 만든다. 고도로 복잡한 이 단백질은 효소처럼 지질, 당, DNA, RNA, 세포막, 염색체, 그 외 수많은 다른 구조를 만든다. 이 구조들은 모두 우리의 자동차 엔진보

● 여기서 바이러스는 제외한다. 바이러스는 생체 세포의 도움을 받아야만 복제를 할 수 있기 때문이다.

다 훨씬 더 복잡하다. 사실 미코플라즈마는 조금 약골이라서 혼자서는 살아갈 수 없고, 여러 생체 물질을 숙주로부터 얻어야만 한다. 미코플라즈마는 기생생물이므로 원시 수프 같은 데서는 살아갈 수 없을 것이다. 현실적으로 더 가능성 있는 후보는 남세균cyanobacterium이라는 다른 단세포생물이다. 남세균은 광합성을 해서 자신에게 필요한 모든 생체 물질을 스스로 만들 수 있다. 만약 남세균이 당시에 존재하기만 했다면, 그린란드 이수아에 있는 37억 년 전의 암석에서 측정된 낮은 ^{13}C 비율의 원인일 수도 있을 것이다. 그러나 남세균은 미코플라즈마보다 훨씬 복잡해서, 유전체에 암호화되어 있는 유전자의 수가 2000개에 이른다. 원시 수프의 바다를 얼마나 오랫동안 휘저어야 남세균을 만들 수 있을까?

'빅뱅Big Bang'이라는 용어를 만든 영국의 천문학자 프레드 호일 경은 생명의 기원에 관심이 있었고, 이 관심은 그의 평생 동안 지속되었다. 그의 말에 따르면, 무작위적인 화학적 과정들이 합쳐져서 우연히 생명이 만들어질 확률은 쓰레기 야적장에 토네이도가 휩쓸고 지나가자 우연히 점보제트기가 만들어질 확률과 비슷하다. 그의 논점은 매우 분명하다. 오늘날 우리가 알고 있는 것과 같은 세포로 이루어진 생명체는 우연 하나만으로 만들어지기에는 너무 복잡하고 조직적이므로, 더 단순한 자기복제자가 먼저 존재했어야 했다는 것이다.

RNA 세계

—

그렇다면 초기 자기복제자는 어떤 모습이었을까? 그리고 어떻게 작

생명은 어떻게 시작되었는가

동했을까? 이 조기 자기복제자는 아마 더 성공적인 후손들과의 경쟁에 밀려서 사라지고 오늘날에는 남아 있지 않을 것이다. 따라서 그들의 특성은 대부분 지식에 근거한 추측에서 얻은 결과다. 우리의 접근법은 오늘날 살아 있는 가장 단순한 생명 형태로부터 과거로 거슬러 올라가면서 훨씬 더 단순한 자기복제자를 상상하는 것이다. 세균에서 불필요한 부분을 모두 해체한 것과 같은 이 복제자는 수십억 년 전의 지구상 모든 생명의 전구체였을 것이다.

문제는 살아 있는 세포에서 더 단순한 자기복제자를 분리해낼 수 없다는 것이다. 세포의 구성 성분 중 어떤 것도 스스로 자기복제를 할 수 없기 때문이다. DNA 유전자는 스스로를 복제하지 않는다. 이 일을 하는 것은 DNA 중합효소다. 이 효소도 스스로를 복제하지 않는다. 이 효소는 먼저 DNA와 RNA 가닥에 그 유전자가 암호화되어 있어야 한다.

이 장에서는 RNA가 중요한 역할을 할 것이다. 그러므로 RNA가 무엇이고 무슨 일을 하는지를 기억하면 도움이 될 것이다. DNA의 사촌뻘인 RNA는 DNA보다 더 단순한 형태의 화합물이다. 또 RNA는 한 가닥의 나선인 반면, DNA는 이중나선 구조를 하고 있다. 이런 차이에도 불구하고, RNA에는 더 유명한 사촌인 DNA에 암호화되어 있는 것과 거의 동일한 유전 정보가 들어 있다. 따라서 유전자는 DNA에 암호화되듯이 RNA에도 암호화될 수 있다. 실제로 인플루엔자 influenza 바이러스를 포함한 다수의 바이러스가 DNA가 아닌 RNA 유전체를 갖고 있다. 그러나 세균, 동물, 식물 세포 같은 생체 세포에서 RNA의 역할은 DNA와는 다르다. DNA에 쓰인 유전 정보는 먼저 7장에서 다뤘던 유전자 해독 과정을 거쳐서 RNA로 복사된다. 더 크고 이동성 없는 DNA 염색체와 달리, 더 작은 RNA 가닥은 세포 속을 자유롭게 돌아다니기 때문에, 유전 정보와 관련된 유전자의 메시지를 염색체에서 단백질 합성 장치로 전달할 수 있다. 단백질 합성 장치에서는 RNA 서열을 읽고, 효소 같은 단백질이 될 아미노산 서열로 번역한다. 따라서 적어도 오늘날의 세포에서 RNA는 DNA에 쓰인 유전암호와 우리 세포의 다른 모든 구성 요소를 만드는 단백질 사이를 매개하는 중요한 징검다리다.

다시 생명의 기원 문제로 돌아가보자. 전체적인 생체 세포는 자기복제를 하는 존재이지만, 그 세포를 구성하는 각각의 요소는 그렇지 않다. 여자는 (약간의 '도움'을 받아서) 자기복제를 할 수 있지만, 여자의 심장이나 간은 그렇지 않은 것과 같다. 이 점은 우리가 오늘날의 복잡한 다세포 생물에서 훨씬 더 단순한 비非세포 조상의 모습을 추론하려고 할 때 문제를 낳는다. 다른 식으로 표현하면 이런 질문이 된다. DNA 유전자, RNA 유전자, 효소 중에서 어떤 것이 가장 먼저 생겼고, 그다음에는 무엇이 만들어졌을까? 만약 효소가 가장 먼저 생겼다면, 그 효소는 어떻게 암호화되어 있었을까?

이 문제에 관해 가능성 있는 해답을 내놓은 사람은 미국의 생화학자인 토머스 체크였다. 그는 1982년에 유전 정보가 암호화되어 있을 뿐만 아니라 효소와 같은 촉매 작용도 할 수 있는 RNA 분자가 있다는 사실을 발견했다(그는 이 연구로 1989년에 시드니 올트먼과 함께 노벨상을 수상했다). 리보자임ribozyme이라 불리는 이런 RNA 분자의 사례는 민물 연못에서 발견되는 원생동물의 일종인 테트라히메나Tetrahymena라는 작은 단세포 유기체의 유전자에서 처음 발견되었다. 그러나 그후 리보자임이 모든 생체 세포에서 작용한다는 것이 발견되었다. 이

생명은 어떻게 시작되었는가

발견은 생명의 기원에서 닭이 먼저인지 달걀이 먼저인지와 같은 수수께끼를 해결할 가능성이 있는 방법으로 급부상했다. RNA 세계 가설 RNA world hypothesis이라고 알려진 이것은 원시 화학물질의 합성을 통해서 유전자와 효소로 둘 다 작용할 수 있는 RNA 분자가 만들어졌을 것이라고 제안한다. 그 결과 이 RNA 분자는 (DNA처럼) 자신의 구조를 암호화할 수도 있고, (효소처럼) 원시 수프에서 구할 수 있는 생화학물질로 스스로의 복사본을 만들 수도 있었다. 이 복사 과정은 처음에는 아주 엉망진창이었을 것이다. 그래서 앞서 추측했던 것처럼, 수많은 돌연변이가 생겨 분자 수준에서 서로 다윈주의적 경쟁을 치렀을 것이다. 어느 정도 시간이 흐르자, 이 RNA 복제자들은 단백질을 이용해서 복제의 효율성을 개선하고, DNA를 거쳐 마침내 최초의 생체 세포로 나아갔을 것이다.

자기복제를 하는 RNA 분자의 세계에서 DNA와 세포의 등장으로 이어졌다는 생각은 이제 생명의 기원 연구에서 거의 정설로 받아들여지고 있다. 리보자임은 자기복제를 하는 분자에서 예상되는 모든 중요한 반응을 수행할 수 있는 것으로 밝혀졌다. 이를테면 어떤 종류의 리보자임은 두 개의 RNA 분자를 연결시킬 수 있는 반면, 또 다른 리보자임은 RNA 분자를 서로 떼어낼 수 있다. 또 어떤 형태의 리보자임은 (염기 몇 개 길이의) 짧은 RNA 가닥의 염기를 복사할 수 있다. 이런 단순한 활동을 통해서, 우리는 더 복잡한 리보자임이 자기복제를 위해 필요한 일련의 완전한 반응에서 촉매로 작용하는 게 가능할 것이라고 상상할 수 있다. 일단 자기복제가 작동하기 시작하면, 자연선택 역시 작동할 것이다. 따라서 RNA 세계는 경쟁의 길로 들어섰고, 그 길이 결국은 최초의 생체 세포로 이어졌을 것이라는 이야기다.

그러나 이 시나리오에는 몇 가지 문제가 있다. 단순한 생화학 반응이 리보자임의 촉매 작용에 의해 일어날 수 있을지는 몰라도, 리보자임의 자기복제는 훨씬 더 복잡한 과정이다. 리보자임이 자신의 염기 서열을 알아야 하고, 리보자임이 속한 환경에 있는 동일한 화합물을 식별해야 하며, 스스로를 복제하기 위해 화합물들을 정확한 순서대로 조립해야 한다. 이런 일은 알맞은 생화학물질이 가득 들어차 있는 세포 안에서 호사스럽게 살아가는 단백질도 해내기 어렵다. 그러므로 끈적끈적한 곤죽 같은 원시 수프 속에서 살아야 하는 리보자임이 어떻게 이런 위업을 이룰 수 있었을지는 잘 상상이 되지 않는다. 지금까지, 실험실 환경에서조차 이런 복잡한 일을 수행할 수 있는 리보자임을 만들거나 발견한 사람은 아무도 없다.

원시 수프에서 RNA 분자를 만드는 방식에는 더 근본적인 문제도 있다. RNA 분자를 구성하는 세 부분은 (DNA의 염기에 DNA의 유전 정보가 암호화되어 있는 것처럼) 유전 정보가 암호화되어 있는 RNA 염기, 인산기, 리보오스ribose라고 하는 당이다. 원시 수프에서 RNA 염기와 인산기의 구성 성분을 만들어낼 수 있음 직한 화학 작용의 고안에서는 약간의 성공을 거두었지만, 가장 확실하게 리보오스를 만드는 반응에서는 다른 당도 과도하게 생성된다. 아직까지는 리보오스 당이 저절로 만들어질 수 있는 비생물학적 메커니즘은 알려져 있지 않다. 게다가 만약 리보오스 당이 만들어진다고 해도, 세 가지 구성 요소가 올바르게 조립되는 것 자체도 어마어마한 과제다. RNA의 세 가지 구성 성분이 모여서 어떤 형태를 이룬다면, 이 성분들은 아무렇게나 결합해서 원시적인 곤죽을 형성할 게 틀림없다. 이런 문제를 피하기 위해 화학자들은 작용기를 변형해서 쓸데없는 부작용이 일어나지 않도

생명은 어떻게 시작되었는가

록 만든 특별한 형태의 염기를 이용한다. 하지만 이런 방법은 속임수다. 게다가 어떤 경우라도, 이런 '활성화된' 염기가 원래의 RNA 염기보다 원시 조건에서 더 잘 형성될 것 같지는 않다.

그러나 화학자들은 단순한 화학물질에서 RNA 염기를 합성할 수 있다. 이를 위해서는 대단히 복잡하고 세심하게 통제되는 일련의 반응을 거쳐야 하는데, 하나의 반응에서 원하는 생성물이 분리되면 그것을 정제한 뒤 다음 반응에 전달하는 것이다. 스코틀랜드의 화학자인 그레이엄 케언스스미스는 원시 수프 속에 있는 것과 같은 단순한 유기화합물에서 RNA 염기가 합성되려면 약 140단계를 거쳐야 한다고 추정했다.[2] 그리고 각 단계에는 피해야 할 다른 반응이 최소 여섯 가지가 있었다. 이런 상황 때문에 이 화학적 합성은 쉽게 시각화할 수 있는데, 각각의 분자를 만드는 과정을 일종의 주사위 던지기라고 상상하는 것이다. 단계마다 주사위를 던져서 6이 나오면 올바른 물질이 생성되는 것이고, 다른 숫자가 나오면 잘못된 산물이 만들어지는 것이다. 따라서 어떤 시작 물질이 RNA로 전환될 확률은 주사위를 던질 때 6이 연달아서 140번 나올 확률과 같다.

물론 화학자들은 각 단계를 세심하게 통제함으로써 이런 엄청난 확률을 낮추지만, 전前 생물세계prebiotic world에서는 오로지 우연에만 의존해야 했을 것이다. 태양이 적시에 나타나서 진흙 화산 주위의 작은 화학물질 웅덩이를 증발시켜주었을까? 진흙 화산이 분출해서 새로운 구성 성분을 만드는 데 필요한 물과 소량의 황을 첨가해주었을까? 아니면 폭풍우가 혼합물을 휘젓고 번개가 전기에너지를 가해서 화학 변화를 가속화시켜주었을까? 의문은 꼬리를 물고 이어질 것이다. 그러나 140개의 필수적인 단계마다 여섯 가지의 가능한 산물 중에서 올바른 하나의 산물을 오로지 우연에만 의존해서 얻을 확률은 쉽게 추정 가능하다. 바로 6^{140}(대략 10^{109})분의 1이다. 순전히 무작위적인 과정을 통해서 우연히 RNA가 만들어지려면, 우리의 원시 수프에는 그만큼 많은 수의 시작 물질이 필요할 것이다. 그러나 10^{109}은 관측 가능한 우주 전체에 있는 기본 입자의 수(약 10^{80})보다 훨씬 더 큰 수다. 간단히 말해서, 지구에는 이수아 암석에 의해 암시된 생명의 등장과 RNA의 형성 사이의 수백만 년의 시간 동안 의미 있는 양의 RNA를 만들 충분한 수의 분자도, 충분한 시간도 없었다.

그럼에도 아직 발견되지 않은 어떤 화학적 과정을 통해서 의미 있는 양의 RNA가 만들어졌다고 상상해보자. 이제는 또 다른 난제를 극복해야 한다. 네 개의 서로 다른 RNA 염기(DNA 암호의 네 문자인 A, G, C, T에 해당되는 것)를 올바른 순서대로 연결해서 자기복제를 할 수 있는 리보자임을 만드는 것이다. 대부분의 리보자임은 최소 100개의 염기로 이루어진 RNA 가닥이다. 이 RNA 가닥에서 각각의 위치에는 네 개의 염기 중 하나가 반드시 있어야 하므로, 염기 100개 길이의 RNA 가닥이 조합되는 방식은 모두 4^{100}(10^{60})가지가 된다. 마구 뒤섞여 있는 RNA 염기들이 자기복제를 하는 리보자임을 만드는 올바른 순서대로 배열될 가능성은 얼마나 될까?

우리는 큰 수를 다루는 데 소질이 있는 것 같으므로, 이것도 할 수 있을 것이다. 염기 100개 길이의 RNA 가닥 4^{100}개는 무게가 10^{50}킬로그램에 이를 것이다. 거의 모든 RNA를 한 가닥씩 얻기 위해서는 이만큼의 양이 필요하므로, 모든 염기가 올바르게 배열된 자기복제자가 나올 확률은 이 전체 중 하나로 보는 게 타당할 것이다. 그러나 우리 은하의 전체 질량도 대략 10^{42}킬로그램으로 추정되고 있다.

생명은 어떻게 시작되었는가

확실히 순수하게 우연에만 의지할 수는 없을 것 같다.

물론 4^{100}개의 RNA 가닥 중에서 자기복제자로 작용할 수 있는 배열이 딱 하나는 아닐 것이다. 아마 좀더 많을 것이다. 어쩌면 염기 100개 길이의 RNA 가닥으로 형성될 수 있는 복제자가 수조 개에 이를 수도 있을 것이다. 아마 자기복제 RNA가 실제로는 꽤 흔해서 자기복제자를 만드는 데 100만 개의 분자만 있으면 될지도 모른다. 이 주장의 문제점은 주장일 뿐이라는 것이다. 많은 시도가 있었음에도, 자기복제 RNA(또는 DNA나 단백질)를 만들었거나 자연에서 관찰한 사람은 지금까지 아무도 없다. 자기복제가 얼마나 어려운 작업인지를 생각하면 그리 놀라운 일도 아니다. 이 작업을 훨씬 더 단순한 계에서 수십억 년 전에 해낼 수 있었을까? 지금 우리가 이 문제를 곰곰이 생각하고 있는 걸 보면, 해냈던 것은 분명하다. 그러나 세포가 진화되기 전에 어떻게 이 작업을 이룰 수 있었는지는 명확하지 않다.

생물학적 자기복제자를 확인하기 어려운 상황에서, 어쩌면 우리는 더 일반적인 질문을 통해 통찰을 얻을 수 있을지도 모른다. 자기복제는 어떤 계에서 얼마나 쉬울까? 현대 기술은 복사기에서 컴퓨터, 3D 프린터에 이르기까지 사물을 복제할 수 있는 수많은 기계를 만들어냈다. 이 기계들 중에서 스스로를 복제할 수 있는 것이 있을까? 어쩌면 영국 배스 대학의 에이드리언 보이어가 만들어낸 렙랩RepRap(빠른 원형 복제기Replicating Rapid prototyper의 줄임말) 3D 프린터 같은 것이 이런 자기복제 기계에 가장 가까울지도 모른다. 이 기계는 자신의 부품을 찍어낼 수 있고, 이 부품을 조립하면 다른 렙랩 3D 프린터를 만들 수 있다.

뭐, 정확히 그렇다고는 할 수 없다. 이 기계는 플라스틱으로만 찍어낼 수 있지만, 본체 자체는 금속 틀로 이루어져 있고 대부분의 전기 부품도 금속이다. 따라서 복제를 할 수 있는 것은 플라스틱 부품들 뿐이다. 게다가 새로운 프린터를 만들기 위해서는 추가적인 부품들을 손으로 조립해야만 한다. 설계자의 생각은 자기복제를 할 수 있는 렙랩 프린터(여러 모델이 있다)를 누구나 자유롭게 만들어서 공익을 위해 이용하는 것이었다. 그러나 이 글을 쓰고 있는 시점에는 진정한 자기복제 기계를 만들기까지는 아직 갈 길이 멀다.

만약 자기복제가 쉬운지 어려운지를 알고자 하는 우리의 탐구에서 자기복제 기계를 살펴보는 것이 그다지 도움이 되지 않는다면, 물질 세계를 완전히 벗어나 복잡하고 만들기 어려운 화학물질을 디지털 세계의 단순한 구성 요소로 바꿔볼 수는 없을까? 다시 말해서, 0이나 1이라는 값만 가질 수 있는 비트로 바꾸는 것이다. 8비트로 구성되는 1 '바이트$_{byte}$'의 데이터는 컴퓨터 코드에서 글자 하나를 나타내는데, 대략 유전암호의 단위인 DNA나 RNA의 염기와 같다고 볼 수 있다. 이제 질문을 해보자. 가능한 모든 바이트 문자열 가운데 컴퓨터 내에서 스스로를 복제할 수 있는 문자열은 얼마나 자주 나올까?

여기에는 엄청난 장점이 있는데, 자기복제를 하는 바이트 문자열은 실제로 꽤 흔하기 때문이다. 이런 문자열을 우리는 컴퓨터 바이러스라고 부른다. 비교적 짧은 컴퓨터 프로그램인 컴퓨터 바이러스는 CPU가 다량의 복사본을 만들게 함으로써 다른 컴퓨터를 감염시킬 수 있다. 그다음 컴퓨터 바이러스는 이메일에 숨어들어가서 친구나 동료의 컴퓨터를 감염시킨다. 그러므로 만약 우리가 컴퓨터의 메모리를 일종의 디지털 원시 수프라고 생각한다면, 컴퓨터 바이러스는 디지털 원시 자기복제자에 해당된다고 볼 수 있다.

생명은 어떻게 시작되었는가

가장 단순한 컴퓨터 바이러스 중 하나인 틴바Timba는 겨우 20킬로바이트밖에 되지 않는다. 대부분의 컴퓨터 프로그램에 비해 길이가 매우 짧은 편이다. 그러나 틴바는 2012년에 대형 은행들의 컴퓨터를 성공적으로 공격했고, 은행 컴퓨터의 브라우저에 숨어들어 로그인 자료를 훔쳤다. 그러므로 무시무시한 자기복제자가 분명하다. 20킬로바이트는 컴퓨터 프로그램으로는 매우 짧을지 모르지만, 그래도 비교적 긴 디지털 정보의 배열로 이루어져 있다. 바이트는 8비트이기 때문에 20킬로바이트는 16만 비트의 정보에 해당된다. 각각의 비트는 두 가지 상태(0 또는 1) 중 하나이기 때문에, 특정 배열의 이진수가 무작위로 만들어질 확률을 쉽게 계산할 수 있다. 이를테면 111이라는 특별한 3비트 문자열이 만들어질 확률은 $1/2 \times 1/2 \times 1/2$, 즉 2^3분의 1이다. 같은 수학적 논리에 따라서, 틴바와 같은 16만 비트 길이의 특정 문자열이 우연히 만들어질 확률은 2^{160000}분의 1이다. 상상이 되지 않을 정도로 적은 확률이다. 그리고 이 확률은 틴바가 우연만으로는 나타날 수 없다는 것을 알려준다.

우리가 RNA 분자에서 추측했던 것처럼, 어쩌면 틴바보다 훨씬 단순하고 우연히 만들어지는 자기복제 코드가 아주 많을 수도 있다. 그러나 만약 그렇다면, 세상에는 막대한 양의 컴퓨터 코드에서 나온 바이러스들이 지금 매 순간 인터넷을 통해 넘쳐나고 있을 게 분명하다. 대부분의 코드는 어쨌든 0과 1의 연속으로만 이루어져 있다(시시각각 인터넷에서 내려받고 있는 온갖 이미지와 영화를 생각해보라). 이런 코드는 우리의 CPU에 지시를 내려서 복사나 삭제 같은 기본적인 작업을 수행시킨다는 의미에서 모두 기능적이라고 볼 수 있다. 그러나 누군가의 컴퓨터를 감염시키는 컴퓨터 바이러스에는 인간 설계의 특징이 뚜렷하게 나타난다. 우리가 아는 한 날마다 온 세상에 흘러넘치는 막대한 디지털 정보는 결코 저절로 컴퓨터 바이러스를 만들지 않는다. 복제 친화적인 컴퓨터 환경 안에서조차 자기복제는 어려운 일이다. 그리고 우리가 알고 있는 한 절대로 저절로 일어나지 않는다.

그렇다면 양자역학이 도움이 될 수 있을까?

—

디지털 세계로의 이런 짧은 여행은 생명의 기원 탐구에 대한 중요한 문제를 드러낸다. 이 문제는 검색 엔진의 특성으로 요약된다. 검색 엔진은 자기복제자를 형성하기 위한 필수 요소를 올바른 환경에서 수집하는 데 이용된다. 원시 수프 속에서 구할 수 있었던 모든 화학물질은 극도로 희귀한 자기복제자를 만나기 위해 엄청난 여지의 가능성을 탐험해야 했을 것이다. 혹시 고전세계의 규칙이라는 테두리 안으로만 탐색을 한정하고 있는 것이 우리의 문제는 아닐까? 4장에서 소개되었던 MIT 학자 모임의 이야기를 기억할 것이다. 이들은 식물과 미생물이 양자 탐색을 일상적으로 실행하고 있다는 『뉴욕 타임스』의 보도에 대해 처음에는 대단히 회의적이었지만, 결국 생각을 바꿨다. 광합성계는 양자 걸음이라고 하는 양자 탐색 전략을 정말로 실행하고 있었다. 우리를 포함한 몇몇 연구자[3]는 생명의 기원도 일종의 양자 탐색 시나리오와 관련 있을 것이라는 생각을 탐구하기 시작했다.

사문석의 미세한 구멍 속에 갇혀 있는 작은 원시 웅덩이를 상상해 보자. 이 사문석은 35억 년 전, 그린란드의 편마암 지층이 형성되고 있을 당시에 고대 이수아의 해저에 있던 진흙 화산에서 분출된 것이다. 이곳은 다윈이 말한 "온갖 종류의 암모니아와 인산염과 빛과 열과 전기 따위가 제공되는 따뜻한 작은 연못"이며, 이 안에서 "더 복잡한 변화를 겪을 준비가 된…… 단백질 화합물"이 형성되었을 수도 있었다. 여기에 상상을 조금 더 보태, 스탠리 밀러가 발견한 화학적 과정을 거쳐서 만들어진 '단백질 화합물' 하나가 약간의 효소 작용을 할 수 있지만 아직 자기복제를 하지는 못하는 일종의 원시 효소(즉 리보자임)라고 해보자. 이 효소의 입자 중 일부는 다른 위치로 움직일 수도 있지만, 이런 이동은 고전적 에너지 장벽의 방해를 받는다. 그러나 우리가 3장에서 논의했던 것처럼, 전자와 양성자는 양자 터널링을 이용해 고전물리학에서는 통과하지 못하는 에너지 장벽을 통과할 수 있다. 바로 이것이 효소 작용에서 결정적 역할을 하는 특징이다. 사실 전자나 양성자는 이 장벽의 양쪽에 동시에 존재할 수 있다. 만약 우리의 원시 효소에서도 이런 현상이 일어난다고 상상한다면, 우리는 입자의 배치에 따라 다른 효소 활동과 연관이 있으리라고 기대할 수 있을 것이다. 다시 말해서, 에너지 장벽의 어느 쪽에서 발견되는지에 따라 다른 유형의 화학반응을 촉진하는 것이다. 그리고 어쩌면 이 화학반응에는 자기복제 반응이 포함될지도 모른다.

계산의 편의를 위해, 우리의 가상 원시 효소에 모두 64개의 양성자와 전자가 있다고 상상해보자. 이 입자들은 모두 양자 터널링을 통해서 두 가지 다른 위치 중 하나에 배치될 수 있다. 우리의 가상 원시 효소에서 나올 수 있는 구조의 변이는 모두 2^{64}가지다. 가능한 배치의 수가 엄청나게 많다. 이제 이 배치들 중 딱 하나만 자기복제를 하는 효소가 된다고 상상해보자. 문제는 이렇다. 생명의 등장으로 이어질 수 있는 이 특별한 배치는 얼마나 쉽게 찾을 수 있을까? 우리의 작고 따뜻한 연못에서는 자기복제자가 한 번이라도 현실화될 수 있을까?

먼저 중첩이나 터널링 같은 양자적 재주를 전혀 부릴 수 없는 완전히 고전적인 원시 효소 분자를 생각해보자. 주어진 어느 순간에 이 분자는 가능한 2^{64}가지 구조 중 딱 한 가지 상태로만 존재할 것이다. 그러므로 이 원시 효소가 자기복제자가 될 확률은 2^{64}분의 1이 된다. 엄청나게 적은 확률이다. 극히 적은 확률 때문에, 고전적인 원시 효소는 자기복제를 할 수 없는 따분한 구조 중 하나에 갇힐 것이다.

물론 분자들은 일반적인 열역학적 마모로 인해서 변화가 일어나지만, 고전세계에서는 이런 변화가 상대적으로 느리다. 하나의 분자가 변화하기 위해서는 원래의 원자 배열이 해체되고 구성 입자들이 새로운 분자 구조로 재배치되어야 한다. 3장에서 오래전에 살았던 공룡의 콜라겐을 다루면서 알게 되었듯이, 화학적 변화가 일어나려면 때로는 지질학적 규모의 시간이 걸리기도 한다. 우리의 원시 효소가 고전적인 분자라고 생각하면, 2^{64}가지의 화학적 배치 중 극히 일부만 거치는 데에도 대단히 오랜 시간이 걸릴 것이다.

그러나 원시 효소를 구성하는 64개의 중요한 입자가 터널링을 통해 서로 다른 두 상태를 넘나들 수 있다면 상황은 급변한다. 양자계가 되면, 원시 효소는 양자 중첩을 통해 동시에 가능한 모든 배치로 존재할 수 있다. 앞에서 64라는 숫자를 선택한 이유가 이제 조금 더 분명해진다. 64는 8장에서 황제가 체스판에서 저지른 실수 이야기를 하면서 다뤘던 수다. 이 이야기는 양자컴퓨터의 능력을 잘 보여준다. 터널링을 하는 입자는 체스판에서의 거듭제곱과 같은 역할을 하는 큐비트. 우리의 원시 자기복제자는 충분히 오래 살아남았다면,

생명은 어떻게 시작되었는가

64-큐비트 양자컴퓨터처럼 작동했을 것이다. 그리고 우리는 그런 장치가 얼마나 강력한지를 이미 알고 있다. 아마 자신의 엄청난 양자 연산 수단을 이용해서 자기복제자의 올바른 분자 구조가 무엇인지에 관한 문제의 답을 계산할 수도 있을 것이다. 그렇다보니, 문제와 가능성 있는 해결책은 더 분명해진다. 원시 효소가 이런 양자 중첩 상태에 있다면, 2^{64}개의 구조 중에서 자기복제자가 되는 하나의 구조를 찾는 문제를 해결할 수 있을 것이다.

그러나 여기에는 걸림돌이 하나 있다. 큐비트가 결맞음과 얽힘 상태를 유지해야 양자 연산을 수행할 수 있다는 점을 기억할 것이다. 한번 결어긋남이 나타나기 시작하면, 2^{64}가지 서로 다른 상태의 중첩은 붕괴되고 하나의 상태만 남는다. 이것이 도움이 될까? 겉보기에는 전혀 그렇지 않다. 양자 중첩이 붕괴되어 자기복제를 하는 하나의 상태가 될 확률은 여전히 2^{64}분의 1이다. 동전을 던져서 64번 연속으로 앞면만 나올 확률과 같은 엄청나게 적은 확률이다. 그러나 그다음에 양자세계에서 일어나는 일은 고전세계와는 다르다.

만약 양자역학적으로 행동하지 않는 어떤 분자가 잘못된 원자 배치로 자기복제가 불가능하다면(거의 확실히 그럴 것이다), 이 분자가 다른 배치로 바꾸려고 시도하기 위해서는 분자 결합의 해체와 재배치라는 엄청나게 더딘 과정을 거쳐야만 할 것이다. 그러나 이와 동등한 양자 분자는 결어긋남이 일어난 후에는 원시 효소를 구성하는 64개의 전자와 양성자가 거의 일제히 터널링을 일으켜서 2^{64}가지의 서로 다른 배치가 양자 중첩되는 원래 상태로 재배치될 것이다. 이런 64-큐비트 상태에서, 양자 원시 복제자 분자는 양자세계에서 자기복제를 위한 탐색을 계속 반복할 수 있을 것이다.

결어긋남은 또다시 중첩 상태를 빠르게 붕괴시킬 것이다. 그러나 이번에는 2^{64}가지의 고전적 배치 중 다른 하나의 분자 상태가 될 것이다. 또다시 결어긋남이 중첩을 붕괴시키면 계는 또 다른 배치 상태에 있게 되고, 이 과정은 무한히 반복될 것이다. 본질적으로, 이렇게 상대적으로 보호를 받고 있는 환경에서는 양자 중첩의 생성과 해체가 가역적 과정이다. 중첩과 결어긋남이라는 과정에 의해 양자 동전이 계속 던져지는 것인데, 이 과정은 화학결합의 고전적인 생성과 해체보다 훨씬 더 빠르게 진행된다.

그러나 이런 양자 동전 던지기를 종결시킬 하나의 사건이 있다. 만약 양자 원시 복제자 분자가 마침내 자기복제자 상태가 되면, 이 분자는 복제를 시작할 것이다. 마치 7장에서 다뤘던 굶주린 대장균 세포처럼, 복제는 이 계가 고전세계로 불가역적인 전이를 일으키게 할 것이다. 양자 동전은 되돌릴 수 없는 상태로 던져지고, 고전세계에서는 최초의 자기복제자가 탄생하게 된다. 물론 이 복제는 분자 내부 또는 분자와 그 주위 환경 사이에서 일어나는 생화학 과정과 연관이 있으며, 이것은 원시 복제자의 배치가 발견되기 이전의 과정과는 확연히 다르다. 다시 말해서, 이 특별한 배치가 사라지고 분자가 다음 양자 배열로 넘어가기 전에 고전세계에 안착시키는 메커니즘이 필요하다.

최초의 자기복제자는 어떤 모습이었을까?

—

위에서 개략적으로 설명한 이야기는 당연히 추측이다. 그러나 만약 최초의 자기복제자를 찾기 위한 탐색이 고전세계보다는 양자세계에서

생명은 어떻게 시작되었는가

수행된나면, 적어도 자기복제지 탐색 문제는 해결될 가능성이 있다.

이 시나리오가 작동하기 위해서는 양자 터널링을 통해 입자들이 서로 다른 위치를 오감으로써 원시적인 생체분자인 원시 자기복제자가 수많은 다양한 구조를 경험할 수 있어야 할 것이다. 어떤 종류의 분자가 이런 재주를 부릴 수 있는지 우리가 알 수 있을까? 어느 정도는 알 수 있을 것이다. 주지하다시피, 효소 속에 있는 전자와 양성자는 비교적 헐겁게 연결되어 있어서 쉽게 다른 위치로 터널링을 일으킬 수 있다. DNA와 RNA에 있는 양성자도 최소한 수소결합을 통해서는 터널링을 할 수 있다. 따라서 이 원시 자기복제자는 헐렁한 수소결합과 약한 전자의 결합으로 연결된 단백질이나 RNA 분자 같은 것이라고 상상할 수도 있을 것이다. 양성자나 전자 같은 입자들은 이런 결합을 통해 구조 내에서 자유롭게 이동하면서 무수한 배치의 중첩을 형성할 수 있을 것이다.

이런 시나리오를 뒷받침할 증거가 있을까? 벵갈루르에 위치한 인도 과학원 고에너지물리학 센터Centre for High Energy Physics의 물리학자인 아푸르바 D. 파텔은 양자컴퓨터의 소프트웨어인 양자 알고리즘 분야에서 세계적으로 손꼽히는 전문가다. 파텔은 유전암호(이런저런 아미노산을 암호화하는 DNA 염기의 서열)에는 양자암호에서 기원했음을 드러내는 특징이 있다고 제안했다.[4] 여기서 자세한 기술적 내용을 다루는 것은 적절하지 않다(양자 정보 이론에 관한 수학으로 너무 깊숙이 들어가야 하기 때문이다). 그러나 그의 생각에는 그렇게 놀라울 게 없다. 4장에서 우리는 광합성에서 광자의 에너지가 반응 중심에 어떻게 전달되는지를 봤다. 광자는 동시에 여러 경로를 따라 이동하는 양자 무작위 걸음을 통해 전달되었다. 그리고 8장에서는 양자 연산의 개념을 알아보고, 생명체가 양자 알고리즘으로 생물학적 과정의 효율성을 강화할 수 있는지를 논의했다. 비록 추측이기는 하지만, 양자역학과 연관된 생명의 기원 시나리오 역시 이런 생각들의 연장선상에 있다. 현재 살아 있는 세포에서 그렇듯이, 양자 결맞음이 생명의 기원에서도 어떤 역할을 했을 가능성이 있다는 것이다.

물론 30억 년 전에 일어났던 생명의 기원 사건과 양자역학이 연관 있다는 시나리오는 순전히 추측에 불과하다. 그러나 우리가 논의했듯이, 생명의 기원에 대한 고전적 설명도 문제가 있기는 마찬가지다. 아무것도 없는 상태에서 생명을 만들어내기란 쉽지 않다! 양자역학은 조금 더 효율적인 탐색 전략을 제공함으로써 자기복제자의 탄생을 살짝 수월하게 만들어줄 수 있다. 이것이 생명의 기원에 대한 전말은 분명 아닐 것이다. 그러나 양자역학은 고대 그린란드 바위 속에서의 생명의 등장을 훨씬 더 있을 법하게 만들어주었다.

생명은 어떻게 시작되었는가

10장

양자생물학
:폭풍의 경계에 선 생명

—

굿 바이브레이션(밥-밥) | 생명의 원동력에 대한 고찰

전적 폭풍의 양자 경계에 선 생명 | 상향식 접근법으로 생명 만들기

원시적인 양자 원시세포의 첫 출발

'기이하다weird'는 말은 양자역학에서 가장 자주 사용되는 형용사다. 양자역학은 기이하다. 물체가 투과할 수 없는 장벽을 통과하고, 두 장소에 동시에 존재하며, "유령 같은 연결"이 일어난다고 하는 이론을 예사롭다고 표현하긴 어렵다. 그러나 양자역학의 수학적 체계는 완전히 논리적이고 일관성 있으며, 기본 입자 수준에서 세상이 존재하는 방식과 힘을 정확하게 묘사한다. 그러므로 양자역학은 물리적 실재의 기반이다. 불연속적인 에너지 준위, 파동-입자 이중성, 결맞음, 얽힘, 터널링은 최첨단 물리학 실험실에서 연구하는 과학자들이나 흥미를 가져야 하는 생각이 아니다. 양자역학의 현상들은 할머니의 사과파이만큼이나 평범하고 실제로 존재하며, 할머니의 사과파이 속에서도 실제로 일어나고 있다. 양자역학은 평범하다. 세상이 그것을 기이하다고 묘사하는 것이다.

그러나 우리가 알아낸 것처럼, 양자 규모에서 물질에 나타나는 반직관적인 특징들의 대부분은 큰 사물의 내부에서 일어나는 소란스러운 열역학적 과정에 의해 사라진다. 결어긋남이라고 부르는 이 과정에 의해 우리 주위에는 친숙한 고전세계만 남는다. 따라서 물리적 실재는 세 단계로 구성되어 있다고 볼 수 있다(그림 10.1). 표면에는 축구공, 기차, 비행기 같은 거시적이고 일상적인 사물이 있다. 이런 사물의 움직임은 뉴턴의 운동 법칙을 따르며, 뉴턴의 운동 법칙은 속도, 가속도, 운동량, 힘 같은 친숙한 개념과 연관이 있다. 중간에는 액체와 기체의 움직임을 묘사하는 열역학 층이 있다. 열역학 층에도 동일한 고전적인 뉴턴의 운동 법칙이 적용된다. 그러나 슈뢰딩거가 지적하고 우리가 2장에서 설명한 것처럼, 기체가 가열될 때 어떻게 팽창하는지, 또는 증기기관이 어떻게 기차를 언덕 위로 끌어올리는지를 설명하는 열역학적 법칙은 "무질서 속의 질서"를 기반으로 한다. 이것은 무질서한 당구공 같은 원자 수조 개의 충돌을 평균화한 것이다. 세 번째이자 가장 깊은 곳에는 실재의 기반이 되는 양자세계가 있다. 양자세계는 원자와 분자가 움직이는 곳이며, 이 입자들을 지배하는 정확하고 질서정연한 법칙은 고전역학이 아니라 양자역학이다. 그러나 기이한 양자 현상은 대부분 우리 눈에 잘 보이지 않는다. 이중 슬릿 실험 같은 것을 통해서나 개개의 분자를 면밀히 관찰할 때에만 우리는 양자법칙을 더 심도 있게 관찰할 수 있다. 양자가 나타내는 행동은 우리에게 낯설게 다가온다. 일반적으로 우리가 보는 실재는 결어긋남이라는 필터로 사물의 기이함을 모두 제거한 상태이기 때문이다.

대부분의 살아 있는 유기체는 비교적 큰 편이다. 기차, 축구공, 대포알과 마찬가지로, 이런 큰 사물의 운동은 전반적으로 뉴턴 역학에 꽤 잘 들어맞는다. 대포로 쏘아 올린 인간도 대포알과 비슷한 궤적을

양자생물학

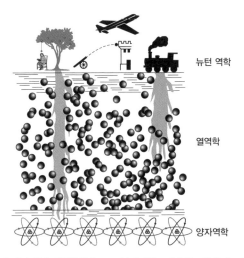

뉴턴 역학

열역학

양자역학

그림 10.1 실재의 세 가지 상태. 최상층인 눈으로 볼 수 있는 세계에는 떨어지는 사과, 대포알, 증기기관차, 비행기 같은 사물이 속한다. 이런 사물의 운동은 뉴턴 역학으로 설명된다. 그 아래에 있는 열역학 층에서는 당구공 같은 입자들이 거의 완전히 무작위 운동을 한다. 이 층은 '무질서 속의 질서'를 일으키는 역할을 담당함으로써 증기기관 같은 사물의 운동을 관장한다. 그 아래에는 질서정연한 양자 법칙의 지배를 받는 기본 입자의 층이 있다. 우리 주변에서 볼 수 있는 사물의 특징은 대부분 뉴턴 역학이나 열역학 층에 뿌리를 두고 있는 것 같지만, 살아 있는 유기체는 이 층을 곧장 관통해서 양자세계라는 실재의 기반에 뿌리를 두고 있다.

그리면서 날아갈 것이다. 조금 더 깊이 들어가서, 조직과 세포의 생리학도 열역학적 법칙으로 잘 설명된다. 허파의 팽창과 수축은 풍선의 팽창 및 수축과 별반 다르지 않다. 그래서 처음에는 많은 과학자가 울새와 물고기와 공룡과 사과나무와 나비와 우리의 몸속에서도 양자적 행동이 사라질 것이라고 가정했다. 그러나 생명에서는 항상 그렇지는 않다는 것을 우리는 알게 되었다. 생명의 뿌리는 뉴턴 역학이라는 표층에서부터 요동하는 열역학의 수맥을 관통해 양자역학의 기반에 닿아 있다. 그래서 생명은 결맞음, 중첩, 터널링, 얽힘을 활용할 수 있다(그림 10.1). 마지막 장에서 우리가 던지고자 하는 질문은 그 방식에 관한 것이다.

우리는 이 질문의 답을 이미 부분적으로는 알아봤다. 에르빈 슈뢰딩거는 무려 60년 전에 생명은 분자 수준에서도 짜임새 있는 구조와 질서를 유지하기 때문에 무기세계와는 다르다고 지적했다. 엄격한 이 질서는 분자세계와 거시세계를 이어주는 튼튼한 지렛대를 생명에 선사하고, 그로 인해서 개개의 생체분자 내에서 일어나는 양자 사건이 유기체 전체에 중대한 결과를 가져온다. 양자세계에서 거시세계로 일종의 증폭이 일어난다는 이 주장은 양자역학의 또 다른 선구자인 파스쿠알 요르단이 내놓았다.

물론 슈뢰딩거와 요르단이 생물학에 관한 글을 썼을 때에는 유전자가 무엇으로 만들어지는지, 효소나 광합성이 어떻게 작동하는지 아무도 몰랐다. 그러나 반세기에 걸쳐 집중적으로 이루어진 분자생물학 연구를 통해서, 우리는 DNA나 단백질 속의 원자 하나하나까지 상세하게 구조를 밝힌 분자 지도를 얻었다. 그리고 뒤늦게나마 양자역학 선구자들의 선견지명이 옳았다는 것도 알게 되었다. 광계, 효소, 호흡연쇄, 유전자는 입자 하나하나의 위치까지 구조화되어 있으며, 그 입자들의 양자 운동은 우리를 살아 있게 하는 호흡과 우리 몸을 형성하는 효소와 지구상의 거의 모든 생물질을 만들어내는 광합성에서 정말로 큰 차이를 만들어낸다.

그래도 많은 의문이 아직 그대로 남는다. 주로 마음에 걸리는 것은 따뜻하고 축축한 생체분자로 가득 채워진 살아 있는 세포 속에서 어떻게 양자 결맞음이 유지될 수 있는지에 관한 점이다. 단백질이나 DNA는 물리학 실험실에서 양자 효과를 감지하는 데 이용되는 실험 장비처럼 단단한 부분으로 이루어진 강철 기계가 아니다. 끊임없이 자체적인 열진동이 일어나고 주위의 분자들이 당구공처럼 쉴 새

없이 부딪히는 실척하고 물링한 구조다. 한마디로 끊임없이 분자 잡음 molecular noise •의 공격을 받고 있다. 이런 무작위 진동과 충돌은 원자와 분자의 섬세한 배열을 흐트러뜨려서 양자적 행동의 유지를 방해할 것으로 예상되었다. 생체에서 결맞음이 어떻게 보존되는지는 수수께끼로 남아 있다. 그러나 앞으로 살펴보게 되듯이, 이 수수께끼는 생명의 작동 방식에 대한 매혹적인 통찰이 드러나면서 조금씩 해결되기 시작하고 있다. 어쩌면 이 통찰들은 미래 양자 기술의 동력으로 활용될 수 있을지도 모른다.

굿 바이브레이션(밥-밥)

—

집필 중인 내용을 수정해야 하는 대중 과학서는 거의 없지만, 이 마지막 장에서 우리는 지금 막 밝혀지고 있는 결과들을 설명하고자 한다. 사실 양자생물학이라는 학문은 여러 면에서 대단히 빠르게 변화하고 있다. 그래서 출간 시점이 되면 이 책은 어쩔 수 없이 시대에 조금 뒤처질 것이다. 최근 연구에서 등장한 가장 놀라운 사실은 분자 진동이라는 잡음을 생명이 어떻게 다루는지에 관한 새로운 통찰이다.

이 분야의 새로운 결과 중에서 가장 흥미로운 것은 광합성에 관한 후속 연구에서 드러나고 있다. 광합성에 관한 4장의 내용을 기억할 것이다. 미생물과 식물의 잎에는 엽록소 분자가 빽빽하게 들어차 있는 엽록체가 가득하며, 광합성의 첫 단계는 색소를 이용해 빛에서

● 결어긋난 분자 진동을 묘사하기 위해 자주 이용되는 용어다.

광자를 포획하는 것과 연관이 있었다. 그리고 광자는 진동하는 엑시톤으로 변환되어 빽빽하게 들어찬 엽록소 사이를 종횡무진해서 반응 중심으로 이동했다. 이런 에너지 전달 과정에서는 결맞음의 특징인 양자 맥놀이가 감지되었다는 것도 기억할 것이다. 이것은 엑시톤의 양자 걸음 덕분에 반응 중심을 찾아가는 과정의 효율이 거의 100퍼센트에 이른다는 증거다. 그러나 분자 잡음 상태에 있는 생체 세포의 내부를 돌아다니는 동안, 엑시톤이 어떻게 결맞은 파동의 행동을 유지하는지는 최근까지 수수께끼로 남아 있었다. 이제 우리는 살아 있는 계가 분자 진동을 애써 피하지 않는다는 사실에 그 답이 있을지도 모른다는 것을 발견했다.

4장에서 우리는 광합성 속의 양자 결맞음이 '박자in time'와 '음정in tune'이 잘 맞는 일종의 분자 오케스트라 합주라고 예상했다. 모든 결맞은 색소 분자가 같은 운율을 연주하고 있다는 것이다. 그러나 이 계는 세포 내부가 대단히 소란스럽다는 문제를 극복해야 한다. 이 분자 오케스트라는 조용한 연주회장이 아닌 복잡한 시청 같은 장소에서 연주를 하는 것이다. 연주자들을 거슬리게 하는 이런 분자 잡음의 불협화음 속에서는 엑시톤의 진동들이 맞지 않아서 정교한 양자 결맞음이 사라지기 쉽다.

이런 문제는 양자컴퓨터 같은 장비를 만들려는 물리학자와 공학자들에게 친숙하다. 이들은 이런 잡음을 막기 위해 기본적으로 두 가지 전략을 사용한다. 첫째, 기회가 닿을 때마다 계를 절대 0도에 가깝게 냉각시킨다. 이런 엄청난 저온에서는 분자의 진동이 둔해져서 분자 잡음도 약해진다. 둘째, 음향 스튜디오의 방음막에 해당되는 분자 수준의 차단 장비를 이용해서 주위 환경의 잡음을 차단한다. 살아 있는 세포 내에는 음향 스튜디오가 없고, 식물과 미생물은 고온의 환경에서 살아간다. 그런데도 광계는 어떻게 아름다운 양자 결맞음의 선율을 그렇게 오랫동안 유지할 수 있는 것일까?

그 답은 광합성의 반응 중심이 분자 잡음으로 결맞음이 파괴되는 것이 아니라, 두 가지 분자 잡음을 활용해서 결맞음을 유지한다는 사실에 있는 것으로 보인다. 첫 번째 분자 잡음은 비교적 약하고 에너지 준위가 낮은 잡음이다. 때로는 모든 주파수로 퍼지는 TV나 라디오의 잡음처럼 백색 잡음white noise이라고 불리기도 한다.● 이런 백색 잡음은 금속 이온이나 물 분자가 주위를 둘러싼 다른 모든 분자와 충돌하면서 발생하는 열에서 유래하며, 생체 세포 속에는 이런 분자가 가득하다. 두 번째 분자 잡음은 더 '시끄러운' 유색 잡음colored noise이다. 유색 잡음은 색이 있는 (가시)광선이 전자기 스펙트럼에서 좁은 주파수 범위에 한정되어 있는 것처럼, 특정 주파수에 한정되어 있다. 유색 잡음은 엽록체 내의 규모가 더 큰 분자 구조의 진동으로 인해 발생하며, 이런 구조로는 색소(엽록소) 분자와 그 색소 분자의 위치를 고정시켜주는 단백질 뼈대 같은 것들이 있다. 아미노산이 구슬처럼 실에 꿰인 형태로 이루어진 단백질 뼈대는 색소 분자를 수용하기에 적당한 형태로 구부러지고 뒤틀려 있다. 이 구부러짐과 뒤틀림은 유연해서 진동할 수 있지만, 마치 기타 줄처럼 특정 주파수에서만 진동한다. 색소 분자 자체에도 고유의 진동 주파수가 있다. 이런 진동으로 만들어진 유색 잡음은 몇 개의 음으로만 이루어진 화음과 같다. 백색 잡음과 유색 잡음은 둘 다 광합성 반응계에서 결맞은 엑시톤을 반응 중심

● 진동의 진폭이 꽤 작은 편이어서 그리 많은 에너지를 갖고 있지는 않다.

으로 몰아가는 데 도움을 주는 것으로 추측된다.

이런 유형의 분자 진동을 생명이 어떻게 활용하는지에 관한 단서는 서로 다른 두 연구진이 독립적으로 2008년에서 2009년 사이에 발견했다. 한쪽은 마틴 플레니오와 수산나 후엘가 부부를 중심으로 한 영국 연구팀이다. 이들은 양자계의 동역학에서 외부 '잡음'의 효과에 대해 오래전부터 관심을 갖고 있었다. 그래서 4장에서 다뤘던 그레이엄 플레밍의 2007년 광합성 실험을 처음 접했을 때에도 당연하게 여겼다. 이들은 이 과정에서 일어날 것이라고 생각한 모형에 관해 몇 편의 논문을 빠르게 내놓았고, 이 논문들은 오늘날 널리 인용되고 있다.[1] 이들의 제안에 따르면, 소란스러운 생체 세포의 내부는 양자역학을 일으키고 광합성 복합체와 다른 생물학적 계에서 양자 결맞음을 파괴하기보다는 유지할 가능성이 있다.

대서양 건너 MIT에는 세스 로이드가 이끄는 양자 정보 연구팀이 있었다. 원래 그는 식물에서의 양자역학이 말도 안 되는 발상이라고 생각했다. 로이드는 가까운 하버드 대학의 연구진과 함께, 플레밍과 엥겔이 양자 맥놀이를 감지한 해조류의 광합성 복합체를 좀더 자세히 조사했다.[2] 이들이 밝힌 바에 따르면, 결맞은 엑시톤의 전달은 주위의 잡음이 얼마나 시끄러운지에 따라 지연될 수도 있고 촉진될 수도 있다. 만약 계가 너무 온도가 낮고 조용하면, 엑시톤은 목적 없이 진동하면서 사실상 특별히 어디로도 가지 않는 경향이 있다. 반면 매우 뜨겁고 시끄러운 환경에서는 이른바 양자 제논 효과quantum Zeno effect가 양자 수송을 지연시킨다. 이 두 극단 사이의 어딘가에 양자 수송에 딱 알맞은 진동이 일어나는 골디락스 영역Goldilocks zone이 있다.

양자 제논 효과는 고대 그리스 철학자인 엘레아의 제논의 이름에

양자 생물학

시 유래했다. 제논은 몇 가지 철학적 문제를 역설의 형태로 제기했는데, 그중 하나가 화살의 역설이다. 제논이 생각하기에, 날아가고 있는 화살은 매 순간 공간에서 특정 위치를 차지하고 있어야 했다. 만약 날아가고 있는 화살을 순간적으로 볼 수 있다면, 같은 위치에 매달려 있는 정지 상태의 화살과 구별할 수 없을 것이다. 화살의 역설에 따르면, 화살의 비행은 연속적인 시간의 단편들로 이루어져 있으며, 화살의 궤적을 따라 나타나는 각 시간의 단편에는 화살이 정지 상태로 존재한다. 그러나 이 단편들을 모두 연결하면 화살이 움직인다. 그렇다면 이런 정지 상태의 연속이 어떻게 진짜 움직임이 될 수 있을까? 현재 우리가 알고 있는 해답은 유한한 지속 시간은 정지 상태인 0시간 zero time이라는 분할할 수 없는 단위 시간의 연속으로 이루어지지 않는다는 것이다. 그러나 17세기에 적분법이 발명되면서 이 해법이 나오기까지 2000년 이상을 기다려야 했다. 그럼에도 제논의 역설은 적어도 이름만이라도 남아서 양자역학의 가장 기이한 특징이 되었다. 양자의 화살은 관찰이라는 행위에 의해 정말로 시간 속에 박제될 수 있기 때문이다.

1977년 텍사스 대학의 물리학자들은 제논의 화살 역설과 비슷한 현상이 어떻게 양자세계에서 일어날 수 있는지를 증명한 논문을 발표했다.[3] 양자 제논 효과라고 알려진 이 현상은 연속적인 관찰이 양자 사건이 일어나는 것을 어떻게 방해할 수 있는지를 설명했다. 이를테면 만약 방사성 원자 하나를 지속적으로 면밀히 관찰하면 이 원자는 절대 붕괴하지 않는다. 이 효과는 종종 "물은 쳐다보고 있으면 절대 끓지 않는다"는 옛 속담으로 묘사된다. 진짜 물은 결국 끓을 것이다. 한 잔의 차가 절실하면 시간이 느리게 가는 것처럼 느껴질 뿐이다. 그러나 하이젠베르크가 지적한 것처럼, 양자세계에서 관찰(측정) 행위는 반드시 관찰되는 사물의 상태를 바꾼다.

제논의 역설이 생명에 어떤 의미가 있는지를 알아보기 위해 광합성에서 에너지 전달 단계로 다시 돌아가보자. 나뭇잎이 광자를 막 획득해서 그 에너지를 엑시톤으로 전환했다고 상상해보자. 고전물리학적으로 생각하면 엑시톤은 시간과 공간을 차지하는 입자다. 그러나 이중 슬릿 실험에서 밝혀진 것처럼, 양자 입자는 파동의 성질도 갖고 있어서 동시에 여러 장소에 존재할 수 있다. 물결의 파동이 여러 방향으로 동시에 전파될 수 있는 것처럼, 엑시톤의 파동성은 효과적인 양자 수송을 위해서 반드시 필요하다. 그러나 만약 양자의 파동이 잎의 내부에서 일어나는 결어긋남이라는 분자 잡음 걸림돌에 부딪히면, 파동성이 사라지고 하나의 위치에 묶여 있는 국지적인 입자가 될 것이다. 잡음은 지속적인 측정처럼 작용하고 매우 강렬해서, 엑시톤의 파동은 양자 결맞음의 도움으로 목적지에 도달하기 전에 대단히 빠르게 결어긋남을 일으킬 것이다. 양자의 파동을 끊임없이 고전세계로 무너뜨리는 것, 이것이 바로 양자 제논 효과다.

MIT 연구진은 세균 광합성 복합체에서 분자 잡음/진동의 영향을 추정하면서, 양자 수송의 최적 온도가 식물과 미생물이 광합성을 수행하는 온도와 비슷하다는 것을 발견했다. 이 연구진의 주장에 따르면, 이처럼 최적의 수송 효율이 유기체가 살아가는 온도와 완벽하게 일치한다는 것은 놀라운 일이며, 30억 년에 걸친 자연선택이 생물권에서 가장 중요한 생화학 반응을 최적화하기 위해서 엑시톤의 전달이라는 양자 수준의 진화 기술을 세밀하게 조정해왔다는 것을 암시한다. 이들은 최근 논문에서 "자연선택은 양자 결맞음이 최고의 효율을

양자 생물학

얻기에 '딱 맞는' 징도까지 양자계를 몰아가는 경향이 있다"고 주장했다.[4]

그러나 좋은 분자 진동은 백색 잡음에 한정되지 않는다. 엽록소 분자나 주변 단백질의 제한적인 진동에 의해 만들어지는 '유색' 잡음도 이제는 결어긋남의 발생 방지에서 중요한 역할을 하는 것으로 여겨지고 있다. 백색 열잡음을 주파수가 맞지 않은 라디오에서 나오는 잡음의 분자적 형태라고 한다면, 유색 잡음의 좋은 진동은 비치 보이스의 「굿 바이브레이션」에서 나오는 '밥-밥bop bop' 같은 단순한 추임새와 비슷하다. 그러나 엑시톤이 파동처럼 움직여서 그레이엄 플레밍의 연구진이 감지한 결맞음 양자 맥놀이를 만든다는 점도 기억하자. 마틴 플레니오의 연구진은 2012년과 2013년에 독일 울름 대학에서 발표한 두 편의 최신 논문을 통해서, 만약 엑시톤과 유색 잡음인 주변 단백질이 같은 박자에 맞춰 진동한다면, 엑시톤의 결맞음이 백색 진동에 의해 어긋날 때에는 단백질의 진동에 의해 다시 제 박자를 찾을 수 있다는 것을 증명했다.[5] 실제로 2014년 『네이처』의 한 논문에서 유니버시티 칼리지 런던의 알렉산드라 올라야카스트로가 아름다운 이론 연구를 통해서 증명한 바에 따르면, 엑시톤의 진동과 유색 잡음인 분자의 진동은 단일한 에너지의 양자를 공유하는데, 그 방식은 양자역학의 도움 없이는 아예 설명이 불가능하다.[6]

엑시톤의 수송에서 두 가지 분자 잡음의 기여를 제대로 이해하기 위해 다시 음악 비유로 돌아가서 광계가 하나의 오케스트라라고 상상해보자. 이 오케스트라에서 색소 분자는 다양한 악기 역할을 하고, 엑시톤은 선율이 된다. 음악이 바이올린 독주로 시작된다고 상상해보자. 바이올린에 해당되는 색소 분자가 광자를 포획해서 광자의 에너지를 진동하는 엑시톤으로 변환한다. 그다음 다른 현악기와 관악기가 이 엑시톤의 선율을 넘겨받고, 마지막에는 타악기로 이어진다. 여기서 타악기의 리듬은 반응 중심의 역할을 한다. 상상력을 좀더 발휘해서, 이 음악이 객석이 꽉 차 있는 극장에서 연주되고 있다고 해보자. 그러면 과자 봉지 여는 소리, 의자 끄는 소리, 헛기침과 재채기 소리 같은 청중이 만드는 백색 소음이 보태질 것이다. 지휘자의 소리는 유색 잡음이 될 것이다.

먼저 아주 시끄러운 연주회에 참석했다고 상상해보자. 객석의 소음이 너무 크면 연주자들은 동료 연주자와 자신의 소리를 들을 수 없다. 이런 소란 속에서 제1바이올린 주자가 연주를 시작하지만, 다른 연주자들은 연주를 듣지 못해서 멜로디를 이어받을 수 없다. 이것이 잡음이 너무 심할 때에는 양자의 수송이 방해를 받는다는 양자 제논 시나리오다. 그러나 소음이 매우 적을 때, 이를테면 청중이 없는 빈 극장에서는 연주자들이 서로의 소리에만 귀를 기울이므로 처음의 멜로디를 모두 듣고 연주를 이어간다. 이것은 반대로 양자 결맞음이 너무 과한 경우의 시나리오다. 여기서는 엑시톤이 계 전체에 걸쳐 진동하지만, 딱히 특별할 것도 없다.

자제력 있는 청중이 만드는 딱 적당량의 잡음만 있는 골디락스 영역에서는 약간의 소란이 연주자들에게 자극이 되므로, 연주자들은 단조로운 반복을 벗어나 온힘을 쏟아붓는 연주를 할 수 있다. 부산스러운 관객이 과자 봉지를 뜯는 소리에 음이 어긋날 때도 있겠지만, 지휘봉의 움직임을 따라서 연주는 다시 광합성이라는 음악과 맞춰질 수 있는 것이다.

양자생물학

생명의 원동력에 대한 고찰

—

2장에서 우리는 증기기관의 내부를 살펴봄으로써, 증기기관의 원동력이 당구공처럼 움직이는 수많은 분자의 무작위 운동을 가두어 실린더 내의 피스톤을 움직이는 격렬한 분자운동으로 바꾸는 것이라는 사실을 알았다. 그다음, 우리는 생명에 대해서도 증기기관을 움직이는 것과 동일한 '무질서로부터의 질서' 열역학 원리로 완전히 설명될 수 있는지에 관한 질문을 던졌다. 생명은 정교한 증기기관일 뿐일까?

많은 과학자는 그렇게 확신하고 있지만, 조금 더 정교한 방식의 수정이 필요할 것이라고 예상한다. 복잡성 이론complexity theory은 특정 형태의 무작위적인 카오스 운동이 자기조직화self-organization라는 현상을 통해서 질서를 만들어내는 경향을 연구한다. 이를테면 우리가 앞서 논의했던 것처럼, 액체 속의 분자들은 완전히 무질서하게 움직이고 있지만 욕조의 배수구를 통해 빠져나가는 물은 저절로 시계 방향이나 반시계 방향으로 흘러나간다. 이런 거시적 질서는 주전자 속에서 가열되고 있는 물의 대류 현상, 회오리바람, 목성의 대적점, 그 외 여러 자연 현상에서도 확인할 수 있다. 자기조직화는 몇 가지 생물학적 현상과도 연관이 있다. 이런 현상의 예로는 조류나 어류나 곤충류가 무리를 짓는 습성, 얼룩말의 줄무늬, 일부 나뭇잎의 복잡한 프랙털 구조를 들 수 있다.

이 모든 계에서 놀라운 점은 우리 눈에 보이는 거시적 질서가 분자 수준에서는 반영되지 않는다는 점이다. 만약 배수구로 흘러나가는 물 분자 하나하나를 볼 수 있는 강력한 현미경이 있다면, 그 물 분자들이 거의 완전히 무작위적으로 움직이고 있다는 사실에 놀라게 될 것이다. 이런 무작위 움직임에서 아주 살짝만 시계 방향이나 반시계 방향으로 치우쳐 있을 뿐이다. 분자 수준에서는 오로지 혼돈뿐이지만, 약간의 편향이 나타나는 혼돈은 거시적 수준에서 질서를 만들어낼 수 있다. 이 원리는 때로 혼돈 속의 질서order from chaos라고 불린다.[7]

혼돈 속의 질서는 에르빈 슈뢰딩거의 '무질서 속의 질서'와 개념적으로 무척 비슷하다. 이미 설명했듯이, 무질서 속의 질서는 증기기관의 원동력의 이면에 있는 원리다. 그러나 우리가 알아낸 것처럼, 생명은 다르다. 살아 있는 세포 내에서는 무수히 많은 무질서한 분자운동이 일어나지만, 효소와 광합성 계와 DNA 내부에서 일어나는 생명의 알짜 작용에서 기본 입자들의 움직임은 치밀하게 짜인 안무와 같다. 생명은 현미경적 수준에서는 고유의 질서를 갖고 있다. 따라서 '혼돈 속의 질서'는 생명 특유의 근본적 성질을 나타내는 유일한 설명이 될 수 없다. 생명은 결코 증기기관과 같은 것이 아니다.

그러나 최근 연구에서 제안된 바에 따르면, 어쩌면 생명도 양자 형태의 증기기관처럼 작동할지도 모른다.

증기기관의 작동 원리는 19세기에 사디 카르노라는 프랑스인에 의해 최초로 설명되었다. 그는 나폴레옹의 전쟁부 장관을 지낸 라자르 카르노의 아들이었다. 루이 16세의 공병대에서 장교로 재직하던 라자르 카르노는 왕이 처형된 뒤에 다른 많은 귀족 동료처럼 국외로 도망가지 않고 혁명에 동참했다. 전쟁부 장관으로서 그가 주로 담당한 일은 프러시아의 침공을 물리친 프랑스 혁명군을 창설하는 것이었다. 그러나 라자르는 탁월한 군사 전략가인 동시에 수학자였고, 시와 음악도 사랑했다(그는 아들의 이름을 중세 프러시아의 시인인 사디 시라지의 이름에서 땄다). 그리고 그는 기계가 한 에너지 형태를 다른 형태로 어

양자생물학

떻게 전환하는지에 관한 책을 쓴 공학자이기도 했다.

사디에게도 아버지와 비슷한 혁명적이고 민족주의적인 열정이 있었다. 그는 1814년에 파리가 다시 프러시아인들에게 포위당했을 때 학생 신분으로 파리 방어에 참여했다. 사디는 『불의 원동력에 대한 고찰 Reflections on the Motive Force of Fire』(1823)이라는 제목의 놀라운 책을 저술함으로써, 아버지의 공학적 통찰을 일부 증명하기도 했다. 이 책은 종종 열역학의 출발점으로 평가받곤 한다.

사디 카르노는 증기기관의 설계에서 영감을 얻었다. 그는 나폴레옹 전쟁에서 프랑스의 패인이 영국처럼 증기기관을 동력으로 삼아 중공업을 육성하지 않은 것에 있다고 믿었다. 그러나 영국은 증기기관을 발명하고 상업화하는 데에는 성공했지만, 증기기관의 설계는 대체로 시행착오와 기술자들의 직감에서 나온 것이다. 스코틀랜드의 발명가인 제임스 와트도 이런 기술자 가운데 한 사람이다. 부족한 것은 이론적 토대였다. 카르노는 이 상황을 바로잡기 위해서 증기기관차의 엔진 같은 열기관이 순환 과정을 거쳐 어떻게 작동할 수 있는지에 대한 수학적 설명을 내놓았다. 오늘날 이 순환 과정은 카르노 순환Carnot cycle이라고 알려져 있다.

카르노 순환은 열기관이 온도가 높은 곳에서 낮은 곳으로 어떻게 에너지를 전달하고, 에너지가 처음 상태로 돌아가기 전에 에너지의 일부가 어떻게 유용한 일에 활용되는지를 설명한다. 이를테면 증기기관에서는 뜨거운 보일러의 열이 응축기로 전달되어 냉각되는 과정에서 열에너지의 일부가 증기 형태로 피스톤을 움직이는 일을 하고, 그 결과 기관차의 바퀴가 굴러간다. 냉각된 물은 보일러로 돌아가서 다시 가열되어 새로운 카르노 순환을 할 준비를 한다.

카르노 순환의 원리는 산업혁명을 일으킨 증기기관에서부터 자동차를 움직이는 내연기관과 냉장고를 냉각시키는 전기모터에 이르기까지, 열을 이용해서 일을 하는 모든 종류의 엔진에 적용된다. 카르노는 이들 각각의 효율성을 보여주었다. 사실 그의 말처럼, "상상할 수 있는 모든 열기관"은 몇 가지 기본 원리에 의존한다. 게다가 그는 어떠한 고전 열기관도 카르노 한계Carnot limit라고 알려진 이론적 최대치를 능가할 수 없다는 것도 증명했다. 이를테면 100와트의 전력을 사용해서 25와트의 일률을 내는 전기모터는 효율이 25퍼센트이고, 공급된 에너지의 75퍼센트가 열로 소실되는 것이다. 고전 열기관은 그렇게 효율이 좋은 편은 아니다.

카르노 열기관의 원리와 한계는 유별나게 광범위해서, 일부 건물의 옥상에서 볼 수 있는 광전지에도 적용될 수 있다. 광전지는 빛에너지를 포획하여 전기로 전환한다. 이 책에서 묘사한 식물의 엽록소에 들어 있는 광세포도 생물학적 광전지라고 할 수 있다. 이런 양자 열기관은 고전 열기관과 하는 일은 비슷하지만, 열원은 빛의 광자이며 증기 대신 전자를 이용한다. 광자에서 처음 흡수된 전자는 더 높은 에너지로 들뜬 상태가 된다. 그다음에는 필요할 때 이 에너지를 유용한 화학 작용에 이용할 수 있다. 이 발상은 알베르트 아인슈타인의 연구로 거슬러 올라가며, 그 후 레이저 원리의 토대가 되었다. 문제는 이 전자들 중 많은 수가 이용될 기회를 얻기 전에 쓸모없는 열의 형태로 에너지를 잃는다는 것이다. 이 문제로 인해서 양자 열기관은 효율성에 한계가 있다.

광합성 복합체에서 진동하는 엑시톤의 최종 목적지가 반응 중심이라는 사실을 기억할 것이다. 지금까지는 에너지 전달 과정에 초점을 낮췄시만, 광합성의 진짜 작용은 반응 중심에서 일어난다. 여기에서 불안정한 엑시톤의 에너지는 전자 전달 분자의 안정적인 화학에너지로 변환되어 식물과 미생물이 더 많은 식물과 미생물을 만드는 따위의 유용한 작업에 이용된다.

반응 중심에서 일어나는 일은 엑시톤 수송 단계만큼이나 놀랍고, 더 신비롭기까지 하다. 산화라는 화학적 과정에 의해서 원자들 사이에서는 전자가 이동한다. 많은 산화 반응에서, 전자는 한 원자(산화되는 쪽)에서 다른 원자로 능동적으로 이동한다. 그러나 다른 산화 반응, 이를테면 석탄과 나무와 그 외 탄소를 기반으로 하는 연료의 연소에서는 처음에는 한 원자에만 들어 있던 전자가 나중에는 다른 원자들과 공유된다. 전자 공여체로 보면 전자의 순손실이 일어나는 셈이다(초콜릿을 나눠주면 순수한 내 몫의 초콜릿이 줄어드는 것과 같은 이치다). 따라서 공기 중에서 탄소가 연소될 때, 탄소의 제일 바깥쪽 궤도에 있는 전자들은 이산화탄소의 분자 결합을 형성하기 위해 산소와 공유된다. 이 연소 반응에서 탄소의 바깥쪽 전자들은 비교적 헐렁하게 결합되어 있으므로, 상대적으로 공유가 쉽다. 그러나 식물이나 미생물의 광합성 반응 중심에서는 에너지를 써서 전자가 훨씬 더 단단하게 결합되어 있는 물 분자에서 바로 전자를 떼어낸다. 간단히 말해서, H_2O 분자 한 쌍이 분해되면 O_2 분자 하나, 양전하를 띠는 수소 이온 네 개, 전자 네 개가 만들어진다. 여기서 물 분자는 전자를 잃기 때문에 반응 중심은 자연에서 물의 산화가 일어나는 유일한 장소다.

현재 텍사스의 A&M 대학과 프린스턴 대학에서 교수로 재직하고 있는 미국의 물리학자 말런 스컬리는 2011년에 여러 미국 대학의 동료들과 함께 표준 양자 열기관의 효율 한계를 능가하도록 설계된 가상의 양자 열기관을 명석한 방식으로 설명했다.[8] 이를 위해서, 분자 잡음은 전자가 동시에 두 가지 에너지 상태의 중첩을 일으키도록 자극하곤 한다. 그다음에 전자가 광자의 에너지를 흡수해서 '들뜬' 상태가 되면, 곧바로 (이제는 더 높아진) 두 에너지가 중첩된 상태가 될 것이다. 이제 전자가 원래 상태로 되돌아가고 그 에너지를 쓸모없는 열로 잃을 확률은 두 에너지 상태의 양자 결맞음 덕분에 줄어들 것이다. 이것은 4장에서 설명한 이중 슬릿 실험으로 만들어진 간섭무늬의 사례와 비슷하다. 슬릿을 하나만 열었을 때 원자가 닿았던 스크린의 특정 위치는 슬릿을 둘 다 열면 상쇄 간섭 때문에 닿을 수 없는 위치가 된다. 여기서는 분자 잡음과 양자 결맞음 사이의 정교한 조화가 양자 열기관이 비효율적인 열에너지의 손실을 줄이도록 조절해서 효율을 양자 카르노 한계 이상으로 증가시킨다.

그런데 이런 정교한 조절이 양자 수준에서 가능할까? 아원자 수준의 기술자가 있어야만 전자 하나하나의 에너지와 위치에 딱 알맞은 개입을 해서 유용한 경로를 따라서는 에너지의 흐름을 증가시키고 비효율적인 경로로는 흐름을 제거할 수 있을 것이다. 또 주위 분자의 백색 잡음도 조절해서 따로 노는 전자가 슬쩍 같은 장단에 맞추게도 해야 할 것이다. 그러나 너무 거세게 몰아붙이면 완전히 박자가 바뀌어 결맞음이 사라질 수도 있을 것이다. 분자의 질서를 이렇듯 세밀하게 조절해 아원자 세계에서 섬세한 양자 효과를 활용할 만한 곳이 이 우주에 있기는 할까?

스컬리의 2011년 논문은 완전히 이론적이었다. 아직까지 아무도 카르노의 한계를 뛰어넘는 에너지를 얻을 수 있는 양자 열기관을 만들지 못했다. 그러나 2013년, 스컬리의 연구진은 새로운 논문에서 광합

양자생물학

성 반응 중심에 관한 흥미로운 사실을 지적했다.⁹ 모든 광합성 반응 중심은 하나의 엽록소 분자가 아니라 양자 열기관을 곧바로 작동시킬 가능성이 있는 한 쌍의 엽록소 분자를 갖추고 있으며, 이 분자쌍은 특별한 한 쌍special pair이라고 알려져 있다.

특별한 한 쌍을 구성하는 두 엽록소 분자는 동일하지만, 이들이 박혀 있는 단백질 뼈대의 환경은 서로 다르며, 이 차이로 인해 두 분자는 진동수가 약간 다르다. 둘 사이에 음정이 살짝 다른 셈이다. 스컬리와 그의 동료 연구진이 후속 논문에서 지적한 바에 따르면, 이 구조는 광합성 반응 중심이 양자 열기관으로 작용하는 데 필요한 정확한 분자 구조를 제공한다. 연구자들의 증명을 통해서 봤을 때, 이 특별한 한 쌍의 엽록소는 양자 간섭을 활용해서 비효율적이고 낭비적인 에너지 경로를 방해함으로써 수용체 분자에 에너지를 전달하는데, 이 에너지의 효율은 카르노가 200년 전에 발견한 한계를 18~27퍼센트 정도 뛰어넘는 것으로 보인다. 그리 대단한 양이 아닌 것 같지만, 2010년에서 2040년 사이에는 전 세계 에너지 소비량이 약 56퍼센트 증가할 것으로 추정되고 있다. 그러면 그 차이만큼의 에너지 생산을 향상시킬 수 있는 기술 개발은 엄청난 관심을 끌 수 있을 것이다. 빠르게 발전하고 있는 이 분야에서, 이 발견은 아직 논란이 분분하다. 그러나 울름 대학에서 나온 더 최근 연구¹⁰에서는 양자 열기관 가설의 여러 측면이 확인되었다.

그래도 이 특별한 결과는 살아 있는 유기체가 생명이 없는 거대 기계를 거부하는 것처럼 보이는 양자세계에 어떻게 뿌리를 박고 있는지를 보여주는 또 하나의 놀라운 사례다. 당연히 이 시나리오에서도 양자 결맞음은 필수적이다. 그러나 2014년 7월에 네덜란드, 스웨덴, 러시아의 연구자들로 이루어진 연구진이 발표한 또 다른 최신 연구 결과에서는 식물의 제2광계 반응 중심●에서 양자 맥놀이를 감지하고, 이 반응 중심의 기능이 "양자로 설계된 광자 덫quantum-designed light traps"이라고 주장했다.[11] 광합성 반응 중심이 20억 년에서 30억 년 전 사이에 진화했다는 것을 기억하자. 그렇다면 식물의 역사 거의 전 기간에 걸쳐 식물과 미생물은 양자 추진 열기관을 활용한 것이다. 대단히 복잡하고 기발해서 오늘날까지도 인공적으로 재현할 방법을 알아내지 못한 이런 과정을 통해 탄소에 에너지를 주입하고, 그 결과로 미생물과 식물과 공룡과 우리를 형성하는 모든 생물질이 만들어진다. 사실 우리는 지금도 고대의 양자 에너지를 화석 연료의 형태로 채취해서, 난방을 하고 자동차를 굴리고 대부분의 현대 산업을 추진한다. 고대의 천연 양자 기술이 오늘날 인류의 기술에 가져올 잠재적 혜택은 그야말로 엄청나다.

따라서 광합성에서 잡음은 엑시톤을 반응 중심으로 전달하는 과정의 효율성 강화와 반응 중심에 도달한 태양에너지의 포획에 모두 유용한 것으로 보인다. 그러나 잡음이라는 분자적 단점을 양자적 장점으로 변모시키는 이런 능력은 광합성에만 국한되지 않는다. 2013년, 맨체스터 대학의 나이절 스크러턴 연구팀은 효소를 구성하는 보통 원자를 더 무거운 동위원소로 바꾸는 실험을 했다. 이들은 3장에서 다뤘던 실험에서 효소의 양성자 터널링을 연구했던 팀이다. 동위원소를 바꾸면 단백질 분자에 무게를 추가하는 효과를 내므로, 단백질의 진동수, 즉 유색 잡음이 바뀐다. 연구자들은 효소가 더 무거워

●식물의 광계는 제1광계와 제2광계로 나뉜다.

양자생물학

지면 양성사 터널링과 효소의 작용이 교란된다는 것을 알아냈다.[12] 이 결과는 더 가벼운 정상 상태의 효소에서 메트로놈처럼 정확하게 진동하는 단백질 뼈대가 터널링과 효소의 활동에 도움이 된다는 것을 암시한다. 캘리포니아 대학의 주디스 클린먼 연구팀도 다른 효소를 이용해서 이와 비슷한 결과를 얻었다.[13] 따라서 잡음은 광합성의 길잡이일 뿐 아니라, 효소의 작용 향상에도 연관이 있었다. 효소는 지구상 모든 생명체의 모든 세포 내에 들어 있는 모든 분자를 만드는 생명의 엔진이다. 어쩌면 "굿 바이브레이션"은 우리 모두가 살아가는 데 중요한 역할을 하고 있는지도 모른다.

고전적 폭풍의 양자 경계에 선 생명

—

바다에 떠 있는 배 위: 천둥 소리
— 윌리엄 셰익스피어, 『템페스트』, 제1막 1장, 첫 지문

이런 통찰들이 슈뢰딩거가 수십 년 전에 제기한 생명의 특성에 관한 질문에 답을 줄 수 있을까? 우리는 생명에 관한 그의 통찰을 이미 잘 알고 있다. 그에게 생명은 고도로 조직화된 유기체에서부터 열역학적 바다의 격랑을 지나 저 밑바닥에 위치한 양자 기반암으로 이어지는 질서가 지배하는 계다(그림 10.1). 게다가 결정적으로 이런 생명의 역학은 아슬아슬하게 균형을 유지하고 있어서, 파스쿠알 요르단이 1930년대에 예측한 것처럼 양자 수준의 사건이 거시적 세계에서 차이를 만들 수도 있다. 양자계에 대한 이런 거시세계의 민감성은 생명의

독특한 특징이다. 그래서 터널링, 결맞음, 얽힘 같은 양자 수준의 현상을 활용함으로써 우리를 확연히 다른 존재로 만든다.

이는 참으로 대단한 일이지만, 이런 양자세계의 활용은 결어긋남이 차단될 수 있어야만 가능하다. 그렇지 않으면 계는 양자적 특성을 잃고 완전히 고전적으로 행동할 것이다. 다시 말해서, '무질서 속의 질서' 규칙에 의존해서 열역학적으로 행동하는 것이다. 과학자들은 결어긋남을 방지하기 위해 그들의 양자 반응에 '잡음'이 끼어드는 것을 차단했다. 이 장에서는 생명이 이와는 전혀 다른 전략을 적용하는 것처럼 보인다는 것이 드러난다. 생명에서는 잡음이 결맞음을 방해하는 것이 아니라, 양자세계와 이어주는 수단으로 이용된다는 것이다. 6장에서 우리는 생명이 양자 수준의 사건에 의해 민감하게 변화하는 화강암 벽돌이라고 상상했다. 우리가 비유를 화강암 벽돌에서 거대한 범선으로 바꾼 이유는 곧 밝혀진다.

우리의 상상 속 범선은 처음에는 마른 뱃도랑에 있게 될 것이다. 좁다란 용골은 한 줄로 세심하게 배열된 원자들 위에서 절묘한 균형을 이루고 있다. 이렇게 위태로운 상태에서, 우리의 범선은 생체 세포처럼 원자 용골에서 일어나는 양자 수준의 사건에 민감할 것이다. 양성자의 터널링, 전자의 들뜬 상태, 원자의 얽힘 따위가 모두 배 전체에 영향을 줄 수 있다. 아마 마른 뱃도랑 위에서 유지하고 있는 절묘한 균형에 영향을 줄 것이다. 그러나 상상력을 좀더 발휘해서, 이 범선의 선장이 놀랍고 영리한 방법으로 결맞음, 터널링, 중첩, 얽힘 같은 섬세한 양자 현상을 활용할 수 있게 되었다고 해보자. 일단 배가 바다에 띄워지면 이 방법은 항해에 도움이 될 것이다.

그러나 우리의 배가 여전히 마른 뱃도랑에 있다는 것을 기억하자.

양자생물학

아직 이 배는 아무 네도 가지 않았다. 잠재적으로는 미묘한 균형 상태에서 양자 수준의 현상을 다룰 수 있지만, 지금은 아슬아슬하게 횃대 위에 서 있는 취약한 상태다. 상상할 수 있는 가장 약한 바람에도, 어쩌면 공기 분자 하나만 닿아도, 배 전체가 넘어갈지 모른다. 배를 똑바로 서 있게 해서 용골이 양자 사건에 대한 민감도를 유지하게 하는 문제에 대해, 아마 공학자는 배를 밀폐된 상자에 넣고 공기를 모두 빼서 이리저리 헤매는 당구공 같은 분자가 배를 건드리지 못하게 하는 방식으로 접근할 것이다. 또 공학자는 계 전체를 절대 0도 근처까지 냉각시켜서 분자의 진동조차 배의 미묘한 균형을 방해하지 못하게 할 것이다. 그러나 노련한 선장들은 배를 똑바로 서 있게 하는 다른 방법이 있다는 것을 알고 있다. 열역학적으로 요동치는 물속에 배를 띄우는 것이다.

우리는 배가 땅 위에서보다 물 위에서 똑바로 서 있기 더 쉽다는 것을 당연하게 여긴다. 그러나 이 문제를 분자 수준에서 생각해보면, 안정성이 증가한 이유가 금방 또렷하게 설명되지는 않는다. 마른 뱃도랑에서 배를 똑바로 서 있게 하는 공학자의 접근법은 아무렇게나 움직이는 원자나 분자로부터 선체를 보호하려는 것이다. 그러나 바다에는 아무렇게나 움직이는 원자와 분자가 가득하다. 이 원자와 분자는 우리가 2장에서 봤던 당구공과 같은 방식으로 충돌하거나 배의 용골에 부딪힐 것이다. 육지에서는 작은 충격에도 넘어갈 정도로 아슬아슬하게 균형을 잡고 있던 배가 어떻게 물속에서는 태평하게 서 있는 것일까?

그 해답은 다시 슈뢰딩거가 묘사한 '무질서 속의 질서' 규칙에서 찾을 수 있다. 물 위에 떠 있는 배의 뱃전에는 무수한 분자가 충돌할 것이다. 물론 이 배는 더 이상은 좁디좁은 용골로 균형을 잡고 서 있는 게 아니라 물의 부력에 의해 떠 있으며, 배의 양쪽 현에는 엄청난 충격이 가해진다. 이물과 고물, 또는 좌현과 우현에 가해지는 평균적인 힘은 같을 것이다. 그래서 물에 떠 있는 배는 수많은 분자가 무작위로 충돌하기 때문에 넘어가지 않는다. 무질서(무작위로 돌아다니는 당구공 같은 수많은 분자) 속의 질서(수직으로 서 있는 배)인 것이다.

그러나 깊은 바다에서도 배는 당연히 넘어갈 수 있다. 한 선장이 폭풍이 휘몰아치는 바다에 배를 띄운다고 상상해보자. 아직 돛을 올리지 않은 배 주위에는 파도가 일렁인다. 배를 뒤흔드는 파도는 더 이상 무작위 운동이 아니며, 금방이라도 배를 넘어가게 할 커다란 너울이 어느 방향에서 밀려올지 모른다. 그러나 배의 안정성을 증가시키는

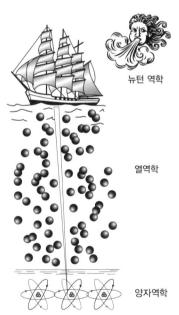

그림 10.2 생명은 양자세계와 고전세계의 경계에서 항해를 하고 있다. 생체 세포는 배와 같다. 이 배의 좁은 용골은 실재의 양자 층과 곧장 연결되어, 생명 유지를 위한 터널링이나 얽힘 같은 현상을 이용할 수 있다. 양자 영역과의 이런 연결을 능동적으로 유지하기 위해서 생체 세포는 열역학적 폭풍우, 즉 분자 잡음을 이용한다. 분자 잡음은 양자 결맞음을 붕괴시키는 것이 아니라 오히려 유지시켜준다.

양자생물학

빙법을 알고 있는 우리의 영리한 선장은 돛을 올려서 바람의 힘을 다룰 수 있다. 그래서 배는 계속 서 있을 수 있다(그림 10.2).

얼핏 보면 이 전략은 모순처럼 보인다. 우리가 생각하기에, 우연히 불어오는 바람이나 예기치 못한 돌풍은 이미 불안정한 배를 안정화시키기보다는 쓰러뜨릴 것 같다. 특히 이런 바람이 마구잡이로 불지 않고 배의 한쪽 면에 더 큰 힘을 가하는 경향이 있을 때에는 더욱 그럴 것이다. 그러나 선장은 돛의 각도와 키의 방향을 어떻게 조절해야 하는지를 알고 있어서, 바람과 해류의 작용을 이용해 돌풍과 강풍 때문에 배가 한쪽으로 기울어지는 것을 막는다. 이런 방식으로, 선장은 주위의 폭풍을 이용해서 배를 안정시킬 수 있다.

생명은 거센 폭풍이 부는 바다 위를 항해하는 배와 비슷하다. 이 배에는 거의 40억 년의 진화로 다듬어진 유전 프로그램이라는 노련한 선장이 타고 있어서 다양한 깊이의 양자 영역과 고전 영역을 항해할 수 있다. 생명은 폭풍우를 피하기보다는 끌어안는다. 분자의 돌풍과 강풍을 모아서 돛을 부풀리는 것이다. 그렇게 생명이라는 배를 똑바로 세워서, 좁은 용골이 열역학의 바닷물을 지나서 양자세계와 닿게 한다(그림 10.2). 생명의 깊은 뿌리는 양자세계의 경계를 배회하는 기이한 현상들을 다룰 수 있게 해준다.

이 추측은 생명이 진짜 무엇인지에 대한 새로운 통찰을 우리에게 제공할까? 뭐, 다른 추측도 있다. 이것은 정말로 추측에 불과하지만, 지금까지는 이런 추측을 할 수밖에 없다는 점을 강조하고자 한다. 생물과 무생물의 차이에 관해서 우리가 2장에서 제기한 문제를 떠올려 보자. 고대인들은 그 차이를 영혼으로 설명했다. 죽음은 몸에서 영혼이 빠져나가는 것이라고 믿었다. 데카르트의 기계론적 철학은 적어도 식물과 동물에서는 생기론을 몰아내고 영혼을 폐기시켰지만, 삶과 죽음의 차이는 여전히 불가사의로 남아 있었다. 생명에 대한 우리의 새로운 이해는 영혼을 양자 '생명의 불꽃'으로 대체할 수 있을까? 많은 이가 이런 문제 제기 자체를 수상쩍게 여길 것이다. 전통 과학의 테두리 안에서 존중하지 않고, 사이비 과학이나 심지어 영성의 영역에 속한다고 치부한다. 우리가 여기서 제안하는 것은 그런 게 아니다. 우리가 제안하고자 하는 것, 우리가 바라는 것은 신비적이고 형이상학적인 추측을 티끌만큼이라도 과학적인 학설로 바꾸는 것이다.

2장에서 우리는 고도로 조직된 상태를 보존하는 생명의 능력을 특별히 고안된 당구대에 비교했다. 당구대의 중심에 삼각형 모양으로 당구공이 배열되어 있는 이 당구대는 열역학적 방식의 계에서 다른 당구공과의 충돌로 인해 빠져나가는 당구공을 감지하고 대체함으로써 삼각형 배열을 유지할 수 있다. 이제 생명의 작동 방식에 대해 더 많은 것을 알게 된 우리는 이런 자기지속성self-sustainability을 유지시켜주는 것이 효소, 색소, DNA, RNA, 그 외 다른 생체분자 같은 복잡한 분자 기계이며, 어떤 분자 기계의 성질은 터널링과 결맞음과 얽힘 같은 양자역학적 현상에 의해 결정된다는 것도 알 수 있다.

이 장에서 살펴본 최근의 증거들이 암시하는 바는, 분주한 배의 갑판에서 일어난다고 상상한 다양한 양자 추진 활동의 일부 또는 전부가 더 심원한 양자 영역과 연결의 끈을 놓지 않기 위해서 열역학의 폭풍을 솜씨 있게 다루는 생명의 놀라운 능력에 의해 유지된다는 것이다. 하지만 만약 열역학의 폭풍이 너무 거세게 불어서 돛대가 부러지면 어떻게 될까? 더 이상 열역학의 바람, 즉 백색 잡음과 유색 잡음을 이용해서 안정을 유지할 수 없을 것이다. 돛이 없는 세포는 세포 내의 피도와 너울에 떠밀려 요동치다가 결국에는 질서정연한 양자 영역과의 연결이 끊어진다(그림 10.3). 이 연결이 끊어지면, 결맞음이나 얽힘이나 터널링이나 중첩은 더 이상 세포의 거시적 행동에 영향을 줄 수 없다. 그러므로 양자세계와 단절된 세포는 열역학이 소용돌이 치는 물속에 침몰해서 영원히 고전세계의 대상이 된다. 일단 배가 침 몰하면 아무리 폭풍이 휘몰아쳐도 배를 다시 띄울 수 없다. 만약 살 아 있는 유기체가 분자운동이라는 폭풍이 몰아치는 바다에 사로잡힌 다면, 어떤 거센 바람도 그 유기체의 양자 연결을 회복시키지 못한다.

양자생물학을 활용해서 새로운 생명 기술을 만들 수 있을까?

폭풍은 가라앉은 배를 다시 띄울 수 없지만, 인간은 그럴 수 있다. 인간의 독창성은 무질서한 힘보다 훨씬 뛰어난 것을 이룰 수 있다.

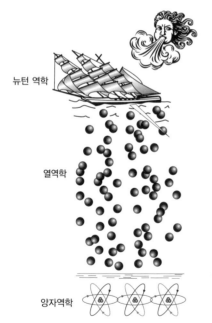

그림 10.3 죽음은 살아 있는 유기체가 질서정연 한 양자 영역과 단절되고, 무작위적인 열역학의 힘에 전혀 저항할 수 없는 상태라고 설명할 수 있을 것이다.

9장에서 설명한 것처럼, 고물 야적장에 무심코 불어온 바람에 오로지 우연만으로 점보제트기가 조립될 확률은 엄청나게 적다. 그러나 항공 기술자들은 비행기를 만들 수 있다. 인간은 생명도 조립할 수 있을까? 이 책에서 몇 번 지적했듯이, 단순한 화학물질로 생명을 만드는데 성공한 사람은 아직까지 아무도 없다. 리처드 파인먼의 유명한 말에 따르면, 이것은 우리가 아직 생명 현상을 완전히 이해하지 못했다는 의미다. 그러나 어쩌면 최근에 새롭게 알게 된 양자생물학에 대한 이해는 우리에게 새로운 생명을 창조할 수단을 제공할 수 있으며, 더 나아가 파격적인 형태의 생명 기술living technology도 만들어낼 수 있다.

물론 생명 기술은 우리에게 친숙하다. 우리는 농경이라는 형태의 생명 기술에 전적으로 의존해서 식량을 얻는다. 우리는 생명 기술의 산물에도 의존한다. 빵, 치즈, 맥주, 포도주 같은 이런 산물은 밀가루, 우유, 곡물, 과일즙을 효모와 세균을 이용해서 변형시킨 것이다. 현대 세계는 예전에 살았던 세포의 무생물적 산물에서도 비슷한 혜택을 얻는다. 이런 산물의 예로는 메리 슈바이처가 공룡 뼈를 분해하기 위해 사용한 효소를 들 수 있다. 비슷한 효소는 천연 섬유질을 분해해서 섬유를 만드는 데에도 이용되고, 생화학 세탁 세제에 첨가되기도 한다. 기백만 달러 규모의 생명공학과 의약 산업에서는 자연에서 얻은 수백 가지 상품을 생산하고 있는데, 감염으로부터 우리를 보호하는 항생제 같은 것이 이런 상품에 속한다. 에너지 산업은 미생물의 능력을 활용해서 여분의 생물질을 생화학 연료로 바꾼다. 목재와 종이 같은 현대 생활을 지탱하는 많은 물질이 한때는 생물이었고, 가정의 난방과 자동차의 동력을 담당하는 화석 연료 역시 마찬가지다. 그러므로 21세기에 들어선 지금까지도, 우리는 수천 년 묵은 생명 기술에 유난스러울 정도로 의존하고 있는 것이다. 이 이야기가 다소 의심스럽다면, 우리가 생활 기술을 파괴하는 경솔함을 저질렀을 때에 펼쳐질 암울한 세계를 묘사한 디스토피아적 소설인 코맥 매카시의 『로드the Road』를 읽어보길 권한다.

그러나 기존의 생명 기술에는 한계가 있다. 이를테면 앞서 설명한 것처럼 광합성 과정의 어떤 단계들은 대단히 효율적이지만 대부분은 그렇지 않다. 그래서 태양에너지를 우리가 농경을 통해 수확할 수 있는 화학에너지로 전환하면, 전체적인 에너지 효율은 대단히 낮다. 그 이유는 생물과 미생물이 우선적으로 처리해야 하는 중요한 문제가 우리와는 다르기 때문이다. 식물은 꽃과 씨를 만드는 따위의 비효율적인 일을 수행해야 한다. 이런 일들은 에너지를 얻기 위해서는 그다지 필요하지 않지만, 식물의 생존을 위해서 반드시 해야만 한다. 항생제나 효소나 약품을 만드는 미생물도 낭비가 심하기는 마찬가지다. 진화를 통해서 행동 강령을 다듬어온 미생물은 불필요한 것을 많이 만들 수밖에 없다. 이를테면 더 많은 미생물 세포 같은 것 말이다.

생명을 조작해서 우리의 계획을 따르게 만들 수는 없을까? 당연히 할 수 있다. 그리고 이미 인류는 야생 동식물을 성공적으로 변형시켜서 인간의 활용을 위해 최적화된 가축과 작물을 만들어 엄청난 혜택을 누리고 있다. 그러나 식물의 씨앗을 더 커지게 하거나 농경에 적합한 유순한 동물을 우리에게 안겨준 인위적 선택의 과정은 대단히 성공적이기는 하나 나름의 한계가 있다. 우리는 자연에 이미 존재하는 것 중에서만 선택할 수 있다. 이를테면 집약 농업으로 질소가 고갈된 토양에 질소를 보충하고자 하는 비료에 해마다 수십억 달러가 쓰이고 있다. 그러나 완두콩 같은 콩과식물은 질소 비료가 필요 없다. 콩과

식물의 뿌리에는 공기 중의 질소를 곧바로 고정하는 세균이 살고 있기 때문이다. 만약 우리가 완두콩처럼 스스로 질소를 고정할 수 있는 곡식을 만드는 게 가능하다면, 농업은 훨씬 더 효율적일 수 있을 것이다. 그러나 콩과식물 이외에 이런 능력을 진화시킨 곡식은 없었다.

그래도 부분적으로는 이런 한계도 극복할 수는 있다. 20세기 후반에는 식물과 미생물, 심지어 동물의 유전자 조작(유전공학)도 시작되었다. 오늘날 콩 같은 주요 작물은 질병이나 제초제에 내성을 지니도록 유전자 조작된 식물에서 수확되는 양이 무척 많은 편이며, 곡물에 질소 고정 유전자를 삽입하려는 따위의 노력도 진행 중이다. 마찬가지로 생물공학 산업에서도 유전적으로 조작된 미생물에 주로 의존해서 의약품과 항생제를 생산하고 있다.

그렇다고 하더라도, 역시 한계가 있다. 유전공학은 대체로 한 종에서 다른 종으로 유전자를 옮기는 것일 뿐이다. 이를테면 벼는 잎에서만 비타민 A(베타카로틴beta carotene)를 만들고 종자에서는 만들지 않는다. 그래서 많은 개발도상국의 주식이 되는 벼에는 비타민 A가 거의 들어 있지 않다. 비타민 A는 우리의 면역계와 시각을 위해 꼭 필요한 영양소이므로, 쌀을 주식으로 삼는 가난한 지역에서는 해마다 수백만 명의 어린이가 비타민 A 결핍으로 인한 감염으로 죽거나 시력을 잃는다. 1990년대에 프라이베르크 대학의 페터 바이어와 취리히에 위치한 스위스 연방 공과대학의 잉고 포트리쿠스는 수선화와 미생물에서 채취한 두 종류의 비타민 A 생산 유전자를 벼의 유전체에 삽입해서 비타민 A의 함량이 높은 쌀을 생산하는 벼를 만들었다. 벼의 색이 노랗다고 해서 황금벼golden rice라고 명명된 이 벼는 이제 어린이들이 필요로 하는 일일 비타민 A 요구량의 대부분을 공급할 수 있다. 유

양자생물학

전공학은 대단히 성공적인 기술이기는 하지만, 사실 생명을 어설프게 다루는 임시변통에 지나지 않는다. 합성생물학이라는 새로운 과학의 목표는 완전히 새로운 형태의 생명을 만듦으로써 생명 기술의 진정한 혁명을 이루는 것이다.

합성생물학에는 두 가지 상보적인 접근법이 있다. 먼저 하향식 접근법이 있다. 이 접근법은 앞서 유전체 서열 분석의 선구자인 크레이그 벤터가 이른바 '합성 생명'을 어떻게 만들었는지를 다루면서 이미 만난 적이 있다. 벤터는 미코플라즈마라는 세균의 유전체를 화학적으로 합성한 같은 종류의 유전체로 대체했는데, 이런 유전체 교환 덕분에 그의 연구팀은 미코플라즈마 유전체 전체를 비교적 수월하게 변형할 수 있었다. 그러나 이 합성 생명체는 여전히 미코플라즈마였다. 이들은 미코플라즈마의 생물학적 특징에는 어떤 급진적인 변형도 일으키지 않았다. 앞으로 몇 년에 걸쳐, 벤터의 연구팀은 유전공학적 방법으로 더 급진적인 변화를 일으키려는 계획을 수립하고 있다. 그러나 이런 변화는 하향식 합성생물학 접근법에서 한 단계씩 도입될 것이다. 이 연구팀은 새로운 생명체를 만들지 않았다. 기존 생명체를 변형했을 뿐이다.

두 번째는 훨씬 더 급진적인 상향식 접근법이다. 상향식 합성생물학의 목표는 기존 유기체를 변형하기보다는 무생물인 화학물질에서 완전히 새로운 생명 형태를 만들어내는 것이다. 많은 이가 이런 시도는 위험하다고 생각할 것이고, 심지어 신성모독이라고 여길 수도 있다. 이 방법이 실현 가능할까? 우리 같은 살아 있는 유기체는 엄청나게 정교한 기계 장치다. 여느 기계처럼, 분해해서 설계 원리를 알아내기 위한 역공학reverse engineering도 가능하다. 그리고 이 설계 원리를 이용해서 더 나은 기계 장치를 만드는 것도 가능할 것이다.

상향식 접근법으로 생명 만들기

—

상향식 합성 생명체의 열렬한 지지자들은 세상을 변모시킬 수 있는 완전히 참신한 생명체를 꿈꾼다. 이를테면 오늘날의 건축가들은 지속 가능성이라는 개념에 사로잡혀서 지속 가능한 집, 사무실, 공장, 도시를 만들고자 한다. 오늘날의 건물이나 도시는 종종 자체적으로 지속 가능하다고 묘사되곤 하지만, 이는 대체로 스스로 지속 가능한 존재인 인간의 기술이나 노력에 의존해서 상태를 유지하고 있는 것이다. 기와가 바람에 날아가면 수리업자에게 맡겨서 지붕을 고친다. 수도 배관에서 물이 새면 배관공을 부른다. 차가 망가지면 차를 견인해서 정비공에게 가져간다. 바람과 비와 다른 환경이 일으키는 당구공 같은 분자의 충돌로 인해서 우리의 집과 기계에 가해지는 손상을 보수하기 위한 이런 유지는 모두 본질적으로 인간의 손을 빌려야 한다.

생명은 다르다. 우리 몸은 손상되거나 노후한 조직을 교체하거나 수선함으로써 스스로를 지속적으로 유지할 수 있다. 살아 있는 동안, 우리는 진정으로 스스로 지속 가능하다. 현대 건축은 최근 몇 년 동안 많은 주요 건물에서 생명의 특징에 대한 모방을 시도해왔다. 이를테면 2003년 런던의 스카이라인에 덧붙여진 노먼 포스터의 '거킨Gherkin' 타워는 비너스꽃바구니해면Venus Flower Basket Sponge에서 영감을 받은 육각형 외관을 갖고 있는데, 이 구조는 건물의 압력을 효과적으로 분산시킨다. 믹 피어스라는 건축가가 설계한 짐바브웨 하라레의 이스트게이트 센터Eastgate Centre는 흰개미집의 공기 조절 방식을 모방한 환기와 냉방 시스템을 갖추고 있다. 그리니치 대학의 건축 연구 집단인 AVATAR의 공동 대표인 레이철 암스트롱은 더 대담한 구상을 하고 있다. 진짜 스스로 지속 가능한 건물, 궁극적인 생물학적 건축물을 만드는 것이다. 그녀는 건축계의 다른 몽상가 몇 명과 함께, 살아 있는 인공 세포를 가지고 자가 수리와 자기복제를 하면서 살아갈 수 있는 건축물을 만들려는 구상을 하고 있다.[14] 이런 살아 있는 건물은 만약 비바람이나 홍수로 인해서 손상을 입으면, 마치 살아 있는 유기체처럼 손상을 감지하고 스스로 보수를 할 것이다.

암스트롱의 생각은 우리 생명체의 다른 종합적인 특성을 강화하는 쪽으로 확장될 수도 있을 것이다. 생명체의 물질은 인공사지나 인공관절 같은 보철물을 만드는 데 쓰일 수도 있다. 이런 보철물이 마치 생체 조직처럼 자가 수리를 하고 미생물의 공격을 스스로 방어할 수도 있을 것이다. 심지어 인공 생명체는 체내에 주입되어서 암세포를 찾아내 파괴하는 따위의 일을 할 수 있을지도 모른다. 의약품과 연료와 식량이 진화 역사에 전혀 구애를 받지 않고 모두 맞춤으로 제작된 합성 생물체에서 만들어질 수도 있다. 더 미래에는 공상과학에 등장하는 살아 있는 로봇인 안드로이드android가 사회에서 천시하는 일을 도맡거나, 인간 정착민이 살 수 있도록 화성을 "지구처럼 조성terraform"하거나, 은하를 탐험할 수 있는 생체우주선living spaceship을 건조할지도 모른다.

상향식 합성 생명체 제작에 대한 생각은 20세기 초반까지 거슬러 올라갈 수 있다. 프랑스의 생물학자인 스테판 르뒤크는 다음과 같이 썼다. "합성 화학이 가장 단순한 유기화합물의 인공적인 합성에서 시작했듯이, 생물학적 합성도 우선은 가장 하등한 유기체와 비슷한 형태를 만드는 데 만족해야 할 것이다."[15] 9장에서 설명했듯이, 현존하는 가장 "하등한 유기체"조차 수천 가지 부분으로 구성된 대단히 복잡한 세균이며, 이 부분들은 오늘날 우리가 상상할 수 있는 그 어떤 상향식 접근법으로도 합성할 수 없다. 생명은 세균보다 훨씬 더 단순한 뭔가에서부터 시작했던 것이 틀림없다. 우리의 궁극적 조상에 대한 오늘날 가장 유력한 추측은 자기복제를 하는 효소 RNA(리보솜)나 단백질 분자가 일종의 작은 주머니로 둘러싸여서 자기복제를 하는 단순한 세포 구조인 원시세포protocell를 형성했다는 것이다. 이런 원시세포가 정말로 존재했다고 하더라도, 그 특성은 분명하지 않다. 많은 과학자는 원시세포가 9장에서 만났던 이수아의 암석 같은 암석의 미세한 구멍에 살았고, 이런 구멍 속에는 생명을 지탱할 수 있는 단순한 생화학물질이 가득했을 것이라고 확신한다. 또는 원시 바다에서 막에 둘러싸여 떠다니던 생화학물질 방울이었을 것이라고 믿는 과학자들도 있다.

대부분의 상향식 합성 생명체 주창자들은 생명의 기원설에서 영감을 얻어 실험실 속 원시 바다에서 유영할 수 있는 살아 있는 인공 원시세포를 만들려고 시도한다. 아마 가장 단순한 형태는 물속에 떠 있는 기름방울이나 기름 속에 떠 있는 물방울일 것이다. 이런 것들은 쉽게 만들 수 있다. 사실 이런 작은 방울은 우리가 샐러드드레싱을 만들 때마다 수백만 개씩 만들어진다. 물과 기름이 섞이지 않고 금세 분리된다는 사실은 잘 알려져 있다. 그러나 만약 물과 기름 사이에 끼어들 수 있는 분자를 함유한 물질, 즉 겨자 같은 계면활성제를 추가하면, 샐러드드레싱을 만들 수 있다. 샐러드드레싱은 균일하게 고루 잘

양자생물학

섞여 있는 것처럼 보이지만, 실상은 수조 개의 미세한 기름방울이 안정된 상태로 있는 것이다.

덴마크 남부대학의 마르틴 한치크는 물속의 작은 기름방울을 세제로 안정시켜서 생명과 놀라울 정도로 닮은 원시세포를 만들었다. 그의 원시세포는 대단히 단순해서, 다섯 가지 화학물질로만 구성되기도 한다. 이 화학물질들을 정확한 비율로 혼합하면, 작은 기름방울이 저절로 만들어진다. 기름방울의 내부는 단순한 화학적 특징을 지탱하며, 이 원시세포가 대류(열의 순환)와 처음에 기름방울의 융합을 일으킨 것과 같은 종류의 화학적 힘을 추진력으로 환경 속에서 움직일 수 있게 해준다. 이 원시세포는 주위 환경에서 원료를 흡수해 단순한 형태의 성장과 자기복제를 할 수도 있고, 결국에는 둘로 갈라질 수도 있다.[16]

안쪽이 지질이고 바깥쪽이 물인 한치크의 원시세포는 생체 세포와 비교하면 안팎이 뒤바뀐 상태다. 대부분의 다른 연구자는 내부가 물로 이루어진 원시세포를 만드는 쪽을 선택한다. 이런 원시세포는 기존의 수용성 생체분자로 채울 수 있다. 이를테면 2005년에 유전학자인 잭 쇼스택은 RNA 리보자임으로 원시세포를 채웠다.[17] 리보자임은 DNA처럼 유전 정보를 암호화할 수 있지만 효소로도 활동할 수 있는 RNA 분자다(9장). 이 연구진은 리보자임이 가득한 원시세포가 단순한 형태의 유전을 할 수 있다는 것을 보여주었고, 본질적으로 이 원시세포는 한치크의 원시세포처럼 둘로 나뉘었다. 2014년, 네덜란드 라드바우트 대학의 세바스티앙 르코만두가 이끄는 한 연구팀은 다른 종류의 원시세포를 만들었다. 여러 구획으로 나뉘어 있는 이 원시세포에서 각 구획을 채우고 있는 효소는 생체 세포처럼 단순한 물질대사를

수행할 수 있는데, 이 물질대사는 한 구획에서 다른 구획으로 단계적으로 이어진다.[18]

이런 역동적이고 화학적으로 활성화된 원시세포는 확실히 흥미롭고 인상적인 구조다. 그러나 이것이 생명일까? 이 질문에 답하려면, 우리는 먼저 생명의 실용적 정의working definition에 대해 합의해야 한다. 먼저 자기복제는 확실히 여러 목적에서 좋지만, 너무 지나친 요구이기도 하다. 불교 승려나 가톨릭 사제는 (대체로) 자기복제라는 골치 아픈 일에 얽매이지 않지만, 그래도 지극히 살아 있는 상태다. 따라서 자기복제는 한 종의 장기적인 생존을 위해서는 당연히 필요한 것이지만 생명에 강제되는 특성은 아니다.

자기복제보다 더 근본적인 생명의 특성에 대해 우리는 이미 앞서 논의했다. 바로 생체모방 건축물이 흉내 내기 위해 애썼던 자기지속 가능성이다. 생명은 살아 있는 상태를 지속할 수 있다. 따라서 우리의 상향식 원시세포가 생명체로 분류되기 위한 최소한의 요건은 소용돌이치는 열역학의 바다에서 스스로를 유지할 수 있어야 한다는 것이다.

안타깝게도, 이렇게 더 제한적인 생명의 정의를 이용하면, 기존의 원시세포 중에서 살아 있다고 말할 수 있는 것은 아무것도 없다. 이 원시세포들이 간단한 형태의 복제(둘로 갈라지는 것) 같은 몇 가지 재주를 부릴 수 있다지만, 이렇게 만들어진 딸세포는 부모세포와 같지 않고, 처음에 들어 있던 리보자임이나 효소 같은 성분은 줄어든다. 따라서 복제가 진행되는 동안 이런 성분은 결국 고갈된다. 마찬가지로 르코만두의 연구진이 만든 것과 같은 원시세포는 단순한 유기체가 하는 것과 비슷한 물질대사를 지탱할 수는 있지만, 활성화된 생체분자를 스스로 공급할 수 없으므로 채워주어야만 한다. 현 세대의 원시

세포들은 태엽 시계와 같다. 이미 만들어져 있는 효소와 기질을 떨어지기 전에 공급해서 화학적으로 시동을 걸어주어야 유지가 가능하기 때문이다. 그 후로는 주위의 분자운동으로부터 지속적으로 난타를 당해서 원시세포의 구조가 약해지고, 점차 무질서해지다가 결국에는 주위 환경과 아무 차이가 없어진다. 생명체와 달리, 인공의 원시세포는 스스로 태엽을 감지 못한다.

빠진 구성 성분이 있는 것일까? 이 분야는 이제 시작 단계에 불과하며, 큰 진전을 보려면 수십 년이 걸릴지도 모른다. 이 책의 마지막 부분에서 우리가 지금 살펴보고자 하는 생각은 인공 생명에 생기를 불어넣고 진정한 합성 생명체를 만들기 위해 필요한 불꽃을 양자역학이 피울 수 있는지에 관한 것이다. 이런 진전은 혁명적 기술의 출발일 뿐만 아니라, 우리가 2장에서 제기했던 오랜 질문의 답을 찾을 수단을 마침내 제공할지도 모른다. 그 질문은 바로 '생명이란 무엇인가?'이다.

우리와 다른 과학자들의 주장하는 바는, 생명을 열역학적으로만 묘사하면 양자 영역을 이용하는 생명의 능력을 포함시키지 않는 것이기 때문에 불충분하다는 것이다. 우리는 생명이 양자역학에 의해 결정된다고 믿는다. 그런데 우리의 생각은 과연 옳을까? 앞서 논의한 것처럼, 오늘날 우리의 기술로는 아직 증명하기 어렵다. 생체 세포에서 양자역학의 활성화를 자유자재로 조절할 수 없기 때문이다. 그러나 우리가 예측하기에, 인공적이든 자연적이든, 생명은 우리가 이 책에서 다룬 양자세계의 기이한 특징 없이는 불가능할 것이다. 우리가 옳은지를 밝힐 수 있는 유일한 방법은 양자세계의 기이함을 갖춘 합성 생명체와 (가능하다면) 그렇지 않은 것을 만든 다음, 어떤 것이 더 잘 작동하는지를 확인해보는 것이다.

원시적인 양자 원시세포의 첫 출발

—

완전한 무기물에서 단순한 생체 세포를 만든다고 상상해보자. 어쩌면 이 세포는 실험실에 조성된 일종의 원시 바다에서 먹이를 찾는 따위의 단순한 작업을 수행할 수 있을지도 모른다. 우리의 목표는 두 가지 방식으로 작동하는 원시세포를 만드는 것이다. 하나는 양자역학의 기이한 특성을 이용할 방법을 모색하는 것이다. 우리는 이런 원시세포를 양자 원시세포quantum protocell라고 부를 것이다. 이런 방법을 모색하지 않는 다른 원시세포는 고전 원시세포classical protocell가 될 것이다.

두 가지 원시세포의 출발점으로는 여러 구획으로 나뉘고 막으로 둘러싸인 세바스티앙 르코만두의 원시세포가 바람직할 것이다. 이 원시세포를 이용하면 각각의 구획을 별개의 기능으로 분리할 수 있을 것이다. 다음으로는 이 원시세포에 공급할 에너지원이 필요하다. 풍부한 고에너지 광자인 태양빛을 활용하자. 구획 중 하나에 단백질 뼈대를 만들고 색소를 가득 채워서 광자를 포획할 수 있는 태양광 패널을 만들며, 광자의 에너지를 엑시톤으로 전환하는 것이다. 일종의 인공 엽록체인 셈이다. 그러나 마구 뒤섞여 있는 색소 분자는 광합성 특유의 고효율 에너지 수송을 할 수 없을 것이다. 이런 뒤죽박죽 상태로는 효율적인 에너지 수송에 필요한 양자 결맞음을 유지할 수 없기 때문이다. 색소 분자가 방향을 정하는 데 필요한 양자 맥놀이를 정확히 포착해야만 계 전체에 결맞은 파동이 흐를 수 있다.

2013년, 양자 광합성의 선구자인 그레그 엥겔이 이끄는 시카고 대학 연구팀은 이 문제를 해결하기 위해 색소 분자들을 화학적으로 단난히 고정시켜서 가지런히게 배열했다. 엥겔이 처음 양자 결맞음을 감지했던 해조류의 FMO 복합체(4장)처럼, 이들의 인공 색소계는 결맞은 양자 맥놀이를 나타냈고 이 상태는 실온에서 수십 펨토초 동안 지속되었다.[19] 따라서 우리의 양자 원시세포의 태양광 패널에 결맞음-강화 엑시톤을 공급하려면, 엥겔의 방식으로 배열이 고정된 색소 분자들이 필요하다. 고전적인 광세포에도 같은 색소가 들어가겠지만, 이 색소들은 마구잡이로 배열되어 있으므로 엑시톤은 아무렇게나 돌아다닐 것이다. 그렇기 때문에 우리는 광합성에서 엑시톤을 전달하는 데 양자 결맞음이 반드시 필요한지 없어도 되는지를 검증할 수 있다.

그러나 우리가 확인했듯이, 빛의 포획은 광합성의 첫 단계일 뿐이다. 다음 단계에서는 불안정한 엑시톤 에너지를 안정적인 화학적 에너지로 바꿔야 한다. 이 과정에 관한 연구도 이미 어느 정도 진전이 있었다. 스컬리의 연구진은 2013년 논문에서 광합성 반응 중심이 양자 열기관처럼 보인다는 것을 증명하면서, 생물학적 양자 열기관이 더 효율적인 광세포 설계에 영감을 줄 수 있다고도 주장했다.[20] 그해에 케임브리지 대학의 한 연구팀은 스컬리 연구팀의 주장을 받아들여서, 양자 열기관처럼 작동하는 인공 광세포를 만들기 위한 상세한 청사진을 제시했다.[21] 이 연구팀은 엥겔의 연구소에서 만든 고정된 색소 분자를 이용해 인공 반응 중심의 모형을 만들고, 이 반응 중심이 활발한 전자를 수용체 분자에 전달할 때 스컬리의 연구진이 천연 광합성에서 발견한 것처럼 카르노 한계를 능가하는 강력한 효율성을 나타내야 한다는 것을 증명했다.

인공 반응 중심 위에 설치된 우리의 양자 태양 전지를 상상해보자. 케임브리지 연구팀의 모형에서 영감을 받은 이 인공 반응 중심은 에너지가 넘치는 전자에서 안정적인 화학에너지를 얻을 수 있다. 다시 우리는 고전적인 원시세포의 계를 조작해서 비슷하지만 양자 카르노 한계를 능가하는 효율성은 없는 에너지 전달 과정을 시도할 것이다. 일단 빛 에너지가 포획되면, 세포의 색소 분자 같은 복잡한 생체분자를 만드는 데 활용될 수 있다.

그러나 생합성 반응에는 전자뿐 아니라 추가적인 에너지 공급도 필요하다. 우리의 세포에서 이런 에너지는 세포 호흡을 통해서 공급된다(3장). 우리는 호흡에서 영감을 받아 광합성에 의해 전달된 고에너지 전자의 일부를 "발전소" 구역으로 돌릴 것이다. 여기서 이 전자들은 천연 호흡 연쇄에서처럼 한 효소에서 다음 효소로 터널링하면서 세포의 에너지 전달 분자인 ATP를 만들 것이다. 여기서도 우리의 목표는 호흡 구역을 조작해 이런 중요한 생물학적 과정에서 양자역학이 어떤 역할을 하는지를 탐구하는 것이다.

전자와 에너지의 공급원이 있는 우리의 양자 원시세포는 이제 모든 생화학물질을 스스로 만들기 위한 장비를 갖춘 것이다. 그러나 원재료의 급원, 즉 먹이가 있어야 한다. 그래서 우리는 먹이로 단순한 당을 공급한다. 우리의 실험실 속 원시 바다에는 포도당이 녹아 있다. 그 포도당을 세포 내로 들여올 수 있는 ATP−동력 당 운반체를 설치하고, 원자를 양자 수준에서 조작해 더 복잡한 생체분자를 만들 수 있는 효소 일습도 함께 갖춰야 할 것이다. 3장에서 논의했던 것처럼, 이런 여러 효소는 전자와 양성자 터널링을 예사롭게 활용한다. 그러나 우리의 목표는 양자세계의 능력을 활용할 수 있는 것과 그렇지 않은 것을 만들어 비교함으로써 양자역학이 정말로 이들 생명의 엔진에 필수적인 윤활유를 공급하는지를 알아보는 것이다.

양자생물학

양지의 지원을 받는 원시세포에서 조작하고 싶은 또 다른 특징은 양자 결맞음을 유지하기 위해 분자 잡음의 폭풍을 다루는 능력이다. 현재는 생명이 이런 기술을 어떻게 다루는지에 관해 알려진 바가 매우 적어서 어떻게 조작되어야 하는지를 자신 있게 말할 수 없다. 여기에는 많은 요소가 연관되어 있을 것이다. 이를테면 생체 세포의 극도로 복잡한 분자 환경은 여러 생화학 반응에 변형을 일으키는 것으로 알려져 있으며, 어쩌면 잡음의 무작위적인 충격을 제한할지도 모른다. 따라서 우리는 원시세포에 생체분자를 대단히 빽빽하게 채워넣어 복잡한 생체 환경을 모방함으로써, 이런 열역학적 바람을 다루는 것이 양자 결맞음을 유지하는 데 도움이 되기를 기대해볼 수 있을 것이다.

그러나 우리의 양자 원시세포는 모든 효소가 제자리에 설치되어야 하기 때문에 몹시 곤란한 상태에 놓여 있다. 자급자족을 하기 위해서는 다른 구획, 즉 제어실도 갖춰져야 한다. 이 제어실에는 필요한 모든 것을 암호화할 수 있는 인공 DNA를 기반으로 하는 유전체와 양자 수준의 양성자 암호를 단백질로 변환할 장치가 필요하다. 이 방식은 크레이그 벤터가 활용한 하향식 접근법과 유사하다. 오로지 우리의 유전체만 살아 있지 않은 원시세포에 주입되는 것이다. 마지막으로, 우리의 원시세포에는 항법 장치도 장착될 수 있을 것이다. 어쩌면 5장에서 탐구한 양자 얽힘 후각 수용체 원리를 활용해서 먹이의 위치를 찾을 수 있는 분자 코와 원시 바다를 헤엄치게 하는 분자운동 기관을 갖추게 될 수도 있다. 한술 더 떠서, 우리의 울새처럼 양자-동력 항법 장치를 갖추고 실험실의 원시 바다에서 스스로 길을 찾을 수 있을지도 모른다.

지금까지 우리가 묘사한 것은 엉뚱한 생물학적 공상에 지나지 않는다. 셰익스피어의 『템페스트』에 등장하는 공기의 요정인 아리엘만큼이나 현실감이 없다. 우리의 이야기에는 엄청나게 많은 세부적인 내용이 생략되어 있다. 게다가 단순성과 명확성을 추구하느라, 상향식 합성생물학 계획이 현실적으로 직면하게 될 크나큰 문제를 언급하지 못했다. 이런 계획이 언젠가 시도된다고 해도, 우리가 상상한 것처럼 모든 과정을 단번에 구현하려는 방식은 아닐 것이다. 대신 가장 단순한 과정, 또는 광합성처럼 가장 잘 알려져 있는 과정을 먼저 원시세포에 설치해볼 것이다. 이 시도가 그 자체로 중요한 성과라는 것은 말할 필요도 없으며, 이 계는 광합성에서 양자 결맞음의 역할을 조사하기 위한 완벽한 모형으로 활용될 것이다. 이런 위업이 정말 가능하다는 게 증명된다면, 다음 단계에는 다른 요소들이 추가되면서 조금씩 복잡성이 강화될 것이다. 그러다보면 마침내 진짜로 살아 있는 인공 세포에 이를지도 모른다. 그러나 이 과정은 오로지 양자 경로를 따를 때에만 가능하다는 것이 우리의 예측이다. 우리는 생명이 양자 영역과 연결되어야만 작동한다고 확신한다.

이런 계획이 정말로 시도된다면, 새로운 생명을 만드는 것이 가능할지도 모른다. 진정으로 혁명적인 생명 기술이 시작되는 발전인 것이다. 인공 생명은 양자세계와 고전세계 사이의 경계에서 항해할 수 있다. 인공 생체 세포를 조작해서 진짜로 살아 있는 지속 가능한 건물의 벽돌 구실을 하게 만들고, 손상되고 노후한 조직을 수선하며 대체하는 미세 수술을 할 수 있을 것이다. 광합성, 효소 작용, 양자 코, 양자 유전체, 양자 나침반, 심지어 양자 뇌에 이르기까지, 이 책에서 탐구한 양자생물학의 멋진 특징들을 모두 획득할 수만 있다면 양자 합성 유기체의 멋진 신세계를 구축하는 게 가능할 것이다. 그러면 합성 유기체가 인류에게 필요한 대부분의 것을 제공함으로써 우리를 단순하고 고된 노동으로부터 해방시켜줄지도 모른다.

그러나 어쩌면 무엇보다 중요한 것은, 무에서 새로운 생명을 창조하는 능력이 "내가 만들 수 없는 것은 이해하지 못한 것"이라는 파인먼의 명언에 대해 생물학이 내놓을 최후의 응답이 될 수도 있다는 점이다. 만약 이런 계획이 정말로 성공을 거둔다면, 우리는 마침내 생명과 생명의 놀라운 능력을 이해했다고 주장할 수 있을 것이다. 그리고 혼돈의 힘을 다루는 그 능력을 이용해서 고전세계와 양자세계 사이의 경계를 아슬아슬하게 항해할 것이다.

한낮, 거친 바람이 불어온다,
초록색 바다와 담청색 하늘 사이에
우르릉 소리가 더 커진다. 무시무시한 천둥 소리……
— 윌리엄 셰익스피어, 『템페스트』, 5막 1장

에필로그

양자적 삶

1장에서 만났던 유럽울새는 지중해의 태양 아래에서 편안히 겨울을 나고, 튀니지의 카르타주에 있는 고대 유적과 듬성듬성한 삼림지대 사이를 뛰어다니면서 파리, 딱정벌레, 지렁이, 씨앗 따위를 먹으며 살을 찌우고 있다. 이 먹이들은 모두 공기와 빛으로 만들어진 생물질로 이루어져 있는데, 이 생물질을 만드는 양자—동력 광합성 장치를 식물과 미생물이라 부른다. 그러나 이제는 하늘 높이 떠 있는 태양의 강렬한 열기에 숲을 휘감고 흐르던 얕은 시내가 다 말라버렸다. 숲은 우리의 유럽울새가 살 수 없을 정도로 바싹 말라가고 있다. 다시 이동해야 할 때다.

느지막한 시간이 되자, 작은 울새는 삼나무 위의 높은 가지 위에 날아 앉는다. 울새는 몇 달 전에 했던 것처럼 살뜰히 몸단장을 하면서 다른 울새들의 울음소리에 귀를 기울인다. 다른 울새들 역시 긴 비행을 준비하고픈 충동을 느낀다. 마지막 햇살이 지평선 너머로 사라지

에필로그

자, 울새는 부리를 북쪽으로 돌리고는 날개를 펴고 저녁 하늘로 날아오른다.

울새는 북아프리카 해안을 향해 계속 날아서 지중해를 건넌다. 이 길은 여섯 달 전에 지나왔던 길과 비슷하지만 방향은 반대다. 이번에도 울새는 양자 얽힘 바늘이 달린 조류 나침반을 이용해서 길을 찾는다. 울새는 근섬유의 수축으로 힘을 받아 날갯짓을 하고, 근섬유의 에너지는 호흡 효소들을 통과하는 전자와 양성자의 양자 터널링에 의해 전달된다. 몇 시간 뒤 울새는 스페인 해안에 닿고, 숲이 우거진 안달루시아의 강가에 안착한다. 그곳에서 울새는 풍부한 식생에 둘러싸여 휴식을 취한다. 이곳에서 자라는 버드나무, 단풍나무, 느릅나무, 오리나무, 과실나무들, 협죽도 같은 꽃이 피는 딸기나무들은 모두 양자−동력 광합성으로 만들어졌다. 울새의 콧속 통로로 날아들어온 냄새 분자들은 후각 수용체 분자와 만나서 양자 터널링을 일으킨다. 양자 터널링이 일어나면, 양자 결맞음 이온 통로를 통해서 감귤류 꽃이 근방에 있다는 신경 신호가 울새의 뇌로 전달된다. 꽃에 몰려드는 맛좋은 꿀벌과 다른 꽃가루받이 곤충들은 울새의 다음 단계 여정을 위한 자양분이 되어줄 것이다.

여러 날의 비행 끝에, 드디어 울새는 몇 달 전에 떠나왔던 스칸디나비아의 가문비나무 숲에 가까워진다. 울새가 가장 먼저 할 일은 짝을 찾는 것이다. 수컷 울새들은 며칠 먼저 도착해서 대부분 둥지를 틀기에 적당한 장소를 미리 찾아놓고 노래를 부르면서 암컷에게 자신의 존재를 한껏 과시한다. 우리의 울새는 특별히 아름다운 노랫소리를 뽐내는 한 수컷과 그 수컷이 구애 의식의 일환으로 모아놓은 먹음직스러운 유충 몇 마리에 마음이 끌린다. 짧은 짝짓기가 끝나고 수컷의 정자와 암컷의 난세포가 융합된다. 울새의 형태, 구조, 생화학, 생리학, 해부학, 심지어 노랫소리까지 암호화된 양자-기반 유전 정보는 다음 세대의 울새들에게 거의 정확하게 복사된다. 양자 터널링으로 인한 몇 가지 오류는 종의 진화를 위한 밑거름이 될 것이다.

앞 장에서 강조했듯이, 지금까지 양자역학적이라고 묘사한 모든 미래를 아직은 확신할 수 없다. 그러나 울새, 흰동가리, 남극의 얼음 아래에서 살아가는 세균, 쥐라기의 숲을 어슬렁거리던 공룡, 제왕나비, 초파리, 식물, 미생물이 우리와 마찬가지로 양자세계에 뿌리를 두고 있다는 사실에는 의심의 여지가 없다. 알아내야 할 것은 많이 남아 있지만, 새로운 연구 영역이 아름다운 것은 아이작 뉴턴의 말처럼 완전히 미지의 세계이기 때문이다.

세상에 내 모습이 어떻게 보일지 모르겠으나, 내 스스로 보기에 나는 바닷가에서 놀고 있는 소년에 지나지 않은 것 같다. 나는 때때로 더 매끈한 조약돌이나 더 예쁘게 생긴 조개껍데기를 발견하고는 즐거워한다. 그러나 내 앞에는 아무도 발견한 적 없는 거대한 진리라는 바다가 펼쳐져 있다.

감사의 글

이 책의 집필 기간은 3년이지만 우리는 양자물리학, 생화학, 생물학을 접목시킨 이 짜릿한 새로운 분야를 거의 20년 동안 함께 연구해왔다. 그러나 여러 과학 분야를 넘나드는 양자생물학이라는 분야에 관한 완전한 그림을 그리는 데 필요한 모든 과학 분야를 충분히 깊이 있게, 충분히 자신감을 갖고 설명할 수 있는 전문가가 되기란 불가능하다. 특히 일반 독자를 대상으로 이 주제를 다룬 첫 번째 책을 쓸 때는 더더욱 그렇다.

우리 중 어느 한 사람도 이 책을 혼자서는 쓸 수 없다는 것은 분명한 사실이다. 우리는 물리학과 생물학 분야에 대한 각자의 전문 지식으로 함께 이 책을 준비했다. 더 분명한 것은 우리가 엄청나게 자랑스럽게 여기는 많은 사람의 조언과 도움이 없었다면, 이 책이 쓰일 수 없었으리라는 점이다. 그들은 대부분 이 분야의 연구를 선도하고 있는 세계적인 인물들이다.

지난 15년 동안, 양자역학 자체와 생물학과의 연관 가능성에 관해서 우리와 여러 차례 유익한 논의를 해준 폴 데이비스에게 감사를 전한다. 우리는 여러 물리학자, 화학자, 생물학자에게도 큰 도움을 받았다. 이들은 우리가 갖지 못한 전문 지식과 깊은 식견으로 현재 이 새로운 분야에서 큰 발전을 이루고 있다. 특히 제니퍼 브룩스, 그레그 엥겔, 애덤 가드비어, 세스 로이드, 알렉산드라 올라야카스트로, 마틴 플레니오, 산두 포페스쿠, 토어스텐 리츠, 그레고리 숄스, 나이절 스크러턴, 폴 스티븐슨, 루카 투린, 블래트코 베드럴에게 고마움을 전하고자 한다. 또 서리 대학 고등연구소의 코디네이터인 미렐라 더믹에게도 고마움을 전하고 싶다. 그녀는 고등연구소와 **BBSRC**(생명공학과 생명과학 연구회Biotechnology and Biological Sciences Research Council) **MILES**(생명과 사회과학의 모형과 수학Models and Mathematics in Life and Social Sciences) 계획의 공동 지원을 받아서 2012년 서리 대학에서 성공적으로 개최된 "양자생물학: 현재의 위치와 기회Quantum Biology: Current Status and Opportunities" 국제 워크숍을 거의 혼자서 준비했다. 아직 양자생물학은 시작 단계에 불과하고 연구자의 수도 상대적으로 적지만, 이 워크숍에는 현재 전 세계에서 양자생물학 연구와 관련된 여러 주요 인물이 함께 모였고, 우리는 이 멋진 연구 공동체의 진정한 일원인 듯한 느낌을 받았다.

이 책이 초고 상태였을 때, 우리는 위에서 언급한 동료 중 몇 명에게 원고를 읽고 의견을 달라고 부탁했다. 그래서 마틴 플레니오, 제니퍼 브룩스, 알렉산드라 올라야카스트로, 그레고리 숄스, 나이절 스크러턴, 루카 투린에게 각별한 감사의 마음을 전한다. 또 필립 볼, 피트 다운스, 그레그 놀스에게도 고마움을 전한다. 이들이 마지막까지

원고의 전부 또는 일부를 읽고 통찰력을 지닌 유용한 조언을 해준 덕분에 책이 아주 많이 나아질 수 있었다. 우리의 에이전트인 패트릭 월시에게도 큰 고마움을 전한다. 그가 없었다면 이 책은 시작조차 하지 못했을 것이다. 또 우리를 믿어주고 이 계획을 좋아해준 랜덤하우스 출판사의 샐리 개미나라에게도 고마움을 전하고자 한다. 특히 패트릭과 콘빌 앤 월시 에이전시의 캐리 플릿에게는 더 큰 감사를 전하고 싶다. 이들은 이 책의 형식과 구조에 관해 제안과 조언을 해주었고, 최종적인 책의 형태가 처음의 투박한 상태보다 훨씬 날렵하게 다듬어질 수 있게 도와주었다. 이 책을 멋지게 편집해준 질리언 서머스케일스에게도 큰 도움을 받았다.

마지막으로, 아낌없는 지원을 해준 가족들에게 고마움을 전하고 싶다. 특히 마감에 임박했을 때에는 다른 약속을 모두 미루고 컴퓨터 앞에 매달려 있어야 했다. 우리에게는 수많은 저녁과 주말과 가족 여행보다 양자생물학이 우선이었다. 이 책이 그만한 가치가 있었으면 좋겠다.

우리 둘과 양자생물학이라는 새로운 분야를 위해, 우리의 이 여정은 시작에 불과하기를 바란다.

짐 알칼릴리와 존조 맥패든

주석

1장

1 P. W. Atkins, 'Magnetic field effects', *Chemistry in Britain*, vol. 12 (1976), p.214.

2 S. Emlen, W. Wiitschko, N. Demong and R. Wiltschko, 'Magnetic direction finding: evidence for its use in migratory indigo buntings, *Science*, vol. 193 (1976), pp. 505–8.

2장

1 S. Harris, 'Chemical potential: turning carbon dioxide into fuel', *The Engineer*, 9 August 2012, http://www.theengineer.co.uk/energy−and−environment/in−depth/chemical−potential−tummg−carbon−dioxide−into− fuel/1013459. artide#ixzz2upriFA00.

2 *Die Naturwissenschaftett*, vol. 20 (1932), pp. 815–21.

3 Pascual Jordan, 1938, quoted in P. Galison, M. Gordin and D. Kaiser, eds, *Quantum Mechanics: Science and Society* (London: Routledge, 2002), p. 346.

4 H. C. Longuet−Higgins, 'Quantum mechanics and biology', *Biophysical Journal*, vol. 2 (1962), pp. 207–15.

5 M. P. Murphy and L. A.J. O'Neil, eds, *What is Life? The Next Fifty Years: Speculations on the Future of Biology* (Cambridge: Cambridge University Press, 1995).

3장

1 R. P. Feynman, R. B. Leighton and M. L, Sands, *The Feynman Lectures on Physics* (Reading, MA: Addison−Wesley, 1964), vol. 1, pp. 3–6.

2 M. H. Schweitzer, Z. Suo, R. Avci, J. M. Asara, M. A. Allen, F. T. Arce and J. K. Horner, 'Analyses of soft tissue from Tyrannosaurus rex suggest the presence of protein', *Science*, vol. 316: 5822 (2007), pp. 277–80.

3 J. Gross, 'How tadpoles lose their tails: path to discovery of the first matrix metalloproteinase', *Matrix Biology*, vol. 23: 1 (2004), pp. 3–13.

4 G. E. Lienhard, 'Enzymatic catalysis and transition-state theory', *Science*, vol. 180: 4082 (1973), pp. 149−54.

5 C. Tallant, A. Marrero and F. X. Gomis−Ruth, 'Matrix metalloproteinases: fold and function of their catalytic domains', *Biochimtca et Biophysica Acta (Molecular Cell Research)*, vol. 1803:1 (2010), pp. 20−8.

6 A. J. Kirby, 'The potential of catalytic antibodies,' *Acta Chemica Scandinavica*, vol. 50: 3 (1996), pp. 203−10.

7 Don DeVault and Britton Chance, 'Studies of photosynthesis using a pulsed laser: I. Temperature dependence of cytochrome oxidation rate in chromatium. Evidence for tunneling', *BioPhysics*, vol. 6 (1966), p. 825.

8 J. J. Hopfield, 'Electron transfer between biological molecules by thermally activated tunneling', Proceedings of the National Academy of Sciences, vol. 71 (1974), pp. 3640−44.

9 Yuan Cha, Christopher J. Murray and Judith Klinman, 'Hydrogentunnellingin enzymereactions', *Science*, vol. 243: 3896 (1989), pp. 1325−30.

10 Masgrau, J. Basran, P. Hothi, M. J. Sutcliffe and N. S. Scrutton, 'Hydrogen tunneling in quinoproteins', Archives of Biochemistry and Biophysics, vol. 428:1 (2004), pp. 41−51; L. Masgrau, A. Roujeinikova, L. O. Johannissen, P. Hothi, J. Basran, K. E. Ranaghan, A. J. Mulholland, M. J. Sutcliffe, N. S. Scrutton and D. Leys, 'Atomic description of an enzyme reaction dominated by proton tunneling', *Science*, vol. 312: 5771 (2006), pp. 237−41.

11 David R. Glowacki, Jeremy N. Harvey and Adrian J. Mulholland, 'Taking Ockham's razor to enzyme dynamics and catalysis', *Nature Chemistry*, vol. 4 (2012), pp. 169−76.

4장

1 BBC TV 시리즈 *Fun to Imagine* 2: Fire(1983), 유튜브에서 확인할 수 있다. http://www.youtube.com/watch?v=ITpDrdtGAmo.

2 CBS 뉴스와의 인터뷰, http://www.cbc.ca/news/technology/quantum−weirdness−used−by−plants−animals−1.912061에서 확인할 수 있다.

3 G. S. Engel, T. R. Calhoun, E. L. Read, T−K. Ahn, T. Mančal, Y−C. Cheng, R. E. Blankenship and G. R. Fleming, 'Evidence for wavelike energy transfer through quantum coherence in photosynthetic systems', *Nature*, vol. 446 (2007), pp. 782−6.

4 I. P. Mercer, Y. C. El−Taha, N. Kajumba, J. P. Marangos, J. W. G. Tisch, M. Gabrielsen, R. J. Cogdell, E. Springate and E. Turcu, 'Instantaneous mapping of coherently coupled electronic transitions and energy transfers in a photosynthetic complex using angle−resolved coherent optical wave−mixing', *Physical Review Letters*, vol. 102: 5 (2009), pp. 057402.

5 E. Collini, C. Y. Wong, K. E. Wilk, P. M. Curmi, P. Brumer and G. D.

Scholes, 'Coherently wired light-harvesting in photosynthetic marine algae at ambient temperature', *Nature*, vol. 463: 7281 (2010), pp. 644-7.

6 G. Panitchayangkoon, D. Hayes, K. A. Fransted, J. R. Caram, E. Harel, J. Wen, R. E. Blankenship and G. S. Engel, 'Xong-lived quantum coherence in photosynthetic complexes at physiological temperature', *Proceedings of the National Academy of Sciences*, vol. 107: 29 (2010), pp. 12766-70.

7 T. R. Calhoun, N. S. Ginsberg, G. S. Schlau-Cohen, Y. C. Cheng, M. Ballottari, R. Bassi and G. R. Fleming, 'Quantum coherence enabled determination of the energy landscape in light-harvesting complex Ⅱ', *Journal of Physical Chemistry B*, vol. 113: 51 (2009), pp. 16291-5.

5장

1 출애굽기 30장 34-5절.

2 Quoted in A. Le Guerer, *Scent: The Mysterious and Essential Power of Smell* (New York: Kodadsha America Inc., 1994) p. 12.

3 R. Eisner, 'Richard Axel: one of the nobility in science', *P&S Columbia University College of Physicians and Surgeons*, vol. 25: 1 (2005).

4 C. S. Sell, 'On the unpredictability of odor', *Angewandte Chemie, International Edition* (English), 45: 38 (2006), pp. 6254-61.

5 K. Mori and G. M. Shepherd, 'Emerging principles of molecular signal processing by mitral/tufted cells in the olfactory bulb', Seminars in Cell Biology, vol. 5:1 (1994), pp. 65-74.

6 L. Turin, *The secret of scent: adventures in perfume and the science of smell* (London: Faber & Faber, 2006), p. 4.

7 L. Turin, 'A spectroscopic mechanism for primary olfactory reception', *Chemical Senses*, vol. 21:6 (1996), pp. 773-91.

8 Turin, *The secret of scent*, p. 176.

9 C. Burr, *The Emperor of Scent: A True Story of Perfume and Obsession* (New York: Random House, 2003).

10 A. Keller and L. B. Vosshall, 'A psychophysical test of the vibration theory of olfection', *Nature Neuroscience*, vol. 7: 4 (2004), pp. 337-8.

11 M. I. Franco, L. Turin, A. Mershin and E. M. Skoulakis, 'Molecular vibration-sensing component in Drosophila melanogaster olfaction', *Proceedings of the National Academy of Science*, vol. 108: 9, (2011), pp. 3797-802.

12 J. C. Brookes, B. Hartoutsiou, A. P. Horsfield and A. M. Stoneham, 'Could humans recognize odor by phonon assisted tunneling?', *Physical Review Letters*, vol. 98:3 (2007), p. 038101.

6장

1 F. A. Urquhart, 'Found at last: the monarch's winter home', *Nationa Geographic*, August 1976.

2 R. Stanewsky, M. Kaneko, P. Emery, B. Beretta, K. Wager−Smith, S. A. Kay, M. Rosbash and J. C. Hall, 'The cryb mutation identifies cryptochrome as a circadian photoreceptor in *Drosophila*', *Cell*, vol. 95: 5 (1998), pp. 681−92.

3 H. Zhu, L. Sauman, Q. Yuan, A. Casselman, M. Emery−Le, P. Emery and S. M. Reppert, 'Cryptochromes define a novel circadian clock mechanism in monarch butterflies that may underlie sun compass navigation', *PLOS Biology*, vol. 6:1 (2008), e4.

4 P. A. Guerra, R. J. Gegear and S. M. Reppert, 'A magnetic compassaids monarch butterfly migration', *Nature Communications*, vol. 5: 4164 (2014), pp. 1−8.

5 D. M. Reppert, R. J. Gegear and C. Merlin, 'Navigational mechanisms of migrating monarch butterflies', *Trends in Neurosciences*, vol. 33: 9 (2010), pp. 399−406.

6 A. T. von Middendorf, *Die Isepiptesen Russlands Grundlagen zur Erforschung der Zugzeiten und Zugrichtungen der Vögel Russlands* (St Petersburg, 1853).

7 H. L. Yeagley and F. C. Whitmore, 'A preliminary study of a physical basis of bird navigation', *Journal of Applied Physics*, vol. 18: 1035 (1947).

8 M. M. Walker, C. E. Diebel, C. V. Haugh, P. M. Pankhurst, J. C. Mont−gomery and C. R. Green, 'Structure and function of the vertebrate magnetic sense', *Nature*, vol. 390: 6658 (1997), pp. 371−6.

9 M. Hanzlik, C. Heunemann, E. Holtkamp−Rotzler, M. Winklhofer, N. Petersen and G. Fleissner, 'Superparamagnetic magnetite in the upper beak tissue of homing pigeons', *Biometals*, vol. 13:4 (2000), pp. 325−31.

10 C. V. Mora, M. Davison, J. M. Wild and M. M. Walker, 'Magnetoreception and its trigeminal mediation in the homing pigeon', *Nature*, vol. 432 (2004), pp. 508−11.

11 C. Treiber, M. Salzer, J. Riegler, N. Edelman, C. Sugar, M. Breuss, P. Pichier, H. Cadiou, M. Saunders, M. Lythgoe, J. Shaw and D. A. Keays, 'Clusters of iron−rich cells in the upper beak of pigeons are macrophages not magnetosensitive neurons', *Nature*, vol. 484 (2012), pp. 367−70

12 S. T. Emlen, W. Wiltschko, R J. Demong, R. Wiltschko and S. Bergman, 'Magnetic direction finding: evidence for its use in migratory indigo buntings', *Science*, vol. 193: 4252 (1976), pp. 505−8.

13 L. Pollack, 'That nest of wires we call tiie imagination: a history of some key scientists behind the bird compass sense', May 2012, p. 5: http://www.ks.uiuc.edu/History/magnetoreception.

14 Ibid., p. 6.

15 K. Schulten, H. Staerk, A. Weller, H−J. Werner and B. Nickel, 'Magnetic field dependence of the geminate recombination of radical ion pairs in polar solvents', *Zeitschrift für Physikale Chemie*, n.s., vol. 101 (1976), pp. 371−90.

16 Pollack, 'That nest of wires we call the imagination', p. 11.

17 K. Schulten, C. E. Swenberg and A. Weller, 'A biomagnetic sensory mechanism based on magnetic field modulated coherent electron spin motion', *Zeitschri für Physikale Chemie*, n.s., vol. 101 (1978), pp. 1−5.

18 From P. More, 'Thequantumrobin', *Navigation News*, Oct. 2011.

19 N. Lambert, 'Quantum biology', Nature Physics, vol. 9: 10 (2013), and references therein.

20 M. J. M. Leask, 'A physicochemical mechanism for magnetic field detection by migratory birds and homing pigeons', *Nature*, vol. 267 (1977), pp. 144−5.

21 T. Ritz, S. Adem and K. Schulten, 'A model for photoreceptor−based magnetoreception in birds', *Biophysical Journal*, vol. 78: 2 (2000), pp. 707−18.

22 M. Liedvogel, K. Maeda, K. Henbest, E. Schleicher, T. Simon, C. R. Timmel, P. J. Hore and H. Mouritsen, 'Chemical magnetoreception: bird cryptochrome 1a is excited by blue light and forms long−lived radicalpairs', *PLOS One*, vol. 2: 10 (2007), el106.

23 C. Nießner, S. Denzau, K. Stapput, M. Ahmad, L. Peichl, W. Wiltschko and R. Wiltschko, 'Magnetoreception: activated cryptochrome 1a concurs with magnetic orientation in birds', *Journal of the Royal Society Interface*, vol. 10: 88 (6 Nov. 2013), 20130638.

24 T. Ritz, P. Thalau, J.B. Phillips, R. Wiltschko and W. Wiltschko, 'Resonance effects indicate a radical−pair mechanism for avian magnetic compass', *Nature*, vol. 429 (2004), pp. 177−80.

25 S. Engels, N−L. Schneider, N. Lefeldt, C. M. Hein, M. Zapka, A. Michalik, D. Elbers, A. Kittel, P. J. Hore and H. Mouritsen, 'Anthropogenic electromagnetic noise disrupts magnetic compass orientation in a migratory bird', *Nature*, vol. 509 (2014), pp. 353−6.

26 E. M. Gauger, E. Rieper, J. J. Morton, S. C, Benjamin and V. Vedral 'Sustained quantum coherence and entanglement in the avian compass', *Physical Review Letters*, vol. 106:4 (2011), 040503.

27 M. Ahmad, P. Galland, T. Ritz, R. Wiltschko and W. Wiltschko, 'Magnetic intensity affects cryptochrome−dependent responses in *Arabidopsis thaliana*', *Planta*, vol. 225: 3 (2007), pp. 615−24.

28 M. Vacha, T. Puzova and M. Kvicalova, 'Radio frequency magnetic fields disrupt magnetoreception in American cockroach', *Journal of Experimental Biology*, vol. 212:21 (2009), pp. 3473−7.

7장

1. Y. M. Shtarkman, Z. A. Kocer, R. Edgar, R. S. Veerapaneni, T. D'Elia, P. F. Morris and S. O. Rogers, 'Subglacial Lake Vostok (Antarctica) accretion ice contains a diverse set of sequences from aquatic, marine and sediment-inhabiting bacteria and eukarya', *PLOS One*, vol. 8: 7 (2013), e67221.
2. J. D. Watson and F. H. C. Crick, 'Molecular structure of nucleic acids: a structure for deoxyribose nucleic acid', *Nature*, vol. 171 (1953), pp. 737-8.
3. C. Darwin, *On the Origin of Species*, ch. 4.
4. J. D. Watson and F. H. C. Crick, 'Genetic implications of the structure of deoxyribonucleic acid', *Nature*, vol. 171 (1953), pp. 964-9.
5. W. Wang, H. W. Hellinga and L. S. Beese, 'Structural evidence for the rare tautomer hypothesis of spontaneous mutagenesis', *Proceedings of the National Academy of Sciences*, vol. 108: 43 (2011), pp. 17644-8.
6. A. Datta and S. Jinks-Robertson, 'Association of increased spontaneous mutation rates with high levels of transcription in yeast', *Science*, vol. 268: 5217 (1995), pp. 1616-19.
7. J. Bachl, C. Carlson, V. Gray-Schopfer, M. Dessing and C. Olsson, 'Increased transcription levels induce higher mutation rates in a hypermutating cell line', *Journal of Immunology*, vol. 166: 8 (2001), pp. 5051-7.
8. P. Cui, F. Ding, Q. Lin, L. Zhang, A. Li, Z. Zhang, S. Hu and J. Yu, 'Distinct contributions of replication and transcription to mutation rate variation of human genomes', Genomics, *Proteomics and Bioinformatics*, vol. 10: 1 (2012), pp. 4-10.
9. J. Cairns, J. Overbaugh, and S. Millar, 'The origin of mutants', *Nature*, vol. 335 (1988), pp. 142-5.
10. John Cairns on Jim Watson, Cold Spring Harbour Oral History Collection. 인터뷰를 볼 수 있는 곳: http://library.cshl.edu/oralhistory/interview/james-d-watson/meeting-jim-watson/watson/.
11. J. Gribbin, *In Search of Schrödinger's Cat* (London: Wildwood House, 1984; repr. Black Swan, 2012).
12. J. McFadden and J. Al-Klialili, 'A quantum mechanical model of adaptive mutation', *Biosystems*, vol. 50: 3 (1999), pp. 203-11.
13. J. McFadden, *Quantum Evolution* (London: HarperCollins, 2000).
14. 비판적 고찰은 http://arxiv.org/abs/quant-ph/0101019에 발표되었고, 이에 대한 우리의 반응은 http://arxiv.org/abs/quant-ph/0110083에서 볼 수 있다.
15. H. Hendrickson, E. S. Slechta, U. Bergthorsson, D. I. Andersson and J. R. Roth, 'Amplification-mutagenesis: evidence that "directed" adaptive mutation and general hypermutability result from growth with a selected gene amplification:', *Proceedings of the National Academy of Sciences*, vol. 99: 4 (2002), pp. 2164-9.
16. e.g. J. D. Stumpf, A. R. Poteete and P. L. Foster, 'Amplification of lac

cannot account for adaptive mutation to Lac+ in *Escherichia coli'*, *Journal of Bacteriology*, vol. 189: 6 (2007), pp. 2291−9.

17 e.g. E. S. Kryachko, 'The origin of spontaneous point mutations in DNA via Löwdin mechanism of proton tunneling in DNA base pairs: cure with covalent base pairing', *International Journal Of Quantum Chemistry*, vol. 90: 2 (2002), pp. 910−23; Zhen Min Zhao, Qi Ren Zhang, Chun Yuan Gao and Yi Zhong Zhuo, 'Motion of the hydrogen bond proton in cytosine and the txansition between its normal and imino states', *Physics Letters A*, vol. 359: 1 (2006), pp. 10−13.

8장

1 『로스앤젤레스 타임스』와의 인터뷰, 1995년 2월 14일.

2 J−M. Chauvet, E. Brunei Deschamps, C. Hillaire and J. Clottes, *Dawn of Art. The Chauvet Cave: The Oldest Known Paintings in the World* (New York: Harry N. Abrams, 1996).

3 J. Hadamard, *Essay on the Psychology of Invention in the Mathematical Field* (Princeton: Princeton University Press, 1945)에서 인용. 그러나 Daniel Dennett 의 'Memes and the exploitation of imagination', *Journal of Aesthetics and Art Criticism*, vol. 48(1990), pp. 127−35(http://ase.tufts.edu/cogstud/dennett/papers/memeimag.htm#5에서도 볼 수 있다)에 따르면, 자주 인용되는 이 문장은 모차르트의 말이 아니고 기원이 불확실하다. 그러나 우리는 이 말을 그냥 두기로 했다. 누구의 말인지는 몰라도, 친숙하지만 놀라운 현상을 아주 잘 묘사하고 있기 때문이다.

4 J. McFadden, 'The CEMI field theory gestalt information and the meaning of meaning', *Journal of Consciousness Studies*, vol. 20: 3−4 (2013), pp. 152−82.

5 Chauvet et al., *Dawn of Art*, p. ??.

6 M. Kinsbourne, 'Integrated cortical field model of consciousness', in *Experimental and Theoretical Studies of Consciousness*, CIBA Foundation Symposium No. 174 (Chichester: Wiley, 2008).

7 K. Saeedi, S. Simmons, J. Z. Salvail, P. Dluhy, H. Riemann, N. v. Abrosimov, P. Becker, H. J. Pohl, J. J. L. Morton and M. L. W. Thewalt, 'Room−temperature quantum bit storage exeeding 29 minutes using ionized donors in silicon−28', *Science*, vol. 342: 6160 (2013), ppp. 830−33.

8 D. Hofetader, Godel, Escher, *Bach: An Eternal Golden Braid* (New York: Basic Books, 1999; first publ. 1979).

9 R. Penrose, *Shadows of the Mind: A Search for the Missing Science of Consciousness* (Oxford: Oxford University Press, 1994).

10 S. Hameroff, 'Quantum computation in brain microtubles? The Penrose−Hameroff "Orch OR" model of consciousness', 356: 1743 (1998), pp.1869−95; S. Hameroff and R. Penrose, 'Consiousness in the universe: a review of the "Orch

OR" theory', *Pyhsics of Life Reviews*, vol. 11 (2014), pp. 39–78.

11 M. Tegmark, 'Importance of quantum decoherence in brain processes', *Physical Review E*, vol. 61 (2000), pp. 4194–206.

12 See e.g. A. Litt, C. Eliasmith, F. W. Kroon, S. Weinstein and P. Thagard, 'Is the brain a quantum computer?', *Cognitive Science*, vol. 30:3 (2006), pp. 593–603.

13 G. Bernroider and J. Summhammer, 'Can auantum entanglement between ion transition states effect action potential initiation?', Cognitive Computation, vol. 4 (2012), pp. 593–603.

14 McFadden, *Quantum Evolution;* J. McFadden, Synchronous firing and its influence on the brain's electromagnetic field: evidence for an electromagnetic theory of consciousness', *Journal of Consciousness Studies*, vol. 9 (2002), pp. 23–50; S. Pockett, *The Nature of Consciousness: A Hypothesis* (Lincoln, NE: Writers Club Press, 2000); E. R. John, 'A field theory of consciousness', *Consciousness and Cognition*, vol. 10:2 (2001), pp. 184–213; Johnjoe McFadden, 'The CEMI field theory closing the loop', *Journal of Consciousness Studies*, vol. 20:1–2 (2013), pp. 153–68.

15 McFadden, 'The CEMI field theory gestalt information and the meaning of meaning'.

16 C. A. Anastassiou, R. Perin, H. Markram and C. Koch 'Ephaptic coupling of cortical neurons', *Nature Neuroscience*, vol. 14: 2 (2011), pp. 217–23; R Frohlich and D.A. McCormick, 'Endogenous electric fields may guide neocortical network activity', *Neuron,* vol 67:1 (2010), pp. 129–43.

17 McFadden, 'The CEMI field theory closing the loop'.

18 W. Singer, 'Consciousness and the structure of neuronal representations' *Philosophical Transactions of the Royal Society B: Biological Sciences,* vol. 353: 1377 (1998), pp. 1829–40.

9장

1 S. L. Miller, 'A production of amino acids under possible primitive earth conditions', Science, vol. 117: 3046 (1953), pp. 528–9.

2 G. Caims–Smith, *Seven Clues to the Origin of Life: A Scientific Detective Story* (Cambridge: Cambridge University Press, 1985; new edn 1990).

3 McFadden, *Quantum Evolution;* J. McFadden and J. Ai–Khalili, 'Quantum coherence and the search for the first replicator', in D. Abbott, P. C. Davies and A. K. Patki, eds, *Quantum Aspects of Life* (London: Imperial College Press, 2008).

4 A. Patel, 'Quantum algorithms and the genetic code', *Pramana Journal of Physics,* vol. 56 (2001), pp. 367–81; http://arxiv.org/pdf/quant–ph/0002037. pdf에서도 볼 수 있다.

10장

1 M. B. Plenio and S. F. Huelga, 'Dephasing—assisted transport: quantum networks and biomolecules', *New Journal of Physics*, vol. 10 (2008), 113019; F. Caruso, A. W. Chin, A. Datta, S. F. Huelga and M. B. Plenio, 'Highly efficient energy excitation transfer in light—harvesting complexes: the fundamental role of noise—assisted transport', *Journal of Chemical Physics*, vol. 131 (2009), 105106—121.

2 M. Mohseni, P. Rebentrost, S. Lloyd and A. Aspuru—Guzik, 'Environment—assisted quantum walks in photosynthetic energy transfer', *Journal of Chemical Physics*, vol. 129: 17 (2008), 174106.

3 B. Misra and G. Sudarshan, 'The Zero paradox in quantum theory', *Journal of Mathematical Physics*, vol. 18 (1977), p. 746: http://dx.doi.org/10.1063/1.523304.

4 S. Lloyd, M. Mohseni, A, Shabani and H. Rabitz, 'The quantum Goldilocks effect: on the convergence of timescales in quantum transport', arXiv preprint, arXiv:1111.4982, 2011.

5 A. W. Chin, S. F. Huelga and M. B. Plenio, 'Coherence and decoherence in biological systems: principles of noise—assisted transport and the origin of long—lived coherences', *Philosophical Transactions of the Royal Society A*, vol. 370 (2012), pp. 3658—71; A. W. Chin, J. Prior, R. Rosenbach, K Caycedo—Soler, S. F. Huelga and M. B. Plenio, 'The role of non—equilibrium vibrational structures in electronic coherence and recoherence in pigment—protein complexes', *Nature Physics*, vol. 9: 2 (2013), pp. 113—18.

6 E. J. O'Reilly and A. Olaya—Castro, 'Non—classicality of molecular vibrations activating electronic dynamics at room temperature', *Nature Communications*, vol. 5 (2014), article no. 3012.

7 I. Stewart, *Does God play dice?: The new mathematics of chaos* (Harmondsworth: Penguin UK, 1997); S. Kaufftnan, *The Origins of Order: Self-Organization and Selection in Evolution* (Nework: Oxford University Press, 1993); J. Gleick, *Chaos: Making a new science* (New York: Random House, 1997).

8 M. O. Scully, K. R. Chapin, K. E. Dorfman, M. B. Kim and A. Svidzinsky, 'Quantum heat engine power can be increased by noise—induced coherence', *Proceedings of the National Academy of Sciences*, vol. 108: 37 (2011), pp. 15097—100.

9 K. E. Dorftnan, D. V. Voronine, S. Mukamel and M. O. Scully, 'Photosynthetic reaction center as a quantum heat engine', *Proceedings of the National Academy of Sciences*, vol. 110: 8 (2013), pp. 2746—51.

10 N. Killoran, S. F. Huelga and M. B. Plenio, 'Enhancing light—harvesting power with coherent vibrational interactions: a quantum heat engine picture', arXiv preprint, arxiv.org/abs/1412. 4136, 2014.

11 M. Ferretti, V. I. Novoderezhkin, E. Romero, R. Augulis, A. Pandit, D. Zigmantas and R. Van Grondelle, 'The nature of coherences in the B820 bacteriochlorophyll dimer revealed by two-dimensional electronic spectroscopy', *Physical Chemistry Chemical Physics*, vol. 16 (2014), pp. 9930–9.

12 C. R. Pudney, A. Guerriero, N. J. Baxter, L. O. Johannissen, J. P. Waltho, S. Hay and N. S. Scrutton, 'Fast protein motions are coupled to enzyme H-transfer reactions', *Journal of the American Chemical Society*, vol. 135 (2013), pp. 2512–17.

13 J. P. Klinman and A. Kohen, 'Hydrogen tunnelling links protein dynamics to enzyme catalysis', *Annual Review of Biochemistry*, vol. 82 (2013), pp. 471–96.

14 R. Armstrong and N. Spiller, 'Living quarters', *Nature*, vol. 467 (2010), pp. 916–19.

15 S. Ludec, *The Mechanism of Life* (London: William Heinemann, 1914).

16 T. Toyota, N. Maru, M. M. Hanczyc, T. Ikegami and T. Sugawara, 'Self-propelled oil droplets consuming "fiiel" surfactant', *Journal of the Chemical Society*, vol. 131: 14 (2009), pp. 5012–13.

17 I. A. Chen, K. Salehi-Ashtiani and J. W. Szostak, 'RNA catalysis in model protocell vesicles', *Journal of the American Chemical Society*, vol. 127: 38 (2005), pp. 13213–19.

18 R. J. Peters, M. Marguet, S. Marais, M. W. Praaije, J. C. van Hest and S. Lecommandoux, 'Cascade reactions in multicompartmentalized polymersomes', *Angewandte Chemie International Edition* (English), vol. 53: 1 (2014), pp. 146–50.

19 D. Hayes, G. B. Griffin and G. S. Engel, 'Engineering coherence among excited states in synthetic heterodimer systems', *Science*, vol. 340: 6139 (2013), pp. 1431–4.

20 Dorfman et al., 'Photosynthetic reaction center as a quantum heat engine'.

21 C. Creatore, M. A. Parker, S. Emmott and A. W. Chin. 'An efficient bio-logically-inspired photocell enhanced by quantum coherence', arXiv preprint, arXiv:1307.5093, 2013.

22 C. Tan, S. Saurabh, M. P. Bruchez, R. Schwartz and P. Leduc, 'Molecular crowding shapes gene expression in synthetic cellular nanosystems', *Nature Ncmotechnology*, vol. 8: 8 (2013), pp. 602–8; M. S. Cheung, D. Klimov and D. Thirumalai, Molecular crowding enhances native state stability and refolding rates of globular proteins', *Proceedings of the National Academy of Sciences*, vol. 102:13 (2005), pp. 4753–8.

찾아보기

ㄱ

가드비어, 애덤Godbeer, Adam 304~305
가모, 조지Gamow, George 124
갈레노스Galenos 191
거니, 로널드Gurney, Ronald 124
게를라흐, 가브리엘레Gerlach, Gabriele 185~186, 216, 231
괴델, 쿠르트Gödel, Kurt 338~339, 342~343, 349
그리빈, 존Gribbin, John 296

ㄴ

「나는 겁쟁이다I'm a frightened man」 361
『나투르비센샤프텐Die Naturwissen-schaften』 74
『네이처 신경과학Nature Neuroscience』 218
『네이처Nature』 31, 235~238, 257, 296, 298, 396
뉴턴, 아이작Newton, Isaac 47, 51, 72, 143, 164, 180, 431
니시무라 미쓰오 122

ㄷ

다윈, 이래즈머스Darwin, Erasmus 279
다윈, 찰스Darwin, Charles 58, 279~286, 294, 352, 359~360, 375
다이슨, 맬컴Dyson, Malcolm 202

다타, 아브히지트Datta, Abhijit 293
더프리스, 휘호de Vries, Hugo 284
데이비스, 폴Davies, Paul 265
데카르트, 르네Descartes, René 49, 92~93, 329, 408
델브뤼크, 막스Delbrück, Max 286, 294, 295, 298
디보, 돈DeVault, Don 121~123, 127~129, 133
딕슨, 대니얼러Dixson, Daniella 187

ㄹ

라마르크, 바티스트 피에르 앙투안 드 모네 슈발리에 드Lamarck, Jean-Baptiste Pierre Antoine de Monet, Chevalier de 280~282, 285~286, 296
라만, 찬드라세카라 벵카타Raman, Chandrasekhara Venkata 204~205
라부아지에, 앙투안Lavoisier, Antoine 49
러더퍼드, 어니스트Rutherford, Ernest 65
레오뮈르, 르네 앙투안 페르쇼 드Réaumur, RenéAntoine Ferchault de 92~93
레이우엔훅, 안톤 판Leeuwenhoek, Anton van 55
레퍼트, 스티븐Reppert, Steven 230~231, 258
로이드, 세스Lloyd, Seth 141, 171, 389
롱게히긴스, 크리스토퍼Longuet-Higgins, Christopher 80
뢰브딘, 페르올로브Löwdin, Per-Olov 277, 290, 296, 298, 301
루리아, 샐버도어Luria, Salvador 286, 294~295, 297
루스카, 에른스트Ruska, Ernst 19~20
르뒤크, 스테판Leduc, Stéphane 416
르코만두, 세바스티앙Lecommandoux, Sebastien 418~421
리스크, 마이크Leask, Mike 255

리츠, 토어스텐Ritz, Thorsten 31, 256~259

ㅁ

『마음의 그림자The Shadows of the Mind』 340
마젤, 리치Masel, Rich 61
마커스, 루돌프Marcus, Rudolph 121
맥그레거, 빅McGregor, Vic 354~355
맥두걸, 덩컨MacDougall, Duncan 46
맥스웰, 제임스 클러크Maxwell, James Clerk 48, 347
맥패든, 존조McFadden, Johnjoe 296, 298, 300, 302, 340, 346
멘델, 그레고어Mendel, Gregor 57~58, 283~284
모건, 토머스 헌트Morgan, Thomas Hunt 284
모리 겐사쿠 208
무리첸, 헨리크Mouritsen, Henrik 257, 260
무어배스, 스티븐Moorbath, Stephen 354~355
『미국 국립과학원 회보Proceedings of the National Academy of Science』 218
미덴도르프, 알렉산드르 폰Middendorf, Aleksandr von 233
미헬바이얼레, 마리아엘리자베스Michel-Beyerle, Maria-Elisabeth 242

ㅂ

바이어, 페터Beyer, Peter 413
벅, 린다Buck, Linda 198, 200, 205, 210
베드럴, 블래트코Vedral, Vlatko 261
베르노이더, 구스타프Bernoider, Gustav 344
베르탈란피, 루드비히 폰Bertalanffy, Ludwig von 73

벤터, 크레이그Venter, Craig 62~63, 364, 414, 424
보스홀, 레슬리Vosshall, Leslie 216, 218
보어, 닐스Bohr, Niels 65~66, 68, 74
보이어, 에이드리언Bowyer, Adrian 372
보일, 로버트Boyle, Robert 77
볼츠만, 루트비히Boltzmann, Ludwig 50~51, 57, 59
뵐러, 프리드리히Wöhler, Friedrich 56
『불의 원동력에 대한 고찰Reflections on the Motive Force of Fire』 398
브루거, 케네스Brugger, Kenneth C. 226
브룩스, 제니퍼Brookes, Jennifer 219~220
빌치코, 로스비타Wiltschko, Roswitha 15, 238~239
빌치코, 볼프강Wiltschko, Wolfgang 15, 236~240, 255, 258
빌치코 부부 16, 25, 30, 238~240, 258

ㅅ

『사이언스Science』 90, 234, 362
「새의 자기 수용 감각을 토대로 한 광수용체 모형A Model for Photoreceptor-Based Magnetoreception in Birds」 31
『생명이란 무엇인가 그 후 50년What is Life? The Fifty Years』 82
『생명이란 무엇인가?What Is Life?』 76, 80, 84, 279, 420
「생물학과 물리학의 근본적 문제와 양자역학Die Quantenmechanik und die Grundprobleme der Biologie und Psychologie」 74
샤를, 자크Charles, Jacques 77
서턴, 월터Sutton, Walter 58
센트죄르지, 얼베르트Szent-Györgyi, Albert 121
셸드레이크, 루퍼트Sheldrake, Rupert 15
셰퍼드, 고든Shepherd, Gordon 208
소크라테스 45, 338

쇼베, 장마리Chauvet, Jean-Marie 308~
310, 321, 350
쇼스택, 잭Szostak, Jack 418
숄스, 그렉Schole, Greg 175
슈뢰딩거, 에르빈Schrödinger, Erwin
63~64, 69~70, 72, 74, 76~84, 114,
142, 178, 249, 271, 275~279, 305, 342,
385, 387, 397, 404, 406
『슈뢰딩거의 고양이를 찾아서In Search of
Schrödinger's Cat』 296
슈바이처, 메리Schweitzer, Mary 89~91,
99, 107, 411
슐텐, 클라우스Schulten, Klaus 25~26,
30~31, 35, 240~243, 246, 253~257
스컬리, 말런Scully, Marlan 400~401,
422
스코울라키스, 에프티미오스Skoulakis,
Efthimios 216, 218
스크러턴, 나이절Scrutton, Nigel 133~
134, 403
스태르크, 후베르트Staerk, Hubert 241~
243
스토넘, 마셜Stoneham, Marshall 219

ㅇ

아리스토텔레스 45~47, 56~57
아베들룬드, 마이클Arvedlund, Michael
187
아비센나Avicenna 47
아스페, 알랭Aspect, Alain 27~30,
34~35, 155
아인슈타인, 알버트Einstein, Albert 27,
29~30, 65, 244, 248~249, 262, 347,
399
알칼릴리, 짐Al-Khalili, Jim 298, 304
알하젠Alhazen 47
액설, 리처드Axel, Richard 196~200
앳킨스, 피터Atkins, Peter 15
『양자역학에 관하여 II Zur Quantenme-
chanik II』('3인 논문Dreimännerwerk') 74

『양자역학에 관하여Zur Quantenme-
chanik』 74
『양자적 진화Quantum Evolution』 300
어쿠하트 부부 225~226, 229
어쿠하트, 프레드Urquhart, Fred 224~
227
에이버리, 오즈월드Avery, Oswald 58~59
엠렌, 스티븐Emlen, Steven 239~240,
259
엠렌, 존Emlen, John 239
엥겔, 그레그Engel, Greg 171, 175, 178,
391, 421~422
『열로 활성화된 터널링에 의한 생체분
자 사이의 전자 전달Electron transfer
between biological molecules by ther-
mally activated tunneling』 127
왓슨, 제임스Watson, James 59, 272,
274, 276, 286~290, 294
요르단, 파스쿠알Jordan, Pascual 74~
76, 83, 114, 179, 387, 404
유리, 해럴드Urey, Harold 360~362

ㅈ

재스트로, 조지프Jastrow, Joseph 233~
234
줌하머, 요한Summhammer, Johann 344
징크스로버트슨, 수Jinks-Robertson, Sue
293

ㅊ

챈스, 브리턴Chance, Britton 121~123,
127, 130, 133
체크, 토머스Cech, Thomas 367

ㅋ

카르노, 라자르Carnot, Lazare 397

카르노, 시디Carnot, Sadi 397~399,
401~402
카피스타, 안드레이 페트로비치Kapista,
Andrey Petrovich 266~267
캘훈, 테사Calhoun, Tessa 175
케언스, 존Cairns, John 294~301
케언스스미스, 그레이엄Cairns-Smith,
Graham 370
켈러, 안드레아스Keller, Andreas 216,
218
콘던, 에드워드Condon, Edward 124
크놀, 막스Knoll, Max 19~20
크릭, 프랜시스Crick, Francis 59, 272,
274, 276, 287~290
클레먼스, 윌버트Clemens, Wilbert A.
187
킨스본, 마르셀Kinsbourne, Marcel 329

ㅌ

텔러, 에드워드Teller, Edward 361
투린, 루카Turin, Luca 210~211, 213~
218, 317

ㅍ

파스퇴르, 루이Pasteur, Louis 56, 93
파인먼, 리처드Feynman, Richard 63, 86,
107, 116, 140~142, 144, 175, 331, 411,
426
파텔, 아포르바 D.Patel, Apoorva D. 380
패터슨, 노라Patterson, Norah 225
펜로즈, 로저Penrose, Roger 330, 338~
342, 345~346, 349
포트리쿠스, 잉고Potrykus, Ingo 413
프랭클린, 로절린드Franklin, Rosalind 59
플라톤 45
플랑크, 막스Planck, Max 14, 64~65
플레니오, 마틴Plenio, Martin 391
플레밍, 그레이엄Fleming, Graham 170,

173~175, 391, 394
피르호, 루돌프Virchow, Rudolf 55

ㅎ

하비, 윌리엄Harvey, William 49, 57
하슬러, 아서Hasler, Arthur 187
하이젠베르크, 베르너Heisenberg,
Werner 68~70, 72, 74~75, 393
한센, 크리스티안Hansen, Christian 98
한치크, 마르틴Hanczyc, Martin 418
허슈바흐, 더들리Herschbach, Dudley
254
헉슬리, 토머스Huxley, Thomas 241
헤머로프, 스튜어트Hameroff, Stuart
340, 342, 345~346
『형태 발생에 관한 중요한 학설Kritische
Theorie der Formbildung』73
호너, 잭Horner, Jack 88~89
호어, 피터Hore, Peter 252
호일, 프레드Hoyle, Fred 365
호프스태터, 더글러스Hofstadterd,
Douglas 339
호필드, 존Hopfield, John 127
『황제의 새 마음The Emperor's New Mind』
330, 339~340
후엘가, 수산나Huelga, Susana 391
훅, 로버트Hooke, Robert 55
훈트, 프리드리히Hund, Freidrich 124

옮긴이 김정은

생물학을 전공했고 펍헙 번역그룹에서 전문 번역가로 활동하고 있다. 옮긴 책으로는 『미토콘드리아』 『세상의 비밀을 밝힌 위대한 실험』 『신은 수학자인가?』 『생명의 도약』 『날씨와 역사』 『좋은 균 나쁜 균』 『자연의 배신』 『카페인 권하는 사회』 『감각의 여행』 『위대한 공존』 『리처드 도킨스의 진화론 강의』 『바이틀 퀘스천』 등이 있다.

생명, 경계에 서다
: 양자생물학의 시대가 온다

1판 1쇄	2017년 11월 24일
1판 5쇄	2023년 6월 8일
지은이	짐 알칼릴리 존조 맥패든
옮긴이	김정은
펴낸이	강성민
편집장	이은혜
마케팅	정민호 박치우 한민아 이민경 박진희 정경주 정유선 김수인
브랜딩	함유지 함근아 박민재 김희숙 고보미 정승민
제작	강신은 김동욱 임현식
독자모니터링	황치영

펴낸곳 (주)글항아리 | **출판등록** 2009년 1월 19일 제406-2009-000002호

주소 10881 경기도 파주시 심학산로 10 3층
전자우편 bookpot@hanmail.net
전화번호 031-955-8869(마케팅) 031-941-5159(편집부)
팩스 031-941-5163

ISBN 978-89-6735-458-9 03400

• 글항아리 사이언스는 ㈜글항아리의 과학 브랜드입니다.
• 잘못된 책은 구입하신 서점에서 교환해드립니다.
 기타 교환 문의 031-955-2661, 3580

www.geulhangari.com